U0263758

“十四五”时期国家重点出版物出版专项规划项目

材料先进成型与加工技术丛书

申长雨　总主编

高性能铸造镁合金及大型铸件制备加工关键技术

蒋　斌　宋江凤　杨　艳等　著

科 学 出 版 社

北　京

内 容 简 介

本书是“材料先进成型与加工技术丛书”之一。本书是作者团队近年来在铸造镁合金领域最新科研成果的总结，涵盖铸造镁合金新材料发展、铸造工艺手段和产品应用等内容。作者团队发展了高性能铸造镁合金材料，提出了铸造合金晶粒细化、熔体氧化物过滤净化、缺陷控制等技术原型，制备了大型复杂铸件并实现了在汽车、航空航天等领域的应用。本书重点介绍了铸造镁合金新材料发展、铸造镁合金的晶粒细化、镁合金熔体氧化物的过滤净化、热裂和微孔缺陷及控制以及大型复杂铸件的制备关键技术。

本书可供从事铸造镁合金设计、大型铸件开发的研究人员和镁合金铸件生产工艺的工程技术人员参考，也可作为大专院校有关专业师生的参考书。

图书在版编目（CIP）数据

高性能铸造镁合金及大型铸件制备加工关键技术 / 蒋斌等著. —北京：科学出版社，2024.8

（材料先进成型与加工技术丛书 / 申长雨总主编）

“十四五”时期国家重点出版物出版专项规划项目　国家出版基金项目

ISBN 978-7-03-078303-5

Ⅰ. ①高…　Ⅱ. ①蒋…　Ⅲ. ①镁合金－制备－加工　②铸件－制备－加工　Ⅳ. ①TG146.2　②TG25

中国国家版本馆 CIP 数据核字（2024）第 060524 号

丛书策划：翁靖一

责任编辑：翁靖一　高　微 / 责任校对：杜子昂

责任印制：徐晓晨 / 封面设计：东方人华

科学出版社出版

北京东黄城根北街 16 号

邮政编码：100717

http://www.sciencep.com

北京中科印刷有限公司印刷

科学出版社发行　各地新华书店经销

*

2024 年 8 月第　一　版　开本：720×1000　1/16

2024 年 8 月第一次印刷　印张：17 1/2

字数：350 000

定价：168.00 元

（如有印装质量问题，我社负责调换）

材料先进成型与加工技术丛书

编 委 会

材料先进成型与加工技术丛书

总　序

核心基础零部件（元器件）、先进基础工艺、关键基础材料和产业技术基础等四基工程是我国制造业新质生产力发展的主战场。材料先进成型与加工技术作为我国制造业技术创新的重要载体，正在推动着我国制造业生产方式、产品形态和产业组织的深刻变革，也是国民经济建设、国防现代化建设和人民生活质量提升的基础。

进入21世纪，材料先进成型加工技术备受各国关注，成为全球制造业竞争的核心，也是我国“制造强国”和实体经济发展的重要基石。特别是随着供给侧结构性改革的深入推进，我国的材料加工业正发生着历史性的变化。**一是产业的规模越来越大**。目前，在世界500种主要工业产品中，我国有40%以上产品的产量居世界第一，其中，高技术加工和制造业占规模以上工业增加值的比重达到15%以上，在多个行业形成规模庞大、技术较为领先的生产实力。**二是涉及的领域越来越广**。近十年，材料加工在国家基础研究和原始创新、“深海、深空、深地、深蓝”等战略高技术、高端产业、民生科技等领域都占据着举足轻重的地位，推动光伏、新能源汽车、家电、智能手机、消费级无人机等重点产业跻身世界前列，通信设备、工程机械、高铁等一大批高端品牌走向世界。**三是创新的水平越来越高**。特别是嫦娥五号、天问一号、天宫空间站、长征五号、国和一号、华龙一号、C919大飞机、歼-20、东风-17等无不锻造着我国的材料加工业，刷新着创新的高度。

材料成型加工是一个“宏观成型”和“微观成性”的过程，是在多外场耦合作用下，材料多层次结构响应、演变、形成的物理或化学过程，同时也是人们对其进行有效调控和定构的过程，是一个典型的现代工程和技术科学问题。习近平总书记深刻指出，“现代工程和技术科学是科学原理和产业发展、工程研制之间不可缺少的桥梁，在现代科学技术体系中发挥着关键作用。要大力加强多学科融合的现代工程和技术科学研究，带动基础科学和工程技术发展，形成完整的现代科学技术体系。”这对我们的工作具有重要指导意义。

过去十年，我国的材料成型加工技术得到了快速发展。**一是成形工艺理论和技术不断革新。**围绕着传统和多场辅助成形，如冲压成形、液压成形、粉末成形、注射成型，超高速和极端成型的电磁成形、电液成形、爆炸成形，以及先进的材料切削加工工艺，如先进的磨削、电火花加工、微铣削和激光加工等，开发了各种创新的工艺，使得生产过程更加灵活，能源消耗更少，对环境更为友好。**二是以芯片制造为代表，微加工尺度越来越小。**围绕着芯片制造，晶圆切片、不同工艺的薄膜沉积、光刻和蚀刻、先进封装等各种加工尺度越来越小。同时，随着加工尺度的微纳化，各种微纳加工工艺得到了广泛的应用，如激光微加工、微挤压、微压花、微冲压、微锻压技术等大量涌现。**三是增材制造异军突起。**作为一种颠覆性加工技术，增材制造（3D 打印）随着新材料、新工艺、新装备的发展，广泛应用于航空航天、国防建设、生物医学和消费产品等各个领域。**四是数字技术和人工智能带来深刻变革。**数字技术——包括机器学习（ML）和人工智能（AI）的迅猛发展，为推进材料加工工程的科学发现和创新提供了更多机会，大量的实验数据和复杂的模拟仿真被用来预测材料性能，设计和成型过程控制改变和加速着传统材料加工科学和技术的发展。

当然，在看到上述发展的同时，我们也深刻认识到，材料加工成型领域仍面临一系列挑战。例如，“双碳”目标下，材料成型加工业如何应对气候变化、环境退化、战略金属供应和能源问题，如废旧塑料的回收加工；再如，具有超常使役性能新材料的加工技术问题，如超高分子量聚合物、高熵合金、纳米和量子点材料等；又如，极端环境下材料成型技术问题，如深空月面环境下的原位资源制造、深海环境下的制造等。所有这些，都是我们需要攻克的难题。

我国“十四五”规划明确提出，要“实施产业基础再造工程，加快补齐基础零部件及元器件、基础软件、基础材料、基础工艺和产业技术基础等瓶颈短板”，在这一大背景下，及时总结并编撰出版一套高水平学术著作，全面、系统地反映材料加工领域国际学术和技术前沿原理、最新研究进展及未来发展趋势，将对推动我国基础制造业的发展起到积极的作用。

为此，我接受科学出版社的邀请，组织活跃在科研第一线的三十多位优秀科学家积极撰写“材料先进成型与加工技术丛书”，内容涵盖了我国在材料先进成型与加工领域的最新基础理论成果和应用技术成果，包括传统材料成型加工中的新理论和新技术、先进材料成型和加工的理论和技术、材料循环高值化与绿色制造理论和技术、极端条件下材料的成型与加工理论和技术、材料的智能化成型加工理论和方法、增材制造等各个领域。丛书强调理论和技术相结合、材料与成型加工相结合、信息技术与材料成型加工技术相结合，旨在推动学科发展、促进产学研合作，夯实我国制造业的基础。

本套丛书于2021年获批为“十四五”时期国家重点出版物出版专项规划项目，具有学术水平高、涵盖面广、时效性强、技术引领性突出等显著特点，是国内第一套全面系统总结材料先进成型加工技术的学术著作，同时也深入探讨了技术创新过程中要解决的科学问题。相信本套丛书的出版对于推动我国材料领域技术创新过程中科学问题的深入研究，加强科技人员的交流，提高我国在材料领域的创新水平具有重要意义。

最后，我衷心感谢程耿东院士、李依依院士、张立同院士、韩杰才院士、贾振元院士、瞿金平院士、张清杰院士、张跃院士、朱美芳院士、陈光院士、傅正义院士、张荻院士、李殿中院士，以及多位长江学者、国家杰青等专家学者的积极参与和无私奉献。也要感谢科学出版社的各级领导和编辑人员，特别是翁靖一编辑，为本套丛书的策划出版所做出的一切努力。正是在大家的辛勤付出和共同努力下，本套丛书才能顺利出版，得以奉献给广大读者。

中国科学院院士
工业装备结构分析优化与CAE软件全国重点实验室
橡塑模具计算机辅助工程技术国家工程研究中心

前　言

镁合金质轻、比强度高、功能特性好、资源丰富，已成为世界关注热点和焦点，大范围推广应用有助于缓解铁铝等金属矿资源危机、降低能耗和污染，有助于制造业和关键装备的绿色化、智能化和轻量化。镁合金作为一种重要的金属材料，其发展受到国家的高度重视和政策支持，其推广应用具有重大战略意义。

多年来，镁合金材料及其应用取得重要进展，推动了简单镁合金铸件的规模化应用，但需求迫切、应用效果更好、极具潜力的复杂和特种铸件开发与应用进展缓慢。现有合金设计、质量控制和制备工艺等无法满足镁合金复杂和特种铸件的更高要求，导致铸造镁合金塑性低、复杂和特种铸件缺陷多、成品率很低、成本极高，严重制约了铸造镁合金及铸件更大规模的推广应用。作者团队历经十多年突破了高塑性铸造镁合金设计、熔体质量控制、铸件高效制备加工等材料与构件关键技术，解决了一批国内外关注的重大技术难题，开发了一系列汽车零部件和航空航天大型复杂铸件，推动了铸造镁合金及构件在汽车、航空航天领域的规模化应用。本书是部分重要成果的总结，可为专家学者、研究生、工程师等开展铸造镁合金与大型镁合金铸件研究和应用提供重要参考。

本书共由 7 章组成。第 1 章简要概述了铸造镁合金分类、力学性能，以及大型铸件的制备及质量影响因素。第 2 章介绍了新开发的超高强度铸造镁合金和低成本高性能铸造镁合金的组织和力学性能。第 3 章到第 6 章依次介绍了铸造镁合金的晶粒细化、镁合金熔体氧化物的过滤净化、镁合金铸造热裂及控制、镁合金微孔缺陷及控制。第 7 章介绍了镁合金大型复杂铸件的制备及其在汽车和航空航天领域的应用。

本书是在潘复生院士的亲切指导下，由重庆大学蒋斌、宋江凤、杨艳、谭军、游国强、张昂等合作完成。借此机会，对本书各章节成果作出贡献的其他研究人员表示衷心的感谢，他们是程仁菊教授、龙思远教授、张丁非教授、杨明波教授、董志华教授、姜中涛博士、杨鸿博士、白生文博士、高瑜阳博士，博士研究生赵华、刘军威和硕士研究生廖金阁、杨芷沅、郑晓剑、熊殊涛、李闯名、张颖等。全书由宋江凤和谭军统稿，蒋斌定稿。

由于作者水平有限，书中难免出现一些疏漏和不足之处，敬请读者批评指正！

蒋斌

2024 年 5 月于重庆

目 录

第1章 绪论

1.1 铸造镁合金概述

镁合金是在实际应用中最轻的金属结构材料，纯镁的密度为1.74 g/cm^3，仅为铝的2/3和钢的1/4。同时，镁合金具有资源丰富、比强度高、阻尼减振降噪能力强、散热性好、电磁屏蔽性能强和易于再生利用等诸多优点，在航空航天、汽车、3C等相关行业有着广泛的应用前景和巨大的应用潜力。近年来，世界上许多国家的政府、企业、高校和研究机构大力开展镁合金制备和成型技术研究，并取得了显著的成果[1-4]。

在汽车领域，镁合金可替代部分传统的铝合金或钢铁材料，如方向盘骨架、座椅骨架、中控支架、发动机罩、仪表盘支架、轮毂、转向齿轮箱、离合器箱、进气歧管等部件。镁合金零部件的应用可有效减轻汽车质量，实现节能减排，是汽车轻量化发展的重要方向之一。据统计，汽车上已经有60多种零部件用镁合金制造，北美三大汽车公司的部分车型已经实现了单车使用20～40 kg镁合金的水平，如福特Ranger、雪佛兰Corvette、Jeep切诺基1993等[5, 6]。

在航空航天领域，镁合金同样具有巨大的应用前景[7, 8]。据报道，在不降低结构强度的条件下，镁合金构件替代铝合金可获得20%～25%的减重效果，替代钢铁可获得45%～50%的减重效果，从而降低能耗，提升燃油经济性。镁合金零部件的应用可有效减轻飞行器的质量。据报道，质量每减轻1 kg，商用飞机可产生20万元经济效益，军用飞机可产生70万元经济效益，而减轻航天器的质量则可产生更加可观的经济效益。

我国拥有丰富的镁资源，已探明的白云石矿储量居世界第一，菱镁矿储量约占世界已探明储量的1/4，盐湖镁资源储量也非常丰富。因此，我国是世界上镁资源最为丰富的国家之一。并且，我国的镁产量和出口量已连续十多年居世界第一，占全球产量和出口量的 70%以上[9, 10]。积极开展高性能镁合金的研发工作，有利于将我国镁资源优势转化为技术优势，有利于提高我国镁产业的国际竞争力，有利于将我国建设成真正的镁合金强国。

镁合金按成型工艺可分为铸造镁合金和变形镁合金。铸造镁合金是适于用砂型铸造、金属型铸造和压力铸造等多种铸造方法生产零部件的镁合金。目前商用的铸造镁合金主要有 Mg-Al 系、Mg-Zn 系和 Mg-RE 系（RE 为稀土元素）等。镁合金铸件制备工艺较为简单，成本较低，目前在汽车、轨道交通、电子信息、航空航天等行业得到了一定的应用，并且一些大型复杂镁合金零部件只能通过铸造方式获得。而铸造镁合金的力学性能偏低，尚不能很好地满足特定行业的一些关键零部件的性能要求。因此，开发高性能铸造镁合金仍然是镁合金研究工作的重点。本章将以典型的 Mg-Al 系、Mg-Zn 系和 Mg-RE 系铸造镁合金为重点来概述铸造镁合金的研究现状。

1.1.1 Mg-Al 系铸造镁合金

Mg-Al 系铸造镁合金为共晶合金，铸造性能较好，屈服强度较高，是工业应用最为广泛的镁合金系列。虽然 Mg-Al 二元合金具有好的力学性能，但常在 Mg-Al 二元合金中分别添加 Zn、Si、Mn、RE 等元素构成三元合金系，以此来改善镁合金的性能。添加 Zn 可以改善室温强度和合金的流动性；Si 可以提高合金的蠕变强度；Mn 可以提高合金的耐腐蚀性能；RE 可以提高合金的强度、耐热、耐腐蚀等性能，并能提高合金的延伸率和冲击韧性。

目前，Mg-Al 系铸造镁合金的合金化主要有三个方向：①以高强高韧为目标：Mg-Al→Mg-Al-Mn、Mg-Al-Zn、Mg-Al-Ca(-RE)；②以提高抗蠕变性能为目标：Mg-Al→Mg-Al-Si（最高温度 150℃）、Mg-Al-RE（最高温度 175℃）、Mg-Al-Ca（最高温度 200℃）；③以提高延展性为目标：Mg-Al→Mg-Al-Ca(-RE)。Mg-Al 系铸造镁合金主要有四个系列，即 AZ 系列（Mg-Al-Zn）、AE 系列（Mg-Al-RE）、AM 系列（Mg-Al-Mn）和 AS 系列（Mg-Al-Si）[11]。下面介绍这四个 Mg-Al 系铸造镁合金中主要合金元素的作用[12]。

Al 是 Mg-Al 系铸造镁合金的最主要合金元素，它在 Mg 中的固溶度最大可达 12.7 wt%1)（437℃共晶温度时）。随着温度的降低，Al 在 Mg 中的固溶度显著减小，到 100℃时降为 2 wt%。一般商用 Mg-Al 系铸造镁合金的 Al 含量小于 10 wt%。Al 在 Mg-Al 系铸造镁合金中的作用显著[13-15]。在力学性能方面，当 Al 含量小于 10 wt%时，随着 Al 含量的增加，合金的抗拉强度和硬度提高，延伸率则先提高后下降。含 5 wt%～6 wt% Al 的 Mg-Al 系铸造镁合金具有良好的强度和塑性组合。

1）wt%表示质量分数；at%表示原子百分比，全书同。

Al 提高 Mg-Al 铸造镁合金强度的主要原因在于 Al 添加导致该合金铸态晶粒细化和 Mg 基体固溶强化。另外，由于 Al 在 Mg 中的固溶度随温度的降低而减小，当合金凝固或时效处理时，过饱和固溶体中会弥散析出 $Mg_{17}Al_{12}$（β 相）平衡强化相，从而提高 Mg-Al 合金强度。但是，当 $Mg_{17}Al_{12}$（β 相）相在晶界上析出时，由于 $Mg_{17}Al_{12}$（β 相）相与镁基体之间呈非共格关系，界面能较高，在高温下易软化粗化，不能有效钉扎晶界，将导致合金抗蠕变性能降低。在铸造性能方面，当 Al 含量小于 10 wt%时，Mg-Al 合金的液相线和固相线温度均随 Al 含量的增加而降低，使合金的凝固区间增大、合金熔炼和浇铸温度降低，这虽然有利于减少镁合金熔液的氧化和燃烧，但同时凝固区间的加大又使镁合金铸件易产生缩松等缺陷。

AZ 系列：Zn 与 Al 一样，也是镁合金的常用合金元素，对镁合金综合性能具有重要影响。Zn 在 Mg 中的固溶度最高为 6.2 wt%（340℃共晶温度时），而随着温度的降低，Zn 在 Mg 中的固溶度显著减小，到 100℃时降至 2 wt%以下。Zn 在 Mg-Al-Zn 系铸造镁合金中的作用主要体现在以下几方面：①对力学性能的影响。Zn 对铸造镁合金力学性能的影响一方面表现为镁基体的固溶强化，另一方面少量的 Zn 能增加 Al 在镁合金中的固溶度，提高 Al 的固溶强化效果。加入 Zn，还可形成较高熔点的 $Mg_{32}(Al, Zn)_{49}$ 化合物，有利于改善合金抗蠕变性能。②对铸造性能的影响。Zn 可通过降低镁合金的凝固终了温度来增加 β 相含量，促进 β 相在晶界析出，增大 β 相的晶界分布连续性和热裂倾向。在含 7 wt%～10 wt% Al 的 Mg-Al-Zn 铸造镁合金中，当 Zn 含量大于 1 wt%时，该合金的热裂倾向性显著增大。③对耐腐蚀性能的影响。Zn 有助于抑制 Fe、Ni 等有害杂质元素对 Mg-Al 合金耐腐蚀性能的影响，但当 Zn 含量大于 2.5 wt%时，镁合金的耐腐蚀性能会恶化。因此，Mg-Al-Zn 铸造镁合金的 Zn 含量一般控制在 2 wt%以下。

此外，Mg-Al-Zn 铸造镁合金的 Al/Zn 比值较为关键。当 Al 含量较低（＜8 wt%）时，随着 Zn 含量的增加，Mg-Al-Zn 铸造镁合金的抗拉强度提高、延伸率下降；而当 Al 含量较高（＞8 wt%）时，随着 Zn 含量的增加，Mg-Al-Zn 铸造镁合金的抗拉强度降低、延伸率提高。为了获得具有良好综合力学性能的 Mg-Al-Zn 铸造镁合金，Al、Zn 含量应有合适的比例。Al 和 Zn 含量对 Mg-Al-Zn 铸造镁合金的铸造性能影响较大。当 Zn 含量很少（＜1 wt%）时，Mg-Al-Zn 铸造镁合金处于可铸造区。例如，典型的 AZ91 铸造镁合金的 Zn 含量为 1 wt%左右，即是为了保证其良好的可铸造性。随着 Zn 含量的增加，Mg-Al-Zn 铸造镁合金进入易热裂区，该热裂区随 Al 含量的不同而变化；当 Zn 含量进一步增加时，进入可铸造区和脆性区。

目前，AZ 系铸造镁合金的高温抗蠕变性能差，长期工作温度不能超过 120℃，使其无法用于制造对高温抗蠕变性能要求高的汽车传动部件和部分航空航天构件，应用领域受到限制[16]。改善 AZ 系铸造镁合金的耐热性能主要通过调整主合金元素 Al 和 Zn 的含量及添加微量的 Sb、Bi、Sn、RE、Ca 或 Si 等合金元素。

AM 系列：与 AZ 系铸造镁合金相比，AM 系铸造镁合金因为 Mn 元素的加入而提高了其耐腐蚀性能，而 Al 含量的降低则改善了 AM 系铸造镁合金的塑性和韧性。但是 Al 含量的降低导致其强度明显下降，铸造性能变差。针对如何提高 AM 系铸造镁合金的强度、改善铸造性能以及发展相应的新型铸造技术，国内外开展了许多工作并取得了一定成果。细化晶粒是改善 AM 系铸造镁合金综合性能的有效途径[17]。王朝辉等使用 C_2C_{16} 对 AM60 镁合金铸件进行变质处理，铸件晶粒尺寸从 250 μm 减小到 70 μm，抗拉强度和延伸率分别提高 11.3%和 65.8%。在 AM 系铸造镁合金中添加 Sr、Y、Nd 等元素也能产生较好的晶粒细化作用。降低合金浇铸过热度，也可有效细化铸态晶粒。董文超等研究发现，随着过热度的降低，AM60 铸造镁合金的枝晶生长受到抑制，晶粒变得细小，使 AM60 铸造镁合金力学性能有较大改善。吴伟等研究了不同压射压力、压铸模具温度和压射速度下 AM50 铸造镁合金的力学性能，在一定压力和温度下，压射速度为 2.6 m/s 时，AM50 铸造镁合金的力学性能最佳，获得了提高 AM 系铸造镁合金力学性能的压力、温度、压速等工艺参数[17]。

稀土元素由于能细化组织，提高基体及合金相的耐热性，也常常被加入到 AM 系铸造镁合金中以提高其强度和抗蠕变性能；Si 和 Ca 可单独也可与稀土元素一起加入到 AM 系铸造镁合金中，以进一步改善组织和提高性能。相对其他系列，AM 系铸造镁合金已得到较为广泛的应用，主要集中在对强度、耐热性能、耐腐蚀性能等要求较低的领域。

AS 系列：AS 系铸造镁合金主要用于对耐热性能有较高要求的领域。该系铸造镁合金的开发始于 20 世纪 70 年代，适合于 150℃以下的应用场景，目前已部分用于汽车空冷发动机曲轴箱、风扇壳体和发动机支架等铸造零部件。该系耐热镁合金的强化机制主要是在基体晶界处形成细小弥散 Mg_2Si 相。但是，当 Si 含量低于 Mg-Mg_2Si 共晶点成分时，AS 系耐热镁合金蠕变强度的增加有限。高 Si 含量的过共晶 Mg-Al-Si 合金具有更高的蠕变强度。早期的典型 AS 系耐热镁合金主要有 AS41、AS21 等合金牌号，其中 AS21 因 Al 含量较低，β 相数量较少，其蠕变强度和抗蠕变温度高于 AS41，但其室温抗拉强度和屈服强度较低及可铸造性较差。而 AS41 在温度为 175℃时的蠕变强度稍高于 AZ91 和 AM60，且具有良好的韧性、抗拉强度和屈服强度。尽管 AS 系铸造镁合金具有较高的耐高温性能，但仍然存在以下不足而使其推广应用受到一定程度的限制[18, 19]：①Si 在镁合金中形成的铸态 Mg_2Si 相往往以粗大的汉字状形态出现，Mg_2Si 粒子周围存在很大的应力集中，使合金的室温性能特别是延伸率明显下降；②Si 含量每增加 1 wt%，Mg-Si 合金的液相线温度提高约 40℃，导致该系合金的流动性变差，压铸工艺性能降低；③Al 含量较低，耐腐蚀性较差，并且在压铸条件下成型困难，容易产生热裂。针对 AS 系铸造镁合金的不足，国内外对其进行了微合金化改性研究[19-21]。在 AS

系铸造镁合金中添加适量的 Ca、Sr、RE、P、Sb 或 Bi 等微量合金元素，可以改善 AS 系铸造镁合金中 Mg_2Si 相的形态和尺寸，使其力学性能、铸造性能等得到明显改善。添加少量 Ca 对 AS41 合金进行改性[19]，可使 Mg_2Si 相的形态改善并细化，从而提高该合金的力学性能和铸造流动性，其抗氧化温度可达到 900℃。通用汽车公司在 AS 系铸造镁合金中添加 Ca 和 Sr，使其铸造流动性得到明显改善，抗热裂性能得到提高。此外，挪威海德鲁镁业公司通过添加 Ce 和 Mn 所得到的 AS21X 合金，与 AS21 合金相比，在保持较好的抗拉强度及蠕变强度情况下，耐腐蚀性得到明显改善。

AE 系列：在 Mg-Al 合金中添加一定量的稀土元素可有效提高镁合金的耐高温性能和抗蠕变性能，特别是对于 Al 含量小于 4 wt%的 Mg-Al 系铸造镁合金具有更好的效果。其主要强化机制包括：①RE 与 Al 生成了 $Al_{11}RE_3$ 或 Al_4RE 等 Al-RE 化合物而减少了 $Mg_{17}Al_{12}$ 相的体积分数，有利于提高该系合金的耐高温性能；②合金中的 Al-RE 化合物具有较高的熔点（如 $Al_{11}RE_3$ 的熔点为 1200℃），在镁基体中的扩散速度慢，热稳定性较高，可有效钉扎晶界、阻碍晶界滑动，从而提高该合金的耐高温性能[19-21]。

尽管 AE 系铸造镁合金的耐高温性能较好，抗腐蚀能力强，且具有中等强度，但仍然存在不少问题需要解决：①合金中 Al 含量相对较低，并且 Al 与 RE 形成 Al-RE 化合物还会进一步消耗基体中的 Al 元素，导致合金的铸造流动性差，压铸时黏模倾向严重，铸造性能不好；②在冷却速度较慢时，易形成粗大的 Al_2RE 等 Al-RE 化合物[19]，使该合金的力学性能降低，因此仅适用于冷却速度较快的压铸件，而无法用于冷却速度较慢的砂型铸造；③稀土元素添加量较大，合金成本高。表 1-1 总结了部分 Mg-Al 系铸造镁合金的成分和相应的室温力学性能。

表 1-1　部分 Mg-Al 系铸造镁合金的室温力学性能[22-40]

合金成分	状态/热处理工艺	抗拉强度/MPa	屈服强度/MPa	延伸率/%
Mg-4Al-3La-2Sm-0.3Mn	压铸态	266	170	11.2
Mg-4Al-2RE-2Ca-0.3Mn	压铸态	234±11	202±4	4±0.6
Mg-4Al-3La-0.3Mn	压铸态	284±7	181±4	14±2
AM40	压铸态	218	120	9
Mg-4Al-1Ce-0.3Mn	压铸态	232	146	9
Mg-4Al-2Ce-0.3Mn	压铸态	247	148	12
Mg-4Al-3Ce-0.3Mn	压铸态	250	157	11
Mg-4Al-4Ce-0.3Mn	压铸态	254	161	10
AE44	压铸态	247	147	11
Mg-4Al-0.4Mn-1Pr	压铸态	247	145	13

续表

合金成分	状态/热处理工艺	抗拉强度/MPa	屈服强度/MPa	延伸率/%
Mg-4Al-0.4Mn-2Pr	压铸态	250	147	13
Mg-4Al-0.4Mn-4Pr	压铸态	263	163	15
Mg-4Al-0.4Mn-6Pr	压铸态	257	158	11
Mg-4Al-0.4Mn	压铸态	210	105	6
Mg-4Al-0.4Mn-1Nd	压铸态	244	150	12
Mg-4Al-0.4Mn-2Nd	压铸态	246	152	13
Mg-4Al-0.4Mn-4Nd	压铸态	262	154	14
Mg-4Al-0.4Mn-6Nd	压铸态	261	165	12
Mg-4Al-4La-0.4Mn	压铸态	264	146	13
Mg-4Al-4RE-0.4Mn	压铸态	247	140	11
Mg-5Al-0.4Mn-1RE	压铸态	224	132	—
Mg-5Al-0.4Mn-3RE	压铸态	234	138	—
Mg-5Al-0.4Mn-5RE	压铸态	248	145	—
Mg-4Al-1La-0.3Mn	压铸态	236	133	12
Mg-4Al-2La-0.3Mn	压铸态	245	140	13
Mg-4Al-4La-0.3Mn	压铸态	265	155	12
Mg-4Al-6La-0.3Mn	压铸态	257	171	7
Mg-4Al-1Ce/La-0.3Mn	压铸态	233	128	11
Mg-4Al-2Ce/La-0.3Mn	压铸态	240	137	11
Mg-4Al-4Ce/La-0.3Mn	压铸态	270	160	13
Mg-4Al-6Ce/La-0.3Mn	压铸态	261	173	8
Mg-4Al-4La-0.4Mn	压铸态	264	146	13
Mg-4Al-2.5Ce-1.5La-0.4Mn	压铸态	271	160	14
Mn-4Al-4Ce-0.4Mn	压铸态	250	141	10
Mg-4Al-0.3Mn-1Pr	压铸态	252	143	10
Mg-4Al-0.3Mn-2Pr	压铸态	254	145	12.5
Mg-4Al-0.3Mn-4Pr	压铸态	262	161	12.5
Mg-4Al-0.3Mn-6Pr	压铸态	257	157	15
Al-4Al-1Ce-0.3Mn	压铸态	232	146	9
AZ91-0.5RE-0.2Sr	压铸态	263	165	7.6
AZ91 + 1.0Ce	压铸态	248	158	6.8
AZ91 + 1.0Nd	压铸态	258	164	5.6
AZ91 + 0.5Y	压铸态	270	162	10

续表

合金成分	状态/热处理工艺	抗拉强度/MPa	屈服强度/MPa	延伸率/%
AZ91 + 0.8Pr	压铸态	228	137	6.8
AZ91 + 1.0Ca + 0.5Sr	压铸态	250	—	3.5
AZ91 + 1.5Ca + 1.0Y	压铸态	241	183	3.2
AZ91	压铸态	160	110	2
	T4	240	120	6
	T6	240	150	2
AZ81	T4	234	76	7
AM100	压铸态	138	69	2
	T4	234	69	6
	T6	234	103	2

注：T4 是指固溶处理；T6 是指固溶处理和人工时效。

1.1.2　Mg-Zn 系铸造镁合金

Mg-Zn 二元合金在实际中几乎没有得到应用，这是因为其结晶温度区间大，铸造流动性差、铸态组织粗大，铸造过程中容易产生显微缩松和热裂，不宜用作铸件材料，工业应用受到很大限制。因此，常常在 Mg-Zn 二元合金中添加其他合金元素以细化晶粒并减少显微缩松倾向。在 Mg-Zn 二元系基础上发展起来的常用 Mg-Zn 系铸造镁合金包括 Mg-Zn-Zr、Mg-Zn-RE、Mg-Zn-Zr-RE 和 Mg-Zn-Cu 等。

Mg-Zn-Zr 合金：1937 年，德国的 Sauerwald 等发现 Zr 元素对镁合金有显著的细化晶粒作用[41]。但由于 Zr 的熔点（1852℃）比 Mg 的熔点（649℃）要高许多，导致 Zr 在 Mg 中的合金化较为困难。经过 10 年左右，一种可靠的 Zr 和 Mg 合金化方法被发展起来，即将 Zr 元素以含 Zr 中间合金形式加到镁合金中，由此发展了 Mg-Zn-Zr 合金。罗治平和张少卿[42]在 Mg-Zn 合金中加入少量的 Zr 后，由于 Zr 的变质形核作用，晶粒明显细化，并且改变了晶界上析出物的成分和形态，强度和韧性都得到了改善，ZK60 铸造镁合金就是该合金系中性能最优越的一种[43-45]。但由于 ZK60 铸造镁合金的 Zn 含量较高，其铸造热裂倾向较为严重。

Mg-Zn-RE：在 Mg-Zn 合金中添加适量 RE（稀土元素）可以改善其铸造性能和提高抗蠕变性能，从而发展了 Mg-Zn-RE 铸造镁合金。ZE41 和 ZE33 铸造镁合金是典型代表。Mg-Zn-MM（MM 表示混合稀土）铸造镁合金具有明显的时效强化特点，RE 在 Mg-Zn 合金中形成的高 RE 含量的 Mg-Zn-RE 三元相可起到推迟峰值时效强化时间的作用[46]。

我国的 ZM2 铸造镁合金（Zn 含量 3.5 wt%～5.0 wt%，Zr 含量 0.5 wt%～1.0 wt%，Ce 含量 0.7 wt%～1.7 wt%）就是在 ZM1 铸造镁合金（Zn 含量 3.5 wt%～5.0 wt%，Zr 含量 0.5 wt%～1.0 wt%）基础上添加了一定量的稀土元素 Ce，从而改善了该合金的力学性能。ZE41 铸造镁合金（Zn 含量 4.2 wt%，Ce 含量 1.3 wt%，Zr 含量 0.6 wt%）是 Mg-Zn-RE 铸造镁合金中应用最广泛的合金之一。由于稀土元素提高了镁合金的耐热性能，其使用温度升高至 150℃，可应用于飞机部件和汽车变速器[46]等领域。ZE33 铸造镁合金（RE 含量 3 wt%，Zn 含量 2.5 wt%，Zr 含量 0.6 wt%）既具有高的室温强度，又具有高的蠕变强度，使用温度可达 250℃。进一步增加 Zn 含量形成的 ZE63 铸造镁合金，在晶界处会形成大块 Mg-Zn-RE 相，经固溶处理后，合金的强度和塑性大大提高，主要用于要求较高力学性能和较高气密性的发动机油底壳等[47]零件。

Mg-Zn-Zr-RE：在 Mg-Zn 二元合金中添加 Zr 合金化后，铸态晶粒细化，缩松等缺陷受到抑制，但相对于 AZ 系合金，Mg-Zn-Zr 系合金仍然存在对显微缩松敏感、焊接性能差、热裂倾向严重等缺点。因此，在 Mg-Zn-Zr 系合金基础上，通过添加少量 Y 等稀土元素，发展出多种 Mg-Zn-Zr-RE 四元合金。Y 等稀土元素具有独特的核外电子排布，在冶金和材料领域有着独特作用[44, 48-50]，稀土元素在镁合金中可以净化合金熔体、改善合金组织（细化晶粒及改变第二相性质与形貌等作用）、提高合金室温及高温力学性能、增强合金耐腐蚀性等[51-56]。并且稀土元素对 Mg-Zn-Zr-RE 合金时效处理过程中 GP 区（Guinier-Preston zone）和过渡相的形成和演变影响很大[57]，可调控 Mg-Zn-Zr-RE 合金的组织和性能。

Mg-Zn-Cu：Mg-Zn-Cu 合金是 20 世纪 70～80 年代发展起来的镁合金。在 Mg-Zn 二元合金中加入 Cu 元素能显著提高其延展性并促进时效强化[58]，同时 Cu 的添加还能改善 Mg-Zn 合金铸态共晶组织，使铸态组织中的 α-Mg 晶界及枝晶间 MgZn 相的形态由不规则块状转变为连续薄片状。Mg-Zn-Cu 合金铸造性能较好，采用常规的砂型铸造、压力铸造和精密铸造技术均可制备生产 Mg-Zn-Cu 合金铸件，所得铸件中微孔收缩少，不用特殊变质处理也可使铸件组织致密。

Mg-Zn-Cu 合金可以用作耐热合金，在 150℃以下的耐高温性能优于传统 Mg-Al-Zn 合金，有望用于汽车和火箭部件等[59]。该合金的典型牌号包括 ZC63、ZC62 和 ZC71。其中，ZC63 是典型的砂型铸造镁合金，经时效处理后其室温抗拉强度、屈服强度和延伸率分别达到 240 MPa、145 MPa 和 5%；铸态 ZC62 合金在 150℃时的强韧性高于 AS21A 合金；ZC71 合金经固溶处理和人工时效处理后，在 100～177℃范围内的抗拉强度和屈服强度均高于 AE42。但是，由于 Cu 的加入显著降低合金的电极电位，Mg-Zn-Cu 合金的耐腐蚀性能较差。部分 Mg-Zn 系铸造镁合金的室温力学性能如表 1-2 所示。

表 1-2　部分 Mg-Zn 系铸造镁合金的室温力学性能[22-40]

合金成分	状态/热处理工艺	抗拉强度/MPa	屈服强度/MPa	延伸率/%
ZC63	T6	195	125	2
ZE41	T5	210	135	3
Mg-2Zn-0.2Y-0.5Nd-0.4Zr	铸态	203	89	35
Mg-6Zn-8.16Y-2.02Mn-0.3Mo	铸态	265	—	13.5
Mg-1Zn-1.5Y-1Mn-0.5Ni-0.1Bi	铸态	239	167	12
Mg-4Zn-1La	400℃×12 h	199	108	8.2
Mg-1.8Zn-0.4Zr-1.74Gd-0.5Y	铸态	175	99	15.8
Mg-4.86Zn-8.78Y-0.6Ti	T6	248	149	9
Mg-6Zn-4Al	压铸态	208	137	4.1
Mg-6Zn-4Al-1Sn	压铸态	220	150	4
Mg-6Zn-4Al-2Sn	压铸态	210	150	3.7

1.1.3　Mg-RE 系铸造镁合金

早在 20 世纪 30 年代，人们就发现了稀土元素（RE）对镁合金具有很好的强化作用，可以改善合金组织、提高合金强度、增加合金塑性、改善耐腐蚀性等。目前已发展的高强度铸造镁合金主要是镁稀土合金，具有代表性的合金体系是 Mg-Nd、Mg-Y 和 Mg-Gd[60]。

Mg-Nd 系：早在 1949 年，美国陶氏化学公司的 Leontis 研究了 La、Ce、Pr、Nd 等轻稀土元素对 Mg-RE 二元合金性能的影响[61]。随着原子序数增加，La、Ce、Pr、Nd 在镁中的最大固溶度和强化效果均依次增加，因此在 Mg 与轻稀土元素形成的合金中，Mg-Nd 合金受到更多的关注，其主要强化机制来自时效过程中沿基体棱柱面析出的 β″亚稳相。

在此基础上，含 Nd 的铸造镁合金得到发展，代表性 Mg-Nd 铸造合金为 ZM6 合金（Mg-2 wt%Nd-0.2 wt%Zn-0.5 wt%Zr）。付彭怀[62]进一步优化得到了 Mg-3Nd-0.2Zn-Zr，该合金经 T6 热处理（540℃×10 h + 200℃×16 h）后力学性能优良：屈服强度 140 MPa，抗拉强度 300 MPa，断裂延伸率 11%。

Mg-Y 系：与 Nd 等轻稀土元素相比，Y 元素对镁合金具有更好的强化效果。典型的 Mg-Y 合金包括 WE54 和 WE43 两种，该类合金在时效过程中沿基体棱柱面析出 β″亚稳相。WE54 合金经 T6 处理后的室温拉伸性能为：抗拉强度 255 MPa，屈服强度 179 MPa，延伸率 2%[63]。该合金有望用于汽车、航空航天及军工领域[64]。WE54 合金在 150℃左右长期使用时，会析出具有 DO_{19} 结构的 β″相，尽管合金强度上升，但其韧性会显著降低而影响应用效果[65]。为此，通过降低 Y 和 Nd 的含量而发展了 WE43 合金，其具有优异的综合性能，且成本比 WE54 合金低，应用范围更广。

Mg-Gd 系：早在 20 世纪 70 年代，苏联莫斯科拜可夫冶金研究所（Baikov Institute of Metallurgy）的 Rokhlin 等较为系统地研究了稀土元素在镁合金中的强化作用，发现 Gd 元素的强化作用尤为显著，使 Mg-Gd 合金成为研究热点[66-70]。

Mg-Gd 合金中的 Gd 含量较少时，时效析出强化效果有限，其强度和耐热性较差。而 Gd 含量大于 20 wt%的 Mg-Gd 合金强度高但延伸率极低[71]。针对 Mg-Gd 合金特点，一般加入其他元素来替代 Gd 元素进行合金化改性，以达到强化并同时提高延伸率的目的。根据加入合金元素的种类，Mg-Gd 合金可分为三类：①加入 Y、Nd 等稀土元素，可得到 Mg-Gd-Y-Zr 和 Mg-Gd-Nd-Zr 合金；②加入 Zn、Ag 等非稀土元素，可得到 Mg-Gd-Zn-Zr 和 Mg-Gd-Ag-Zr 合金；③同时加入稀土元素和非稀土元素，所得代表性合金是 Mg-Gd-Y-Zn-Zr 和 Mg-Gd-Y-Ag-Zr 合金。

总体来看，Mg-RE 系镁合金的室温和高温力学性能均比其他常用镁合金更为优异，如表 1-3 和表 1-4 所示。Mg-RE 系镁合金尤其是 Mg-Gd-Y-Zn-Zr 合金具有高强和耐高温的特点。

表 1-3 部分 Mg-RE 系镁合金室温力学性能[22, 23, 66, 67, 72-121]

合金成分	状态/热处理工艺	抗拉强度/MPa	屈服强度/MPa	延伸率/%
Mg-14.33Gd-2.09Zn-0.51Zr	520℃×12 h + 200℃×32 h	382	269	3.7
Mg-17Gd-1Zn-0.6Zr	500℃×12 h + 225℃×18 h	405	313	1.9
Mg-7Gd-3Dy-2Zn	510℃×10 h + 215℃×109 h	392	295	5.1
Mg-14Gd-3Y-1.8Zn-0.5Zr	520℃×10 h + 200℃×16 h	366	262	2.8
Mg-11Gd-4Y-2Zn-0.5Zr	500℃×10 h + 225℃×10 h	362	231	4
Mg-8Gd-3Y-0.4Zr	500℃×8 h + 200℃×80 h	362	222	7.6
Mg-10Gd-2Y-1Zn-0.5Zr	480℃×12 h + 200℃×12 h	351	252	10.2
Mg-6Gd-3Y-0.5Zr	T6	340	251	6.2
Mg-9Gd-3Y-0.5Zn-0.5Zr	500℃×6 h + 225℃×16 h	350	240	7.4
Mg-12Gd-0.8Zn-0.4Zr	530℃×12 h + 250℃×12 h	348	—	2.6
Mg-9Gd-4Y-0.6Zr	520℃×8 h + 225℃×100 h	327	279	3.3
Mg-15Gd-2Zn-1Sn	520℃×12 h + 200℃	354	252	2.6
Mg-8.31Gd-1.12Dy-0.38Zr	T6	355	261	3.8
Mg-10Gd-2Sm-0.4Zr	500℃×6 h + 225℃×4 h	347	237	3.2
Mg-3Gd-1Zn-0.2Zr	500℃×50 h + 200℃×80 h	332	205	6.9
Mg-11Gd-2Nd-0.5Zr	T6	336	222	2.5
Mg-10Gd-1Zn-0.5Zr	460℃×12 h + 200℃×48 h	303	205	6.6
Mg-11Y-5Gd-2Zn-0.5Zr	—	310	240	2

续表

合金成分	状态/热处理工艺	抗拉强度/MPa	屈服强度/MPa	延伸率/%
Mg-3.5Sm-Yb-0.6Zn-0.5Zr	T6	297	228	5.7
Mg-2.5Gd-1Zn-0.18Zr	T6	290	162	10.4
Mg-4Y-4Zn	铸态	232	122	—
Mg-2Y-2Zn	500℃×12 h + 225℃×8 h	256	145	5.7
Mg-7Y-1Nd-0.5Zr	537℃×126 h	181	144	5.5
Mg-8Gd-4Y-1Zn-Mn	T6	268	214	1.8
Mg-7Y-0.5Nd	铸态	257	151	14
Mg-7Y-1Nd	铸态	269	157	13
Mg-2Gd-2Zn	铸态	131	71	5.1
Mg-2Gd-6Zn	铸态	169	87	4.2
Mg-10Gd-2Zn	铸态	145	117	1.2
Mg-10Gd-6Zn	铸态	140	115	1.1
WE43	T6	250	180	7
Mg-3Gd-1Cu	T6	230	—	3.5
Mg-3Gd-1Ni	铸态	245	130	10.4
Mg-3Gd-0.3Ni-0.7Zn	铸态	212	—	5.5
Mg-10Gd-0.3Ca	T6	304	200	1.5
Mg-10Gd	T6	274	180	2.9
Mg-10Gd-1.2Ca	T6	282	215	0.7
GZ142K	T4 + 200℃×64 h	311	225	1.4

表 1-4 部分 Mg-RE 和 AS 系镁合金高温力学性能[22, 23, 66, 67, 72-122]

合金成分	状态/热处理工艺	拉伸温度/℃	抗拉强度/MPa	屈服强度/MPa	延伸率/%
VW92	480℃×12 h + 200℃×60 h	250	300	235	10.5
		300	281	208	17.2
Mg-12Gd-3Y-1Sm-0.5Zr	525℃×6 h + 225℃×10 h	250	323	217	2.1
		300	293	203	5.8
Mg-9Gd-3Y-0.5Zn-0.5Zr	500℃×6 h + 225℃×16 h	250	—	—	—
		300	248	193	26.7
Mg-10Gd-3Y-2Nd-0.5Zr	535℃×6 h + 225℃×14 h	250	—	—	—
		300	283	—	9.3
Mg-10Gd-5Y-0.5Zr	T6	250	—	—	—
		300	225	181	15.4
Mg-12Gd-2Y-Sm-0.5Sb-0.5Zr	T6	250	—	—	—
		300	292	241	2.9

续表

合金成分	状态/热处理工艺	拉伸温度/℃	抗拉强度/MPa	屈服强度/MPa	延伸率/%
Mg-12Gd-4Y-2Nd-0.3Zn-0.6Zr	T6	250	306	278	4.5
		300	293	261	5.8
WE54	T6	250	220	159	7.9
		300	170	113	10.8
GW103K	T6	250	303	193	8.3
		300	198	130	23.1
GWZ1031K	T6	250	315	199	9.9
		300	230	142	25
Mg-3.5Sm-Yb-0.6Zn-0.5Zr	T6	200	279	182	18.2
Mg-10Gd-3Y-0.5Zr	T6	200	350	250	—
WE43	T6	300	150	125	20
WE54	T6	300	180	140	9
Mg-11Y-5Gd-2Zn-0.5Zr	—	350	150	130	22
Mg-10Gd-6Y-0.6Mn	T5	300	225	196	15
Mg-9Gd-4Y-0.6Zr	T5	250	348	303	9
Mg-7Gd-5Y	T6	250	212	140	8.9
Mg-11Gd-2Nd-0.5Zr	T6	250	300	—	11.2
Mg-8.31Gd-1.12Dy-0.38Zr	T6	250	230	174	7.4
Mg-11Gd-2Y-5Sm-0.6Al	T6	250	290	260	5.5
Mg-12Gd-1Sm-0.5Zr	525℃×6 h + 225℃×10 h	300	256	134	5.5
Mg-6Gd-2Nd-0.5Zr	500℃×6 h + 200℃×24 h	300	195	—	21
Mg-8Gd-2Nd-0.5Zr	515℃×4 h + 225℃×12 h	300	210	—	15
Mg-11Gd-2Nd-0.5Zr	525℃×4 h + 250℃×2 h	300	248	—	12.5
AS21	压铸态	150	125	90	35
	压铸态	175	115	80	32
AS41	压铸态	150	153	94	17
	压铸态	175	127	85	18

1.2 铸造镁合金力学性能的影响因素

1.2.1 元素固溶

通常，随着溶质原子浓度的增加，固溶体的强度、硬度提高，而塑性、韧性有所下降，这种现象称为固溶强化。微合金化是提高镁合金固溶强化效果的常见方式。通过合金化阻碍位错滑移和攀移，降低溶质原子扩散能力，有利于提升镁合金的室温力学性能和高温抗蠕变性能。Mg-Gd、Mg-Y 和 Mg-Gd-Y 单相固溶体合金力学行为研究表明，合金屈服强度与稀土元素固溶于镁基体中的原子浓度密切相关，Gd、Y 元素的固溶强化作用明显优于 Al、Zn、Mn 等元素[123-125]，Gd 元素的固溶强化效果优于 Y 元素[126]。

2002 年以来，重庆大学潘复生课题组等研究了 Ag、Nd、Zn、Mn、Sn、Er、Al、Y、Ca、Ce、Li、Gd、Sc、Sr 等合金元素对镁合金强塑性的影响[127, 128]。很多合金元素均有显著的固溶强化和析出强化效果，但合金的塑性呈下降趋势。一部分合金元素，如 Mn、Er、Y、Gd 等元素不仅有明显的固溶强化作用，而且还使合金的塑性明显提高。进一步研究发现，Mn、Er、Y、Gd 等元素固溶在镁基体中具有降低基面与非基面滑移阻力差异的独特作用，一方面阻碍基面滑移而提高强度，另一方面有利于启动非基面滑移，进而提高镁合金的强度和塑性。由此，潘复生及其合作者结合国内外研究工作提出了“固溶强化增塑”的新型镁合金设计思想，其主要思路见图 1-1。

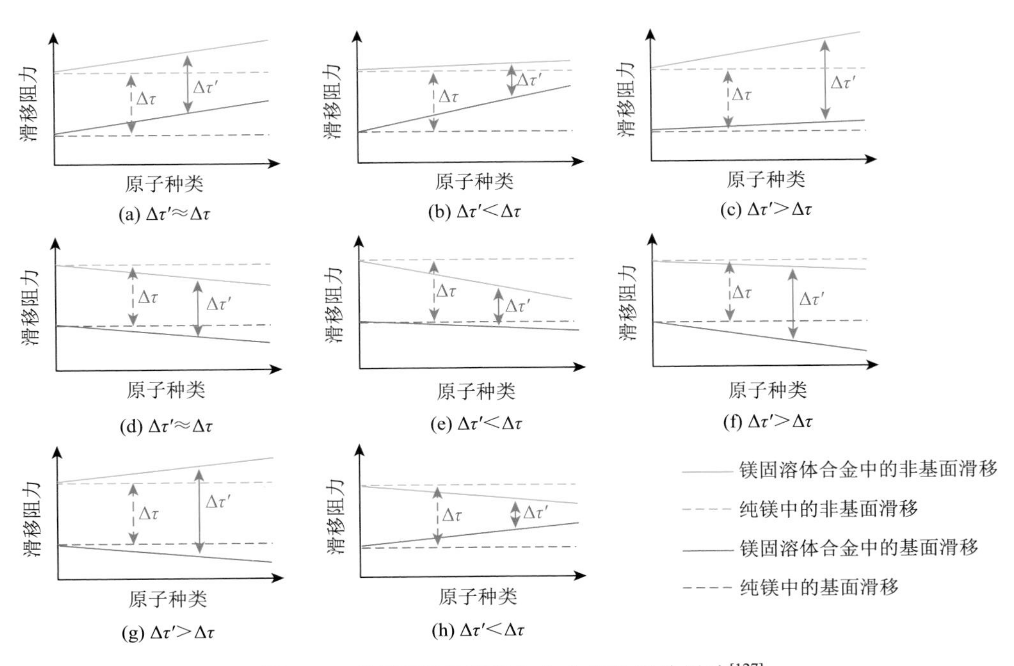

图 1-1 “固溶强化增塑”合金设计理论思路[127]

从图 1-1 可以看出，合金元素固溶在镁基体中可增大或减小镁基面或非基面滑移阻力。当合金元素固溶后增大（或减小）基面和非基面的滑移阻力时，镁固溶体基面与非基面滑移阻力差值 $\Delta\tau'$和纯镁基面与非基面滑移阻力差值 $\Delta\tau$，存在 $\Delta\tau'\approx\Delta\tau$、$\Delta\tau'>\Delta\tau$、$\Delta\tau'<\Delta\tau$ 三种情况[12]。

当 $\Delta\tau'\approx\Delta\tau$ 时[图 1-1（a）和（d）]，元素固溶对镁及镁合金基面与非基面滑移阻力差值的影响不大，不能促进非基面滑移的开启，无法提高镁合金塑性；当 $\Delta\tau'>\Delta\tau$ 时[图 1-1（c）、(f)、(g)]，元素固溶增大了镁基面与非基面滑移阻力差值，使非基面滑移的启动更为困难，不利于镁合金塑性的改善；当 $\Delta\tau'<\Delta\tau$ 时[图 1-1（b）、(e)、(h)]，元素固溶减小了镁基面与非基面滑移阻力差值，有利于非基面滑移的开启，镁合金均匀塑性变形能力提高。而基面滑移阻力的减小不利于镁合金强度的提升，图 1-1（e）所示情况只能改善塑性，但会损失一定的强度，使得该合金的工业应用受限。

图 1-1（b）和（h）是铸造镁合金设计的追求方向，其中图 1-1（h）所示的状态最有利于同时提高合金的强度和塑性。因此，当设计合金成分时，应当尽量选用能够使基面滑移阻力增加且基面与非基面滑移阻力差值减小的合金元素，这样既可以产生强化提高合金强度，又可以促进非基面滑移而提高合金塑性，达到同时提高合金强度和塑性的效果，从而实现“固溶强化增塑”的合金设计效果。

镁具有密排六方结构，其 c/a 轴比值的变化与原子间距紧密相关。早期研究认为这种变化将激发非基面滑移，从而提高镁合金的塑性。而后更深入的研究发现，轴比增大或减小与开启非基面滑移的难易程度没有直接对应关系。因此，轴比的变化并不是激发镁合金非基面滑移的关键因素[127]。

层错是晶体材料的本征特征，层错能则是对应于晶体特定相对滑动位移形成的层错所需要的能量。近年来，大量研究认为镁合金层错能的变化与其基面和非基面滑移系启动密切相关，进而与合金塑性变形能力密切相关。重庆大学潘复生课题组[127, 128]研究了多种固溶原子对镁层错能的影响，Al、Bi、Ca、Dy、Er、Ga、Gd、Ho、In、Lu、Nd、Pb、Sm、Sn、Y、Yb 等元素可明显降低镁基面滑移的层错能；Ca、Dy、Er、Gd、Ho、Lu、Nd、Sm、Y、Yb 等元素能大幅度降低镁柱面滑移系的非稳定层错能，有利于降低柱面位错滑移的临界分切应力（critical resolvecl shear stress，CRSS）；Ag、Al、Ca、Dy、Er、Ga、Gd、Ho、Li、Lu、Nd、Sm、Y、Yb、Zn 等元素有利于锥面滑移系的开启并提高镁合金的本征塑性。

Joseph 等[125]通过第一性原理计算建立了部分二元镁固溶体合金基面层错能与基面滑移 CRSS 之间的定量关系，证明了镁合金层错能与 CRSS 的直接关联。近年来，随着计算技术和方法的发展，对于密排六方晶体结构金属，基于局域密度泛函方程的理论模型能够对层错能进行可靠的计算，为高塑性铸造镁合金设计提供了重要理论依据。

1.2.2　晶粒尺寸

在多晶镁合金中，晶界对于合金强度、韧性等有重要作用。多晶镁合金内不同取向晶粒受力发生塑性变形时，部分晶粒的基面滑移处于软取向（施密特因子较大）时，其位错源首先被激活，产生的位错滑移至晶界时受到阻碍，更多的位错因此发生塞积，进而在晶界附近形成微应力场。随着位错塞积程度增加，晶界附近应力场强度增加，进而成为相邻晶粒内位错源开动的驱动力，促进多晶镁合金的塑性变形。

镁合金细晶强化的作用机制与常用金属材料一样，通常符合霍尔-佩奇关系：

$$\sigma_y = \sigma_0 - kd^{-1/2}$$

式中，σ_y 为晶界作用后的合金屈服强度；σ_0 为位错在滑移面上滑动的摩擦力；k 为霍尔-佩奇斜率。密排六方结构镁的结构对称性低，可激活滑移系少，k 值远大于铝，其晶粒细化导致的强化效果更为显著。Yu 等[129]综述了部分镁合金中的霍尔-佩奇关系，发现 k 值与合金成分、加工条件、加载方向和晶粒尺寸等均密切相关。

1.2.3　第二相

镁合金的第二相强化主要包括长周期堆垛有序（long period stacking ordered，LPSO）相和析出相强化等。LPSO 相对铸造镁合金的力学性能有着重要影响。研究表明[87, 130-132]，弥散分布的细小片状 LPSO 相可有效提升铸造镁合金的强度，而块状的 LPSO 相则可有效提升镁合金的塑性。普遍认为 LPSO 相在镁合金中主要存在两种变形机制：一种是基面滑移，位错可沿(0001)〈1120〉进行滑移；另一种是扭折变形[130, 131]。扭折变形是 LPSO 相特有的一种变形方式。Gao 等[130]认为当位错沿基面滑移时，将使 LPSO 相的原子堆砌方式发生变化，fcc 和 hcp 层会互换，使得位错在 LPSO 相中拥堵，从而导致扭折变形。Hu 等[131]认为当位错沿基面滑移时会形成柯氏气团，使 LPSO 相发生扭折变形。虽然 LPSO 相在镁合金中的扭折变形机制尚无定论，但这种扭折变形非常有利于提升镁合金的力学性能。另外，LPSO 相会对 Mg-RE 铸造镁合金的其他析出相产生明显影响，可有效抑制时效过程中 β′析出相的长大，从而改善铸造镁合金的力学性能。

析出相强化在铸造镁合金强化方面具有关键作用，对 Mg-RE 铸造镁合金的强化尤为关键。在 Mg-Gd 和 Mg-Y 二元合金中，Gd 和 Y 元素在较高温度下具有较大平衡固溶度。例如，Gd 元素在 548℃时在镁基体中的固溶度达到 23.49 wt%，Y 元素在 566℃时达到 12.5 wt%。随着温度的降低，Gd 和 Y 元素在镁基体中的固溶度显著下降，Gd 元素在 200℃时在镁基体中的固溶度降到 3.82 wt%，Y 元素在

200℃时降到 2.69 wt%。因此，较高稀土元素含量的 Mg-RE 合金具有良好的时效强化效应。通常 Gd 含量超过 10 wt%或 Y 含量超过 8 wt%时，Mg-Gd 和 Mg-Y 二元合金将表现出明显的时效强化现象。Mg-Gd 合金的主要时效析出序列为：α-Mg(SSSS)→ β″(Mg_3Gd，hcp)→β′(Mg_7Gd，bcc)→β1(Mg_3Gd，fcc)→β(Mg_5Gd，fcc)[68]。其中高数密度的 β′相析出是该合金具有良好时效强化效应的主要原因。β′相的晶格常数为 $a = 0.650$ nm，$b = 2.272$ nm，$c = 0.521$ nm，与镁基体呈半共格关系，它们之间的位向关系为(100)β′//($1\bar{2}10$)α-Mg、β′//α-Mg。Mg-Y 合金的主要时效析出序列为：α-Mg(SSSS)→β′(Mg_7Gd，bcc)→β($Mg_{24}Y_5$，bcc)[133]。β′相也是 Mg-Y 合金的主要析出强化相，其晶格常数和镁基体位向关系与 Mg-Gd 合金中 β′相一致。不同之处在于，Mg-Gd 合金的亚稳态 β′相为柱面析出相，呈透镜状形态[134]。而 Mg-Y 合金中的 β′相主要表现为柱面杆状。Gd 和 Y 复合添加制备的 Mg-12Gd-1.9Y-0.7Zr（质量分数）合金在 200℃下的时效析出序列与 Mg-Gd 和 Mg-Y 二元合金类似，主要为：α-Mg(SSSS)→β″→β′→β，峰时效主要强化相为 β′相。在 Mg-Gd、Mg-Y 和 Mg-Gd-Y 系合金中加入适量 Zn 元素可以促进柱面 β′相析出，还可促进基面 γ′相[135]析出，也具有优良的时效强化效果。Gd 和 Y 的原子半径均大于 Mg 的原子半径，而 Zn 的原子半径小于 Mg 的原子半径。因此，Gd 或 Y 固溶原子取代 Mg 原子位置将形成压应力，而 Zn 固溶原子取代 Mg 原子位置则形成拉应力。随着 Zn 元素的添加，Gd 和 Y 元素在镁基体中的固溶度明显降低，Gd、Y 和 Zn 原子在镁基体中易产生共偏聚而降低合金整体应变能。因此，Mg-Gd-Zn 合金的主要时效析出序列为：α-Mg(SSSS)→γ″($Mg_{70}Gd_{15}Zn_{15}$，hcp)→γ′(MgGdZn，hcp)→γ($Mg_{12}GdZn$，14H-LPSO)。γ′相是稀土元素富集的层错 ABCA 结构，与镁基体之间的位向关系为(0001)γ′// (0001)α-Mg、γ′//α-Mg，其晶格常数为 $a = 0.32$ nm，$c = 0.78$ nm。Mg-Y-Zn 合金的主要时效析出序列为：α-Mg(SSSS)→I2 层错→γ′(MgYZn，hcp)→γ($Mg_{12}YZn$，14H-LPSO)[133]。

1.2.4 原子偏聚

晶界和孪晶界具有较高的能量，可有效吸引杂质元素等点缺陷，使其偏析富集于界面。澳大利亚莫纳什大学 Nie 等[136]发现对预变形的 Mg-Zn 和 Mg-Gd 合金进行退火处理，固溶的 Zn 原子和 Gd 原子会偏析至孪晶界的晶脊处（图 1-2），对孪晶产生钉扎效果。在二次加载过程中，偏析于界面的 Zn 和 Gd 原子将抑制孪晶长大。同时，基体中会出现更多的细小孪晶，引发反常的“退火强化”（annealing strengthening）效果。另外，孪晶界的晶脊处存在扩张和压缩两种可能的偏析位置，较大的 Gd 原子倾向于占据扩张位置，而较小的 Zn 原子易分布于压缩位置。

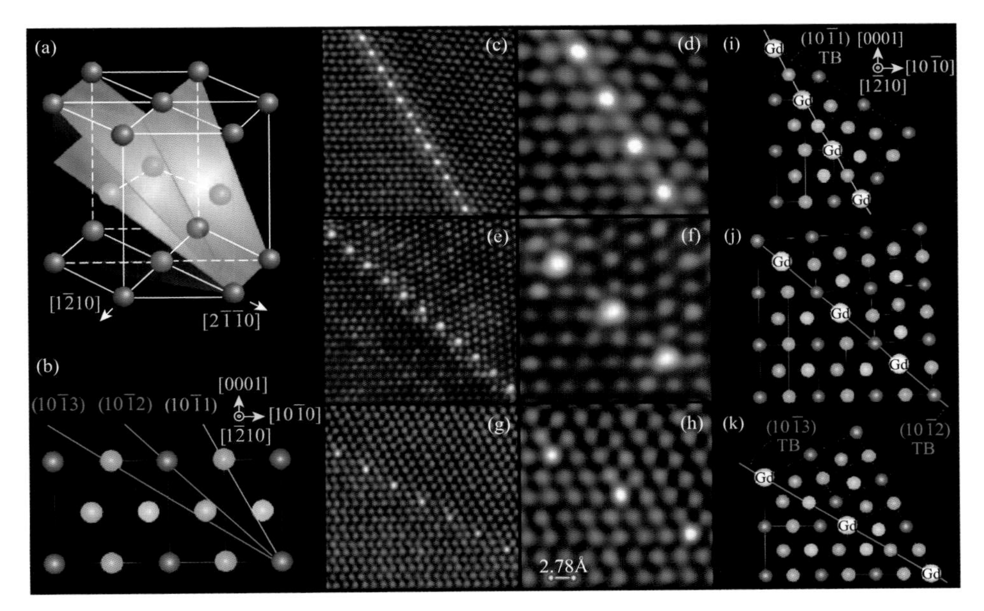

图 1-2 （a，b）不同 Mg 孪晶界示意图；（c～h）Gd 元素周期偏析至孪晶界；（i～k）Gd 原子在不同孪晶界上的分布[136]

重庆大学 Xin 等[137]对经过 3.5%预压缩的 AZ31 合金和纯镁进行退火处理，发现预压缩后的 AZ31 合金和纯镁中均出现大量孪晶，退火后 AZ31 合金中的孪晶大部分都保留下来，而纯镁中的孪晶则明显缩小，甚至消失了。这是因为退火后 AZ31 合金中的 Al 元素和 Zn 元素都偏析至孪晶界处，使去孪晶的应力增加，即对孪晶产生钉扎效果，从而引发“退火强化”现象。

除孪晶界以外，晶界处也可发生溶质原子的偏析富集。实验中已观测到 Al、Sn、Y 和 Gd[138]等合金元素偏析至 Mg 晶界的现象，这种偏聚有助于改善织构分布[138-140]。在 Mg-Gd 合金[141]和 Mg-Y 合金中，元素偏析可产生原子拖曳现象，阻碍动态再结晶过程中沿基面分布的晶界迁移运动，从而使基面织构弱化。Basu 和 Al-Samman[142]在四元镁合金中发现，由 Ce 和 Gd 元素引发的溶质拖曳和织构改良效果可随非稀土溶质 Zn 和 Zr 的添加而变得更加明显。另外，断裂韧性与溶质原子在晶界的偏析行为密切相关。沿晶断裂现象可由部分溶质原子偏析引发的晶界脆化解释[143, 144]。Somekawa 等[145]研究发现对于使得镁合金 c/a 轴比值增加的合金元素，如 Ca，其与 Mg 原子尺寸差异较大，因而在晶界处偏析能较低，即偏析可能性较大。但 Ca 元素使基体各向异性加剧导致晶界脆化，因此，Mg-Ca 合金易发生沿晶断裂。相反，对于 Zn 等 c/a 轴比值比较小的元素，在晶界处的偏析能较高，使基体各向异性降低，晶界韧性较好，Mg-Zn 合金易发生穿晶断裂。综上，溶质原子偏聚与晶界间的相互作用，有助于深入理解镁合金的断裂韧性[146]。

1.3 大型复杂镁合金铸件的制备及质量影响因素

碳达峰、碳中和已成为我国国家目标，《中国制造 2025》、《新材料产业“十三五”发展规划》、《新能源汽车产业发展规划（2021—2035 年）》和《节能与新能源汽车技术路线图 2.0》中明确指出，“轻量化仍然是重中之重”，要高度重视镁合金等轻量化材料开发及产业化推广应用。轻量化对实现碳达峰碳中和的目标具有重要战略意义。

为了实现碳达峰、碳中和的目标，节能与新能源汽车、高铁、无人机、航空航天等关键领域的轻量化需求十分迫切。中小型镁合金铸件，如汽车方向盘、减震塔、仪表盘支架、中控支架等汽车零部件，高铁座椅骨架等轨道交通零部件，已实现批量应用，产生了很好的节能减排应用效果。随着碳达峰、碳中和和节能减排的深入推进，以及材料与工艺装备的升级换代，中小型镁合金零部件正逐步向大型、超大型发展，很多汽车、高铁、航空航天关键的镁合金构件正在向超大尺寸化、结构一体化、功能集成化等方向发展。新能源汽车下车身前、中、后地板（平均长度超过 1.6 m，投影面积近 2 m^2）、前端模块、后掀背门、电池箱壳体，高铁车体框架和下支撑梁，大型无人机框架，飞机尾减机匣，火箭舱段等超大铸件已在新能源汽车、高铁车体、无人机、直升机、火箭等关键装备中起到越来越重要的作用，展现出迫切的应用需求。

镁合金是最具潜力的轻量化金属材料之一。据测算，汽车每用 1 kg 镁，在其寿命期内可减少 30 kg 碳排放，集成化的超大镁合金构件的轻量化效果将更加显著。超大镁合金铸件一体化成型技术可以大幅简化原有多构件生产、多构件连接的复杂工艺，构件尺寸稳定性大大提高，不仅节约时间成本和生产制造成本，而且降低生产线成本和人力成本，节能减排效益更加明显，已成为未来的重要趋势。

美国特斯拉公司率先布局了大尺寸汽车后地板的一体化成型，开发了大型后地板零部件的集成设计和制备技术，实现将传统汽车生产所需冲压焊装的 70 多个零件，以及 1000 余次的焊接工序，一次压铸得到成品，大幅提升了车身结构稳定性、生产效率，显著降低生产成本。我国在大尺寸和超大尺寸镁合金构件上的研发也在稳步推进，例如，重庆博奥镁铝金属制造有限公司、浙江万丰镁瑞丁新材料科技有限公司等采用中大型压铸机可以稳定生产长 1.6 m 的大型镁合金仪表盘支架，零部件数量从以前的 20 多个集成为 1 个，产品整体减重 30%以上；重庆美利信科技股份有限公司与宁波海天金属成型设备有限公司联合成功研制 8800 t 轻合金压铸系统，为当前世界最大压铸系统之一。我国的力劲集团和宁波海天金属成型设备有限公司均具备超大吨位压铸机研制和生产能力。

大型复杂镁合金铸件也在航空航天领域得到发展应用。例如，我国的舱体类大型镁稀土合金铸件，尺寸范围：直径为200～1400 mm、高度为400～2000 mm。随着航空航天领域技术的跨越式发展，各领域对高性能、高品质的铸造镁稀土合金大型复杂铸件的需求也越来越多[147]。

在大型镁合金铸件制备生产过程中，为了避免铸件出现低于设计载荷失效或低应力水平失效的现象，需要重点关注铸件本体强韧性、均匀性和可靠性等多个方面。大型镁稀土合金铸件常常具有以下结构和工艺特点：①合金熔体熔炼量大，铸件轮廓尺寸大、结构复杂，浇铸系统和工艺补贴复杂，合金熔体处理量大、处理时间长；②铸件冷却速度慢，合金熔体总热量高，加之以砂型铸造为主要工艺，铸件各部位凝固冷却慢；③铸件凝固过程中的溶质场、流场和能量场均很复杂，铸件各部位在浇铸、凝固和热处理过程中将经历均匀性较低的溶质场、流场和能量场等。这些结构和工艺特点，采用常规方法将导致：①铸件本体强韧性不足，在应力集中处易失效；②铸件成分与组织不均匀，区域偏析导致铸件在低应力水平易失效；③铸造缺陷（如显微缩松）显著降低产品可靠性。

因此，控制大型复杂镁合金铸件的综合性能和质量需要从以下几方面重点考虑：①基于力学性能和工艺特性的合金设计；②大容量合金熔体的纯净化和晶粒细化；③大型复杂铸件的凝固组织和缺陷控制；④铸件强韧化等。

在合金设计方面，基于大型复杂铸件结构特征，设计具有优良工艺特性和高强塑性的镁合金高压压铸、低压铸造、重力铸造合金体系十分关键。在高强塑镁合金材料方面，国内外研究机构开展了大量研究工作，重庆大学在Mg-Al-Zn/RE、Mg-Gd-Y等体系开发了多种合金，其中已获批中国国家合金牌号16个和ISO国际合金牌号9个。在实验室常规压铸工艺下，开发的Mg-La-Al系新型压铸镁合金的抗拉强度和延伸率分别达到280 MPa和14%，远高于常用AM50等压铸镁合金。重庆大学等揭示了镁稀土合金沉淀析出强化机制，发展了多种高强塑铸造镁合金，采用常规铸造工艺制备的Mg-Gd-Y铸造镁稀土合金的抗拉强度达到350 MPa，延伸率达到10%。然而，仍然存在镁合金强塑性与工艺性的匹配性较差，大型铸件本体力学性能随着尺寸增大而明显低于合金性能等难题。

在熔体处理方面，常规熔剂精炼处理中小型熔炼量镁稀土合金熔体的纯净化所需时间短、作用空间范围窄，能够实现纯净化和细化孕育的有效兼顾。在大熔炼量情况下，镁合金熔体纯净化和细化孕育的矛盾较为突出，且随着纯净化静置时间延长，细化孕育效果显著衰退。熔体纯净化与成分均匀化之间的矛盾也随合金熔炼量增大而明显加剧，这将造成大型镁合金铸件的组织和性能不均匀。

在构件组织及缺陷控制方面，大型复杂镁合金铸件易出现气孔、缩孔、二次氧化夹杂等缺陷。对于镁稀土合金铸件，Gd 和 Y 复合添加可协同改善合金凝固组织和提高合金性能，并能起到抑制缺陷的作用。随着 Gd、Y 含量的增加，晶粒逐渐细化，第二相尺寸逐渐增大，由颗粒状转化为岛状且逐渐出现典型的离异共晶组织。但过高的 Gd、Y 含量会导致晶界处 $Mg_{24}(Gd, Y)_5$ 相更粗大且体积分数明显增大。降低合金化程度，如将 Mg-9Gd-4Y 合金调整至 Mg-7Gd-4Y 合金，能改善稀土元素的枝晶偏析与晶界偏析。因此，为了获得良好的凝固组织，既要控制 Gd、Y 的添加总量，又要调节 Gd/Y 比例。大型铸件在成型过程中易产生宏观偏析，主要原因为铸件过厚、浇铸温度过高、冷却速度过慢、温度和溶质场不均匀等。高合金化的镁稀土合金凝固温度范围更宽，加剧了大型复杂铸件的宏观偏析趋势。降低铸造速度、施加适当的电磁搅拌等可以有效改善铸件的宏观偏析。大型铸件壁厚差异大、热节与厚大部位多，在成型过程中会出现热裂与缩松缺陷，且镁合金线膨胀系数高（比铝合金高约 20%），会增大铸件凝固收缩率而恶化缺陷倾向。设置保温冒口保证顺序凝固、调节浇铸温度与模具温度等工艺手段，能在一定程度上抑制大型复杂镁合金铸件的热裂倾向，发展新型低膨胀镁合金技术，有望减小大型镁合金铸件的热裂倾向。

在铸件强韧化控制方面，中小型、简单回转体类的镁合金铸件制备难度较低，铸件本体力学性能、缺陷控制以及组织均匀性等方面问题可以采用相对简单的措施来解决。但对于镁稀土合金大型复杂铸件，其强韧化调控较难。通过建立合适的凝固温度场，准确测定合金热物性参数和铸造工艺特性参数，结合铸造工艺的宏微观数值模拟，可以实现大型复杂铸件缺陷的准确预测和铸造缺陷的有效控制，从而获得良好的凝固组织特征。进一步通过控制凝固偏析、第二相尺寸和分布，并通过大幅提升固溶温度和延长保温时间来实现有害第二相的充分固溶，实现高合金化镁稀土合金的强化与热处理晶粒长大抑制之间的合理匹配，以保证镁稀土合金大型复杂铸件本体的强韧性。

综上所述，随着镁合金铸件尺寸的增大、复杂程度的增加以及性能需求的不断提高，复杂结构特点与镁合金特性的叠加，使大型复杂镁合金铸件凝固组织和第二相种类变得更为复杂，偏析、热裂与缩松等缺陷形成倾向加剧，有效强化相均匀调控更难。因此，需要开发具有优良工艺特性和高强塑性的镁合金高压压铸、低压铸造、重力铸造材料体系，研究大型复杂镁合金铸件成型过程中的微观组织结构演变规律，建立铸件组织调控准则；研究内部缺陷形成与演变规律、微观和宏观应力演变规律、几何尺寸精度控制机制，突破性能均匀性调控、尺寸变形调控和高质量制备技术；研究能够发挥镁合金轻质特性的构件几何模型和大尺寸镁合金构型优化设计准则，发展超大尺寸镁合金构件材料成分-几何结构-构件性能一体化集成设计及成型技术，最终实现大型镁合金铸件的规模化应用。

参考文献

[1] 曾荣昌，柯伟，徐永波，等. Mg 合金的最新发展及应用前景[J]. 金属学报，2001，7：673-685.

[2] 潘复生，韩恩厚. 高性能变形镁合金及加工技术[M]. 北京：科学出版社，2007.

[3] 宋鹏飞，王敬丰，潘复生. 高强变形镁合金的研究现状及展望[J]. 兵器材料科学与工程，2010，33（4）：85-90.

[4] 苏鸿英. 镁合金的应用前景和局限性[J]. 世界有色金属，2011，2：69.

[5] 任兰柱，董瑞君，徐洪，等. 镁合金在汽车车身上的应用研究[J]. 热加工工艺，2016，45（10）：30-32.

[6] 张运法. 我国镁合金应用领域开发前景分析[J]. 中国新技术新产品，2010，9（9）：106.

[7] 王祝堂. 变形镁合金在航空航天器中的应用[J]. 世界有色金属，2010，3：66-69.

[8] 吴国华，陈玉狮，丁文江. 镁合金在航空航天领域研究应用现状与展望[J]. 载人航天，2016，22（3）：281-292.

[9] 董春明. 镁应用：新机遇与新市场[J]. 世界有色金属，2013，6：56-59.

[10] 刘芳. 镁产业发展现状及发展趋势分析[J]. 热加工工艺，2014，43（12）：21-23.

[11] 夏鹏举，蒋百灵，张继源，等. Mg-Al 系镁合金的强韧化研究进展[J]. 铸造技术，2007，28（5）：665-668.

[12] Mordike B L，Ebert T. Magnesium properties applications potential[J]. Materials Science and Engineering A，2001，302（1）：37-45.

[13] 李荣德，于海朋，袁晓光. 合金元素在压铸合金中的作用及研究现状[J]. 特种铸造及有色合金，2004，1：18-21.

[14] 杨明波，潘复生，李忠盛，等. Mg-Al 系耐热镁合金中的合金元素及其作用[J]. 材料导报，2005，4：46-49.

[15] 张诗昌，段汉桥，蔡启舟，等. 主要合金元素对镁合金组织和性能的影响[J]. 铸造，2001，50（6）：310-315.

[16] 陈力禾，刘正，林立，等. 镁——汽车工业通向新世纪的轻量化之路[J]. 铸造，2004，53（1）：5-11.

[17] 麻彦龙，陈清建，王勇，等. AM 系铸造镁合金的研究进展[J]. 材料导报，2007，8：84-87.

[18] 张诗昌，魏伯康，林汉同. 耐高温压铸镁合金的发展及研究现状[J]. 中国稀土学报，2003（z1）：150-152.

[19] 刘子利，丁文江，袁广银，等. 镁铝基耐热铸造镁合金的进展[J]. 机械工程材料，2001，25（11）：1-4，33.

[20] Yuan G Y，Sun Y S，Ding W J，et al. Effects of Sb addition on the microstructure and mechanical properties of AZ91 magnesium alloy[J]. Scripta Materialia，2000，43（11）：1009-1013.

[21] 袁广银，刘满平，王渠东，等. Mg-Al-Zn-Si 合金的显微组织细化[J]. 金属学报，2002，10：1105-1108.

[22] Xie J，Zhang J，You Z，et al. Towards developing Mg alloys with simultaneously improved strength and corrosion resistance via RE alloying[J]. Journal of Magnesium and Alloys，2020，9（1）：9-11.

[23] Lv S，Lü X，Meng F，et al. Microstructures and mechanical properties in a Gd-modified high-pressure die casting Mg-4Al-3La-0.3Mn alloy[J]. Materials Science and Engineering A，2019，773：138725.

[24] Hirai K，Somekawa H，Takigawa Y，et al. Effects of Ca and Sr addition on mechanical properties of a cast AZ91 magnesium alloy at room and elevated temperature[J]. Materials Science and Engineering A，2005，403（1-2）：276-280.

[25] Malik B. Effect of high-pressure die casting on structure and properties of Mg-5Al-0.4Mn-*x*RE（$x = 1$, 3 and 5 wt%）experimental alloys[J]. Journal of Alloys and Compounds，2017，694：841-847.

[26] Cui X P，Liu H F，Meng J，et al. Microstructure and mechanical properties of die-cast AZ91D magnesium alloy by Pr additions[J]. Transactions of Nonferrous Metals Society of China，2010，20（B07）：435-438.

[27] Zhang D D，Zhang D P，Bu F Q，et al. Effects of minor Sr addition on the microstructure，mechanical properties and creep behavior of high pressure die casting AZ91-0.5RE based alloy[J]. Materials Science & Engineering A，2017，693：51-59.

[28] Hua X R，Yang Q，Zhang D D，et al. Microstructures and mechanical properties of a newly developed high-pressure die casting Mg-Zn-RE alloy[J]. Journal of Materials Science & Technology，2020，53（18）：176-186.

[29] Zhang J H，Wang J，Qiu X，et al. Effect of Nd on the microstructure，mechanical properties and corrosion behavior of die-cast Mg-4Al-based alloy[J]. Journal of Alloys and Compounds，2008，464（1-2）：556-564.

[30] Qiang Y，Bu F，Meng F，et al. The improved effects by the combinative addition of lanthanum and samarium on the microstructures and the tensile properties of high-pressure die-cast Mg-4Al-based alloy[J]. Materials Science and Engineering A，2015，628：319-326.

[31] Ozarslan S，Sevik H，Sorar I. Microstructure，mechanical and corrosion properties of novel Mg-Sn-Ce alloys produced by high pressure die casting[J]. Materials Science and Engineering A，2019，105：110064.

[32] Wang F，Wang Y，Mao P L，et al. Effects of combined addition of Y and Ca on microstructure and mechanical properties of die casting AZ91 alloy[J]. Transactions of Nonferrous Metals Society of China，2010，20（B07）：311-317.

[33] Bai Y，Ye B，Wang L Y，et al. A novel die-casting Mg alloy with superior performance：study of microstructure and mechanical behavior[J]. Materials Science and Engineering：A，2021（802）：140655.

[34] Yang Q，Guan K，Bu F，et al. Microstructures and tensile properties of a high-strength die-cast Mg-4Al-2RE-2Ca-0.3Mn alloy[J]. Materials Characterization，2016，113：180-188.

[35] You Y，Liu Y，Qin S. High cycle fatigue properties of die-cast magnesium alloy AZ91D with addition of different concentrations of cerium[J]. Journal of Rare Earths，2006，24（5）：591-595.

[36] Zhang J，Liu S，Zhe L，et al. Microstructures and mechanical properties of heat-resistant HPDC Mg-4Al-based alloys containing cheap misch metal[J]. Materials Science and Engineering A，2011，528（6）：2670-2677.

[37] Zhang J，Niu X，Xin Q，et al. Effect of yttrium-rich misch metal on the microstructures，mechanical properties and corrosion behavior of die cast AZ91 alloy[J]. Journal of Alloys and Compounds，2009，471（1-2）：322-330.

[38] Zhang J，Peng Y，Liu K，et al. Effect of substituting cerium-rich mischmetal with lanthanum on microstructure and mechanical properties of die-cast Mg-Al-RE alloys[J]. Materials & Design，2009，30（7）：2372-2378.

[39] Zhang J，Zhang M，Jian M，et al. Microstructures and mechanical properties of heat-resistant high-pressure die-cast Mg-4Al-xLa-0.3Mn（$x = 1, 2, 4, 6$）alloys[J]. Materials Science and Engineering A，2010，527（10-11）：2527-2537.

[40] Zhang J，Zhe L，Zhang M，et al. Effect of Ce on microstructure，mechanical properties and corrosion behavior of high-pressure die-cast Mg-4Al-based alloy[J]. Journal of Alloys and Compounds，2011，509（3）：1069-1078.

[41] Wu A R，Xia C Q，Gu Y. Microstructure and mechanical properties of the Mg-rare-earth alloys[J]. Journal of Hunan Institute of Engineering，2005，30（8）：21-24.

[42] 罗治平，张少卿. Mg-Zr，Mg-Zn 及 Mg-Zn-Zr 合金的微观结构[J]. 金属学报，1993，29（4）：337-342.

[43] Nakanishi M，Mabuchi M，Saito N，et al. Tensile properties of the ZK60 magnesium alloy produced by hot extrusion of machined chip[J]. Journal of Materials Science Letters，1998，17（23）：2003-2005.

[44] 吴安如，夏长清，王银娜，等. ZK60-xY 合金的微观组织和力学性能研究[J]. 矿冶工程，2006，26（1）：77-80.

[45] 张少卿. MB15 镁合金的相组成及其微观形态[J]. 金属学报，1989，25（5）：36-41.

[46] Ju Y L，Lim H K，Kim D H，et al. Effect of volume fraction of qusicrystal on the mechanical properties of quasicrystal-reinforced Mg-Zn-Y alloys[J]. Materials Science and Engineering A，2007，449：987-990.

[47] Somekawa H，Singh A，Mukai T. High fracture toughness of extruded Mg-Zn-Y alloy by the synergistic effect of grain refinement and dispersion of quasicrystalline phase[J]. Scripta Materialia，2007，56（12）：1091-1094.

[48] 关绍康，王迎新. 汽车用高温镁合金的研究进展[J]. 汽车工艺与材料，2003，4：3-8.

[49] 李亚国，段劲华，刘海林，等. 钇稀土在Mg-Zn-Zr镁合金中的强化作用[J]. 现代机械，2003，5：86-88.
[50] 严安庆，周海涛，刘子娟，等. AZ61-RE合金的显微组织及拉伸性能[J]. 热加工工艺，2005，9：20-21.
[51] 郭旭涛，李培杰，曾大本. 稀土在耐热镁合金中的应用[J]. 稀土，2002，23（2）：63-67.
[52] 刘斌，刘顺华，金文中. 稀土在镁合金中的作用和影响[J]. 上海有色金属，2003，24（1）：27-31.
[53] 马刚，郭胜利. 稀土在镁合金中的应用[J]. 宁夏工程技术，2005，4（3）：268-272.
[54] 于文斌，刘志义，程南璞，等. 稀土变形镁合金的研究和开发[J]. 材料导报，2006，20（11）：65-68.
[55] 余琨，黎文献，李松瑞，等. 含稀土镁合金的研究与开发[J]. 特种铸造及有色合金，2002（1）：314-316.
[56] 余琨，黎文献，王日初，等. 变形镁合金的研究、开发及应用[J]. 中国有色金属学报，2003，13（2）：277-288.
[57] Ping D H，Hono K，Nie J F. Atom probe characterization of plate-like precipitates in a Mg-RE-Zn-Zr casting alloy[J]. Scripta Materialia，2003，48（8）：1017-1022.
[58] Vital A，Angermann A，Dittmann R，et al. Highly sinter-active (Mg-Cu)-Zn ferrite nanoparticles prepared by flame spray synthesis[J]. Acta Materialia，2007，55（6）：1955-1964.
[59] Jun J H，Kim J M，Park B K，et al. Effects of rare earth elements on microstructure and high temperature mechanical properties of ZC63 alloy[J]. Journal of Materials Science，2005，40（9-10）：2659-2661.
[60] 陈巧旺，汤爱涛，许婷熠，等. 高性能铸造稀土镁合金的发展[J]. 材料导报，2016，30（9）：1-9.
[61] Leontis T E. The properties of sand cast magnesium-rare earth alloys[J]. Journal of Metals，1949，1（12）：968-983.
[62] 付彭怀. Mg-Nd-Zn-Zr合金微观组织、力学性能和强化机理的研究[D]. 上海：上海交通大学，2009.
[63] Li D，Wang Q，Ding W. Characterization of phases in Mg-4Y-4Sm-0.5Zr alloy processed by heat treatment[J]. Materials Science and Engineering A，2006，428（1-2）：295-300.
[64] 曾柯. Mg-Y-Nd合金时效析出及塑性变形行为研究[D]. 重庆：重庆大学，2010.
[65] Nie J F，Muddle B C. Characterisation of strengthening precipitate phases in a Mg-Y-Nd alloy[J]. Acta Materialia，2000，48（8）：1691-1703.
[66] Anyanwu I A，Kamado S，Kojima Y. Aging characteristics and high temperature tensile properties of Mg-Gd-Y-Zr alloys[J]. Materials Transactions，2001，42（7）：1206-1211.
[67] Peng Q，Hou X，Wang L，et al. Microstructure and mechanical properties of high performance Mg-Gd based alloys[J]. Materials & Design，2009，2：292-296.
[68] Gao X，He S M，Zeng X Q，et al. Microstructure evolution in a Mg-15Gd-0.5Zr（wt%）alloy during isothermal aging at 250℃[J]. Materials Science and Engineering A，2006，A431：322-327.
[69] 吴文祥，靳丽，董杰，等. Mg-Gd-Y-Zr高强耐热镁合金的研究进展[J]. 中国有色金属报，2011，21（11）：2710-2718.
[70] Gao X，Nie J F. Enhanced precipitation-hardening in Mg-Gd alloys containing Ag and Zn[J]. Scripta Materialia，2008，58（8）：619-622.
[71] Kamado S，Iwasawa S，Ohuchi K，et al. Age hardening characteristics and high temperature strength of Mg-Gd and Mg-Tb alloys[J]. Journal of Japan Institute of Light Metals，1992，42（12）：727-733.
[72] Boby A，Srinivasan A，Pillai U，et al. Mechanical characterization and corrosion behavior of newly designed Sn and Y added AZ91 alloy[J]. Materials & Design，2015，88：871-879.
[73] Wu G H，Ding W J，Nodooshan H R J，et al. Microstructure and high temperature tensile properties of Mg-10Gd-5Y-0.5Zr alloy after thermo-mechanical processing[J]. Metals，2018，8：980.
[74] Zhang D D，Yang Q，Li B S，et al. Improvement on both strength and ductility of Mg-Sm-Zn-Zr casting alloy via Yb addition[J]. Journal of Alloys and Compounds，2019，805（C）：811-821.
[75] Eifert A J，Thomas J P，Rateick R G. Influence of anodization on the fatigue life of WE43A-T6 magnesium[J].

Scripta Materialia，1999，40（8）：929-935.
[76] Xie H J，Liu Z L，Liu X Q，et al. Microstructure，generation of intermetallic compounds and mechanical strengthening mechanism of as-cast Mg-4Y-*x*Zn alloys[J]. Materials Science and Engineering A，2020，797：139948.
[77] Jiang Q，Lv X，Lu D，et al. The corrosion behavior and mechanical property of the Mg-7Y-*x*Nd ternary alloys[J]. Journal of Magnesium and Alloys，2018，6（4）：346-355.
[78] Kawamura Y，Yamasaki M. Formation and mechanical properties of $Mg_{97}Zn_1RE_2$ alloys with long-period stacking ordered structure[J]. Materials Transactions，2007，48（11）：2986-2992.
[79] Li K J，Li Q A. Microstructure and superior mechanical properties of cast Mg-12Gd-2Y-0.5Sm-0.5Sb-0.5Zr alloy[J]. Materials Science and Engineering A，2011，528（16-17）：5453-5457.
[80] Le T，Wei Q，Wang J，et al. Effect of different casting techniques on the microstructure and mechanical properties of AE44-2 magnesium alloy[J]. Materials Research Express，2020，7（11）：116513.
[81] Li J L，Wu D，Chen R S，et al. Anomalous effects of strain rate on the room-temperature ductility of a cast Mg-Gd-Y-Zr alloy[J]. Acta Materialia，2018，159：31-45.
[82] Liu X B，Chen R S，Han E H. Effects of ageing treatment on microstructures and properties of Mg-Gd-Y-Zr alloys with and without Zn additions[J]. Journal of Alloys and Compounds，2008，465（1-2）：232-238.
[83] Liu Y，Wen J，He J，et al. Enhanced mechanical properties and corrosion resistance of biodegradable Mg-Zn-Zr-Gd alloy by Y microalloying[J]. Journal of Materials Science，2020，55（11）：1813-1825.
[84] Lv J，Kim J，Liao H，et al. Effect of substitution of Zn with Ni on microstructure evolution and mechanical properties of LPSO dominant Mg-Y-Zn alloys[J]. Materials Science and Engineering A，2020，773：138735.
[85] Srinivasan A，Huang Y，Mendis C L，et al. Investigations on microstructures，mechanical and corrosion properties of Mg-Gd-Zn alloys[J]. Materials Science and Engineering A，2014，595：224-234.
[86] Ozaki T，Kuroki Y，Yamada K，et al. Mechanical properties of newly developed age hardenable Mg-3.2 mol%Gd-0.5 mol% Zn casting alloy[J]. Materials Transactions，2008，49（10）：2185-2189.
[87] Peng C，Zhao Y，Lu R，et al. Effect of the morphology of long-period stacking ordered phase on mechanical properties and corrosion behavior of cast Mg-Zn-Y-Ti alloy[J]. Journal of Alloys and Compounds，2018，764：226-238.
[88] Peng Q，Dong H，Wang L，et al. Microstructure and mechanical property of Mg-8.31Gd-1.12Dy-0.38Zr alloy[J]. Materials Science and Engineering A，2008，477（1-2）：193-197.
[89] Zhao R，Zhu W，Zhang J S，et al. Influence of Ni and Bi microalloying on microstructure and mechanical properties of as-cast low RE LPSO-containing Mg-Zn-Y-Mn alloy[J]. Materials Science and Engineering A，2020，788：139594.
[90] Liam H，Jörg R，Matthias M，et al. Atomistic simulations of the interaction of alloying elements with grain boundaries in Mg[J]. Acta Materialia，2014，80：194-204.
[91] Rzychoń T，Kiebus A. Microstructure of WE43 casting magnesium alloy[J]. Journal of Achievements of Materials and Manufacturing Engineering，2007，21（1）：31-34.
[92] 何上明. Mg-Gd-Y-Zr(-Ca)合金的微观组织演变、性能和断裂行为研究[D]. 上海：上海交通大学，2007.
[93] Dan W，Fu P H，Peng L M，et al. Development of high strength sand cast Mg-Gd-Zn alloy by co-precipitation of the prismatic β′ and β1 phases[J]. Materials Characterization，2019，153：157-168.
[94] Wang D，Zhang W，Zong X，et al. Abundant long period stacking ordered structure induced by Ni addition into Mg-Gd-Zn alloy[J]. Materials Science and Engineering A，2014，618：355-358.

[95] Wang J，Zhou H，Wang L，et al. Microstructure，mechanical properties and deformation mechanisms of an as-cast Mg-Zn-Y-Nd-Zr alloy for stent applications[J]. Journal of Materials Science & Technology，2019，35（7）：1211-1217.

[96] Wang K，Wang J，Dou X，et al. Microstructure and mechanical properties of large-scale Mg-Gd-Y-Zn-Mn alloys prepared through semi-continuous casting[J]. Journal of Materials Science & Technology，2020，52（1）：72-82.

[97] Chen X Y，Li Q A，Chen J，et al. Microstructure and mechanical properties of Mg-Gd-Y-Sm-Al alloy and analysis of grain refinement and strengthening mechanism[J]. Journal of Rare Earths，2019，37（12）：1351-1358.

[98] Yamada K，Okubo Y，Shiono M，et al. Alloy development of high toughness Mg-Gd-Y-Zn-Zr alloys[J]. Materials Transactions，2006，47（4）：1066-1070.

[99] Yan J，Li Q A，Zhang X，et al. Effects of Nd on microstructure mechanical properties of Mg-10Gd-3Y-0.5Zr alloy[J]. DEStech Transactions on Materials Science and Engineering，2016，978：294-300.

[100] Zengin H，Turen Y，Ahlatci H，et al. Microstructure，mechanical properties and corrosion resistance of as-cast and as-extruded Mg-4Zn-1La magnesium alloy[J]. Rare Metals，2018，39：909-917.

[101] Zhang J，Ke L，Fang D，et al. Microstructures，mechanical properties and corrosion behavior of high-pressure die-cast Mg-4Al-0.4Mn-xPr（x = 1, 2, 4, 6）alloys[J]. Journal of Alloys and Compounds，2009，480（2）：810-819.

[102] Zhang J，Leng Z，Zhang M，et al. Effect of Ce on microstructure，mechanical properties and corrosion behavior of high-pressure die-cast Mg-4Al-based alloy[J]. Journal of Alloys and Compounds，2011，509（3）：1069-1078.

[103] Zhang J，Zhang D，Tian Z，et al. Microstructures，tensile properties and corrosion behavior of die-cast Mg-4Al-based alloys containing La and/or Ce[J]. Materials Science and Engineering A，2008，489（1-2）：113-119.

[104] Zhang J，Zhe L，Liu S，et al. Microstructure and mechanical properties of Mg-Gd-Dy-Zn alloy with long period stacking ordered structure or stacking faults[J]. Journal of Alloys and Compounds，2011，509（29）：7717-7722.

[105] Zhang L，Zhang Y，Zhang J，et al. Effect of alloyed Mo on mechanical properties，biocorrosion and cytocompatibility of as-cast Mg-Zn-Y-Mn alloys[J]. Acta Metallurgica Sinica（English Letters），2020，33（4）：510-513.

[106] Zhang S，Liu W，Gu X，et al. Effect of solid solution and aging treatments on the microstructures evolution and mechanical properties of Mg-14Gd-3Y-1.8Zn-0.5Zr alloy[J]. Journal of Alloys and Compounds，2013，557：91-97.

[107] Zheng K Y，Dong J，Zeng X Q，et al. Effect of pre-deformation on aging characteristics and mechanical properties of a Mg-Gd-Nd-Zr alloy[J]. Materials Science and Engineering A，2008，17（6）：1164-1168.

[108] Zhou B，Liu W，Wu G，et al. Microstructure and mechanical properties of sand-cast Mg-6Gd-3Y-0.5Zr alloy subject to thermal cycling treatment[J]. Journal of Materials Science & Technology，2020，36（8）：208-219.

[109] 曾小勤，吴玉娟，彭立明，等. Mg-Gd-Zn-Zr 合金中的 LPSO 结构和时效相[J]. 金属学报，2010，46（9）：1041-1046.

[110] 陈长江，王渠东，尹冬弟，等. Mg-11Y-5Gd-2Zn-0.5Zr 合金的显微组织和力学性能[J]. 材料科学与工程学报，2009，27（6）：829-833.

[111] 程晓伟. 含 LPSO 结构的铸造与变形 Mg-Gd-Zn(-Zr)合金组织和性能演化规律研究[D]. 上海：上海交通大学，2017.

[112] 付三玲. Mg-Gd(-Y-Sm-Zr)耐热镁合金组织和性能研究[D]. 西安：西安理工大学，2016.

[113] 贺雷. 长周期堆垛有序结构增强 Mg-Gd-Cu 合金的研究[D]. 太原：太原理工大学，2015.

[114] 肖阳，张新明，陈健美，等. 高强耐热 Mg-9Gd-4Y-0.6Zr 合金的性能[J]. 中南大学学报：自然科学版，2006，37（5）：850-855.

[115] 严景龙. Mg-10Gd-3Y-xNd-0.5Zr 耐热镁合金组织与性能的研究[D]. 洛阳：河南科技大学，2017.

[116] 杨玉林. 不同含量 Gd、Ni 对 Mg-Gd-Ni 合金滞弹性及力学性能的影响[D]. 西安：西安理工大学，2019.
[117] 张楠. Sn 元素对 Mg-Gd-Zn 合金显微组织和力学性能的影响[D]. 重庆：重庆大学，2019.
[118] 章桢彦. Mg(-GD)-Sm-Zr 合金的微观组织、力学性能和析出相变研究[D]. 上海：上海交通大学，2009.
[119] 郑开云. Mg-Gd-Nd-Zr 系高强耐热镁合金组织与性能研究[D]. 上海：上海交通大学，2008.
[120] Liu J B，Zhang K，Han J T，et al. Homogenization heat treatment of Mg-7.0 wt%Y-1.0 wt%Nd-0.5 wt%Zr alloy[J]. Rare Metals，2020，39（10）：1196-1201.
[121] Shi L L，Feyerabend F，Hort N，et al. Mechanical properties and corrosion behavior of Mg-Gd-Ca-Zr alloys for medical applications[J]. Journal of the Mechanical Behavior of Biomedical Materials，2015，47：38-48.
[122] 郁鑫，王国红，白扬，等. 压铸耐热镁合金的研究现状和发展趋势[J]. 特种铸造及有色合金，2022，42（2）：144-151.
[123] Gao L，Chen R S，Han E H. Effects of rare-earth elements Gd and Y on the solid solution strengthening of Mg alloys[J]. Journal of Alloys and Compounds，2009，481（1-2）：379-384.
[124] Gao L，Chen R S，Han E H. Solid solution strengthening behaviors in binary Mg-Y single phase alloys[J]. Journal of Alloys and Compounds，2009，472（1）：234-240.
[125] Joseph A Y，Louis G H，Dallas R T. First-principles data for solid-solution strengthening of magnesium：from geometry and chemistry to properties[J]. Acta Materialia，2010，58（17）：5704-5713.
[126] Kula A，Jia X H，Mishra R K，et al. Mechanical properties of Mg-Gd and Mg-Y solid solutions[J]. Metallurgical and Materials Transactions B，2016，47：3333-3342.
[127] 刘婷婷，潘复生. 镁合金“固溶强化增塑”理论的发展和应用[J]. 中国有色金属学报，2019，29（9）：2050-2063.
[128] 潘复生，蒋斌. 镁合金塑性加工技术发展及应用[J]. 金属学报，2021，57（11）：1362-1379.
[129] Yu H H，Xin Y C，Wang M Y，et al. Hall-petch relationship in Mg alloys：a review[J]. Journal of Materials Science & Technology，2017，34（2）：248-256.
[130] Gao H Y，Ikeda K I，Morikawa T，et al. Analysis of kink boundaries in deformed synchronized long-period stacking ordered magnesium alloys[J]. Materials Letters，2015，146（1）：30-33.
[131] Hu W W，Yang Z Q，Ye H Q. Cottrell atmospheres along dislocations in long-period stacking ordered phases in a Mg-Zn-Y alloy[J]. Scripta Materialia，2016，117：77-80.
[132] Xu C，Fu G H，Nakata T，et al. Deformation behavior of ultra-strong and ductile Mg-Gd-Y-Zn-Zr alloy with bimodal microstructure[J]. Metallurgical and Materials Transactions A，2018，49：1931-1947.
[133] Nie J F. Precipitation and hardening in selected magnesium alloys[J]. Summary of the Academic Conference of the Korean Metal Materials Society，2007，1：141.
[134] Kuo J L，Sugiyama S，Hsiang S H，et al. Investigating the characteristics of AZ61 magnesium alloy on the hot and semi-solid compression test[J]. International Journal of Advanced Manufacturing Technology，2005，29（7-8）：670-677.
[135] Nie J F，Oh-Ishi K，Gao X，et al. Solute segregation and precipitation in a creep-resistant Mg-Gd-Zn alloy[J]. Acta Materialia，2008，56（20）：6061-6076.
[136] Nie J F，Zhu Y M，Liu J Z，et al. Periodic segregation of solute atoms in fully coherent twin boundaries[J]. Science，2013，340（6135）：957-960.
[137] Xin Y，Zhou X，Chen H，et al. Annealing hardening in detwinning deformation of Mg-3Al-1Zn alloy[J]. Materials Science and Engineering A，2014，594：287-291.
[138] Hadorn J P，Hantzsche K，Yi S B，et al. Role of solute in the texture modification during hot deformation of

Mg-rare earth alloys[J]. Metallurgical and Materials Transactions A，2012，43A（4）：1347-1362.
[139] Stanford N，Barnett M R. The origin of “rare earth” texture development in extruded Mg-based alloys and its effect on tensile ductility[J]. Materials Science and Engineering A，2008，496（1-2）：399-408.
[140] Al-Samman T，Li X. Sheet texture modification in magnesium-based alloys by selective rare earth alloying[J]. Materials Science and Engineering A，2011，528（10-11）：3809-3822.
[141] Bugnet M，Kula A，Niewczas M，et al. Segregation and clustering of solutes at grain boundaries in Mg-rare earth solid solutions[J]. Acta Materialia，2014，79：66-73.
[142] Basu I，Al-Samman T. Triggering rare earth texture modification in magnesium alloys by addition of zinc and zirconium[J]. Acta Materialia，2014，67（2）：116-133.
[143] Rice J R，Wang J S. Embrittlement of interfaces by solute segregation[J]. Materials Science and Engineering A，1989，107（89）：23-40.
[144] Zhang S J，Kontsevoi O，Freeman A J，et al. First-principles determination of the effect of boron on aluminum grain boundary cohesion[J]. Physical Review B，2011，84（13）：134104.
[145] Somekawa H，Inoue T，Tsuzaki K. Effect of solute atoms on fracture toughness in dilute magnesium alloys[J]. Philosophical Magazine，2013，93（36）：4582-4592.
[146] 王理. 合金元素对镁层错能和孪晶偏析能的影响规律及作用机理[D]. 长春：吉林大学，2020.
[147] 肖旅，侯正全，吴国华，等. 高强韧稀土镁合金大型复杂铸件制造技术研究现状及展望[J]. 特种铸造及有色合金，2021，41（7）：793-801.

第2章

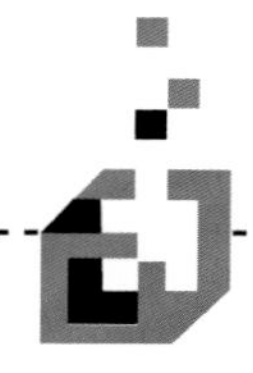

高性能铸造镁合金

2.1 引言

镁合金因密度低、比强度高、阻尼和电磁屏蔽特性好、资源丰富等优点，在汽车、电子信息、航空航天和军工装备等领域展现出广阔的应用前景[1]。铸造镁合金是目前工业应用量最大的镁合金种类，占镁合金应用总量的90%以上。但与铝合金和钢铁相比，其强度较低、塑性较差，严重限制了其进一步广泛应用[2, 3]。合金化是提高铸造镁合金强度和改善塑性最重要的途径。

Gd 和 Y 元素是镁合金中应用潜力最大的稀土元素，在镁合金中的最大固溶度分别为 23.5 wt%和 12.4 wt%，且固溶度随温度下降而急剧减小，在 Mg 中能起到很好的固溶强化和时效强化作用。它们还可以与 Zn 元素相结合，形成与基体几乎共格的 LPSO 相，可明显提高合金强度和塑性[4-7]。铈（Ce）是稀土元素中丰度最高的，成本低廉。Ce 元素在镁合金中具有净化熔体、细化晶粒的作用，进而提高合金力学性能。锑（Sb）元素可使镁合金熔体流动性大幅提高，改善合金铸造充型能力。同时，添加微量 Sb 可提高镁合金力学性能和蠕变寿命。因此，多种高强度铸造 Mg-Gd-Y 系合金[8-12]以及含 Ce 和含 Sb 镁合金被开发出来。

Mg-Al 系合金具有较高的铸造成型性、良好的室温性能和耐腐蚀性能，是目前合金牌号最多且应用最广泛的镁合金。主要的 Mg-Al 系合金包括 Mg-Al-Zn（AZ）和 Mg-Al-Mn（AM）系列，典型合金牌号为 AZ91、AZ81、AM50 和 AM60 等，已在汽车和航空航天领域得到广泛应用。但这些合金的综合力学性能尚不能很好满足大型铸件越来越高的性能要求。为此，本章将重点介绍本书作者团队在 VW92 等 Mg-Gd-Y 系、AZ81-Ce 和 AZ81-Sb 等 Mg-Al-Zn 系合金方面的研发进展。

2.2 VW92 超高强度铸造镁合金

2.2.1 VW92 的铸态组织与力学性能

采用常规金属型重力铸造工艺，制备得到了 Mg-10Gd-2Y-1Zn-0.5Zr（VW92，wt%）铸态合金。对 VW92 铸态合金进行 X 射线衍射（XRD）分析，结果如图 2-1 所示。VW92 铸态合金凝固组织主要包括 α-Mg 基体、Mg_5(Gd, Y, Zn)和 LPSO 相，其中 LPSO 相的成分为 $Mg_{12}YZn$，属于 14H-LPSO 相[13, 14]。

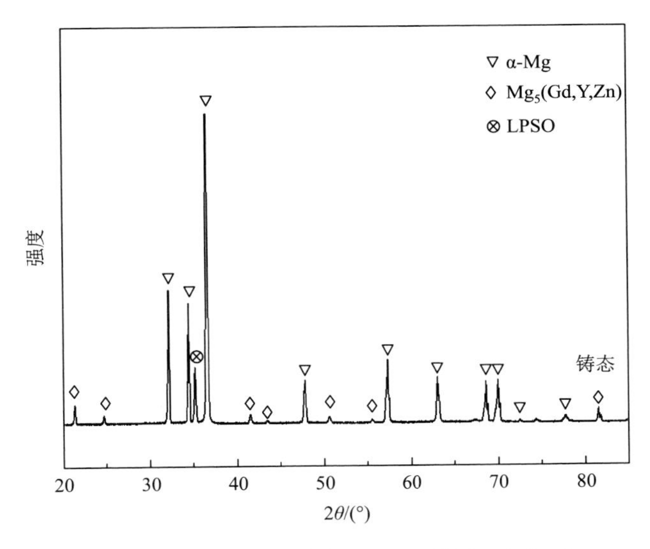

图 2-1 VW92 铸态合金的 XRD 谱线和相组成

图 2-2 为 VW92 铸态合金的显微金相组织图[图 2-2（a）]和扫描电镜（SEM）图[图 2-2（b）]。可见，该合金的铸态组织由 α-Mg 基体、晶界处的粗大鱼骨状第二相和细小的片层状第二相组成。结合图 2-1 的 XRD 分析结果，鱼骨状第二相为 Mg_5(Gd, Y, Zn)，片层状第二相为 LPSO 相。

该 VW92 铸态合金的平均显微硬度（HV）为 87.9。其室温拉伸应力-应变曲线如图 2-3 所示，抗拉强度、屈服强度和延伸率分别为 237 MPa、189 MPa 和 4.6%。拉伸断口形貌如图 2-4（a）和（b）所示，可以观察到大量的撕裂棱和解理面以及少量韧窝，呈现典型的准解理断裂特征。铸态合金的晶界处存在大量的粗大鱼骨状第二相，易导致该铸态合金在断裂时沿晶界产生裂纹并扩展到晶内，导致最终的断裂。晶界处可观察到残留的大量撕裂棱，呈曲折且凹凸不平状。

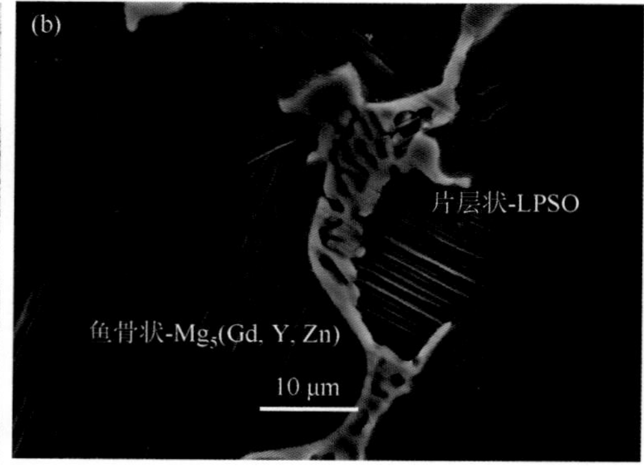

图 2-2 VW92 铸态合金显微组织

（a）金相组织图；（b）SEM 图

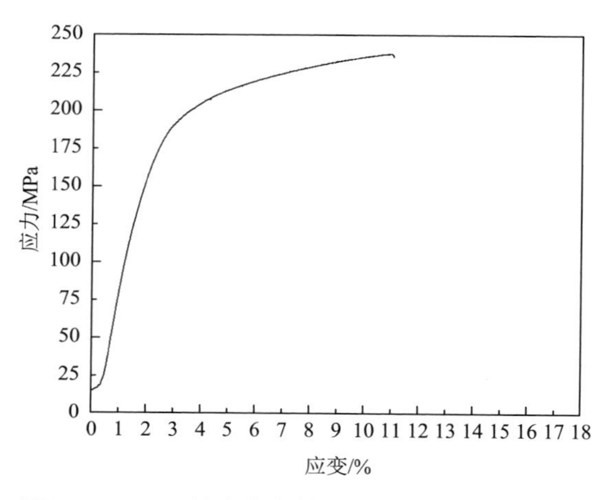

图 2-3 VW92 铸态合金的室温拉伸应力-应变曲线

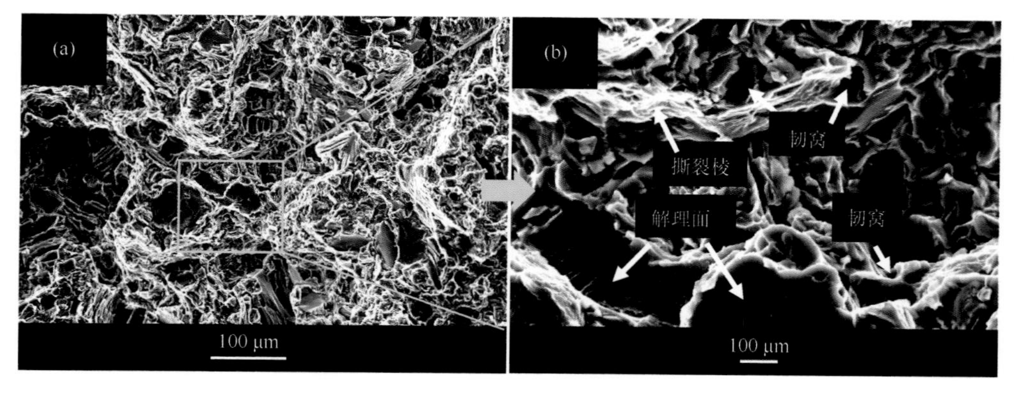

图 2-4 VW92 铸态合金拉伸断口的 SEM 图

（a）低倍；（b）高倍

2.2.2　VW92 的固溶态组织与力学性能

稀土元素在镁合金中具有良好的固溶和析出特性，通过适当的热处理，可显著改善镁稀土合金的综合力学性能，控制热处理过程中第二相的溶解和析出是提高合金力学性能的关键。VW92 铸态存在粗大第二相，需要采用固溶工艺进行组织调控，使铸态合金中的粗大第二相充分溶解到镁基体中，接着采用淬火工艺，使固溶在基体中的溶质原子由于快速冷却而来不及析出，从而形成过饱和固溶体。在固溶处理过程中，由于 Gd、Y 等溶质原子与 Mg 原子之间存在一定半径差，在形成的置换固溶体中易产生晶格畸变，进而阻碍位错滑移，最终提高 VW92 铸态合金的力学性能。

在固溶处理前，对 VW92 铸态合金进行 DSC 分析。如图 2-5（a）所示，可见该合金在 523.3℃出现了明显的吸热现象，结合图 2-2 铸态组织分析结果，可以认为是合金中粗大鱼骨状 $Mg_5(Gd, Y, Zn)$第二相的熔化吸热。因此，VW92 铸态合金的固溶温度设定为 480℃、500℃和 520℃，固溶处理时间设定为 12 h。如图 2-5（b）所示，经前述固溶处理后，合金中得到较多的 LPSO 相，含量随固溶温度的提高而减少。

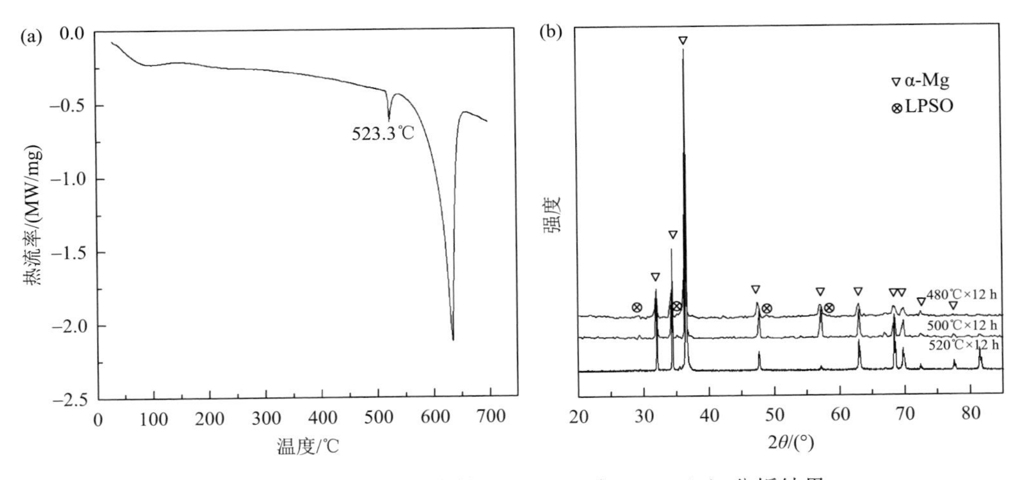

图 2-5　VW92 铸态合金的 DSC（a）和 XRD（b）分析结果

图 2-6 为 VW92 合金的铸态和经不同固溶温度处理 12 h 后的金相组织图。由图可知，随着固溶温度升高，该合金中粗大第二相的数量逐渐减少。铸态和不同固溶温度处理的 VW92 固溶态合金的平均晶粒尺寸如表 2-1 所示。480℃固溶处理合金的晶粒尺寸与铸态基本相当，随着固溶温度的进一步升高，晶粒明显长大。

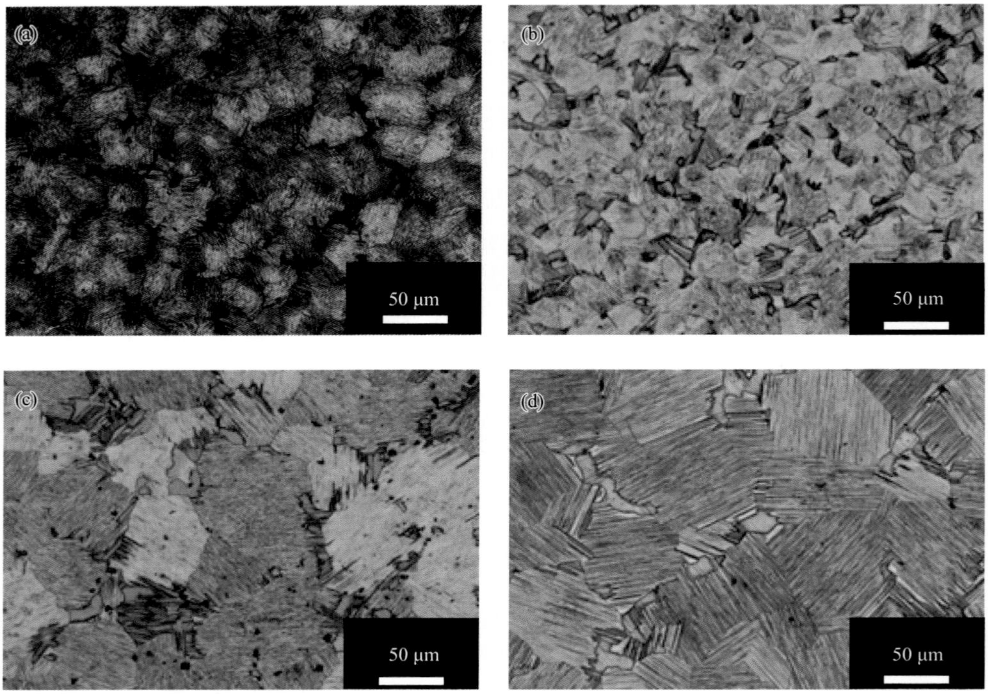

图 2-6 VW92 合金铸态和不同固溶温度处理 12 h 后的金相组织图

(a) 铸态；(b) 480℃；(c) 500℃；(d) 520℃

表 2-1 VW92 合金的铸态状态/热处理和固溶态平均晶粒尺寸（μm）

状态/热处理	平均晶粒尺寸	状态/热处理	平均晶粒尺寸
铸态	46.8	500℃×12 h	65.6
480℃×12 h	42.6	520℃×12 h	70.2

图 2-7 为 VW92 合金的铸态和固溶态 SEM 图。由图可知，固溶处理后，VW92 铸态合金中的粗大鱼骨状 $Mg_5(Gd, Y, Zn)$相逐渐溶解并固溶到镁基体中，在晶内形成片层状 LPSO 相，在晶界形成块状 LPSO 相。当固溶温度为 500℃和 520℃[图 2-7（c）和（d）]时，VW92 合金晶粒尺寸呈增大趋势，且块状 LPSO 相体积分数减小，片层状 LPSO 相体积分数增大。同时，合金中还形成了立方体相（图 2-8），该立方体相是在粗大鱼骨状第二相固溶过程中由于稀土元素偏聚而形成。EDS 分析及结果（表 2-2）表明，立方体相中 Mg 元素含量少，Gd 元素和 Y 元素含量多；而块状 LPSO 相的 Zn 元素含量多，片层状 LPSO 相的 Mg 元素含量多。结合图 2-5（b）可以得到，块状 LPSO 相为 $Mg_{12}(Gd, Y)Zn$，立方体相为 $Mg_{24}(Gd, Y, Zn)_5$[15, 16]。

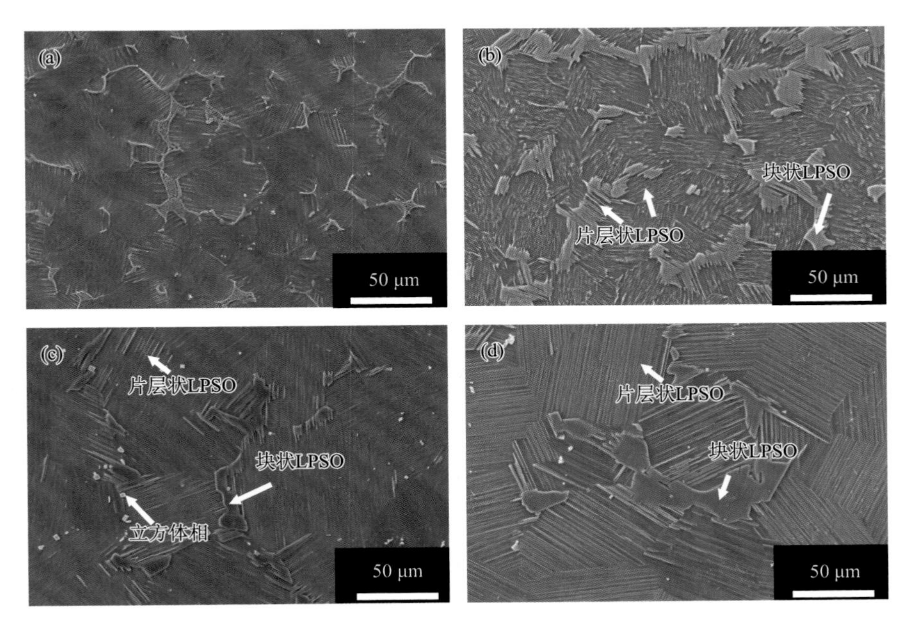

图 2-7　VW92 合金铸态和不同固溶温度处理 12 h 后的 SEM 图

（a）铸态；（b）480℃；（c）500℃；（d）520℃

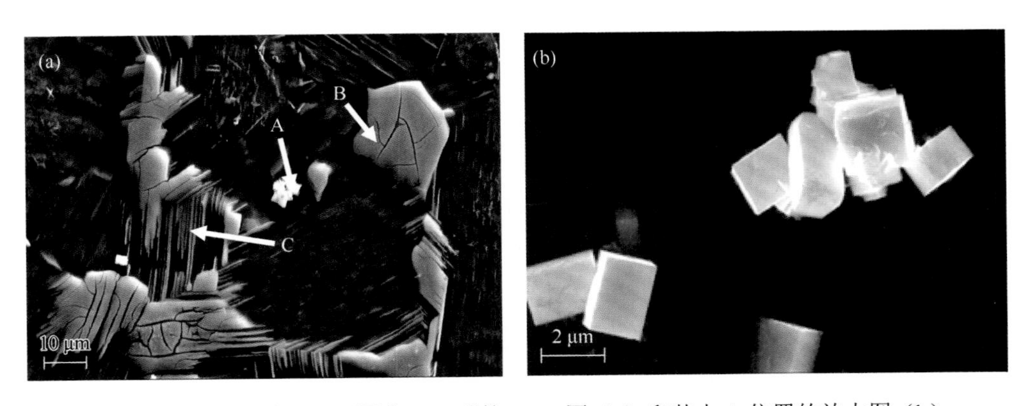

图 2-8　VW92 合金 520℃固溶 12 h 后的 SEM 图（a）和其中 A 位置的放大图（b）

表 2-2　VW92 合金固溶处理后 EDS 分析

位置	质量分数/wt%				原子百分比/at%			
	Mg	Gd	Y	Zn	Mg	Gd	Y	Zn
图 2-8（a）中 A	6.65	68.16	23.98	1.21	27.73	43.45	26.96	1.86
图 2-8（a）中 B	35.38	48.77	3.53	12.32	74.73	14.77	1.52	8.98
图 2-8（a）中 C	73.93	14.24	8.27	3.56	91.52	2.12	3.58	2.78

表 2-3 为铸态和不同温度固溶态 VW92 合金的显微硬度测试结果。相比于铸态合金，固溶温度为 480℃时合金硬度增加，固溶温度为 500℃和 520℃时，硬度呈一定程度下降。结合固溶处理后合金铸态组织的平均晶粒尺寸和显微硬度值，后续的固溶处理工艺定为 480℃×12 h。

表 2-3 VW92 合金铸态和固溶态显微硬度值

状态	硬度	状态	硬度
铸态	87.9	500℃×12 h	85.1
480℃×12 h	90.3	520℃×12 h	83.2

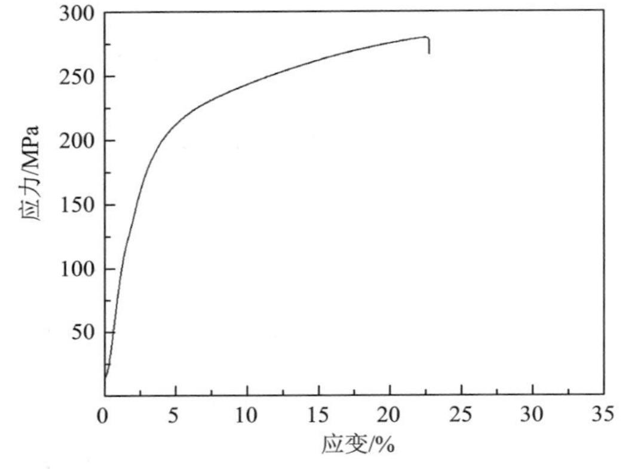

图 2-9 VW92 合金经 480℃×12 h 固溶处理后的拉伸应力-应变曲线

图 2-9 为 VW92 合金经 480℃×12 h 固溶处理后的拉伸应力-应变曲线，其抗拉强度、屈服强度和延伸率分别为 280 MPa、191 MPa 和 13.5%，其中抗拉强度较铸态提高了 18.1%、延伸率较铸态提高了 193.5%。由此可见，适当的固溶处理对铸态合金的力学性能，特别是延伸率有明显的提升作用。

图 2-10 为 VW92 合金铸态和固溶处理后（480℃×12 h）的室温拉伸断口 SEM 图。与铸态相比，固溶态 VW92 合金的断口形貌[图 2-10（b）]中解理面的数量明显减少，韧窝和撕裂棱的数量明显增多，呈现出明显的韧性断裂特征。

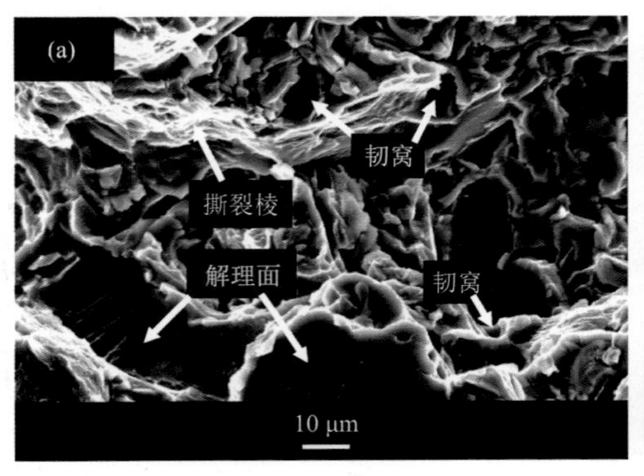

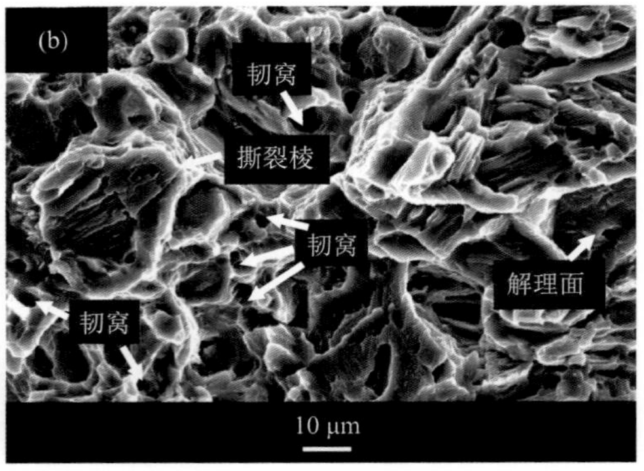

图 2-10 VW92 合金的室温拉伸断口 SEM 图

（a）铸态；（b）480℃×12 h 固溶态

2.2.3　VW92 的时效态组织与力学性能

对固溶处理后的镁稀土合金进行适当的时效热处理，可进一步改善其综合力学性能。VW92 合金经 480℃×12 h 固溶处理后，进一步在 200℃分别保温 12 h、24 h、36 h、48 h、60 h、72 h、84 h、96 h，进行时效处理。通过观察分析合金的时效态显微组织、测试显微硬度和拉伸力学性能，探索合适的时效工艺。

图 2-11 为 VW92 合金经 200℃时效不同时间的 SEM 图，表 2-4 为图 2-11 中代表性位置的 EDS 分析结果。由此可见，VW92 合金经时效处理后，晶界处的块状 LPSO 相、晶内的片层状 LPSO 相、晶内的团簇状针状相和立方体相等分布于镁基体中，立方体相的化学组成为 $Mg_{24}(Y, Gd, Zn)_5$。图 2-12 为团簇针状相的高倍 SEM 图，可以观察到细小的针状结构。进一步采用 TEM 观察分析（图 2-13），可以确定该团簇针状相为 Zn-Zr 相。因此，时效处理后的 VW92 铸态合金主要由镁基体、块状 LPSO 相、片层状 LPSO 相、Zn-Zr 相和立方体相等组成。

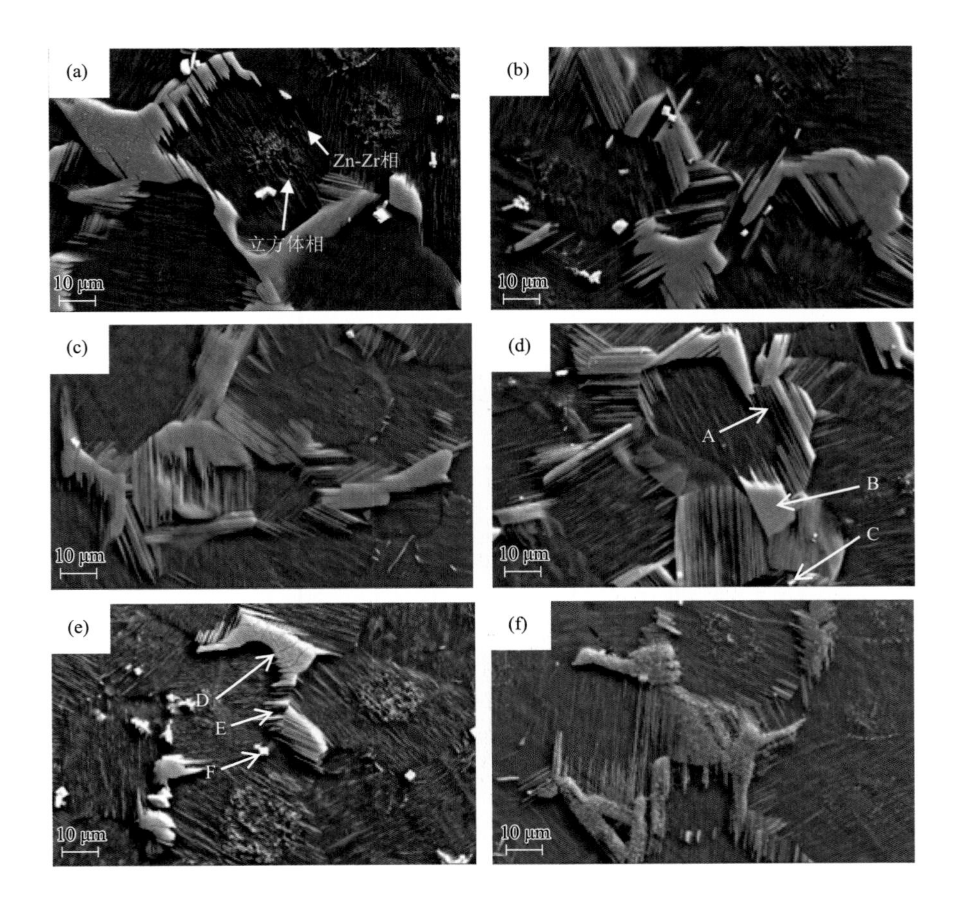

图 2-11 VW92 铸态合金经 200℃时效不同时间的 SEM 图

（a）12 h；（b）24 h；（c）36 h；（d）48 h；（e）60 h；（f）72 h；（g）84 h；（h）96 h

表 2-4 VW92 合金时效处理后的 EDS 分析结果

位置	质量分数/wt%				原子百分比/at%			
	Mg	Gd	Y	Zn	Mg	Gd	Y	Zn
图 2-11（d）中 A	75.38	17.59	6.02	1.01	94.15	3.36	2.03	0.46
图 2-11（d）中 B	58.79	31.87	2.09	7.25	87.50	7.33	0.15	5.02
图 2-11（d）中 C	5.33	68.57	22.54	3.56	32.27	41.34	24.04	2.35
图 2-11（e）中 D	51.67	33.72	3.51	11.10	82.75	8.08	2.77	6.40
图 2-11（e）中 E	79.66	14.12	4.70	1.52	88.58	2.51	8.26	0.65
图 2-11（e）中 F	8.18	69.34	20.07	2.41	35.28	40.01	20.48	4.23

图 2-12 VW92 合金经时效处理后团簇针状相的高倍 SEM 图

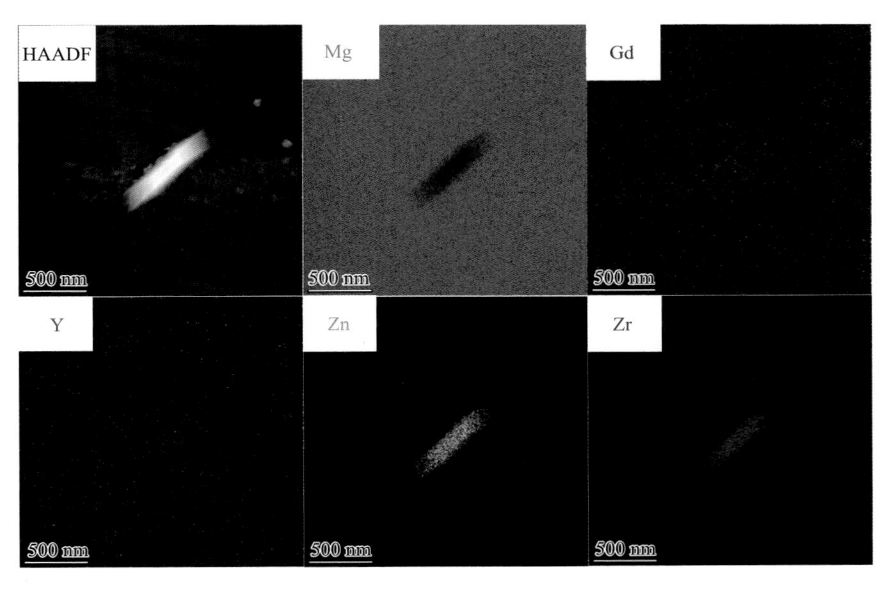

图 2-13　针状团簇组织透射电镜明场像和能谱面扫描分析

图 2-14 为时效态 VW92 合金的 TEM 明场像和电子衍射花样，可见在晶内存在弥散分布的析出相，尺寸约为 40 nm。结合衍射分析，该析出相为 β′相，与镁基体的位向关系为$[100]_{\beta'}//[11\bar{2}0]_{\alpha\text{-Mg}}$。时效析出相 β′是 Mg-Gd-Y 系合金中最重要的时效强化相，可有效提高合金的硬度和强度，弥散分布于晶内的 β′相有利于阻碍基面位错滑移和孪晶传播[14, 15]，β′相数量越多、尺寸越细小，对合金硬度和强度贡献越大。随着时效时间的延长，β′相将逐渐粗化，转变为 β_1 相，将恶化合金力学性能[16]。

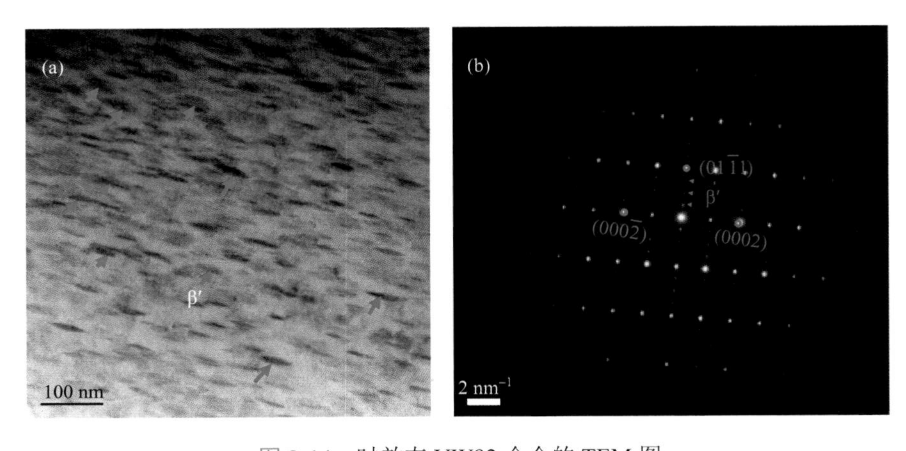

图 2-14　时效态 VW92 合金的 TEM 图

（a）明场像；（b）电子衍射花样（$B//[11\bar{2}0]_{\alpha\text{-Mg}}$）

对时效处理后的样品进行显微硬度测试，如图 2-15 所示。随时效时间的延长，VW92 合金的显微硬度逐渐增大，在时效 60 h 时出现时效峰值。因此，200℃保温 60 h 为 VW92 合金时效处理优选工艺。

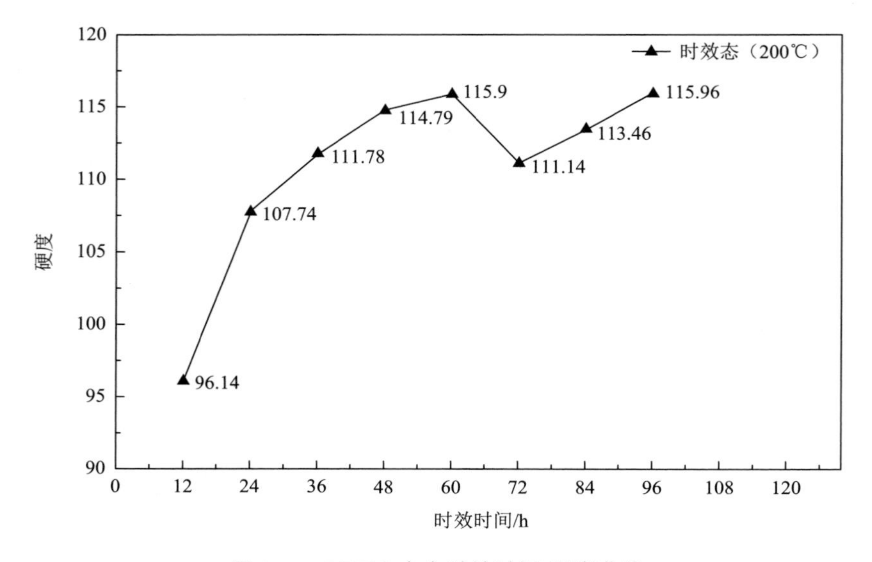

图 2-15　VW92 合金时效时间-硬度曲线

综上所述，可以确定 VW92 铸态合金的固溶时效处理工艺为 480℃×12 h＋200℃×60 h。图 2-16 为经 480℃×12 h＋200℃×60 h 固溶时效处理的 VW92 铸态合金的拉伸应力-应变曲线。表 2-5 为 VW92 固溶态和时效态的力学性能对比，时效态合金的抗拉强度、屈服强度和延伸率分别为 370 MPa、291 MPa 和 2.5%。与固溶态相比，时效态 VW92 合金的抗拉强度和屈服强度分别提升了 32.1%和 52.4%，但延伸率明显下降。固溶态合金中的 Gd 和 Y 原子固溶在镁基体中，可通过“固溶强化增塑”机制为 VW92 合金提供良好的塑性。

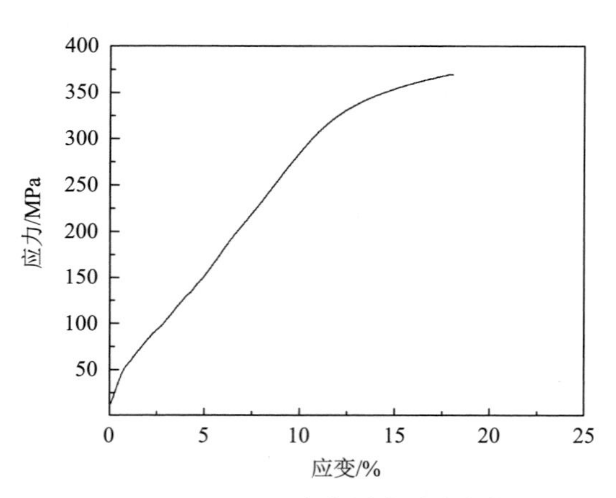

图 2-16　VW92 合金固溶时效态的拉伸应力-应变曲线

表 2-5　VW92 合金固溶态和时效态的室温力学性能

热处理工艺	抗拉强度/MPa	屈服强度/MPa	延伸率/%
480℃×12 h	280	191	13.5
480℃×12 h + 200℃×60 h	370	291	2.5

2.3 AZ81-Ce 低成本高性能铸造镁合金

2.3.1　AZ81-Ce 的铸态组织与力学性能

AZ81 是典型铸造镁合金，通过添加微量 Ce 元素，设计了 AZ81-Ce 新型铸造镁合金，探究 AZ81-Ce 铸造镁合金的组织和性能。合金熔铸所用原料如下：纯 Mg、纯 Al、纯 Zn、Mg-4 wt%Mn 中间合金和 Mg-20 wt%Ce 中间合金。采用金属型重力铸造制备铸造合金样品（图 2-17），所得 AZ81-Ce 铸坯的成分如表 2-6 所示。

图 2-17　金属型重力铸造

（a）铸造模具；（b）AZ81-Ce 铸坯

表 2-6　AZ81-Ce 镁合金铸坯的主要成分（wt%）

合金	Al	Zn	Mn	Ce	Mg
AZ81-Ce	7.85	0.67	0.20	1.10	余量

图 2-18 为 AZ81-Ce 铸态镁合金的 XRD 测试结果，可见该合金主要由 α-Mg、$Mg_{17}Al_{12}$ 和 $Al_{11}Ce_3$ 相等组成。图 2-19 为 AZ81-Ce 的铸态组织金相图。可以看出，该合金的铸态组织呈典型的树枝晶组织，包括大量初生 α-Mg 树枝晶和枝晶臂间的共晶含量，平均晶粒尺寸约为 72 μm。

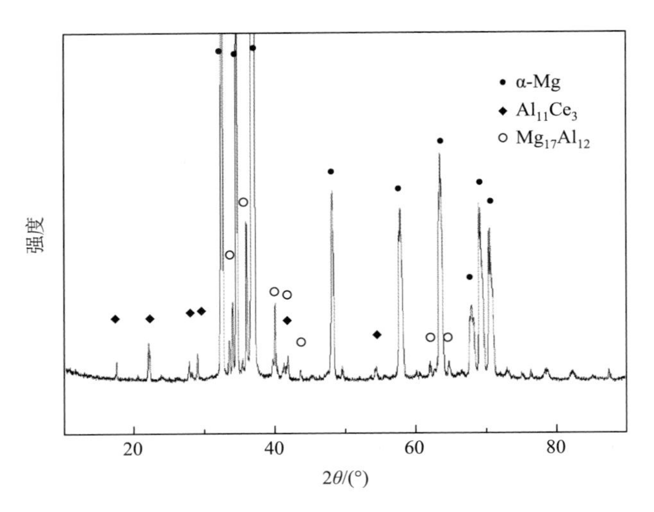

图 2-18 AZ81-Ce 铸态镁合金的 XRD 测试结果

图 2-20 和表 2-7 分别为 AZ81-Ce 铸态镁合金的 SEM 图及其特定位置 EDS 分析结果。可见，AZ81-Ce 铸态镁合金的铸态组织主要由初生 α-Mg 相、共晶 α-Mg 相、共晶 β-$Mg_{17}Al_{12}$ 相、二次析出 β′-$Mg_{17}Al_{12}$ 相和 $Al_{11}Ce_3$ 相等组成。初生 α-Mg 相为浅灰色，尺寸约为 60 μm。共晶 α-Mg 相为深灰色，与白色的共晶 β-$Mg_{17}Al_{12}$ 相分布在初生 α-Mg 相的周围，其中共晶 α-Mg 相以连续网状分布并较为完整地包围共晶 β-$Mg_{17}Al_{12}$ 相，而共晶 β-$Mg_{17}Al_{12}$ 相以不规则的鱼骨状半连续地分布在 α-Mg 相晶界。二次析出 β′-$Mg_{17}Al_{12}$ 相分布在共晶 β-$Mg_{17}Al_{12}$ 相的周围共晶区中，呈完全离异共晶的特征。而二次析出 β′-$Mg_{17}Al_{12}$ 相与共晶 β-$Mg_{17}Al_{12}$ 相相邻，主要以片状形态分布在 α-Mg 共晶区中并向 α-Mg 相内部生长。$Al_{11}Ce_3$ 相呈白亮色粗大针状，分布在晶界上和晶内。$Al_{10}Ce_2Mn_7$ 相被观察到，呈白亮色团聚块状分布于晶内。

图 2-19 AZ81-Ce 镁合金铸态组织的金相组织图

（a）彩色金相组织图；（b）普通金相组织图

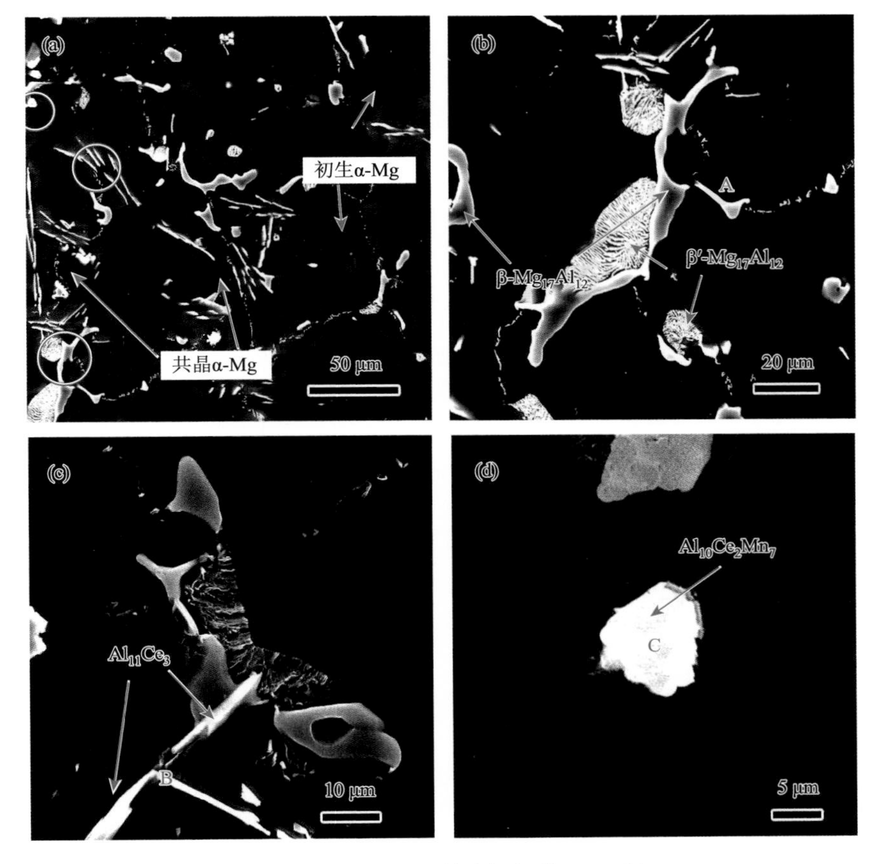

图 2-20　AZ81-Ce 铸态组织的 SEM 图

(a) 共晶；(b) $Mg_{17}Al_{12}$；(c) $Al_{11}Ce_3$；(d) $Al_{10}Ce_2Mn_7$

表 2-7　AZ81-Ce 镁合金铸态组织的 EDS 结果

位置	元素含量/at%				总和
	Mg	Al	Ce	Mn	
图 2-20（b）中 A	69.82	30.18	—	—	100
图 2-20（c）中 B	67.04	29.15	3.81	—	100
图 2-20（d）中 C	—	68.75	24.09	7.16	100

表 2-8 为 AZ81-Ce 铸态镁合金的室温拉伸力学性能。如表所示，AZ81-Ce 铸态镁合金的室温抗拉强度为 213 MPa、屈服强度为 131 MPa 和延伸率为 4.8%。图 2-21 为该合金的室温拉伸断口 SEM 图。如图所示，断口表面呈现大量解理面、解理台阶并附带一些细小撕裂棱，具有解理、半解理混合断裂特征。同时，

在断口表面可观察到大量白色第二相。表 2-9 所示的 EDS 分析结果表明，白色长条状第二相为 $Al_{11}Ce_3$、白色团聚块状第二相为 $Al_{10}Ce_2Mn_7$。同时，从图中还可在 $Al_{11}Ce_3$ 相和 $Al_{10}Ce_2Mn_7$ 相上观察到一些微裂纹。这是由于 AZ81-Ce 铸态组织中的长条状 $Al_{11}Ce_3$ 相尖锐的前端和大块团聚状的 $Al_{10}Ce_2Mn_7$ 相在拉应力作用下容易在它们与基体的界面处产生应力集中，使得此处成为裂纹源。在拉应力作用下，裂纹沿着 $Al_{11}Ce_3$ 相、$Al_{10}Ce_2Mn_7$ 相和 Mg 基体的界面扩展，最终发生断裂。

表 2-8　AZ81-Ce 铸态镁合金的室温拉伸力学性能

状态	抗拉强度/MPa	屈服强度/MPa	延伸率/%
铸态	213	131	4.8

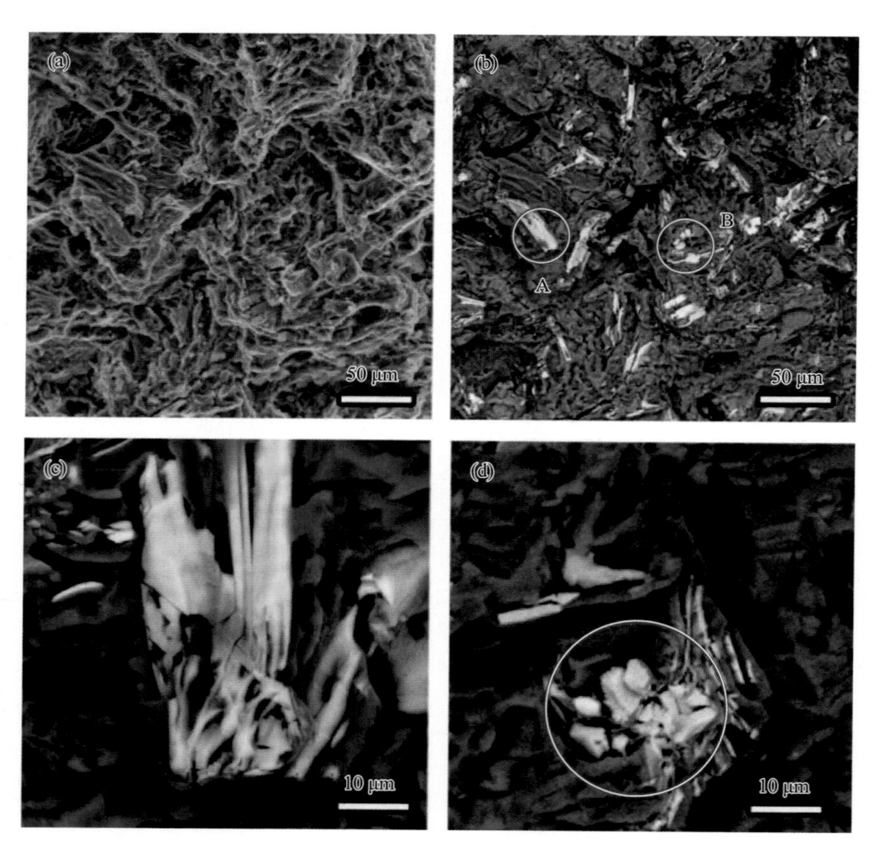

图 2-21　AZ81-Ce 铸态镁合金拉伸断口 SEM 图

（a）二次电子像；（b～d）背散射像

表 2-9　AZ81-Ce 铸态镁合金的拉伸断口 EDS 结果

位置	元素含量/wt%				总和/wt%
	Mg	Al	Ce	Mn	
图 2-21（b）中 A	50.39	41.65	7.96	—	100
图 2-21（b）中 B	52.42	29.48	4.98	13.12	100

2.3.2　AZ81-Ce 的固溶态组织与力学性能

根据 Mg-Al 二元相图，AZ81 镁合金中 $Mg_{17}Al_{12}$ 相的吸热峰温度为 423.1℃，因此分别采用 400℃、410℃和 420℃保温，分别保温 6 h、10 h 和 14 h，使 $Mg_{17}Al_{12}$ 相能够充分固溶。为防止固溶处理过程中合金发生高温氧化，固溶处理时合金样品使用石墨粉覆盖。

图 2-22 为 AZ81-Ce 铸态镁合金经 400℃、410℃和 420℃分别保温 10 h 的固溶处理后的金相组织图。与铸态组织相比，AZ81-Ce 镁合金在 400℃下经过 10 h 固溶处理后，铸态合金中大量连续分布的树枝晶发生明显变化，部分树枝晶已扩散溶解进入镁基体中，转变为不连续分布，但是在基体中仍有大量残余的树枝晶。当固溶温度提高至 410℃，经 10 h 保温处理后，该合金中原有的大量树枝晶已经基本消失，颗粒状和长条状第二相明显减少。进一步提高固溶温度到 420℃，经 10 h 保温后，合金中的树枝晶完全消失，长条状第二相大幅度减少，但晶粒明显长大。综合考虑固溶强化、第二相强化和细晶强化的影响，并为后续的时效处理做准备，较优的固溶处理温度为 410℃。

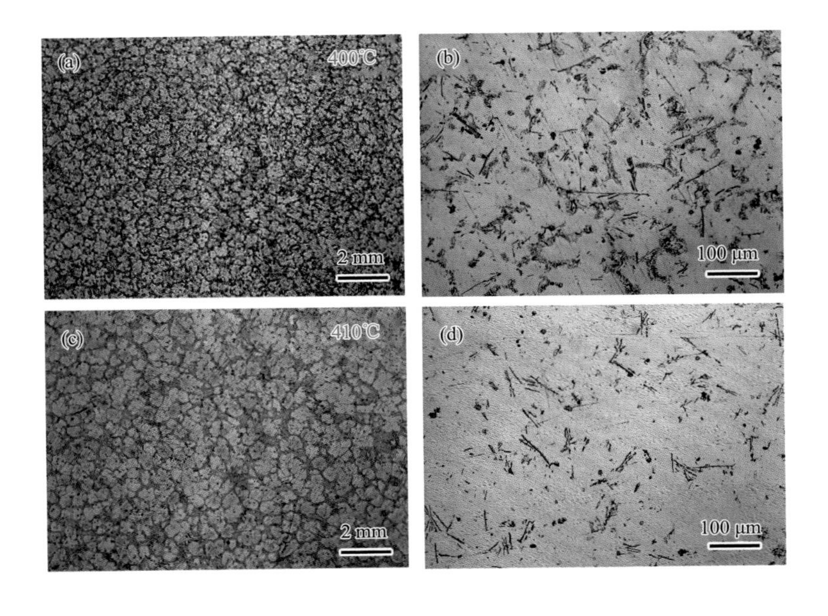

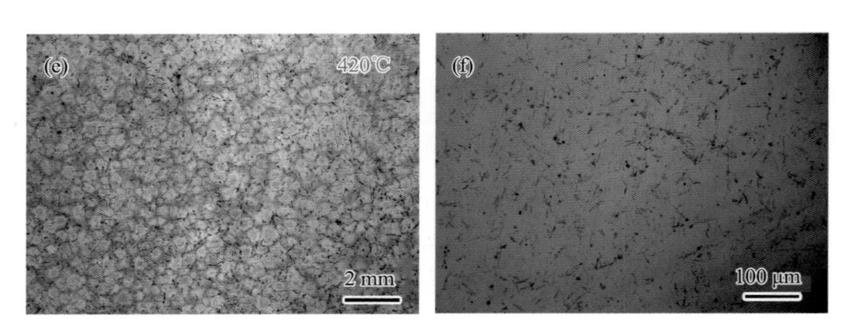

图 2-22　AZ81-Ce 铸态镁合金在不同温度下保温 10 h 后的金相组织图

（a，b）400℃；（c，d）410℃；（e，f）420℃

图 2-23 为 AZ81-Ce 铸态镁合金在 410℃分别保温 6 h、10 h 和 14 h 固溶处理后的金相组织图。由图可见，相比铸态组织，AZ81-Ce 铸态镁合金在 410℃下经 6 h 固溶处理后，合金中原有的大量连续分布的树枝晶已经发生明显改变，部分树枝晶已固溶进入基体中而转为不连续分布，但是在基体上仍然有部分残余的树枝晶和第二相。随着固溶时间的延长，树枝晶和第二相溶解程度增大，但随着固溶处理时间延长，晶粒长大也越明显。如表 2-10 所示，在 410℃下固溶处理 6 h 和 10 h 后，合金晶粒尺寸差别不大，但当固溶时间延长至 14 h 后，该合金的晶粒尺寸显著增大。因此，综合三种工艺实验结果，在 410℃的固溶温度下，AZ81-Ce 铸态镁合金较优处理时间为 10 h。

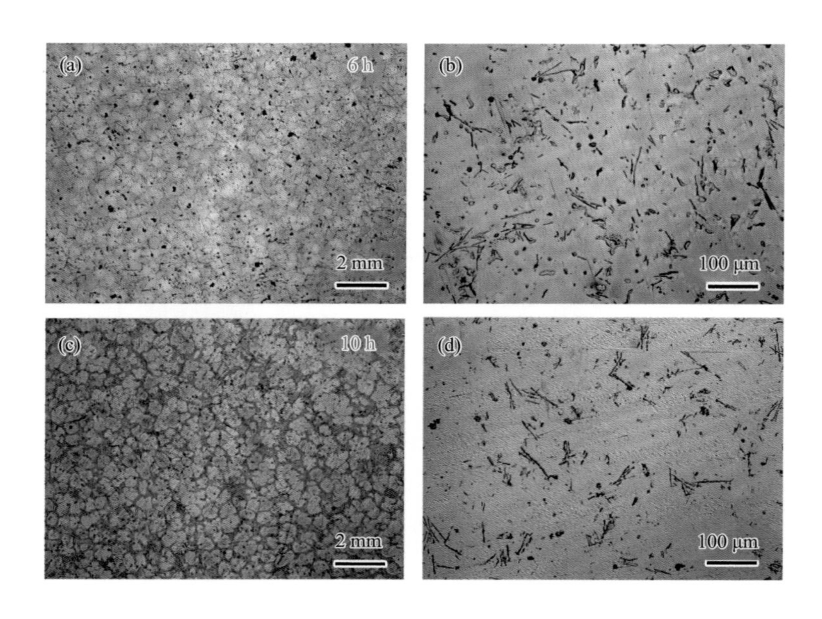

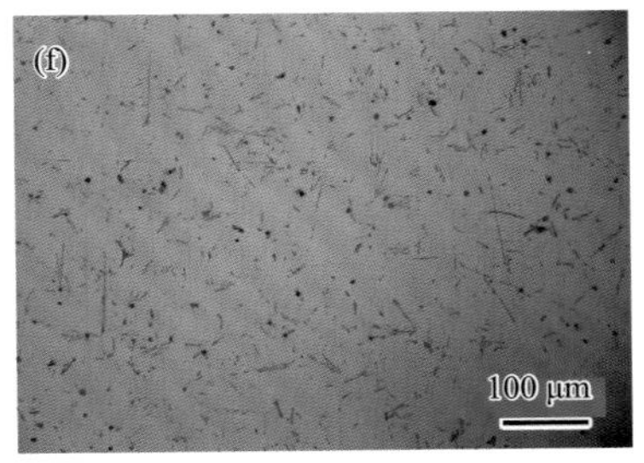

图 2-23　AZ81-Ce 铸态镁合金在 410℃下固溶不同时间后的金相组织图

（a，b）6 h；（c，d）10 h；（e，f）14 h

表 2-10　AZ81-Ce 铸态镁合金在 410℃固溶不同时间后的晶粒尺寸

处理工艺	晶粒尺寸/μm	处理工艺	晶粒尺寸/μm
铸态	72	保温 10 h	86.4
保温 6 h	84.2	保温 14 h	93.9

图 2-24 为 AZ81-Ce 铸态镁合金经 410℃×10 h 固溶处理后的 SEM 图。由图可见，与铸态组织相比，大块连续的和岛状非连续的 $Mg_{17}Al_{12}$ 相已固溶进入镁基体中，形成 Al 含量过饱和的 α-Mg 固溶体，在基体中残留有少量未溶解的灰白色块状相，以及白色针状相和不规则相。结合表 2-11 所示的 EDS 分析结果，残留未溶解的灰白色块状相为 $Mg_{17}Al_{12}$ 相，白色针状相为 $Al_{11}Ce_3$ 相，白色不规则相为 $Al_{10}Ce_2Mn_7$ 相。由于 Ce 原子在镁基体中的扩散系数较低且 $Al_{11}Ce_3$ 相熔点（1235℃）很高，因此在固溶处理过程中保持较高的热稳定性，同时也对合金力学性能有利。

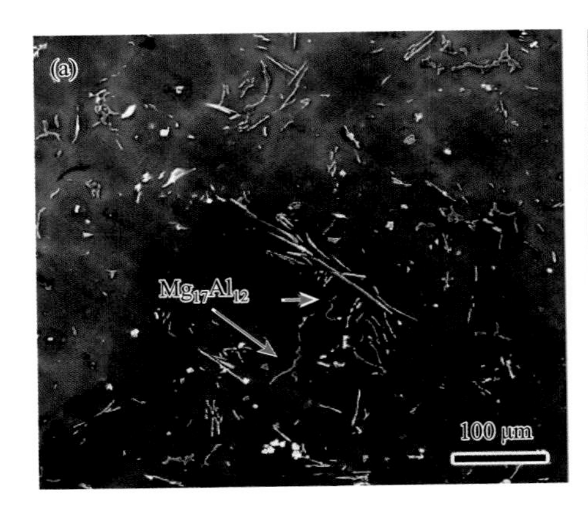

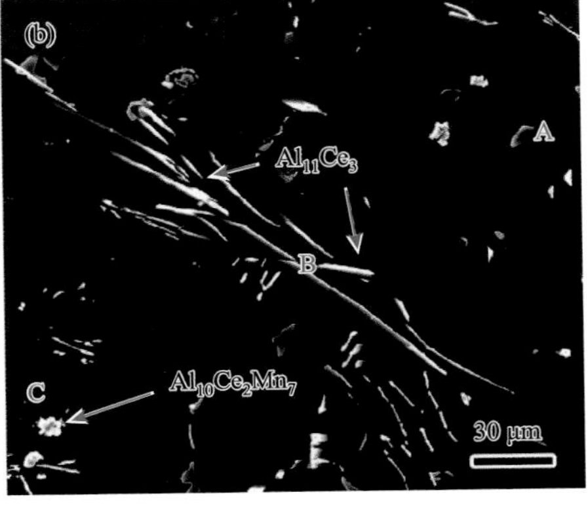

图 2-24　AZ81-Ce 铸态镁合金经 410℃×10 h 固溶处理 SEM 图

（a）低倍；（b）高倍

表 2-11 AZ81-Ce 铸态镁合金经 410℃×10 h 固溶处理后的 EDS 结果

位置	元素含量/wt%				总和/wt%
	Mg	Al	Ce	Mn	
图 2-24（b）中 A	61.88	32.19	5.93	—	100
图 2-24（b）中 B	74.99	25.01	—	—	100
图 2-24（b）中 C	12.75	60.02	19.89	7.35	100

拉伸力学性能测试表明，AZ81-Ce 铸态镁合金经固溶处理后的抗拉强度为 275 MPa、屈服强度为 132 MPa、延伸率为 14.2%，显著高于其他铸态合金的综合力学性能。

2.3.3 AZ81-Ce 的时效态组织与力学性能

固溶时效是改善铸态合金力学性能的主要手段，Mg-Al 合金的常用时效温度为 200℃。对于 AZ81-Ce 铸态镁合金，该研究选取 170℃、200℃和 230℃三个不同温度进行不同时间的单级人工时效。

图 2-25 为 AZ81-Ce 铸态镁合金经 410℃×10 h 固溶处理后分别在 170℃、200℃和 230℃人工时效处理不同时间的硬度变化曲线。由图可见，合金经三种时效工艺处理后呈现出很明显的时效强化效应，时效硬化曲线呈现三个典型的阶段：欠时效、峰时效及过时效。230℃时效处理的强化效率更高，时效处理 6 h 即达到峰值时效硬度 78。200℃时效处理的强化效率低一些，时效处理 12 h 达到峰值时效硬度 76。170℃时效处理的强化效率较低，时效处理 30 h 达到峰值时效硬度 76，但峰时效处理后，随时效时间的延长，其时效硬度值的下降趋势要缓慢一些。

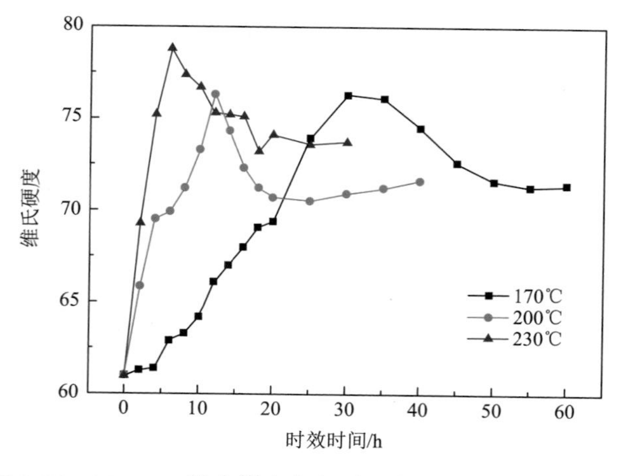

图 2-25 AZ81-Ce 铸态镁合金在不同时效温度下的硬化曲线

图 2-26 为 AZ81-Ce 铸态镁合金经 410℃×10 h 固溶处理后分别在 170℃、200℃和 230℃温度下时效处理后的金相组织图。图 2-26（a）、（d）和（g）所示为合金分别在固溶态以及 200℃和 170℃时效处理温度下的欠时效阶段的金相组织图。可以看出，与固溶态合金相比，时效态合金在时效初期在晶界处开始出现少量的黑色析出相，这些黑色析出相为非连续析出的 $Mg_{17}Al_{12}$ 相。随着时效时间的延长，这种非连续析出相的数量逐渐增加。图 2-26（b）、（e）和（h）所示为合金在峰时效阶段的金相组织图。可以看出，峰时效合金在晶界处分布有大量的 $Mg_{17}Al_{12}$ 非连续析出相，且时效温度越高，析出的非连续相就越多。其中 170℃时效的合金中非连续析出相较少，主要分布于晶界处。而 200℃时效的合金中非连续析出相数量较多，大量分布于晶界处。230℃时效合金中的非连续析出相数量进一步增加，大多数分布在晶界，一部分向晶内生长。图 2-26（c）、（f）和（i）所示为合金在过时效阶段的金相组织图。经过长时间时效处理后，合金的非连续析出相由最初沿晶界析出逐渐向晶内扩散，200℃和 230℃时效时这种现象较为突出，而 170℃时效时合金的这种变化不显著。

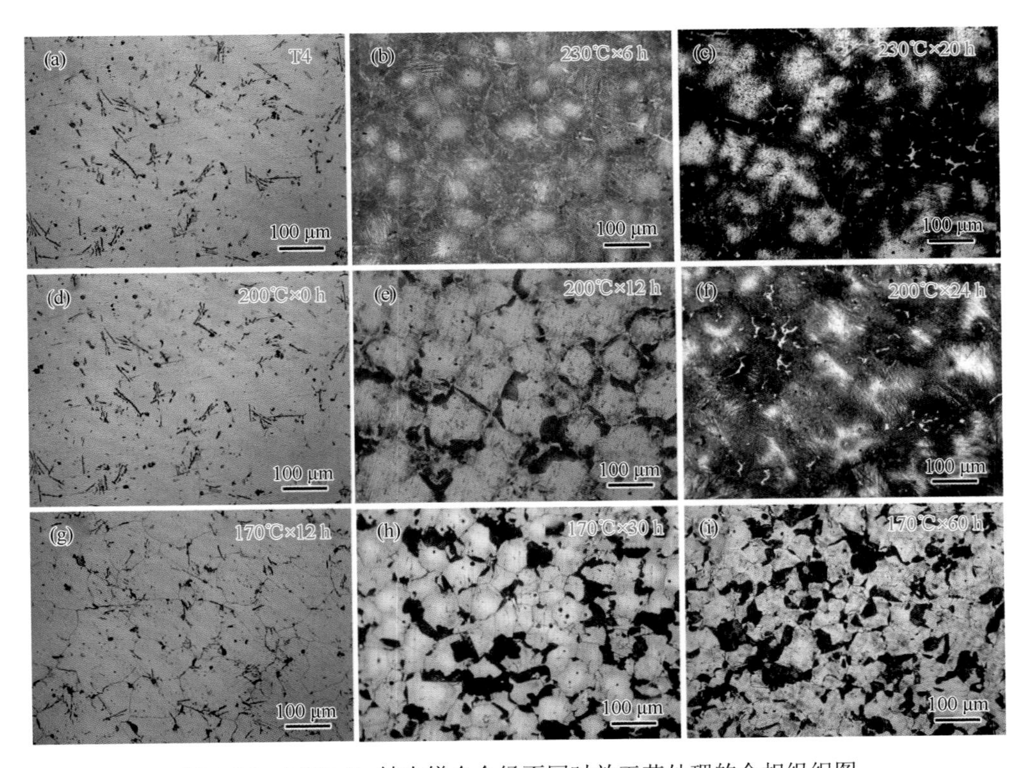

图 2-26　AZ81-Ce 铸态镁合金经不同时效工艺处理的金相组织图

（a）固溶态；（b）230℃×6 h；（c）230℃×20 h；（d）200℃×0 h；（e）200℃×12 h；（f）200℃×24 h；（g）170℃×12 h；（h）170℃×30 h；（i）170℃×60 h

图 2-27 为 AZ81-Ce 铸态镁合金经 410℃×10 h 固溶处理后分别在 170℃×30 h、200℃×12 h 和 230℃×6 h 峰时效处理后的 SEM 图。由图可见，粗大层片状的 $Mg_{17}Al_{12}$ 非连续析出相（DP）在基体中的分布不均匀，主要分布在晶界处，而细小针状的 $Mg_{17}Al_{12}$ 连续析出相（CP）主要分布在晶内。该合金在 170℃峰时效处理后在晶界处逐渐析出层片状的 DP，该析出相尺寸较小，层片间距狭窄。同时，在晶内也观察到少量 CP。200℃峰时效处理后合金中的层片状 DP 数量明显增多，尺寸明显增大，层片间距明显变宽，产生了明显的粗化现象，且在晶内观察到少量细小针状的 CP。230℃峰时效处理后在合金晶内出现大量针状的 CP，且析出相尺寸明显变大，粗化现象明显，没有观察到层片状的 DP。因此，时效温度越低，越有利于 DP 析出；时效温度越高，越有利于 CP 析出。

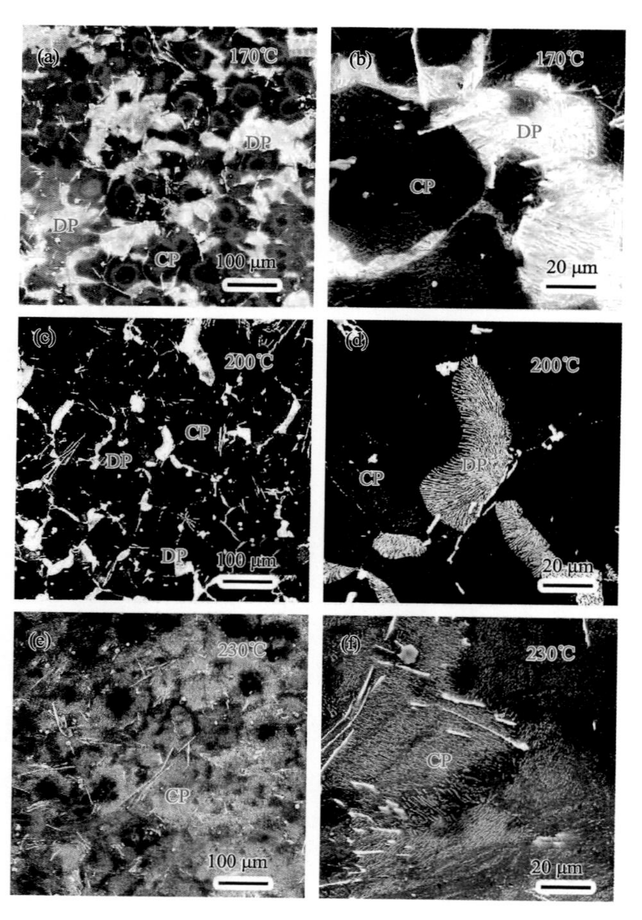

图 2-27　AZ81-Ce 铸态镁合金不同温度峰时效处理后的 SEM 图

（a，b）170℃×30 h；（c，d）200℃×12 h；（e，f）230℃×6 h

表 2-12 为该合金不同热处理状态的室温拉伸力学性能。固溶处理后，由于过饱和固溶体的形成，合金抗拉强度和延伸率均大幅度提高。时效处理后，由于 $Mg_{17}Al_{12}$ 在合金基体中的大量析出，导致其屈服强度显著提高。

表 2-12　AZ81-Ce 镁合金的铸态和热处理态室温拉伸力学性能

合金状态	抗拉强度/MPa	屈服强度/MPa	延伸率/%
铸态	213	131	4.8
T4（410℃×10 h）	275	132	14.2
T6（410℃×10 h + 170℃×30 h）	201	170	3.3
T6（410℃×10 h + 200℃×12 h）	232	164	3.5
T6（410℃×10 h + 230℃×6 h）	210	150	3.0

2.4　AZ81-Sb 低成本高性能铸造镁合金

2.4.1　AZ81-Sb 的铸态组织

在 AZ81-Ce 铸态镁合金基础上，为了探索更多的低成本合金元素的微合金强化作用，设计了 AZ81-0.5 wt%Sb（简写为 AZ81-0.5Sb）铸态镁合金。合金熔铸所用原料如下：纯 Mg、纯 Al、纯 Zn、Mg-4 wt%Mn 中间合金和 Mg-20 wt%Sb 中间合金。采用金属型重力铸造（GPMC）制备铸态合金样品，所得 AZ81-0.5Sb 铸坯的成分如表 2-13 所示。

表 2-13　AZ81-0.5Sb 铸态镁合金的成分

合金	实际成分含量/wt%				
	Al	Zn	Mn	Sb	Mg
AZ81-0.5Sb	8.0	0.74	0.21	0.46	余量

图 2-28 为 AZ81-0.5Sb 铸态镁合金的 XRD 分析结果和金相组织图及 SEM 图，表 2-14 为图 2-28 中对应位置的 EDS 分析结果。结合 Mg-Al 和 Mg-Sb 二元相图，可以看出，AZ81-0.5Sb 铸态镁合金的铸态组织主要由初生 α-Mg 相、共晶含量（α-Mg 相和 β-$Mg_{17}Al_{12}$ 相）、二次析出 β′-$Mg_{17}Al_{12}$ 相和 Mg_3Sb_2 等基体相和第二相组成。AZ81-0.5Sb 铸态镁合金树枝晶较为细小，是典型的等轴晶，平均晶粒尺寸约为 73 μm。从金相组织中观察到网状 $Mg_{17}Al_{12}$ 相和黑色颗粒状 Mg_3Sb_2 第二相分布在镁基体内。进一步的 SEM 观察表明，共晶 $Mg_{17}Al_{12}$ 相以粗大的骨骼状

半连续分布在 α-Mg 相的晶界，部分在晶内。二次析出 $Mg_{17}Al_{12}$ 相分布在共晶 $Mg_{17}Al_{12}$ 相的周围共晶区中，Mg_3Sb_2 在 SEM 下呈现亮白色的短棒状。

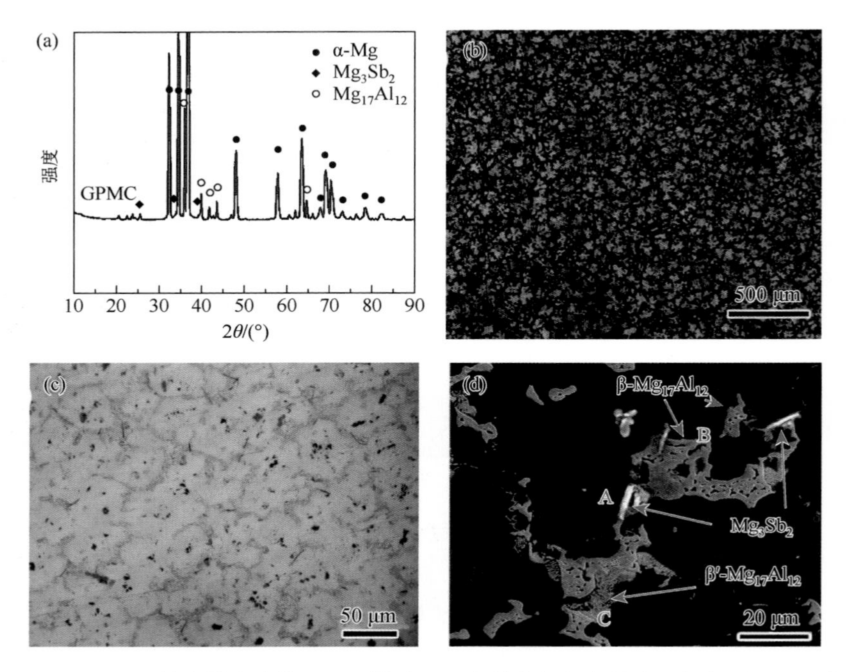

图 2-28　AZ81-0.5Sb 铸态镁合金的 XRD 谱图（a）和铸态组织低倍金相组织图（b）、高倍金相组织图（c）及 SEM 图（d）

表 2-14　AZ81-0.5Sb 镁合金铸态组织的 EDS 分析结果

位置	元素含量/wt%				总和/wt%
	Mg	Al	Zn	Sb	
图 2-28（d）中 A	59.62	2.65	—	37.73	100
图 2-28（d）中 B	68.92	29.56	1.52	—	100
图 2-28（d）中 C	75.61	24.39	—	—	100

2.4.2　AZ81-Sb 的固溶态组织与力学性能

参考 2.3.2 节中 AZ81-Ce 铸态镁合金组织与力学性能分析，AZ81-0.5Sb 铸态镁合金采用 415℃×12 h 的固溶处理工艺。图 2-29 为 AZ81-0.5Sb 铸态镁合金经 415℃×12 h 固溶处理后的金相组织图和 SEM 图，表 2-15 为固溶处理后第二相的 EDS 分析。由图可见，AZ81-0.5Sb 铸态镁合金在经过固溶处理后，铸态组织中的大量树枝晶、大块的非连续第二相等几乎全部固溶进入基体中而形成过饱和 α-Mg 固溶体。在晶界处可见部分黑色颗粒状和短杆状第二相，经 SEM 观察和 EDS 分析，它们分别是 $Mg_{17}Al_{12}$ 相和 Mg_3Sb_2 相。由于 Sb 原子在 Mg 基体中的扩散系数较低且 Mg_3Sb_2 相属于高熔点相（1245℃），具有较高热稳定性，因此在固溶处理过程中基本保持不变。

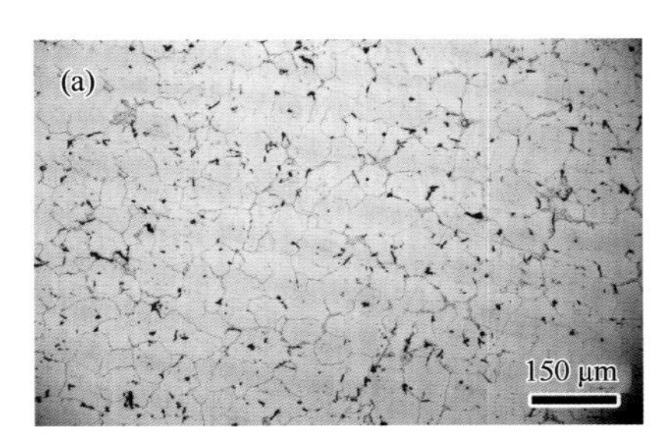

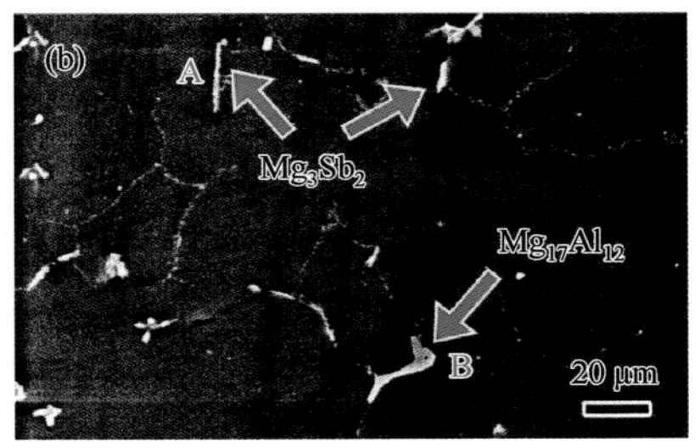

图 2-29　AZ81-0.5Sb 铸态镁合金固溶态组织

（a）金相组织图；（b）SEM 图

表 2-15　AZ81-0.5Sb 铸态镁合金固溶态组织的 EDS 结果

位置	元素含量/wt%				总和/wt%
	Mg	Al	Zn	Sb	
图 2-29（b）中 A	65.35	2.01	—	32.64	100
图 2-29（b）中 B	61.68	38.32	—	—	100

图 2-30（a）为 AZ81-0.5Sb 铸态镁合金经 415℃×12 h 固溶处理后的室温拉伸应力-应变曲线，其抗拉强度为 248 MPa、屈服强度为 112 MPa、延伸率为 10.5%。图 2-30（b）为拉伸断口 SEM 图，可观察到大量的解理面和细小撕裂棱，拉伸断口呈解理断裂特征。撕裂棱的存在表明合金在宏观上表现出一定的塑性变形能力。

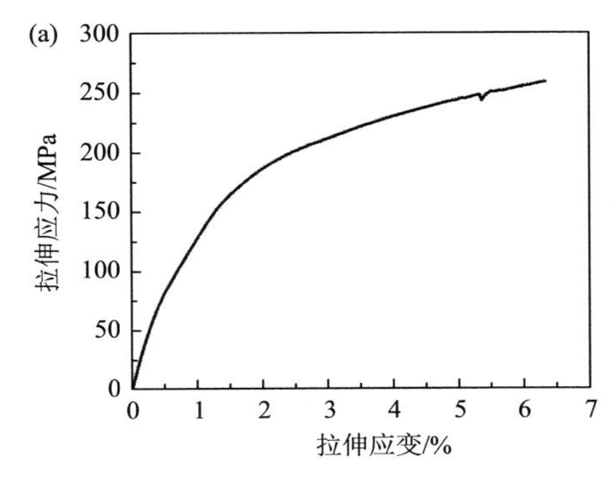

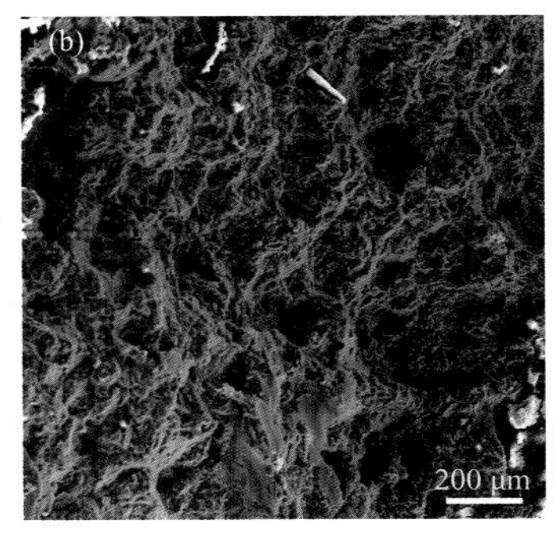

图 2-30　AZ81-0.5Sb 铸态镁合金固溶处理后的室温拉伸应力-应变曲线（a）和断口 SEM 图（b）

2.4.3 AZ81-Sb 的时效态组织与力学性能

在 200℃下对 AZ81-0.5Sb 铸态镁合金进行时效处理，通过掌握时效时间对强化的影响规律，控制时效组织中 β 相的析出形态和数量，从而调控合金力学性能。Mg-Al 合金中的 β 相析出方式主要有晶界处的非连续析出和晶内的连续析出两种类型，在一般情况下两种析出方式共存，而起到强化作用的主要是晶内连续析出的 β 相。

图 2-31 为 AZ81-0.5Sb 铸态镁合金经 415℃×12 h 固溶处理后在 200℃下时效处理过程中的显微硬度变化曲线。在时效处理后，合金出现显著的强化效果，合金强度在 14 h 附近达到峰值，合金的硬度值随后逐渐下降。随着时效时间的延长，时效曲线呈三个典型阶段：欠时效、峰时效和过时效。快速硬化的第一阶段，合金硬度从固溶态的 61 到时效 8 h 后的 88；接着是缓慢硬化阶段，时效时间由 10 h 持续到 30 h，硬度由 88 增加到峰值 95（14 h）；在第三阶段，硬度略微下降到 88，进入硬化平台阶段。

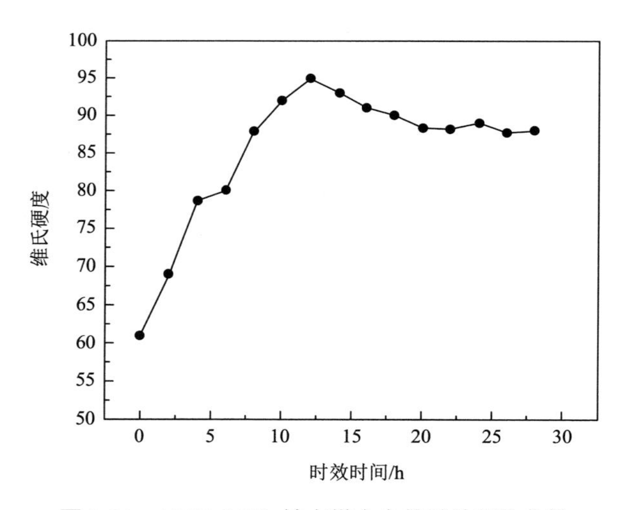

图 2-31　AZ81-0.5Sb 铸态镁合金的时效硬化曲线

图 2-32 为 AZ81-0.5Sb 铸态镁合金经 415℃×12 h 固溶处理后在 200℃经过 14 h 时效处理后的金相组织图、SEM 图和 TEM 图。从金相组织图中可以看出，与固溶态组织相比，时效态合金的晶界处出现了较多的黑色析出区域，这些分布在晶界处的黑色区域为 $Mg_{17}Al_{12}$ 非连续析出相（DP），在晶内也出现了大量黑色析出相。进一步从 SEM 图中可以看到，粗大层片状的 DP 和细小针状的 CP 分别分布在基体内，一些未溶 Mg_3Sb_2 相也存在于基体中。从 TEM 观察图片和选区电

子衍射花样（SAED）分析可见，大量细小的针状的析出相分布在基体内，它们是时效连续析出 $Mg_{17}Al_{12}$ 相（CP），平行于基面生长。

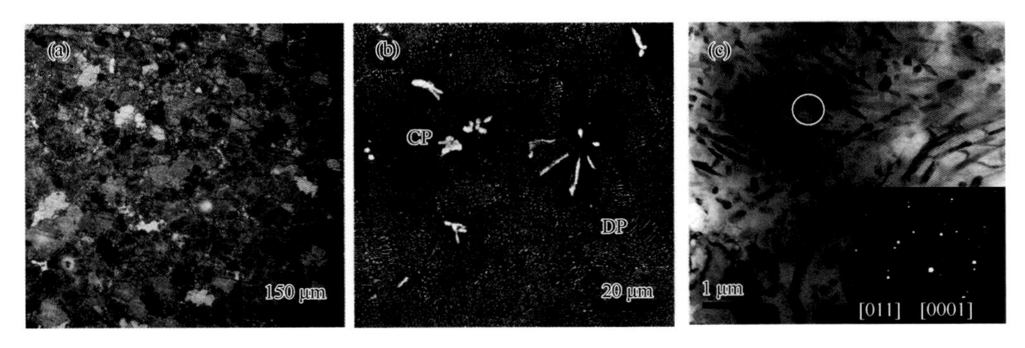

图 2-32　AZ81-0.5Sb 铸态镁合金时效 14 h 后的显微组织

（a）金相组织图；（b）SEM 图；（c）TEM 图及选区衍射花样

图 2-33 为 AZ81-0.5Sb 铸态镁合金经 415℃×12 h 固溶处理后在 200℃经过 14 h 时效处理的室温拉伸应力-应变曲线，其抗拉强度为 261 MPa，屈服强度为 150 MPa，延伸率为 7.4%。可以看出经过时效处理后，大量细小第二相析出，使合金的强度显著提高、塑性略微下降。

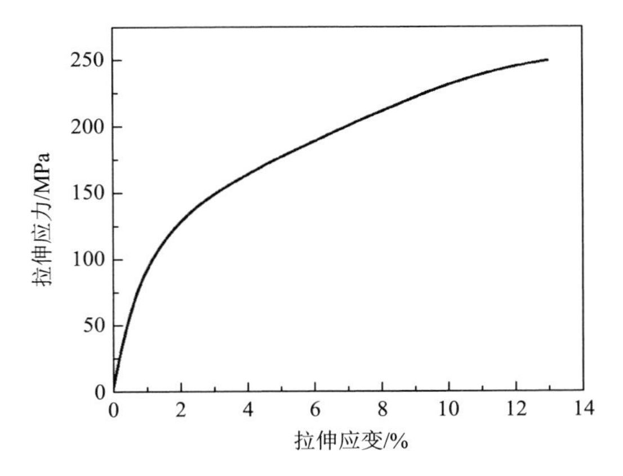

图 2-33　AZ81-0.5Sb 铸态镁合金时效处理 14 h 后的室温拉伸应力-应变曲线

参考文献

[1] Zhu Y，Morton A J，Nie J. The 18R and 14H long-period stacking ordered structures in Mg-Y-Zn alloys[J]. Acta Materialia，2010，58：2936-2947.

[2] Peng Y G，Du Z W，Liu W，et al. Evolution of precipitates in Mg-7Gd-3Y-1Nd-1Zn-0.5Zr alloy with fine

plate-like 14H-LPSO structures aged at 240℃[J]. Transactions of Nonferrous Metals Society of China，2020，30：1500-1510.

[3] Zhou X J，Liu C M，Gao Y H，et al. Evolution of LPSO phases and their effect on dynamic recrystallization in a Mg-Gd-Y-Zn-Zr alloy[J]. Metallurgical and Materials Transactions A，2017，48：3060-3072.

[4] Liao H X，Kim J，Lee T，et al. Effect of heat treatment on LPSO morphology and mechanical properties of Mg-Zn-Y-Gd alloys[J]. Journal of Magnesium and Alloys，2020，8：1120-1127.

[5] 王亚飞. LPSO 相对高稀土镁合金显微组织及力学性能的影响[D]. 昆明：昆明理工大学，2018.

[6] 李响，毛萍莉，王峰，等. 长周期有序堆垛相（LPSO）的研究现状及在镁合金中的作用[J]. 材料导报，2019，33：1182-1189.

[7] Li D J，Zeng X Q，Dong J，et al. Microstructure evolution of Mg-10Gd-3Y-1.2Zn-0.4Zr alloy during heat-treatment at 773K[J]. Journal of Alloys and Compounds，2009，468：164-169.

[8] 丁科迪. 热处理工艺对 Mg-Gd-Y(-Zn)-Zr 合金组织及力学性能的影响[D]. 哈尔滨：哈尔滨工业大学，2017.

[9] Zhao X，Yang Z，Meng X，et al. Precipitate evolution of as-cast Mg-9Gd-2Y-0.5Zn-0.5Zr alloy containing LPSO，β″，β′ and γ″ phases during isothermal aging at 200℃[J]. Journal of Alloys and Compounds，2022，917：165476.

[10] Zhang J，Liu S，Wu R，et al. Recent developments in high-strength Mg-RE-based alloys：focusing on Mg-Gd and Mg-Y systems[J]. Journal of Magnesium and Alloys，2018，6：277-291.

[11] Honma T，Ohkubo T，Hono K，et al. Chemistry of nanoscale precipitates in Mg-2.1Gd-0.6Y-0.2Zr（at%）alloy investigated by the atom probe technique[J]. Materials Science and Engineering A，2005，395：301-306.

[12] 吴国华，董鑫，眭怀明，等. 铸造镁稀土合金研究现状及其在航空发动机领域应用展望[J]. 航空制造技术，2022，65（3）：14-29.

[13] Liu H，Gao Y，Liu J Z，et al. A simulation study of the shape of β′ precipitates in Mg-Y and Mg-Gd alloys[J]. Acta Materialia，2013，61：453-466.

[14] 吴夏. Mg-Gd-Zn 系铸造镁合金组织和力学性能研究[D]. 重庆：重庆大学，2018.

[15] Nie J F. Precipitation and hardening in magnesium alloys[J]. Metallurgical and Materials Transactions A，2012，43：3891-3939.

[16] 梁富源. Y 含量及预拉伸对 Mg-Gd-Y-Zn-Zr 合金显微组织及力学性能的影响[D]. 哈尔滨：哈尔滨工业大学，2020.

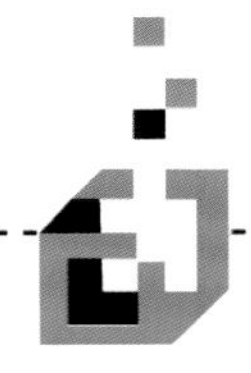

第3章 铸造镁合金的晶粒细化

3.1 引言

铸造镁合金已在汽车方向盘骨架、仪表盘支架和中控支架等零部件开发和生产中得到广泛应用，在轮毂、座椅骨架、集成后地板等大型复杂构件方面展现出重要的应用价值和广阔的应用前景[1, 2]。常用铸造镁合金晶粒较为粗大，导致其强度较低，且粗大的铸态晶粒使其塑性变形能力差，不利于后续加工[3]。因此，铸造镁合金潜力尚未充分挖掘，开发利用还远不如钢铁、铝合金成熟。铸造镁合金的晶粒细化是推动其发展应用的重要内容。

细化晶粒能有效提高材料强韧性，抑制铸态合金的缩松、偏析等缺陷，提高材料的后续成型加工性，是提高铸造合金和铸件质量的常用手段。晶粒细化方法很多，其中最有效的方法是向合金熔体中添加细小弥散、与合金基体具有良好晶格匹配关系的晶粒细化剂，起到增加形核率、大幅度减小铸态晶粒尺寸的作用。铸造镁合金晶粒细化的研究较多，例如，在不含 Al 的镁合金中添加 Mg-Zr 中间合金[4]，在含 Al 的镁合金中形成 Al_4C_3[5]、Al_2MgC_2[6]、Al_2RE[7, 8]等，均具有较好的晶粒细化效果。然而，这些晶粒细化剂均存在应用的局限性，特别是新型镁合金层出不穷，迫切需要发展新型晶粒细化剂，以适应不同种类合金的晶粒细化需求。因此，发展适用于铸造镁合金的新型高效晶粒细化剂，具有重要的现实意义和科学价值。本章从金属化合物异质形核的条件与影响因素出发，重点研究了 Al_2Ca、Al_2Y 和 Al_2Ce 这三种化合物对几种铸造镁合金的晶粒细化作用和机制。

3.2 金属化合物异质形核的条件与影响因素

已有的晶粒细化研究与实践表明，有效的异质形核剂大多数符合以下三方面要求：①形核颗粒与合金基体之间具有较小的晶体学错配度；②形核颗粒与合金基体之间保持良好的润湿性；③形核颗粒在合金熔体中保持稳定存在。

3.2.1 晶体学匹配性

按照经典凝固理论，要获得高形核率提高晶粒细化效率，需要形核质点与新晶粒之间较低的界面能。影响界面能的因素很多，其中形核质点与基体之间的晶格错配度是一个重要影响因素。错配度越低，界面能也越低。因此，很多研究者报道了计算晶格错配度的模型，包括错配度模型[9]、面-面匹配模型[10]等。Zhang 等[11, 12]报道了一种较为有效的模型——边-边匹配模型（edge-to-edge matching model，E2EM），用来判断异质颗粒是否是有效的异质形核核心，已经被众多实验所证实[7, 13-16]。在 Mg-Al 合金中通过合金化的方法，可原位形成 Al_2X 型化合物，能细化铸态镁合金晶粒。Al_2X 型化合物具有相同的晶体结构类型（Cu_2Mg 型）、相似的晶格常数，且与镁基体的晶格错配度较低，实验发现这些颗粒易出现在铸态镁晶粒内部，具有较大的异质形核细化晶粒潜力。常见的 Al_2X 化合物主要有以下几种：Al_2Ca、Al_2Y、Al_2Ce、Al_2Gd 和 Al_2Sm。几种常见 Al_2X 化合物与 Mg 的晶格错配度如表 3-1 所示。从表 3-1 可见，这几种 Al_2X 化合物与镁基体都具有较小的晶格错配度。从界面能的角度考虑，这些化合物作为镁合金异质形核核心都具有较好的晶粒细化潜力，尤其是 Al_2Y、Al_2Gd 和 $Al_2(Gd_{0.5}Y_{0.5})$具有更小的晶格错配度。不过，晶体学匹配性不能作为铸态镁合金的异质形核核心细化晶粒的唯一条件，异质形核核心的晶粒细化效果受到多种因素的制约。

表 3-1　E2EM 模型计算的 Al_2X 与镁基体晶体学位向关系

化合物	晶体学位向关系	最小错配度
Al_2Ca[17]	$\langle 112\rangle_{Al_2Ca} \parallel \langle 2\bar{1}\bar{1}0\rangle_{Mg}$，$(311)_{Al_2Ca} \parallel (10\bar{1}1)_{Mg}$	$f_r = 2.1\%$，$f_d = 1.7\%$
Al_2Y[18]	$\langle 112\rangle_{Al_2Y} \parallel \langle 2\bar{1}\bar{1}0\rangle_{Mg}$，$(044)_{Al_2Y} \parallel (1\bar{1}00)_{Mg}$	$f_r = 0.1\%$，$f_d = 0.1\%$
Al_2Ce[8]	$\langle 112\rangle_{Al_2Ce} \parallel \langle \bar{1}2\bar{1}0\rangle_{Mg}$，$(440)_{Al_2Ce} \parallel (10\bar{1}0)_{Mg}$	$f_r = 2.4\%$，$f_d = 2.4\%$
Al_2Gd[19]	$\langle 112\rangle_{Al_2Gd} \parallel \langle 2\bar{1}\bar{1}0\rangle_{Mg}$，$(4\bar{4}0)_{Al_2Gd} \parallel (01\bar{1}0)_{Mg}$	$f_r = 0.5\%$，$f_d = 0.5\%$
Al_2Sm[20]	$\langle 112\rangle_{Al_2Sm} \parallel \langle 2\bar{1}\bar{1}0\rangle_{Mg}$，$(4\bar{4}0)_{Al_2Sm} \parallel (0\bar{1}10)_{Mg}$	$f_r = 1.1\%$，$f_d = 1.1\%$
$Al_2(Gd_{0.5}Y_{0.5})$[21]	$\langle 112\rangle_{Al_2Gd_{0.5}Y_{0.5}} \parallel \langle 2\bar{1}\bar{1}0\rangle_{Mg}$，$(4\bar{4}0)_{Al_2Gd_{0.5}Y_{0.5}} \parallel (01\bar{1}0)_{Mg}$	$f_r = 0.28\%$，$f_d = 0.28\%$

注：f_r 表示晶向原子间距匹配度；f_d 表示晶面的面间距匹配度。

3.2.2 形成时间与稳定性

Al_2Ca、Al_2Y 和 Al_2Ce 三种化合物的熔点较高，具有成为异质形核核心的潜力。在镁合金凝固过程中，如果这些高熔点化合物可作为形核质点而提高凝固形核率，那么该化合物应该在 α-Mg 开始凝固之前就已经形成，且在镁合金熔体中稳定存在。利用热分析技术对 Al_2Ca、Al_2Y 和 Al_2Ce 三种化合物的凝固形成顺序研究结果如表 3-2 所示，其中 Al_2Ca 在 α-Mg 凝固之后形成，不利于细化铸态镁合金晶粒。Al_2Ce 和 Al_2Y 均是在合金熔体中在 α-Mg 凝固之前形成，符合作为异质形核的凝固顺序条件。

表 3-2　不同合金中 Al_2X 化合物形成温度、熔点和凝固温度

合金/化合物	化合物形成温度/℃	化合物熔点/℃	α-Mg 凝固温度/℃
Mg-4Al-2.5Ca/Al_2Ca[22]	509.0	1079	597.0
Mg-6Y-5Al/Al_2Y[23]	667.5	1485	631.3
Mg-6Ce-3Al/Al_2Ce[8]	650.0	1480	566.0
Mg-9Y-1Al/Al_2Y[23]	692.3	1485	634.2

对于合金熔体中原位形成的颗粒化合物，需要考虑形成的时间顺序，而对于外加化合物颗粒，在熔体中能否稳定存在，即化合物颗粒的稳定性，决定其对合金的晶粒细化效率。一般而言，形核化合物颗粒在合金熔体中稳定性越好，晶粒细化效率就越高。

3.2.3　颗粒尺寸分布与数量

化合物颗粒对合金的晶粒细化效率，也受到有效异质形核颗粒的分布、尺寸和数量等因素的影响。表 3-3 为已研究的几种化合物颗粒在不同合金中的大小分布、数密度等对合金晶粒细化效率的影响。由表可见，颗粒在合金中弥散分布，有利于提高晶粒细化效率，而团聚则几乎没有细化效率。在同种镁合金基体中，化合物颗粒数密度越大，晶粒尺寸越小。

表 3-3　合金中 Al_2X 颗粒形貌、尺寸、数密度与晶粒细化效率的关系

合金/化合物	分布	颗粒分布范围/μm（平均颗粒尺寸/μm）	数密度/(个/mm^2)	晶粒细化效率/%
Mg-7Y-1Al/Al_2Y	弥散	2～6（4.2）	298	78
Mg-10Y-2Al/Al_2Y[15]	弥散	3～7（6.5）	290	85
Mg-7Y-2Al_2Y（外加）	弥散	2～7（4.3）	520	83
Mg-3Nd-1Y-2Al_2Y（外加）	弥散	1～4（2.7）	780	95
Mg-3Al-2Al_2Y（外加）	团聚	2～14（10.5）	300	0
Mg-3Ce-6Al/Al_2Ce	弥散	2～7（5）	560	79
Mg-3Sm-2.5Al/Al_2Sm[21]	弥散	3～7（4.5）	197	95
Mg-10Gd-1Al/Al_2Gd[19]	弥散	2～7（5.5）	84	87
Mg-10Gd-3Y-1Al/$Al_2(Gd, Y)$[21]	弥散	2～8（5.5）	251	87

3.2.4 合金成分与冷却速度

合金种类及溶质含量都将影响 Al_2X 化合物的晶粒细化效果[8, 9]。对于不同 Y 含量的铸态镁合金，Al_2Y 颗粒的晶粒细化效果存在显著不同。对于不同 Ce 含量的铸态镁合金，Al_2Ce 颗粒的晶粒细化效果也不同。戴吉春[21]研究发现，溶质含量和冷却速度对 $Al_2(Gd, Y)$的晶粒细化有较大影响，溶质含量越高，冷却速度越大，晶粒细化效果越好。

上述现象可用 Easton 和 StJohn 等提出的半经验公式[16]解释：

$$d = \frac{a}{\sqrt[3]{f}} + \frac{4b\sigma_{SL}}{Qd_p\Delta S_v}$$

式中，a、b、σ_{SL}、ΔS_v 为特征常数；f 为形核颗粒的数密度；Q 为与合金成分有关的生长抑制因子；d 为晶粒尺寸；d_p 为颗粒尺寸。晶粒尺寸与合金中形核颗粒的数量以及由合金溶质含量影响的 Q 值成反比。当合金中添加的 Al_2X 形核颗粒数量一定时，合金溶质含量越高，晶粒尺寸越小；而当合金成分一定时，合金中有效形核颗粒数量越多，晶粒尺寸越小。另外，在合金中原位形成的 Al_2X 颗粒，还受合金成分和冷却速度的影响，反过来又进一步影响晶粒细化程度。

3.3 Al_2Ca 化合物对镁及镁合金晶粒细化的影响

在 Mg-Al 合金中添加 Ca 可以抑制 $Mg_{17}Al_{12}$ 相的形成，将生成 Mg_2Ca、Al_2Ca 和$(Mg, Al)_2Ca$[24-26]等新相，当 Ca/Al 原子比小于 0.8 时，镁基体中只有 Al_2Ca 相存在[27]。在 Mg-9Al-0.5Zn 合金中添加 4.0 wt% Ca 时，$Mg_{17}Al_{12}$ 相完全被 Al_2Ca 相取代[28]。Al_2Ca 相可以显著提高 Mg-Al-Ca 合金的抗蠕变性能[28]。关于 Al_2Ca 对 Mg-Al-Ca 合金高温性能和抗蠕变性能的研究较多，但其对铸态镁合金的晶粒细化影响研究较少。

3.3.1 Al_2Ca 化合物对纯镁晶粒细化的影响

本书作者研究团队设计了四种 Mg-Al-Ca 合金：Mg-0.61Al-0.46Ca（AC1）、Mg-1.34Al-1.03Ca（AC2）、Mg-2.32Al-1.70Ca（AC4）和 Mg-3.74Al-2.52Ca（AC6），Al 和 Ca 含量均为质量分数。通过控制 Al/Ca 原子比及 Al、Ca 元素总量，使铸态镁合金中原位生成单一 Al_2Ca 化合物且具有不同的 Al_2Ca 含量。

图 3-1 为不同 Al、Ca 含量的 Mg-Al-Ca 铸态镁合金的 XRD 谱图。由图可见，除了 AC1 合金，其他三种 Mg-Al-Ca 铸态镁合金的相组成均是 Al_2Ca 和 α-Mg。图 3-2 为四种 Mg-Al-Ca 合金的 SEM 图，表 3-4 为其 EDS 分析结果。从图中可以

看出，AC1 合金第二相包括晶内颗粒状和晶界不规则状两种。随着 Al 和 Ca 含量的增加，Mg-Al-Ca 合金的第二相逐渐转变为沿晶界分布的网状结构，网层厚度增加。从 EDS 分析结果可以看出，这四种合金的 Al/Ca 原子比均在 2 左右。结合 XRD 结果，前述四种合金的铸态组织都只含 Al_2Ca 一种第二相。

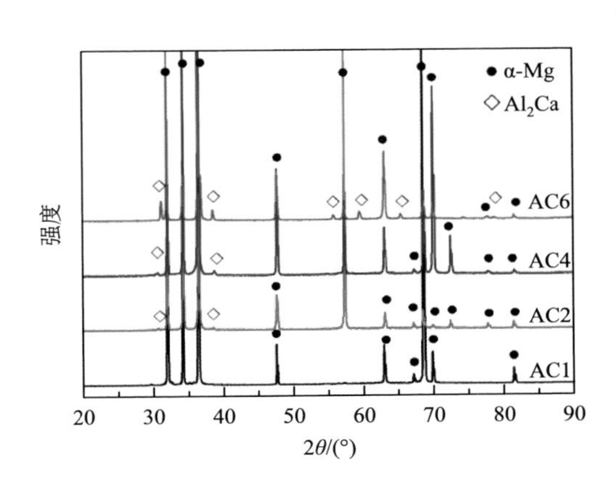

图 3-1　Mg-Al-Ca 铸态镁合金的 XRD 谱图

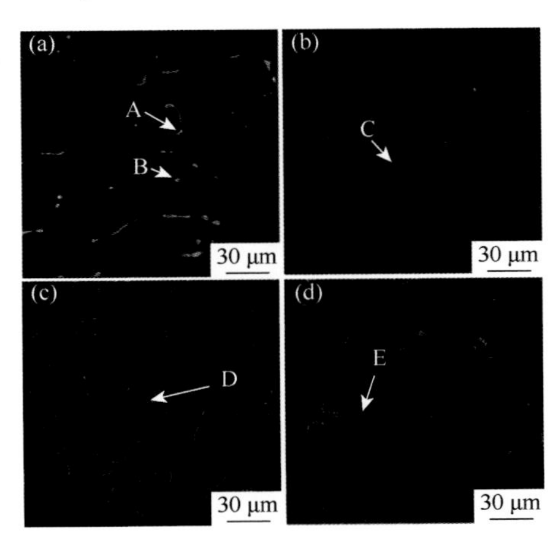

图 3-2　Mg-Al-Ca 铸态镁合金的 SEM 图

（a）AC1；（b）AC2；（c）AC4；（d）AC6

表 3-4　图 3-2 中 Mg-Al-Ca 铸态镁合金的 EDS 结果

位置	元素含量/at%			Al/Ca 原子比
	Mg	Al	Ca	
图 3-2（a）中 A	61.36	28.56	12.08	2.36
图 3-2（a）中 B	77.78	15.79	6.43	2.46
图 3-2（b）中 C	80.84	12.56	6.10	2.06
图 3-2（c）中 D	76.18	17.82	8.00	2.23
图 3-2（d）中 E	63.15	26.38	11.47	2.30

图 3-3 为四种 Mg-Al-Ca 合金的铸态金相组织图。由图可以看出，随着合金中 Al_2Ca 含量的增多，晶粒尺寸先减小后增大，AC4 合金的晶粒尺寸最小，平均晶粒尺寸大约为 155 μm，而其他合金 AC1、AC2、AC6 的平均晶粒尺寸分别为 392 μm、211 μm、226 μm。另外，相同熔炼条件下所得的铸态纯镁组织为粗大柱状晶粒，晶粒尺寸约为 1230 μm。因此，Al 和 Ca 的添加使纯镁的铸态组织明显细化，其细化机制有两种可能：①Al_2Ca 化合物的异质形核作用；②Al 和 Ca 两种元素的溶质偏析作用。

Al_2Ca 化合物熔点较高，且与镁基体之间的晶体学匹配性也很好[17]，具有成为异质形核核心从而细化镁基体晶粒的可能。从图 3-4（a）可见，AC6 合金的平衡

凝固顺序为 α-Mg→C36[(Mg, Al)$_2$Ca]→C15（Al$_2$Ca），结合该合金的 DSC 冷却曲线［图 3-4（b）］，可以得到该合金熔体冷却过程中 α-Mg 基体的初始凝固温度为 599.7℃，而(Mg, Al)$_2$Ca 相和 Al$_2$Ca 相的析出温度分别为 522.1℃和 509.5℃。因此，在凝固过程中 Mg-Al-Ca 合金中的 Al$_2$Ca 相形成温度低于 α-Mg 基体的初始凝固温度。

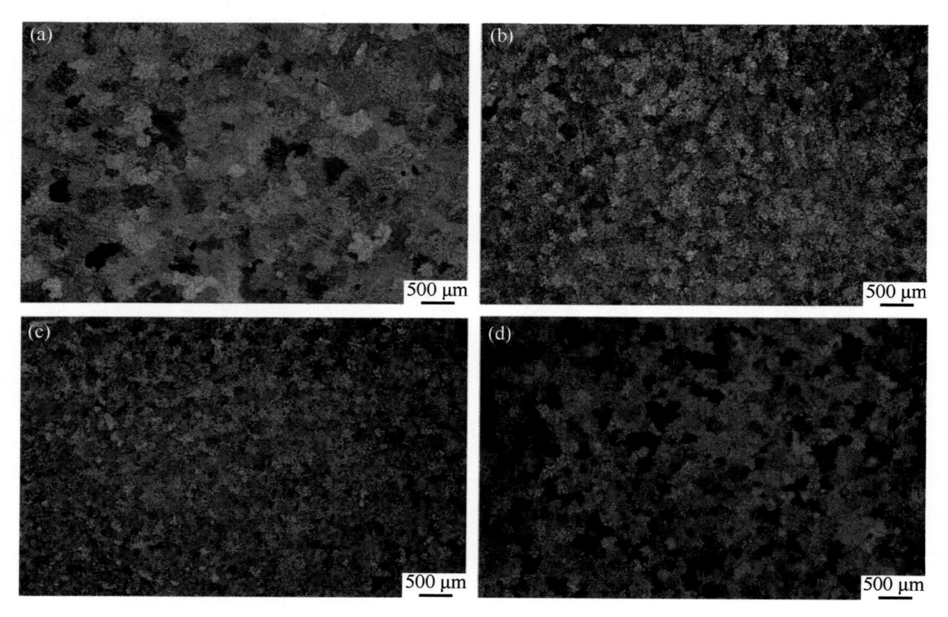

图 3-3 Mg-Al-Ca 铸态镁合金的金相组织图

（a）AC1；（b）AC2；（c）AC4；（d）AC6

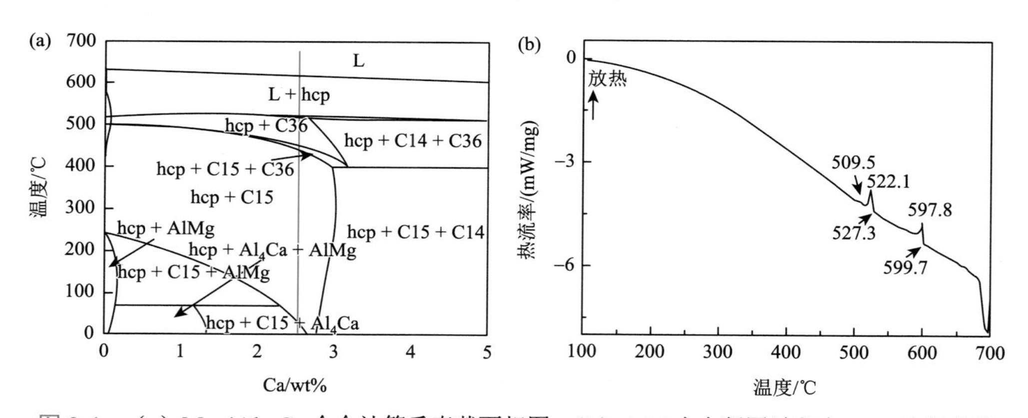

图 3-4 （a）Mg-4Al-xCa 合金计算垂直截面相图；（b）AC6 合金凝固过程中 DSC 冷却曲线

将 AC6 合金熔体分别在 680℃和 600℃时进行淬火，对其淬火样品进行 SEM 观察，结果如图 3-5 所示。可见，在 680℃和 600℃时 AC6 合金熔体中未观察到

颗粒状的 Al_2Ca 相。因此，综合分析可知，Al_2Ca 相不能作为 Mg-Al-Ca 合金凝固过程中的异质形核核心。

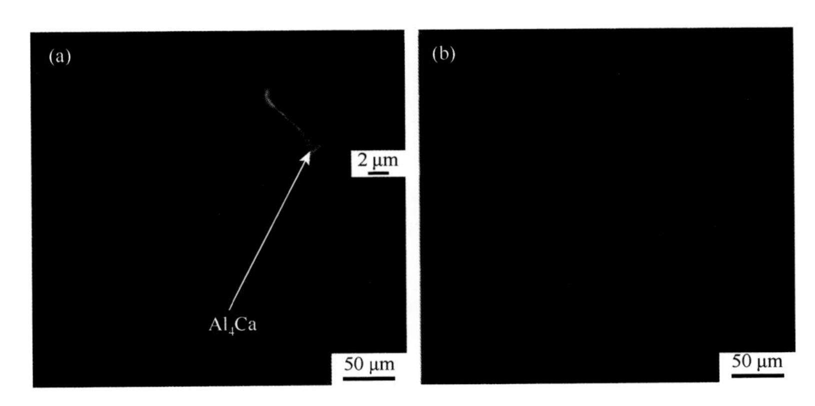

图 3-5 不同凝固温度下淬火所得 AC6 合金的 SEM 图

（a）680℃；（b）600℃

从 Al 和 Ca 两种元素在镁中的溶质偏析来看，Al 和 Ca 对镁基体的生长抑制因子（GRF）值都较大，尤其是 Ca 在镁中的 GRF 值更是高达 11.94。溶质元素的 GRF 值越大，抑制生长的能力就越大。这表明二者在镁中都具有较强的溶质偏析能力，具有很强的阻碍镁晶粒长大的作用，进而起到很好的晶粒细化作用。当 Al_2Ca 相含量从 1 wt%增加到 4 wt%时，铸态镁晶粒尺寸逐渐减小，而当其含量进一步增加到 6 wt%时，在凝固过程中偏聚的 Al 和 Ca 相互反应消耗了偏聚的溶质，导致偏聚效果弱化从而使其铸态晶粒粗化。

3.3.2 Al_2Ca 化合物对 AZ31 镁合金的晶粒细化作用

尽管纯镁熔体中原位形成的 Al_2Ca 不能作为异质形核核心细化晶粒，但由于其与镁基体之间的良好晶体学匹配关系以及高的熔点，如果将 Al_2Ca 粉末颗粒外加到镁合金基体中，有望达到较好的晶粒细化效果。为此，采用纯 Al 和纯 Ca，通过熔炼浇铸的方式，制备得到了 Al_2Ca 化合物碎块，经粉碎研磨为细小颗粒。图 3-6 为制备得到的 Al_2Ca 粉末颗粒及其 XRD 谱图。可以看出，Al_2Ca 粉末中含有少量的 Al_4Ca，为不规则颗粒状，尺寸为 5～10 μm。

将 Al_2Ca 粉末添加到 AZ31 镁合金中，得到不同 Al_2Ca 含量的 AZ31 合金，实验合金的实际成分如表 3-5 所示。对几种 AZ31 铸态合金进行 XRD 分析（图 3-7）可看到 Al_2Ca 化合物存在。图 3-8 为对应的合金金相组织图及铸态晶粒尺寸变化。AZ31 合金平均晶粒尺寸约为 354 μm，随着 Al_2Ca 添加量的增加，合金晶粒尺寸

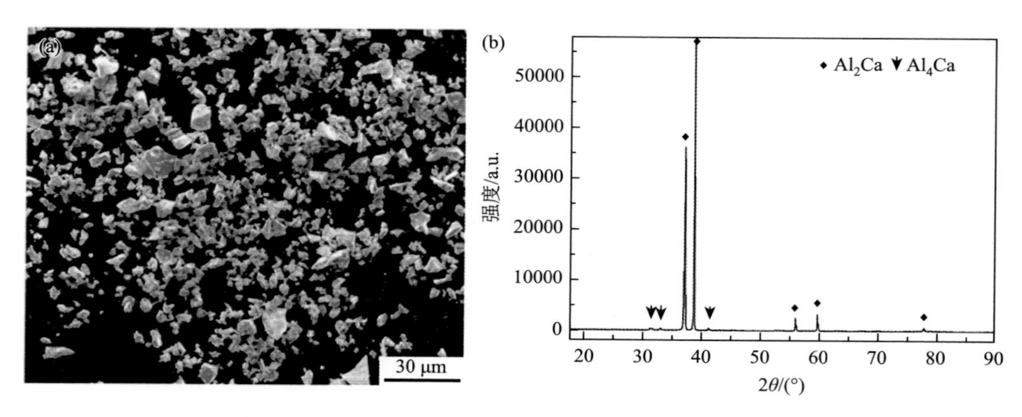

图 3-6 Al_2Ca 化合物颗粒（a）及其 XRD 谱图（b）

显著减小。当 Al_2Ca 添加量为 1.1 wt%时，晶粒尺寸最小。AZX3110 合金的平均晶粒尺寸约为 198 μm，晶粒细化效率为 44%。随着 Al_2Ca 添加量的进一步增加，合金晶粒尺寸变大。

表 3-5 实验研究 AZ31 镁合金真实成分（wt%）

合金	Mg	Al	Zn	Mn	Ca
AZ31	96.03	2.87	0.71	0.39	0
AZX3105	95.45	3.19	0.72	0.38	0.26
AZX3110	94.97	3.47	0.74	0.36	0.46
AZX3115	94.45	3.76	0.72	0.35	0.72
AZX3130	92.52	4.85	0.73	0.38	1.52

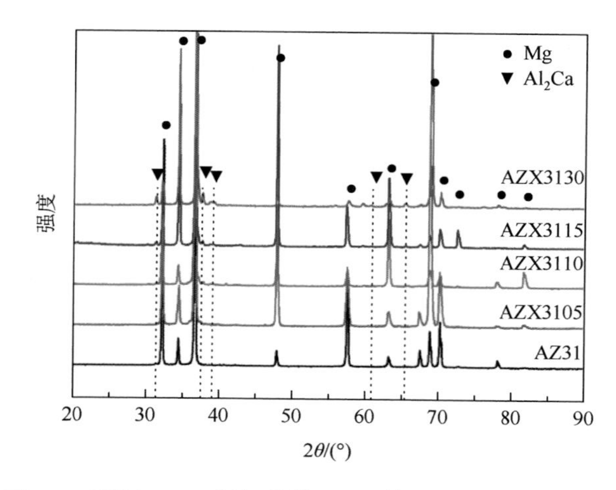

图 3-7 不同 Al_2Ca 添加量的 AZ31 铸态镁合金 XRD 谱图

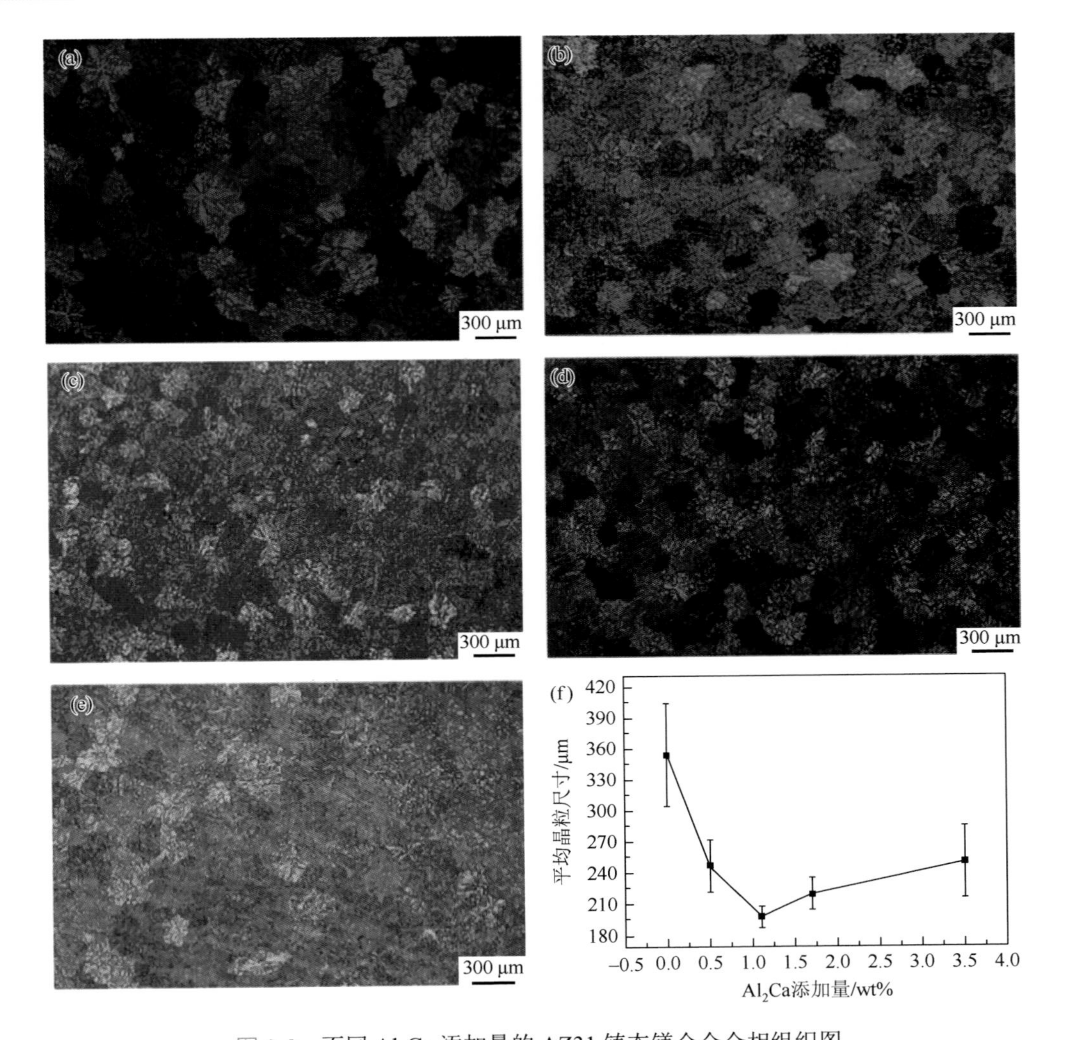

图 3-8　不同 Al_2Ca 添加量的 AZ31 铸态镁合金金相组织图

（a）0 wt%；（b）0.5 wt%；（c）1.1 wt%；（d）1.7 wt%；（e）3.5 wt%。（f）AZ31 铸态镁合金晶粒尺寸随 Al_2Ca 添加量的变化曲线

图 3-9 为不同 Al_2Ca 添加量的 AZ31 铸态镁合金 SEM 图。由图可见，在合金基体中，一部分颗粒状第二相分布于晶内，另一部分不规则形状的第二相沿晶界分布。随着 Al_2Ca 添加量增多，AZ31 合金中第二相沿晶界分布的趋势更加明显。进一步观察发现，AZ31 合金中 Al_2Ca 的形貌，与添加 Al_2Ca 粉末颗粒的形貌存在一定差异，尤其是 AZX3135 合金[图 3-9（e）右上角放大图]中 Al_2Ca 呈层片分布，与铸态 AC6 合金中的共晶 Al_2Ca 形貌[图 3-2（d）]基本相似。因此，尽管 Al_2Ca 粉末颗粒熔点为 1079℃，但当其被添加到 AZ31 合金熔体中，特别是添加量比较

大的情况下，存在明显的溶解过程。未溶解的 Al_2Ca 颗粒在凝固过程中起到细化晶粒的作用，而溶解的 Al_2Ca 在凝固过程中沿晶界以共晶析出。

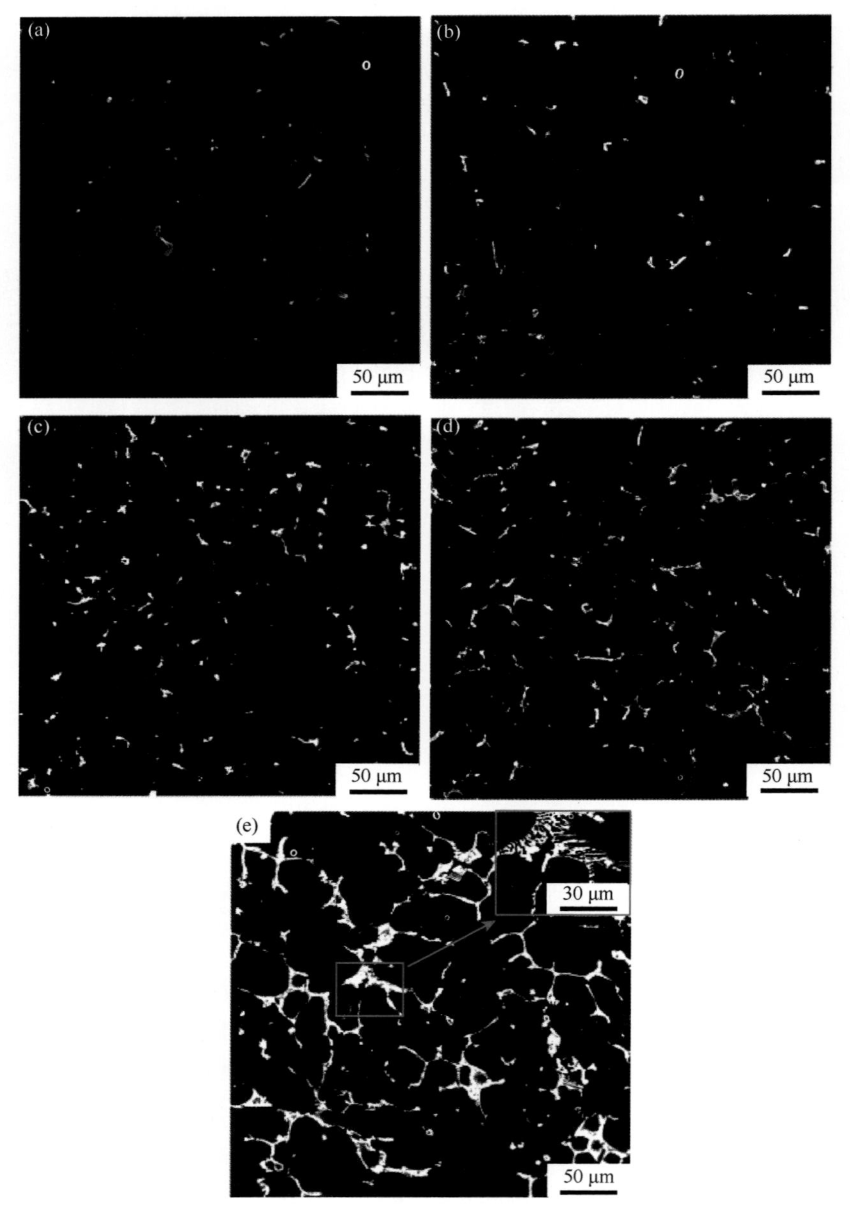

图 3-9　不同 Al_2Ca 添加量的 AZ31 铸态镁合金 SEM 图

（a）0 wt%；（b）0.5 wt%；（c）1.1 wt%；（d）1.7 wt%；（e）3.5 wt%

图 3-10 为 Al_2Ca/Mg 固-液扩散偶界面的 SEM 图。由图可见，Al_2Ca 与 Mg 之间的扩散过渡层在镁熔体中发生扩散，由明显的两种扩散层组成。图中 a 区域为 Al_2Ca 枝晶和 Al_2Ca-Mg 共晶，b 区域为 Mg 枝晶和 Al_2Ca-Mg 共晶。层片状的为 Al_2Ca-Mg 共晶，块状的为 Al_2Ca 枝晶。这表明 Al_2Ca 颗粒在镁熔体中不能长时间稳定存在，但尺寸较大的外加 Al_2Ca 颗粒在外层溶解后，剩余的 Al_2Ca 颗粒可起到有效的形核核心作用而细化镁合金晶粒。

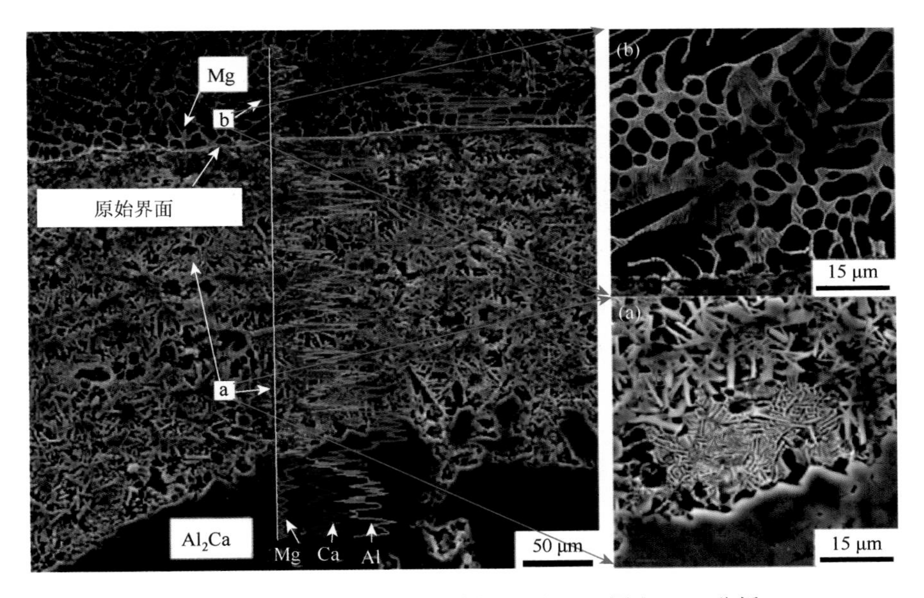

图 3-10　Al_2Ca/Mg 固-液扩散偶界面 SEM 图和 EDS 分析

（a）Al_2Ca 枝晶 + Al_2Ca-Mg 共晶组织；（b）Mg 枝晶 + Al_2Ca-Mg 共晶组织

因此，将 Al_2Ca 添加到 AZ31 合金中，晶粒细化的原因主要有：①凝固初期，部分 Al_2Ca 的溶解，高 GRF 值 Ca 和 Al 的偏析提供了形核所需的成分过冷；②未溶解的颗粒状 Al_2Ca 为形核提供形核质点；③凝固后期，偏聚在晶界和枝晶界的共晶 Al_2Ca 起到阻碍晶界迁移的作用。虽然在镁合金中添加的 Al_2Ca 发生了溶解，但与直接分别添加 Al 和 Ca 两种元素相比，仍然存在很大不同。图 3-11 为添加了与 Al_2Ca 化合物等量的 Al 和 Ca 元素的 AZ31 铸态镁合金的金相组织图。可见，添加 Al 和 Ca 元素细化了合金铸态组织（从 354 μm 细化到 217 μm），但是总的细化效果不如添加 Al_2Ca（从 354 μm 细化到 198 μm）。因此，Al_2Ca 化合物具有更好的细化效果。添加 Al_2Ca 化合物到镁合金中，Al_2Ca 因更高的熔点而不易烧损，容易控制添加比例，添加方式更便利，而合金元素 Ca 易烧损，单独添加难以控制成分。

300 μm

图 3-11 添加 0.45 wt% Ca 和 0.57 wt% Al 的 AZC3110 镁合金铸态金相组织图

3.3.3 Al_2Ca 化合物对 AZ31 镁合金性能的影响

通常，在镁合金中添加 Ca 元素将增大合金的热裂倾向，热裂倾向是表征铸造镁合金铸造性能的重要指标。重庆大学国家镁合金材料工程技术研究中心研究组对比研究了添加 Al_2Ca 化合物和直接添加等量 Al 和 Ca 两种合金元素对 AZ31 合金热裂倾向的影响。

图 3-12 为两种情况下的热裂实验样品的宏观形貌图片。根据热裂敏感性系数（HCS）[29]计算公式：

$$HCS = \sum(F_{\text{length}} \times F_{\text{location}} \times D_{\text{crack}})$$

式中，F_{length}、F_{location} 和 D_{crack} 分别为棒长的影响因子、裂纹产生位置的影响因子和产生裂纹大小的影响因子。根据合金在该模具中发生热裂的难易程度，分别将最长棒影响因子定义为 4，长棒为 8，短棒为 16；分支与主干连接处的位置影响因子为 1，与球形端连接处为 2，其中间部位为 3；断裂时的裂纹大小因子为 4，半断裂为 3，明显裂纹为 2，发纹为 1，半发纹为 0.5。由此可得，AZX3110 和 AZC3110 合金的 HCS 分别为 44 和 160。因此，添加 Al_2Ca 化合物的 AZ31 镁合金（AZX3110）的热裂倾向明显小于添加等量 Al 和 Ca 元素的（AZC3110），具有更好的铸造性能。

添加 1 wt%的 Al_2Ca 可显著细化 AZ31 铸态合金晶粒组织（由 354 μm 细化到 198 μm），合金中的 Al_2Ca 多以颗粒状弥散分布在合金基体上，颗粒尺寸为 5～7 μm。图 3-13 为铸态 AZ31 合金与 AZX3110 合金的室温压缩力学性能的应力-应变曲线。可以看出，添加了 1 wt% Al_2Ca 的 AZX3110 合金压缩屈服强度和抗压强度都明显高于 AZ31 合金，尤其是合金屈服强度由 58 MPa 增长到 72 MPa，增幅达 24%，压缩应变基本保持不变。

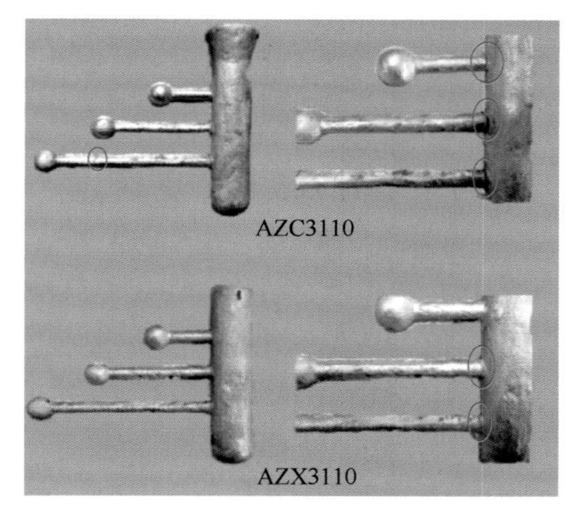

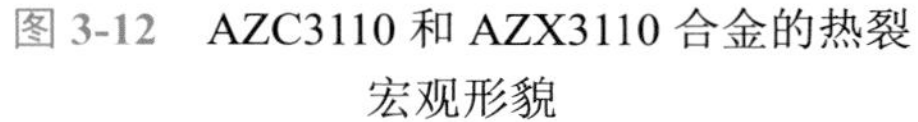
图 3-12　AZC3110 和 AZX3110 合金的热裂宏观形貌

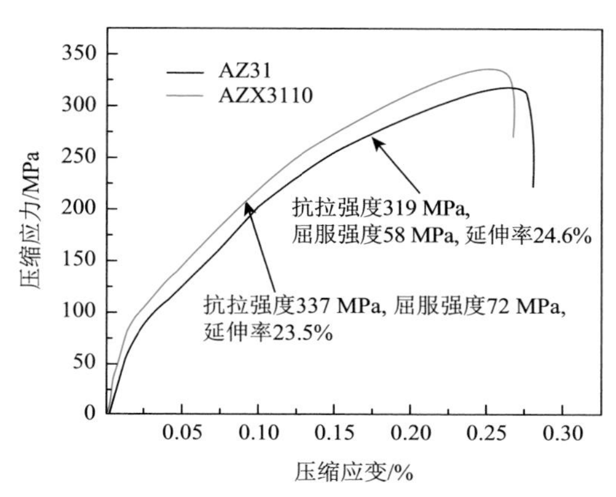

图 3-13　铸态 AZ31 合金和 AZX3110 合金的室温压缩性能

3.4　Al_2Y 化合物对镁合金晶粒细化的影响

3.4.1　Al_2Y 化合物对 Mg-Y 合金的晶粒细化作用

1. 原位形成 Al_2Y 化合物颗粒含量的影响

已有研究表明，Al_2Y 化合物对 Mg-10Y 镁合金具有显著的晶粒细化效果[15]。该合金的 Y 含量很高，Al_2Y 化合物对中低 Y 含量，甚至不含 Y 的镁合金是否具有相同的晶粒细化效果，还有待验证。为此，本节选取 Mg-6Y 镁合金为合金基体，通过在合金熔体中添加不同含量的 Al 元素，经自然凝固冷却得到 Mg-6Y-*x*Al 镁合金铸锭，在 Mg-6Y 镁合金中即可原位形成 Al_2Y 化合物颗粒，研究不同含量 Al_2Y 化合物颗粒对基体合金晶粒细化的影响。

Mg-6Y-*x*Al（YA）镁合金铸锭的实际化学成分如表 3-6 所示。图 3-14 为 YA605、YA61 和 YA65 等三种典型的 Mg-6Y-*x*Al 镁合金的 XRD 分析，可见这三种典型合金中都出现了 Al_2Y 峰和 $Mg_{24}Y_5$ 峰，YA605 合金中还存在较弱的 $Mg_{24}Y_5$ 峰，随着 Al 含量增加，YA61 和 YA65 的合金相由 α-Mg、Al_2Y 和 $Mg_{24}Y_5$ 组成。

表 3-6　实验研究合金的实际成分（wt%）

合金	Y	Al	Mg
YA605	6.21	0.46	剩余
YA61	6.18	1.03	剩余
YA62	6.15	1.78	剩余

续表

合金	Y	Al	Mg
YA63	6.20	3.12	剩余
YA64	6.22	3.85	剩余
YA65	6.25	4.90	剩余

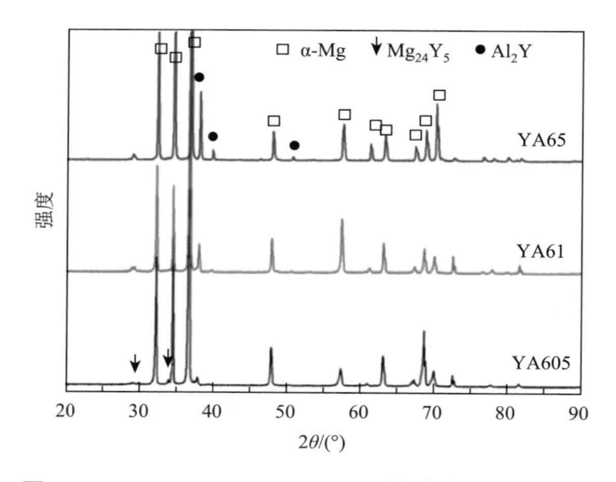

图 3-14 YA605、YA61 和 YA65 铸态合金的 XRD 谱图

图 3-15 为 Mg-6Y-*x*Al 合金的金相组织图及其平均晶粒尺寸统计，Mg-6Y 基体合金的铸态晶粒尺寸约为 220 μm。当添加 0.5 wt%的 Al 时，晶粒粗化到 248 μm。随着 Al 含量的继续增加，晶粒尺寸先减小后增大，当 Al 含量为 1 wt%时，晶粒尺寸最小（约为 57 μm），且高倍金相组织图可以看到，在晶粒内部有颗粒状化合物存在[图 3-15（g）和（h）]。但是随着 Al 含量（2 wt%～5 wt%）进一步增加，晶粒尺寸明显变大，且颗粒状化合物数量同时随之增多。尤其 YA65 合金，晶粒为粗大的树枝晶，甚至比 Mg-6Y 铸态合金的晶粒还要粗大。

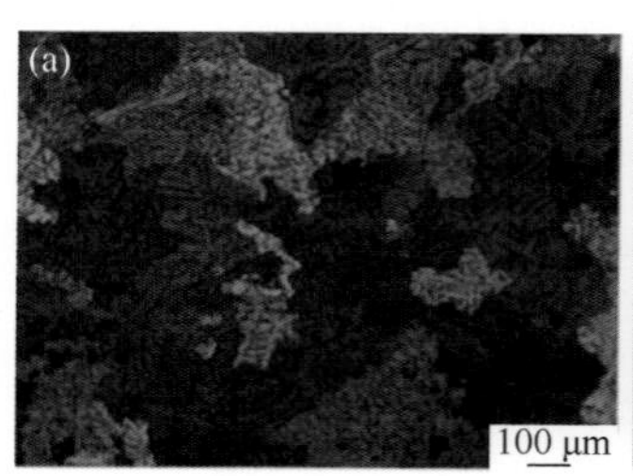

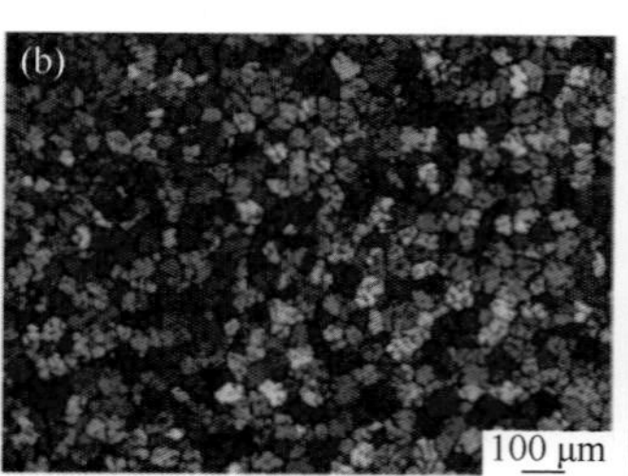

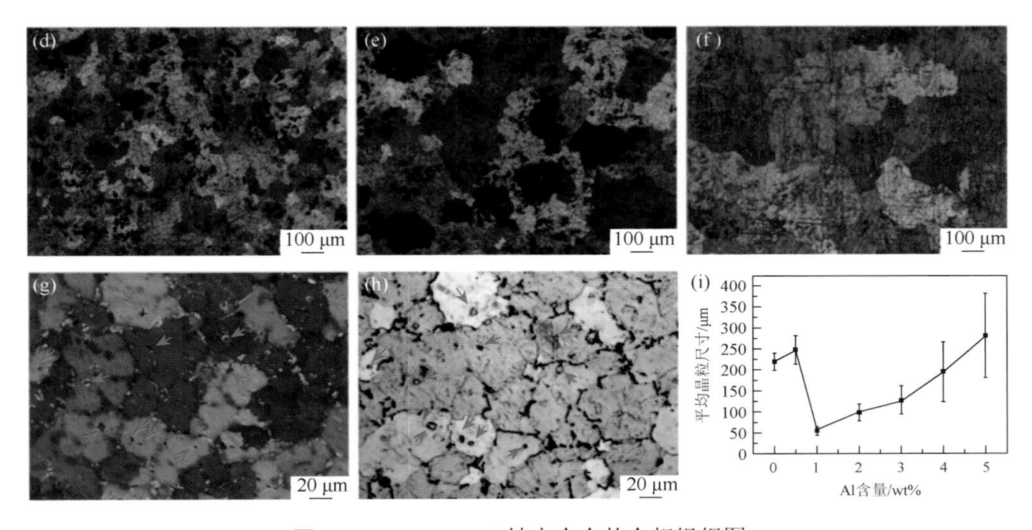

图 3-15　Mg-6Y-*x*Al 铸态合金的金相组织图

（a）0.5 wt%；（b）1 wt%；（c）2 wt%；（d）3 wt%；（e）4 wt%；（f）5 wt%；（g）图（b）放大后的偏光金相组织图；（h）图（b）放大后的金相组织图；（i）合金晶粒尺寸随 Al 含量的变化曲线

图 3-16 为 Mg-6Y-*x*Al 铸态合金的背散射 SEM 图，表 3-7 为相应合金基体中 Y 含量的 EDS 分析结果。由图可见，在 YA605 合金中，Y 元素在晶界附近偏聚[图 3-16（a）晶界上的灰白色部分]，同时形成不规则形状的第二相（图 3-16 中亮白色颗粒）。结合图 3-14 的 XRD 分析，灰白色晶界相为 $Mg_{24}Y_5$，亮白色颗粒为 Al_2Y。随着 Al 含量增多，在晶粒尺寸最小的 YA61 合金的晶内出现颗粒状第二相。

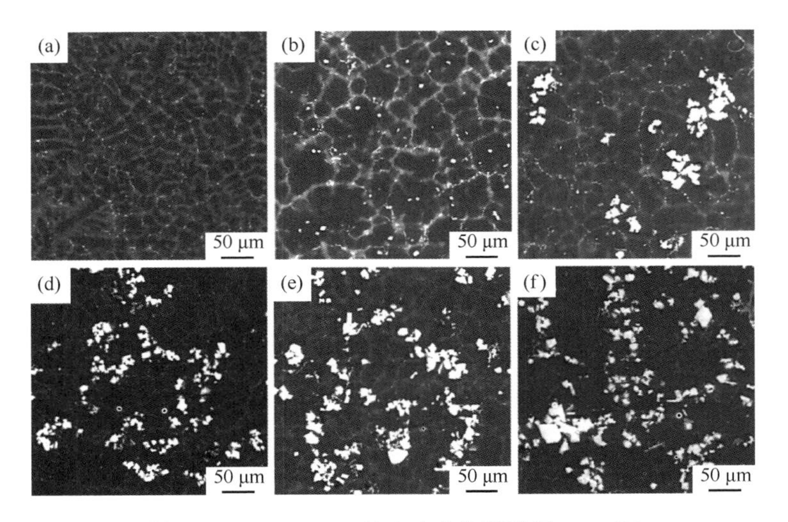

图 3-16　Mg-6Y-*x*Al 铸态合金的背散射 SEM 图

（a）0.5 wt%；（b）1 wt%；（c）2 wt%；（d）3 wt%；（e）4 wt%；（f）5 wt%

随着 Al 含量进一步增加，晶界相 $Mg_{24}Y_5$ 逐渐减少，晶内颗粒状 Al_2Y 相逐渐增多。从表 3-7 所示的合金基体中固溶的 Y 含量变化可以看出，随着 Al 含量的增加，Mg-6Y-*x*Al 合金基体中固溶 Y 含量逐渐减少，这表明 Y 与 Al 发生反应生成了 Al_2Y 化合物。同时，合金中颗粒状 Al_2Y 相逐渐增多并粗化。在 YA61 合金中，颗粒大小均匀，约为 5.3 μm；而 YA62 合金中的 Al_2Y 颗粒存在团聚，且颗粒尺寸变大，平均尺寸约为 8.4 μm。随着 Al 含量的进一步增加，Al_2Y 颗粒尺寸分布范围变宽，在 YA64 和 YA65 合金中，Al_2Y 颗粒尺寸在 4～11 μm 范围内，且粗颗粒更多、团聚更明显。

表 3-7 Mg-6Y-*x*Al 合金基体中 Y 的 EDS 测试结果（wt%）

合金编号	YA605	YA61	YA62	YA63	YA64	YA65
Y 含量	3.25	3.3	2.34	1.38	0.53	0.18

Qiu 等[23]研究认为颗粒状 Al_2Y 为先析出相（pre-precipitated phase）。为此，分别测试了 YA605 和 YA65 两种合金的 DSC 热分析曲线。图 3-17 为这两种合金凝固过程中的冷却曲线、冷却速度曲线和对应的凝固组织 SEM 图。由冷却速度曲线可见，两种合金均在 667.5℃和 630℃左右时出现两个放热主峰，且最终凝固组织与图 3-16 中的 YA605 和 YA65 凝固组织特征保持一致。因此，667.5℃放热峰对应 Al_2Y 相的形成，630℃左右的放热峰对应 α-Mg 基体相的形成。由此表明，Mg-6Y-*x*Al 合金基体中的 Al_2Y 相是先析出相[23]，在凝固过程中先于 α-Mg 基体相形成，为凝固组织晶粒细化提供了条件。总体来看，由于先析 Al_2Y 颗粒存在及其尺寸大小和分布适中[23]，可以作为有效异质形核核心，因此 YA61 合金晶粒细化效果最好。随着 Mg-6Y 合金中 Al 元素添加量增多，Al_2Y 颗粒数量增多，出现团聚，导致有效形核颗粒减少。同时，Al 元素将消耗更多的 Y，使 Y 元素因偏析导致的晶粒细化效果弱化。这两方面的原因导致 YA62、YA63、YA64 合金的晶粒尺寸逐渐增大，而 YA65 合金晶粒尺寸甚至超过了 Mg-6Y 合金。

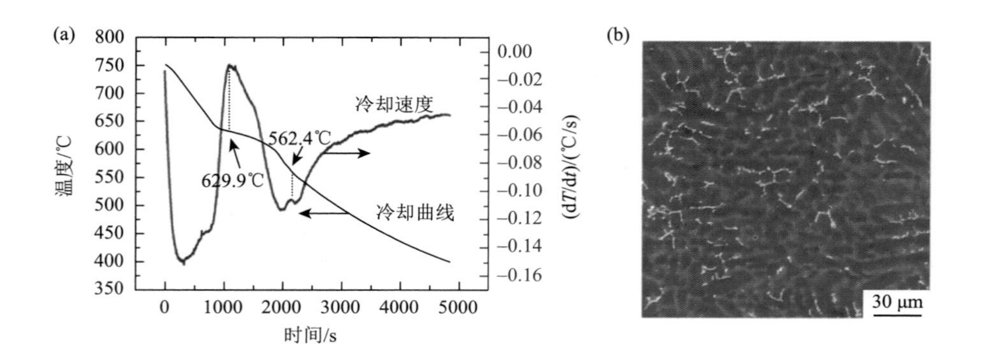

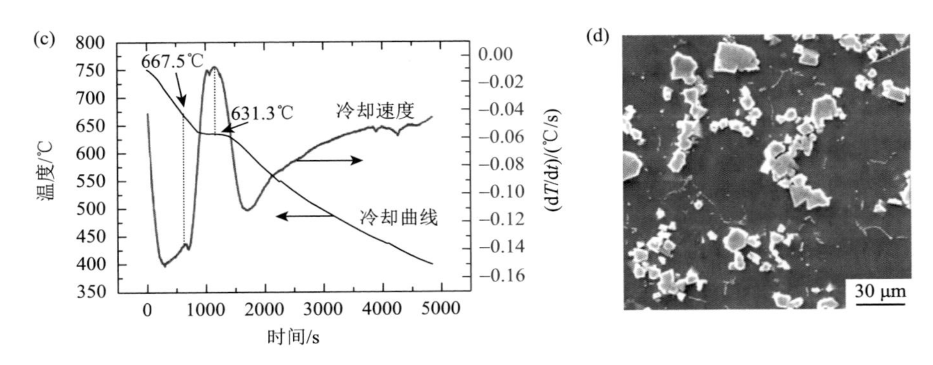

图 3-17 合金凝固热分析曲线和 SEM 图

（a，b）YA605；（c，d）YA65

2. Y 含量对原位形成 Al_2Y 晶粒细化作用的影响

前述研究表明，在 Mg-6Y 合金中添加 1 wt% Al 元素形成的 Al_2Y 颗粒[30]对该合金具有显著的晶粒细化作用。为了进一步研究原位形成 Al_2Y 化合物在不同 Y 含量镁合金中的晶粒细化作用，将 1 wt%的 Al 元素分别添加到 Mg-xY（x = 1 wt%～7 wt%）合金中，考察添加 Y 元素前后 Al_2Y 颗粒的晶粒细化作用。表 3-8 为所得合金的实际成分。

表 3-8 Mg-xY 和 Mg-xY-1Al 合金的实际成分（wt%）

合金	Y	Al	Mg	合金	Y	Mg
YA11	1.09	1.11	余量	Y1	0.98	余量
YA31	2.86	1.03	余量	Y3	2.79	余量
YA51	5.10	0.93	余量	Y5	4.95	余量
YA71	7.12	1.05	余量	Y7	7.08	余量

图 3-18 为 Mg-xY 合金添加 1 wt% Al 元素前后的金相组织图。表 3-9 为统计的合金晶粒尺寸大小。可以看出，随着 Y 含量的增加，Y 元素的偏析和成分过冷使合金的 GRF 值增加，导致 Mg-Y 二元合金的晶粒尺寸逐渐减小。相同含量的 Mg-Y 二元合金与添加了 1 wt% Al 以后的 Mg-xY-1Al 相比，晶粒尺寸差异较大。YA11 合金晶粒尺寸有所减小，晶粒尺寸由 850 μm 减小到 541 μm；YA31 合金晶粒出现粗化现象，晶粒尺寸由 265 μm 粗化到 300 μm；YA51 合金晶粒有一定细化，晶粒尺寸由 250 μm 细化到 204 μm；当合金中 Y 含量进一步增加到 7 wt%时，添加 1 wt% Al 形成的 YA71 合金晶粒尺寸明显减小，由 183 μm 细化到 39 μm，细化效率达到 79%。结合前述研究结果可知，添加 1 wt%的 Al 可以细化 Y 含量大

于 5 wt%的镁合金，特别是对于 Mg-6Y[31]、Mg-7Y 和 Mg-10Y[15]具有显著的晶粒细化效果，而对 Mg-1Y、Mg-3Y 和 Mg-5Y 合金的细化效果较弱，甚至没有细化效果。

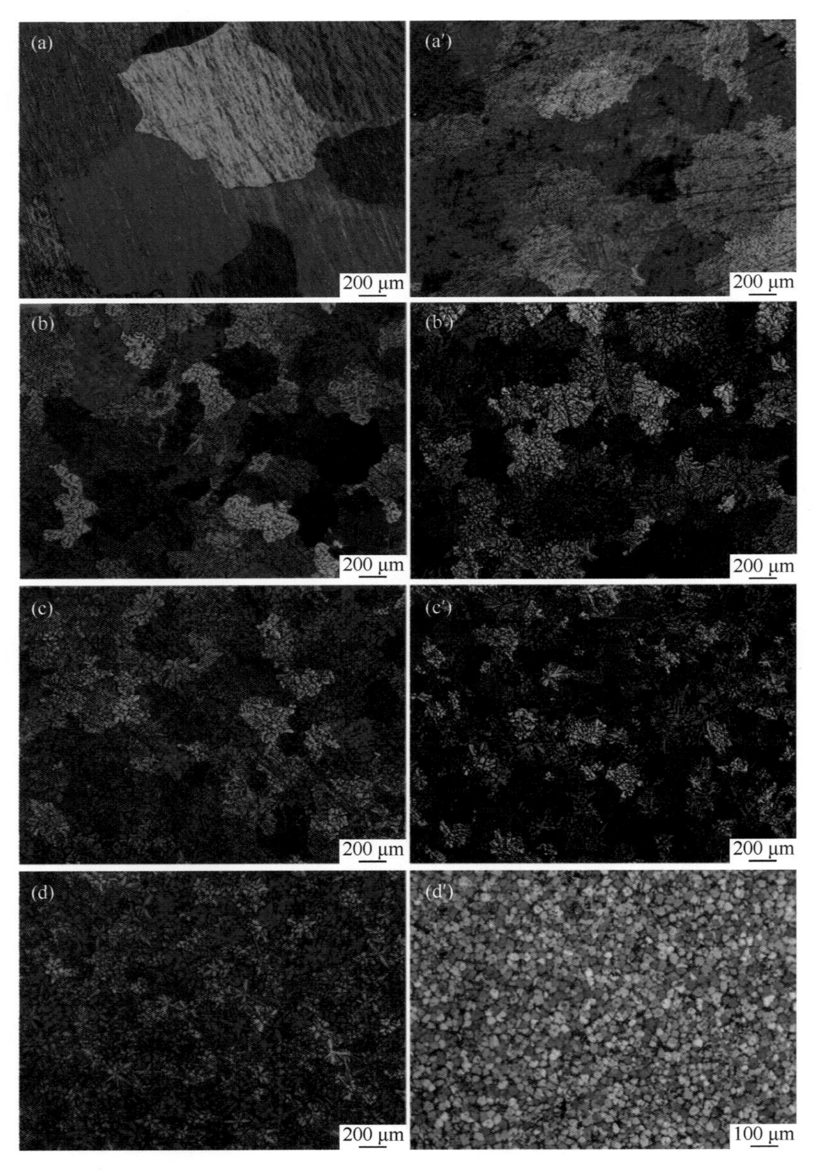

图 3-18 Mg-xY 和 Mg-xY-Al 铸态合金的金相组织图

（a）Mg-1Y；（a′）Mg-1Y-1Al；（b）Mg-3Y；（b′）Mg-3Y-1Al；（c）Mg-5Y；（c′）Mg-5Y-1Al；（d）Mg-7Y；（d′）Mg-7Y-1Al

表 3-9　Mg-xY-1Al 和 Mg-xY 铸态合金的平均晶粒尺寸

合金种类	平均晶粒尺寸/μm	合金种类	平均晶粒尺寸/μm
Y1	850±250	Y5	250±33
YA11	541±200	YA51	204±34
Y3	265±70	Y7	183±25
YA31	300±75	YA71	39±5

图 3-19 为四种 Mg-xY-1Al 铸态合金的 SEM 图。当 Y 含量为 1 wt%和 3 wt%时，Mg-1Y-1Al 和 Mg-3Y-1Al 合金中均存在大量的沿晶界分布的网状 $Mg_{24}Y_5$ 和粗大的 Al_2Y 相，晶内分布的 Al_2Y 颗粒很少。当 Y 含量增加到 5 wt%和 7 wt%时，在 Mg-5Y-1Al 合金铸态组织中，尽管仍然存在大量的沿晶界分布的网状 $Mg_{24}Y_5$，但开始出现细小颗粒状的 Al_2Y 相。在 Mg-7Y-1Al 合金铸态组织中，还观察到较多的颗粒状 Al_2Y，大小为 4～6 μm，呈弥散状分布。Mg-7Y-1Al 合金的铸态组织特征与 Mg-6Y-1Al 合金基本相同，进一步表明，颗粒状 Al_2Y 是其晶粒细化的主要原因。颗粒状 Al_2Y 相在凝固过程中参与包晶反应[23]，它在包晶反应前析出形成，且与合金中 Y 含量有关。可以看出，添加 Al 元素不能细化所有的 Mg-Y 合金，只有当合金中形成 Al_2Y 颗粒时，才能作为异质形核核心，起到很好的晶粒细化作用。

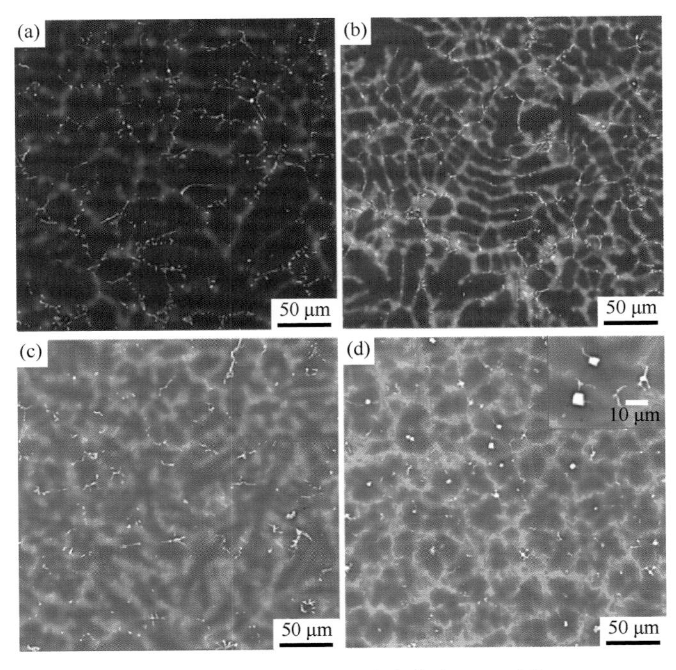

图 3-19　Mg-xY-1Al 铸态合金 SEM 图

（a）Mg-1Y-1Al；（b）Mg-3Y-1Al；（c）Mg-5Y-1Al；（d）Mg-7Y-1Al

3. 外加 Al_2Y 化合物颗粒的晶粒细化作用

为更好地发挥 Al_2Y 化合物颗粒的晶粒细化作用并考察其在铸造镁合金中的实用性，重庆大学课题组制备了一种含有大量颗粒状 Al_2Y 的镁基中间合金，以期作为一种新的高效晶粒细化剂。如图 3-16 所示，YA65 合金中的 Al_2Y 几乎全部为颗粒状。因此，采用 YA65 合金制备得到了直径 85 mm 合金铸锭，并将合金铸锭铣皮后，热挤压为直径 16 mm 棒材，使 Al_2Y 颗粒更加细小且在合金基体中均匀分布。

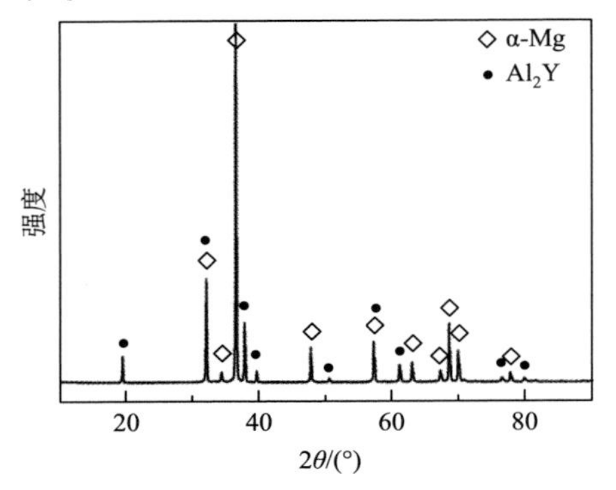

图 3-20　挤压态 Mg-10Al_2Y 中间合金的 XRD 谱图

挤压态 YA65 合金的 XRD 谱图如图 3-20 所示，合金相组成仍然为 α-Mg 相和 Al_2Y 相，且 Al_2Y 相峰值相对强度较大，表明 Al_2Y 含量较多，约为 10 wt%。因此，将挤压态 YA65 合金命名为 Mg-10Al_2Y 中间合金。图 3-21 是其 SEM 图和 EDS 分析结果，可以看出，Mg-10Al_2Y 中间合金中的化合物颗粒即为 Al_2Y，均匀弥散分布在合金基体中，呈多边形状。

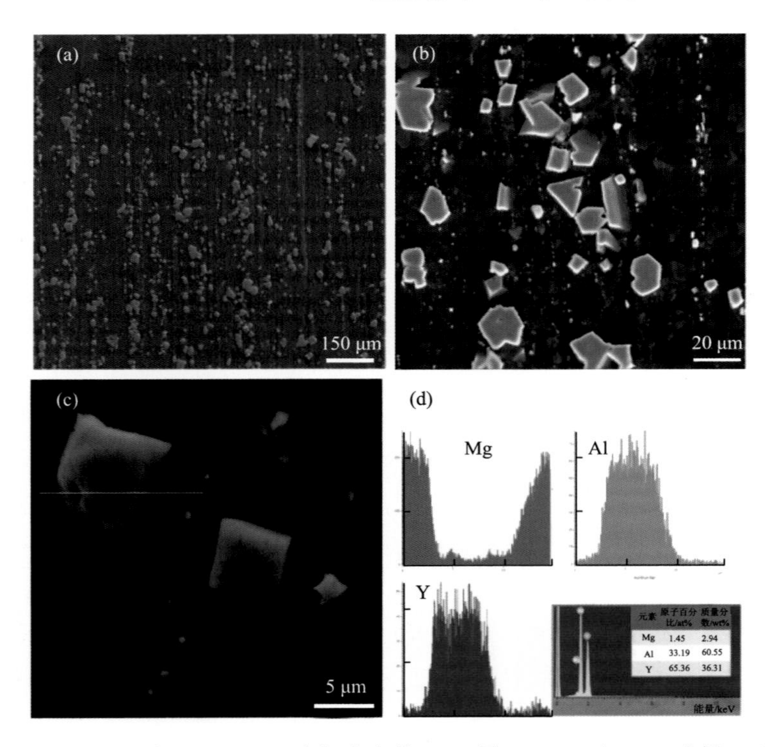

元素	原子百分比/at%	质量分数/wt%
Mg	1.45	2.94
Al	33.19	60.55
Y	65.36	36.31

图 3-21　挤压态 Mg-10Al_2Y 中间合金的 SEM 图（a～c）和 EDS 分析（d）

从图 3-21 可以看出，Al_2Y 颗粒大小不均匀，大尺寸颗粒（13～16 μm）周围还存在较多的细小颗粒。中间合金中的 Al_2Y 颗粒尺寸统计分布如图 3-22 所示，Al_2Y 颗粒尺寸分布范围较宽，从 2 μm 到 16 μm，尺寸为 4～8 μm 颗粒超过 50%。由于有效形核颗粒尺寸为 6 μm 左右[15]，因此，Mg-10Al_2Y 中间合金可以作为镁合金晶粒细化剂使用，具有较大应用潜力。

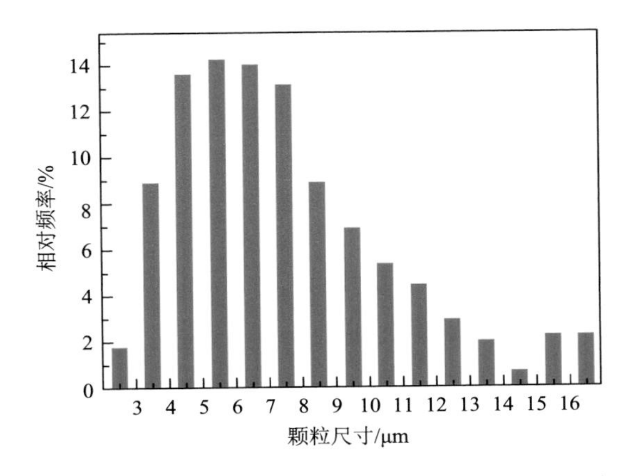

图 3-22　Mg-10Al_2Y 中间合金中 Al_2Y 颗粒尺寸分布

从图 3-18（b）和（b′）可以看出，Mg-3Y-1Al 合金中原位形成的颗粒状 Al_2Y 较少，使其晶粒细化效果不佳。为了验证 Mg-10Al_2Y 中间合金的晶粒细化作用，将该中间合金添加到 Mg-3Y 合金中，观察分析晶粒细化效果，并研究中间合金添加量、保温时间、静置沉降等条件对晶粒细化效果的影响。图 3-23 为不同 Al_2Y 添加量的 Mg-3Y 铸态合金金相组织图，图 3-24 为相应的晶粒尺寸统计结果。

由图 3-23 和图 3-24 可以看出，随着 Al_2Y 添加量的增多，Mg-3Y-$x$$Al_2Y$ 铸态合金晶粒尺寸逐渐减小。当 Al_2Y 添加量为 0.5 wt%时，Mg-3Y-$x$$Al_2Y$ 铸态合金晶粒略有减小，但仍为粗大的树枝晶；当 Al_2Y 添加量增加到 1 wt%时，Mg-3Y-$x$$Al_2Y$ 铸态合金的晶粒尺寸由 265 μm 下降到 210 μm，尽管合金铸态组织仍为树枝晶，但呈现明显的下降趋势；进一步提高 Al_2Y 添加量到 1.5 wt%，Mg-3Y-$x$$Al_2Y$ 铸态合金组织转变为等轴晶［图 3-23（d）］，晶粒尺寸急剧减小到约 58 μm；当 Al_2Y 添加量在 2 wt%～2.5 wt%时，Mg-3Y-$x$$Al_2Y$ 铸态合金晶粒尺寸变化平缓，细化效果没有进一步增加，且晶粒形貌为均匀的等轴晶。为了优化 Al_2Y 添加量，考察了添加量为 1.3 wt%的晶粒细化效果。由图 3-24 可见，当 Al_2Y 添加量为 1.3 wt%时，铸态合金晶粒尺寸显著降低到 64 μm，与添加量大于 1.5 wt%的 Mg-3Y 铸态合金晶粒尺寸在同一水平。

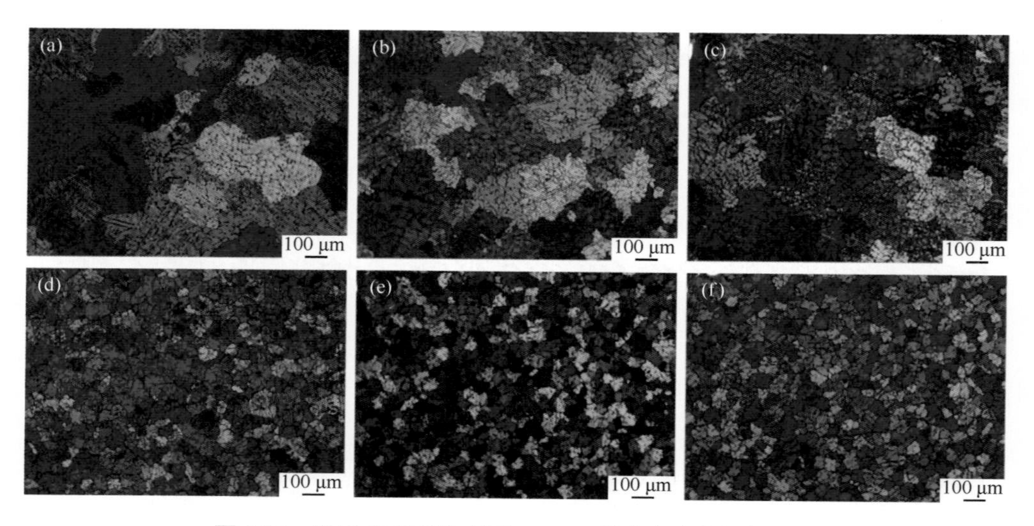

图 3-23 不同 Al_2Y 添加量的 Mg-3Y 铸态合金金相组织图

（a）未添加；（b）0.5 wt%；（c）1 wt%；（d）1.5 wt%；（e）2 wt%；（f）2.5 wt%

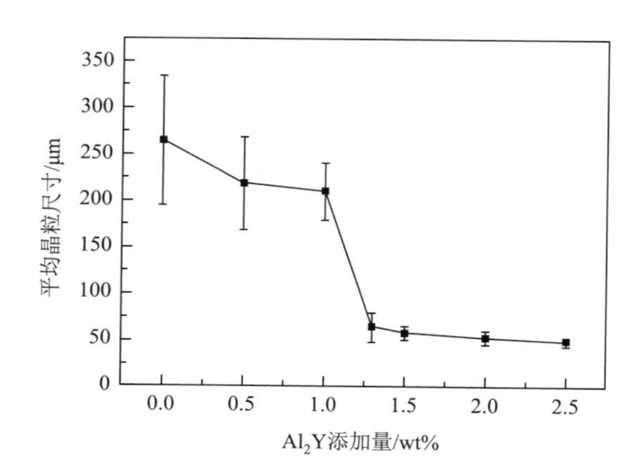

图 3-24 Mg-3Y-$x$$Al_2Y$ 铸态合金晶粒尺寸统计

图 3-25 为不同 Al_2Y 添加量的 Mg-3Y 铸态合金微观组织的 SEM 图，图 3-26 为 Mg-3Y-2Al_2Y 铸态合金 XRD 分析结果。由图可以看出，Mg-3Y 基体合金中除了 Y 元素富集在枝晶界外（图中灰白色区域），还有少量的颗粒状 $Mg_{24}Y_5$ 相，这是 Mg-Y 二元合金铸态组织的普遍特征[32]。添加 Al_2Y 后的 Mg-3Y 铸态合金的相组成主要为 α-Mg、$Mg_{24}Y_5$ 和 Al_2Y 三个相，图中的灰白色网状部分即为 Y 元素偏聚和 $Mg_{24}Y_5$ 相，亮白色网状部分为分布于晶界的 Al_2Y 相，亮白色颗粒状部分即为晶内 Al_2Y 相。随着 Al_2Y 添加量的增加，晶内 Al_2Y 颗粒数量不断增多。含 Al_2Y 颗粒的中间合金添加到 Mg-3Y 合金后能够稳定存在，并且起到

了很好的异质形核作用而细化了 Mg-3Y 铸态合金晶粒[15, 19, 20, 33]。因此，晶内颗粒状 Al_2Y 为有效的晶粒细化颗粒。

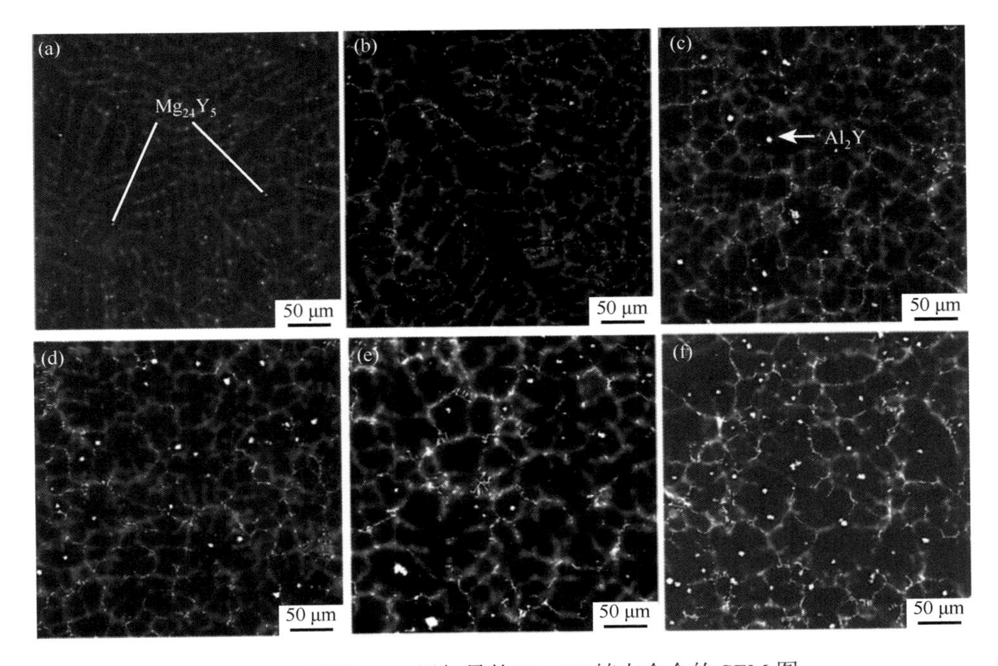

图 3-25　不同 Al_2Y 添加量的 Mg-3Y 铸态合金的 SEM 图

（a）未添加；（b）0.5 wt%；（c）1 wt%；（d）1.5 wt%；（e）2 wt%；（f）2.5 wt%

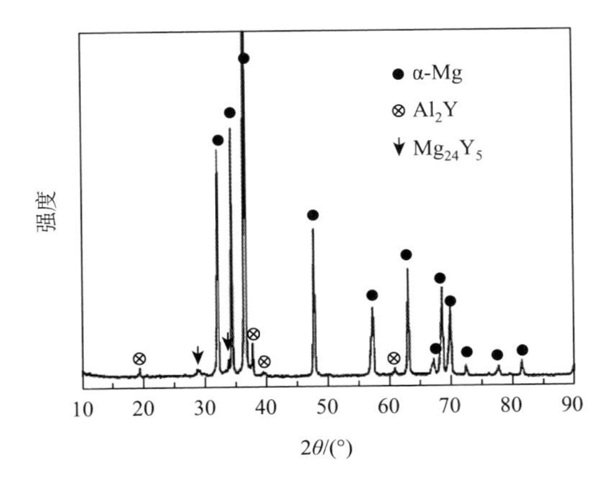

图 3-26　Mg-3Y-2Al_2Y 铸态合金的 XRD 分析

图 3-27 所示为 Mg-3Y-$x$$Al_2Y$ 铸态合金中 Al_2Y 有效颗粒数密度的统计分析（统计区域为随机的 10 个 400 μm×400 μm）。可见，随着 Mg-10Al_2Y 中间合金

添加量的逐渐增加，Mg-3Y-xAl$_2$Y 铸态合金中有效 Al$_2$Y 颗粒的数密度随之增加。当添加量较少（0.5 wt%～1 wt%）时，有效的 Al$_2$Y 形核颗粒的数密度仅约为 156 个/mm^2，此时中间合金的晶粒细化效果不明显。当添加量为 1.3 wt%时，有效的 Al$_2$Y 形核颗粒的数密度达到 250 个/mm^2 及以上，此时合金的晶粒尺寸急剧下降到 64 μm，呈现显著的晶粒细化效果。Qiu 和 Zhang[15]研究发现，当有效形核颗粒数密度为 260～290 个/mm^2 时，可显著细化合金晶粒，这表明形核颗粒的数密度存在临界值。进一步增加中间合金的添加量，尽管有效的 Al$_2$Y 形核颗粒数密度增至 350 个/mm^2 以上，甚至达到 460 个/mm^2，但此时铸态合金的晶粒尺寸却稳定在 50 μm 左右，没有进一步的显著细化。因此，有效形核数密度达到一定的临界值以后，即使数密度进一步增加也不会有更大程度的晶粒细化。同时也说明，要想获得理想的晶粒细化效果，有效形核颗粒数密度需要达到临界值。在本节研究中，对于 Mg-3Y 铸态合金，Mg-10Al$_2$Y 中间合金的最优添加量为 1.3 wt%～1.5 wt%，此时的 Al$_2$Y 颗粒临界数密度为 250～350 个/mm^2。

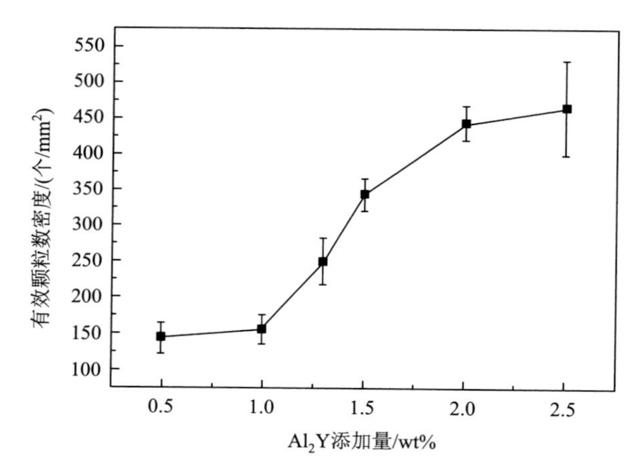

图 3-27 Mg-3Y-xAl$_2$Y 铸态合金中的 Al$_2$Y 有效颗粒的数密度

通常，在合金铸造加工过程中，随着静置保温时间的延长，晶粒细化剂的晶粒细化作用将受到较大影响。图 3-28 为添加 2 wt% Mg-10Al$_2$Y 的 Mg-3Y 合金在不同时间静置保温并搅拌后浇铸得到的铸态合金金相组织图，图 3-29 为其晶粒尺寸统计。由图可以看出，随着静置保温时间的延长，合金的晶粒形貌为均匀的等轴晶，没有明显变化。合金晶粒尺寸没有随着时间的延长而发生显著增大，保持在 53 μm 左右。Al$_2$Y 中间合金晶粒细化剂在较短的保温时间（5 min）即可发挥细化作用，保温时间延长到 1 h 未见到明显的细化衰退。因此，Mg-10Al$_2$Y 中间合金的有效细化晶粒的时间范围较宽，有利于实际操作和工程应用。

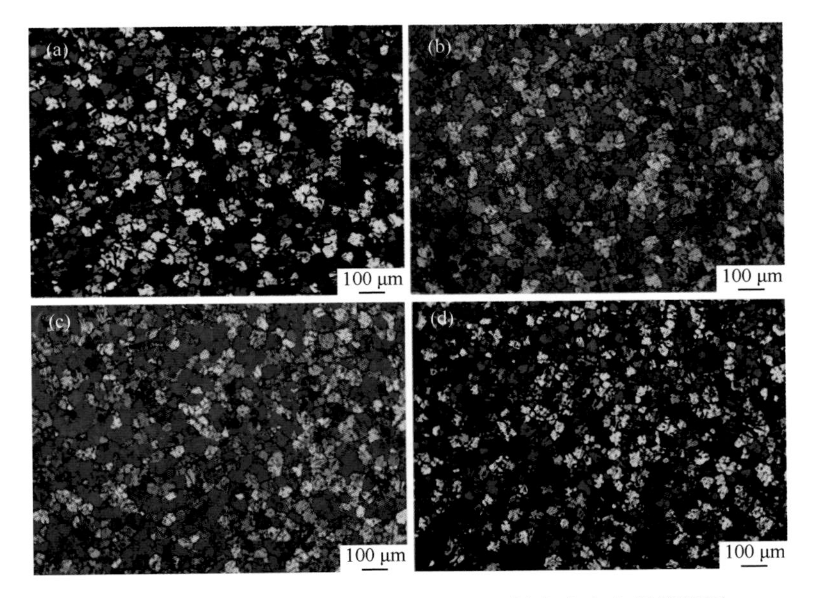

图 3-28　不同保温时间的 Mg-3Y-2Al_2Y 铸态合金金相组织图

（a）5 min；（b）25 min；（c）40 min；（d）60 min

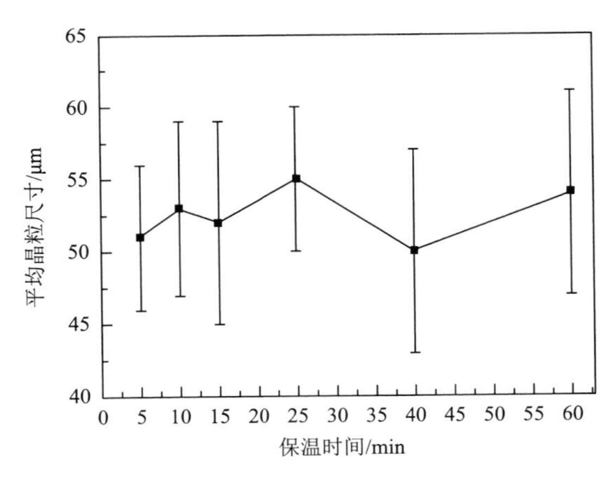

图 3-29　不同保温时间的 Mg-3Y-2Al_2Y 铸态合金的晶粒尺寸统计

众所周知，Mg-Zr 中间合金是镁稀土合金最常用的晶粒细化剂，但是 Zr 颗粒的密度（6.2 g/cm^3）远大于镁熔体的密度（1.58 g/cm^3），导致 Zr 颗粒在镁熔体中发生快速沉降[34, 35]而减弱其晶粒细化效果。对于 Mg-10Al_2Y 中间合金，Al_2Y 化合物颗粒的密度约为 3.8 g/cm^3，大于镁合金熔体的密度，在熔体静置过程中将会出现颗粒沉降，从而弱化晶粒细化效果。在静置保温过程中，尺寸较大的 Al_2Y 颗粒将发生沉降。根据凝固形核的自由生长理论，形核所需的过冷度与颗粒尺寸成反比，在大颗粒上形核的晶核自由生长需要的过冷度较小，形核将首先在大尺寸颗粒表面。合金在大颗粒上的形核凝固将释放结晶潜热，抑制在小颗粒上的形核发生。因此，大量研究表明，有效形核颗粒的尺寸一般都存在临界值。例如，铝合金中有效的 TiB_2 形核颗粒尺寸大于 1 μm[36]，镁合金中 Zr 颗粒的有效形核尺寸为 1～5 μm[37]；镁合金中 Al_2RE 颗粒的有效形核尺寸大于 2 μm[21]。可见，大颗粒的沉降不利于形核发生，沉降后颗粒数密度也将减少，从而对晶粒细化效果有重要影响。

为此，以 Mg-3Y 合金为基体，添加 2 wt%的 Mg-10Al_2Y，在 740℃下静置保温不同时间，得到不同静置时间下搅拌前后的 Mg-3Y 铸态合金试样。图 3-30 为合金的金相组织图和晶粒尺寸随静置时间的变化。由图可见，合金保温搅拌后晶粒尺寸大约为 57 μm[图 3-30（a）]。随着静置时间的延长，铸态合金晶粒呈长大趋势。当静置时间达到 60 min 时，铸态合金晶粒缓慢长大到 65 μm[图 3-30（d）]，

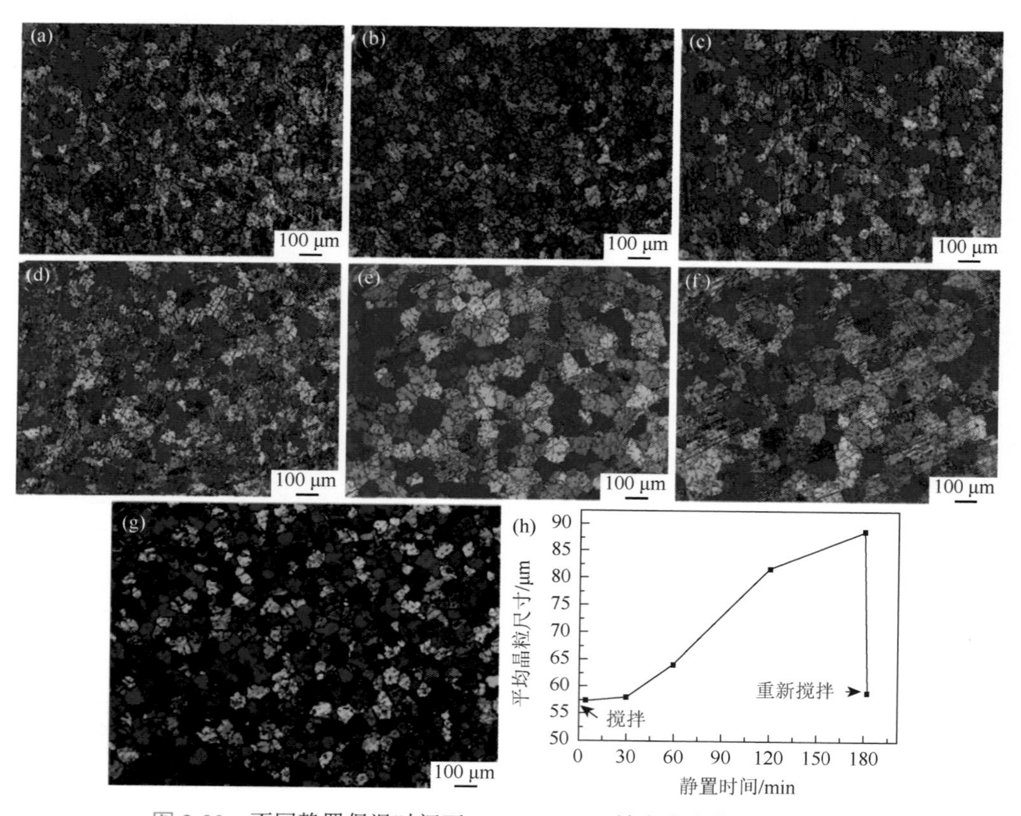

图 3-30 不同静置保温时间下 Mg-3Y-2Al_2Y 铸态合金的金相组织图

（a）0；（b）5 min；（c）30 min；（d）60 min；（e）120 min；（f）180 min；（g）180min + 搅拌；（h）晶粒尺寸随静置时间的变化关系

并没有显著粗化。当静置时间延长到 120 min 时，铸态合金晶粒粗化到 83 μm，继续延长静置时间到 180 min，平均晶粒尺寸增大到 90 μm。而采用 Zr 细化的纯镁合金熔体静置 2 h 后的铸态晶粒尺寸则从 110 μm 粗化到 280 μm[34]，可见 Mg-10Al_2Y 中间合金细化的 Mg-3Y 铸态合金在长时间静置不搅拌情况下，仍然具有很好的晶粒细化效果。进一步，对保温 180 min 的合金熔体搅拌后，再浇铸所得的铸态合金晶粒尺寸又减小到 58 μm，晶粒细化效果与静置前基本相同，未见细化衰减。

在 Mg-3Y 合金中添加 2 wt%的 Mg-10Al_2Y 中间合金，可使其铸态晶粒显著细化，这与前述研究中原位形成 Al_2Y 的晶粒细化效果存在很大不同。为此，将 2 wt%的 Mg-10Al_2Y 中间合金分别添加到 Mg-xY（$x = 0.5, 1, 3, 7$）合金中，考察外加 Al_2Y 颗粒的晶粒细化效果。图 3-31 为添加 2 wt% Mg-10Al_2Y 中间合金后 Mg-xY 镁合金的金相组织图。由图可以看出，Mg-Y 二元合金的晶粒尺寸随着 Y 含量的增加而逐渐减小，但是晶粒细化程度有限。Mg-0.5Y 铸态合金组织为粗大的树枝晶和柱状晶，添加 Al_2Y 颗粒后，尽管晶粒尺寸较为粗大，但晶粒形貌向等轴晶转变[如图 3-31（a）和（a′）]；在 Mg-1Y 合金中添加 Al_2Y 颗粒后，粗大的树枝晶明显细化，但是晶粒大小不均匀[图 3-31（b′）]；对于 Y 含量更高的 Mg-3Y 和 Mg-7Y 两种合金，添加 Al_2Y 颗粒后的合金晶粒均为均匀细小的等轴晶，如图 3-31（c′）和（d′）所示。图 3-32 为合金平均晶粒尺寸统计结果和 Al_2Y 中间合金的晶粒细化效率[细化效率 =（细化前尺寸–细化后尺寸）×100%/细化前尺寸]。

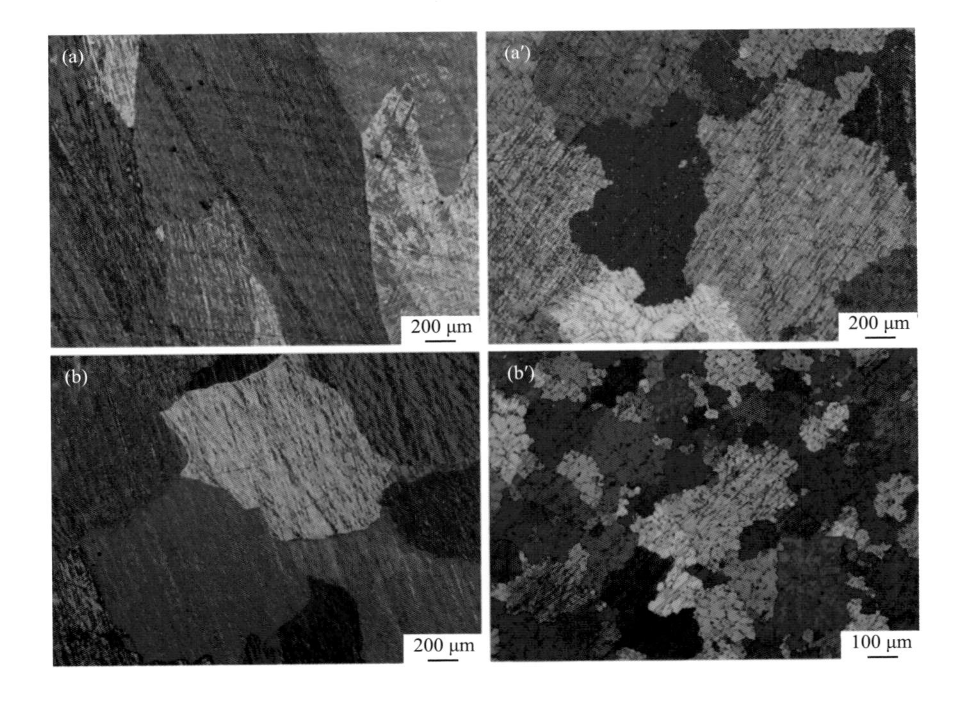

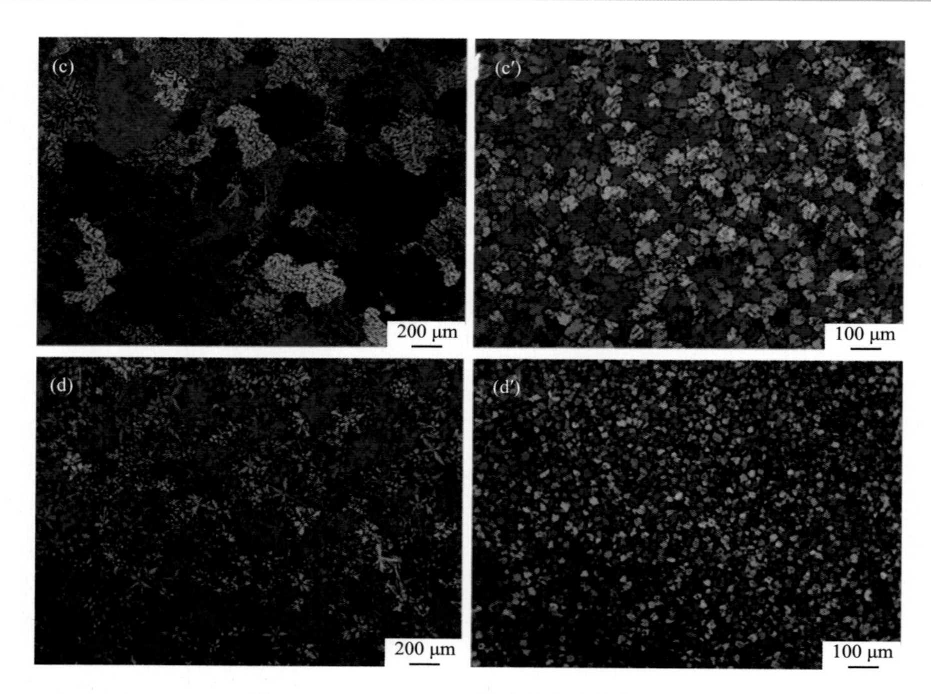

图 3-31 Mg-xY-Al_2Y 铸态合金金相组织图

（a）Mg-0.5Y（Y0.5）；（a′）Mg-0.5Y-2Al_2Y（Y0.52）；（b）Mg-1Y（Y1）；（b′）Mg-1Y-2Al_2Y（Y12）；（c）Mg-3Y（Y3）；（c′）Mg-3Y-2Al_2Y（Y32）；（d）Mg-7Y（Y7）；（d′）Mg-7Y-2Al_2Y（Y72）

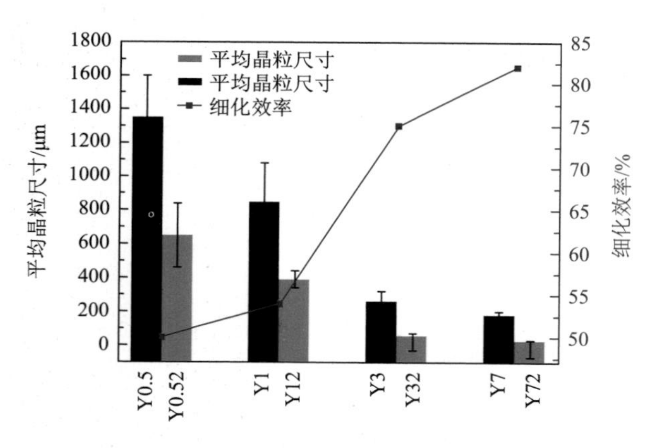

图 3-32 Mg-xY-Al_2Y 铸态合金晶粒尺寸及 Al_2Y 的细化效率

可见，Al_2Y 颗粒对 Mg-Y 合金具有明显的晶粒细化效果，且随着合金中 Y 含量的增加，Al_2Y 颗粒的细化效果也逐渐增加。尤其对于 Mg-3Y 和 Mg-7Y 等 Y 含量高的合金，Al_2Y 颗粒的细化效率更是分别达到了 75%和 83%，其中 Mg-7Y-2Al_2Y 铸态合金的晶粒尺寸约为 32 μm。与 Mg-Y 合金中添加 1 wt% Al 元素的晶粒细化效果相比，以中间合金形式外加的 Al_2Y 颗粒对 Mg-Y 铸态合金晶粒的细化效果更加显著。添加 1 wt%的 Al 元素仅能细化 Y 含量大于 6 wt%的镁合金，而对 Y 含量小于 5 wt%的镁合金几乎没有细化效果，而添加 2 wt%的 Mg-10Al_2Y 中间合金（相当于 Al 添加量为 0.8 wt%）可显著细化 Y 含量大于 1 wt%的镁合金，且晶粒细化效率高于添加 Al 的细化效率。可以说 Mg-Al_2Y 中间合金是一种 Mg-Y 铸态合金的高效晶粒细化剂。

图 3-33 为 Mg-0.5Y-2Al_2Y、Mg-1Y-2Al_2Y、Mg-3Y-2Al_2Y 和 Mg-7Y-2Al_2Y 铸态合金的 SEM 图。如图所示，这四种合金组织中都有较多的沿晶界分布的网状第二相 $Mg_{24}Y_5$，Mg-1Y-2Al_2Y、Mg-3Y-2Al_2Y 和 Mg-7Y-2Al_2Y 三种合金的晶内或晶界还存在较多的颗粒状 Al_2Y 相，且随着合金中 Y 含量的增加，晶内的颗粒状 Al_2Y 体积分数呈增加趋势。在 Mg-0.5Y-2Al_2Y、Mg-1Y-2Al_2Y 和 Mg-3Y-2Al_2Y 中观察到网状 Al_2Y 相，且随着合金中 Y 含量降低而增多。颗粒状 Al_2Y 可作为异质形核核心，在凝固过程中增加形核率，细化晶粒。因此，Mg-7Y-2Al_2Y 合金中颗粒状 Al_2Y 最多，其晶粒细化效率最高。

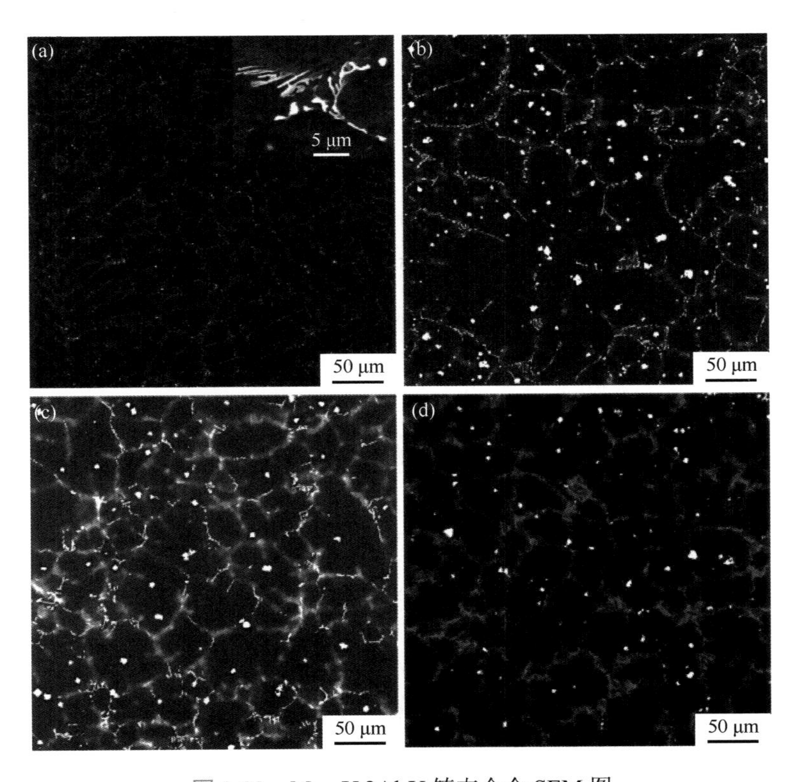

图 3-33　Mg-xY-2Al_2Y 铸态合金 SEM 图

（a）Mg-0.5Y-2Al_2Y；（b）Mg-1Y-2Al_2Y；（c）Mg-3Y-2Al_2Y；（d）Mg-7Y-2Al_2Y

4. 外加 Al_2Y 化合物颗粒在 Mg-Y 合金熔体中的稳定性

由 Mg-10Al_2Y 中间合金的组织形貌（图 3-21）可知，Al_2Y 化合物在中间合金中呈颗粒状分布，而添加到 Mg-0.5Y、Mg-1Y 和 Mg-3Y 合金后，有网状 Al_2Y 相出现[图 3-33（a）、（b）和（c）]，且颗粒尺寸由添加前的 2～16 μm（图 3-21）转变为添加后的 4～7 μm。因此，中间合金中细小的 Al_2Y 颗粒在镁熔体中发生了元素扩散，而部分大颗粒也发生了部分扩散转变为小颗粒，且在凝固过程中，扩散后的 Y 元素和 Al 元素偏聚在晶界处而重新形成 Al_2Y 相，所以呈网状分布。这表明外加 Al_2Y 颗粒在不同 Mg-Y 合金中的稳定性存在很大差异。

为此，采用粉末冶金法制备得到高纯度 Al_2Y 块体，将 Al_2Y 块体放入不同 Mg-Y 熔体中。由于 Al_2Y 熔点约为 1485℃，因此可以得到 Al_2Y/Mg 的固-液扩散偶。图 3-34 为 Al_2Y/Mg-xY 固-液扩散偶冷却至室温所得凝固界面的 SEM 图和 EDS 分析结果。由图可以看出，Al_2Y 化合物在 Mg-0.5Y、Mg-1Y、Mg-3Y 和 Mg-7Y 合金熔体中均发生了一定程度的元素扩散，形成了明显的界面。Al_2Y/Mg-3Y 界面层特征与 Al_2Y/Mg-0.5Y 和 Al_2Y/Mg-1Y 基本相同。从 Al_2Y/Mg-3Y 界面层 EDS 分析结果可以看出，Al 元素和 Y 元素已在 Al_2Y 与 Mg-0.5Y、Mg-1Y 和 Mg-3Y 之间发生了明显的扩散，在 Mg-Y 合金一侧出现不规则白亮第二相，由 EDS 分析可知，界面白色物质为 Y 元素的富集，而不规则第二相应为 Al_2Y，这与 Mg-3Y-2Al_2Y 合金中晶界分布的不规则第二相[图 3-33（c）]形貌相似。这说明此相为 Al_2Y 化合物中 Al、Y 元素扩散到 Mg-3Y 一侧形成的。但在 Mg-7Y 合金扩散偶中，没有发现新的 Al_2Y 相生成，这与图 3-33（d）中合金组织特征相同。其中，Al_2Y/Mg-0.5Y 的界面厚度约 150 μm，Al_2Y/Mg-1Y 的界面厚度约 100 μm，Al_2Y/Mg-3Y 的界面厚度约 50 μm，Al_2Y/Mg-7Y 的界面厚度约 20 μm。因此，对于 Y 含量小于 3 wt%的 Mg-Y 合金，Al_2Y 颗粒的稳定性较差，其晶粒细化效果也受到限制。

从界面厚度演变可知，随着镁合金中 Y 含量的增加，扩散层厚度逐渐减小。这表明 Al_2Y 颗粒在合金熔体中的稳定性与 Y 含量密切相关。合金中 Y 含量越高，Al_2Y 化合物的稳定性就越高，外加的 Al_2Y 颗粒就能在镁熔体中保持固相存在。Al_2Y 化合物在 Mg-Y 熔体中存在如下扩散反应 $Al_2Y(s) = 2[Al]+[Y]$，该反应与合金的成分和温度密切相关[18]。在 Mg-0.5Y、Mg-1Y、Mg-3Y 和 Mg-7Y 等四种合金熔体温度相同时，扩散层厚度取决于镁熔体中的 Y 元素含量。当合金熔体中 Y 含量较高时，在 Al_2Y 化合物与熔体界面附近的[Y]活度更高，使扩散反应产物侧的活度积更大，从而抑制 Al_2Y 扩散反应进行，使 Al_2Y 颗粒在高 Y 含量镁熔体中更加稳定。

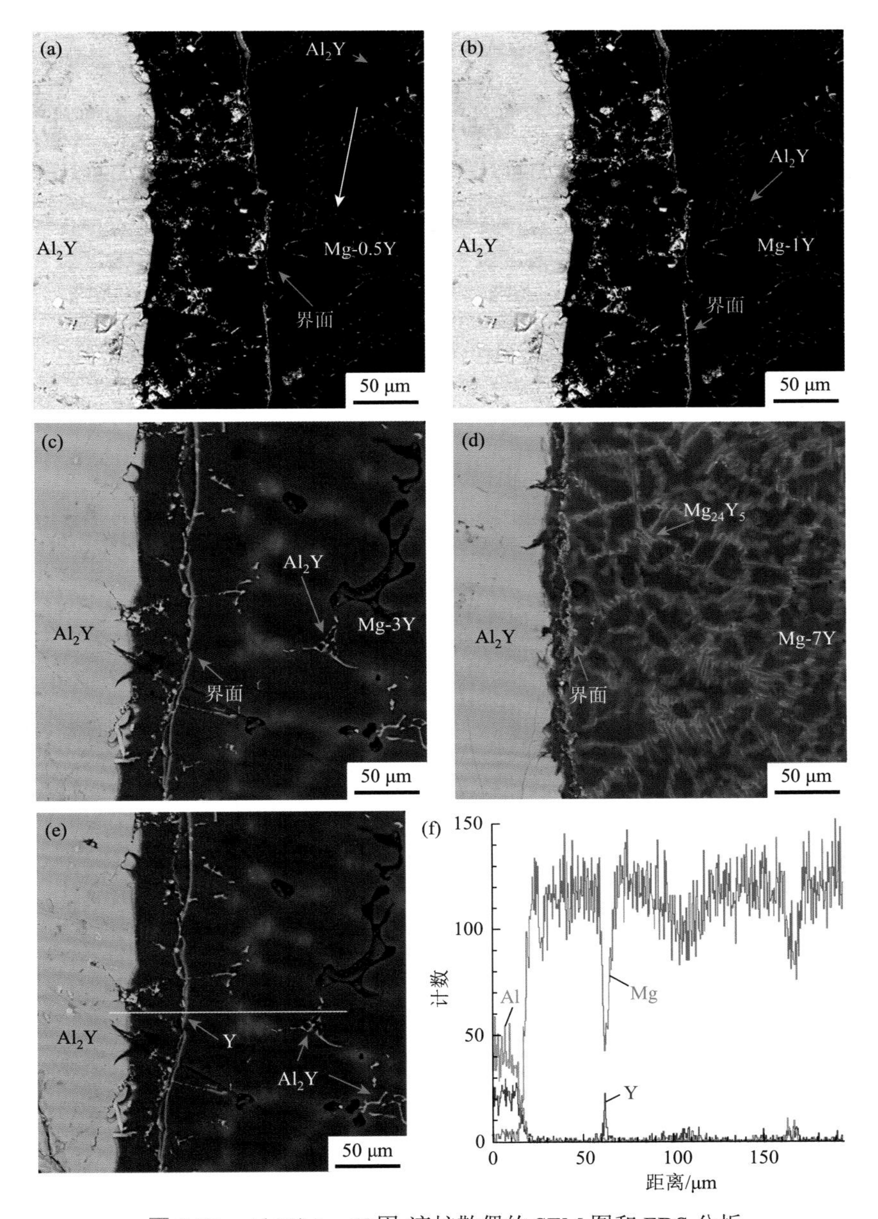

图 3-34　Al_2Y/Mg-xY 固-液扩散偶的 SEM 图和 EDS 分析

（a）Al_2Y/Mg-0.5Y；（b）Al_2Y/Mg-1Y；（c）Al_2Y/Mg-3Y；（d）Al_2Y/Mg-7Y；（e，f）Al_2Y/Mg-3Y 界面层 EDS 分析

3.4.2　Al_2Y 化合物对 Mg-RE 合金的晶粒细化作用

前述研究表明，Al_2Y 化合物颗粒对 Mg-Y 合金具有显著的异质形核晶粒细化

效果。除 Mg-Y 合金外，Mg-Ce、Mg-La、Mg-Nd 和 Mg-Gd 也是受到广泛关注的镁稀土合金体系。本节主要研究添加 Mg-10Al_2Y 中间合金对 Mg-3Ce、Mg-3La、Mg-3Nd 和 Mg-3Gd 等 Mg-3RE 和 Mg-3RE-1Y 镁稀土合金的晶粒细化作用，添加量均为 2 wt%。

1. 外加 Al_2Y 颗粒对 Mg-3Ce 合金的晶粒细化作用

图 3-35 为 Mg-3Ce 和 Mg-3Ce-1Y 两种含 Ce 镁合金在添加 Al_2Y 中间合金前后的铸态晶粒形貌的金相组织图，图 3-36 为晶粒尺寸统计。由图可以看出，Mg-3Ce 铸态合金和 Mg-3Ce-1Y 铸态合金的凝固组织均由粗大树枝晶组成，添加 1 wt% Y 对 Mg-3Ce 合金晶粒细化几乎没有作用。在 Mg-3Ce 合金和 Mg-3Ce-1Y 合金中分别添加 2 wt%的 Mg-10Al_2Y 后，两种合金的铸态晶粒显著细化，分别由 450 μm 细化到 95 μm，由 553 μm 细化至 65 μm，细化效率分别为 78.9%和 88.2%。可见，Al_2Y 颗粒对 Mg-3Ce 合金，特别是对含 Y 的 Mg-3Ce 合金具有很好的晶粒细化作用。

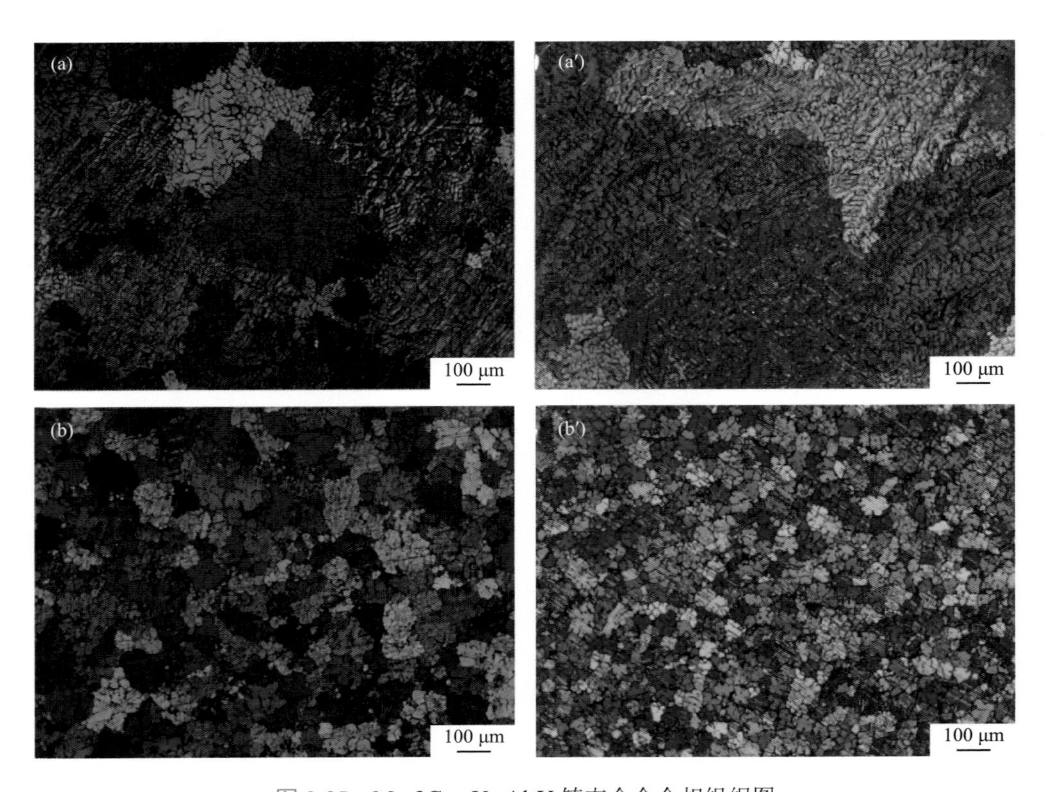

图 3-35　Mg-3Ce-xY-$y$$Al_2Y$ 铸态合金金相组织图

（a）Mg-3Ce；（a′）Mg-3Ce-1Y；（b）Mg-3Ce-2Al_2Y；（b′）Mg-3Ce-1Y-2Al_2Y

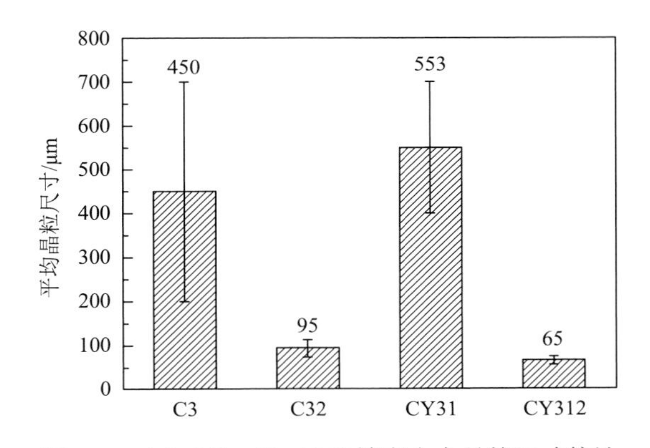

图 3-36　Mg-3Ce-xY-$y$$Al_2Y$ 铸态合金晶粒尺寸统计

Mg-3Ce（C3）；Mg-3Ce-2Al_2Y（C32）；Mg-3Ce-1Y（CY31）；Mg-3Ce-1Y-2Al_2Y（CY312）

图 3-37 为上述四种合金的 XRD 谱图。由图可以看出，Mg-3Ce 合金由典型的 $Mg_{12}Ce$ 相和 α-Mg 组成。添加 1 wt% Y 的 Mg-3Ce-1Y 合金仍然由 $Mg_{12}Ce$ 相和 α-Mg 组成，未发现 Mg-Y 或 Mg-Y-Ce 之间的新相。由于 Y 元素在镁中的固溶度较大，几乎全部固溶进入了 α-Mg 基体。当 Al_2Y 添加到 Mg-3Ce 合金中，合金相组成为 α-Mg、$Mg_{12}Ce$、Al_2Y 和 $Al_{11}Ce_3$，出现了 Al-Ce 化合物相，这表明 Al 和 Ce 之间发生了化学反应，Al_2Y 在 Mg-3Ce 合金中是不稳定的。当 Al_2Y 添加到 Mg-3Ce-1Y 合金中，合金相组成为 α-Mg 相、$Mg_{12}Ce$ 相和 Al_2Y 相，未观察到 Al-Ce 化合物相，这表明 Al_2Y 可以在含 Y 的 Mg-Ce 合金中稳定存在，为其异质形核晶粒细化提供条件。

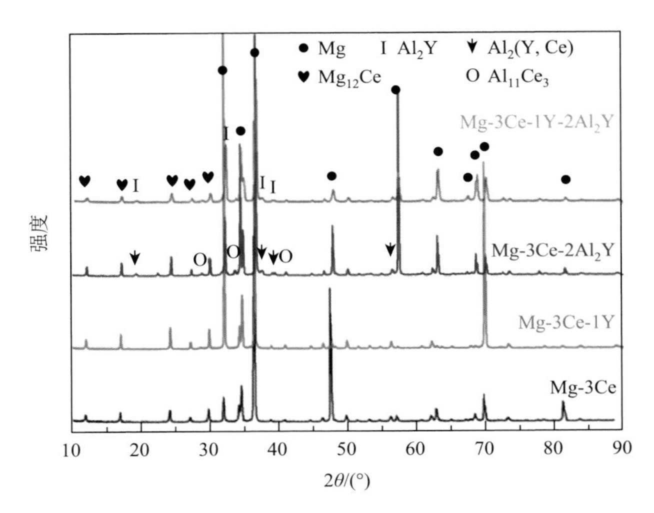

图 3-37　Mg-3Ce-xY-$y$$Al_2Y$ 铸态合金的 XRD 谱图

图 3-38 为 Mg-3Ce 和 Mg-3Ce-1Y 两种合金在添加 Al_2Y 中间合金前后的铸态组织的 SEM 图，表 3-10 为图 3-38 中特定相的 EDS 分析。在没有添加 Al_2Y 晶粒细化剂的 Mg-3Ce 和 Mg-3Ce-1Y 合金中，$Mg_{12}Ce$ 呈网状分布在晶界或者枝晶界，添加 1 wt% Y 元素对组织形貌影响不大[图 3-38（a）和（a′）]。在 Mg-3Ce 中添加 Al_2Y 颗粒后，合金中观察到较多的 Al_2Y 颗粒[图 3-38（b）中 A]，同时其中的网状相特征发生了显著改变，在网状相附近出现了层片状或者针状相[图 3-38（b）中 B]，由 EDS 和 XRD 分析可知，层片状或针状相应为 $Al_{11}Ce_3$、$Al_2(Y, Ce)$和 $Mg_{12}Ce$ 三种相的混合物，但从 SEM 形貌上难以区分。在 Mg-3Ce-1Y 中添加 Al_2Y 颗粒后，合金组织中呈现更多的 Al_2Y 颗粒，$Mg_{12}Ce$ 相仍然呈网状分布，其形态与 Mg-3Ce-1Y 中的 $Mg_{12}Ce$ 相类似，而晶界分布的 $Al_2(Y, Ce)$不规则相较少[图 3-38（b′）中 D]，这也说明当 Y 存在于合金中时，Al_2Y 颗粒在熔体中更稳定。

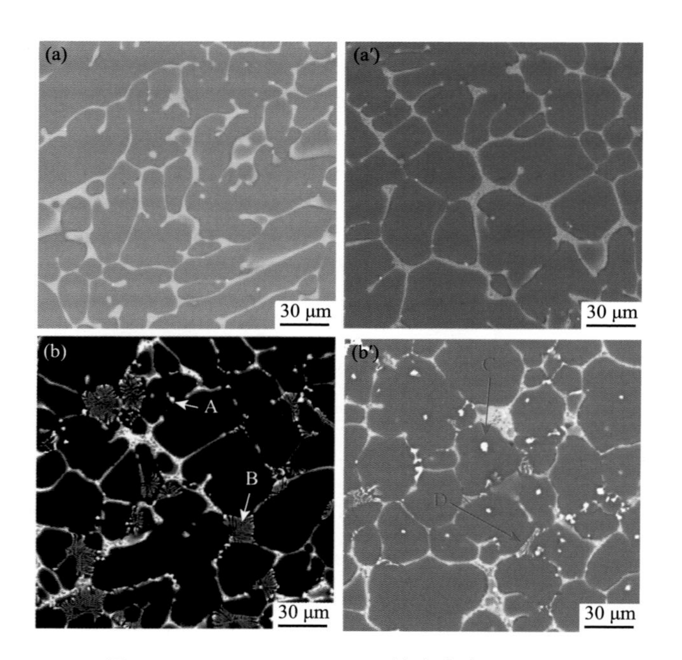

图 3-38 Mg-3Ce-xY-$y$$Al_2Y$ 铸态合金 SEM 图

（a）Mg-3Ce；（a′）Mg-3Ce-1Y；（b）Mg-3Ce-2Al_2Y；（b′）Mg-3Ce-1Y-2Al_2Y

综上所述，Al_2Y 化合物颗粒添加到 Mg-Ce 合金中后，稳定存在的 Al_2Y 颗粒能够有效细化 Mg-Ce 合金晶粒，且在合金中添加 Y 元素后，可提高 Al_2Y 在合金熔体中的稳定性，增加 Al_2Y 异质形核颗粒的数密度，从而使晶粒细化效率增高（晶粒细化效率 80%以上）。

表 3-10 Mg-3Ce-*x*Y-*y*Al_2Y 铸态合金的 EDS 分析结果

位置	元素含量/at%			
	Mg	Ce	Al	Y
图 3-38 中 A	93.11	0.32	4.36	2.21
图 3-38 中 B	88.79	0.87	7.28	3.06
图 3-38 中 C	49.61	2.33	32.04	16.02
图 3-38 中 D	92.71	0.41	4.97	1.91

2. 外加 Al_2Y 颗粒对 Mg-3La 合金的晶粒细化作用

图 3-39 为 Mg-3La 和 Mg-3La-1Y 两种铸态合金添加 Al_2Y 中间合金前后的金相组织图，图 3-40 为四种合金的铸态晶粒尺寸统计。由图可以看出，Mg-3La 合金为粗大的枝晶组织，在 Mg-3La 合金中添加 Y 后，其晶粒反而显著粗化。添加 Al_2Y 颗粒后，Mg-3La 合金晶粒形貌仍为树枝晶[图 3-39（b）]，但其平均晶粒尺寸从 284 μm 减小到 196 μm。在 Mg-3La-1Y 合金中添加 Al_2Y 颗粒后，合金组织形态由粗大的树枝晶转变为细小均匀的等轴晶[图 3-39（b′）]，且合金的平均晶粒尺寸由 941 μm 大幅度减少到 47 μm，晶粒细化效率达 95%。这种变化规律与前述的 Mg-3Ce 合金基本相似。

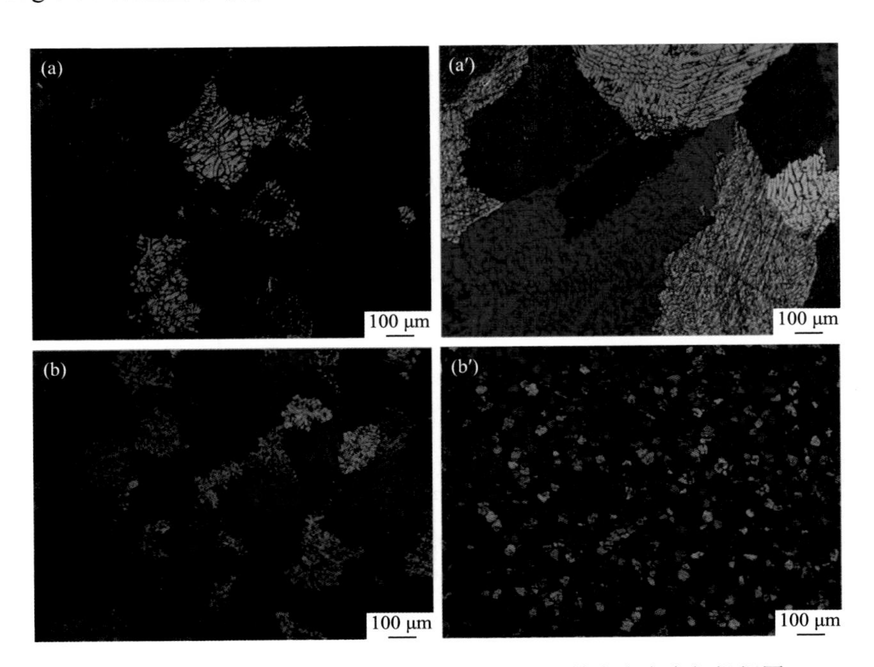

图 3-39 添加 Al_2Y 的 Mg-3La 和 Mg-3La-1Y 铸态合金金相组织图

（a）Mg-3La；（a′）Mg-3La-1Y；（b）Mg-3La-2Al_2Y；（b′）Mg-3La-1Y-2Al_2Y

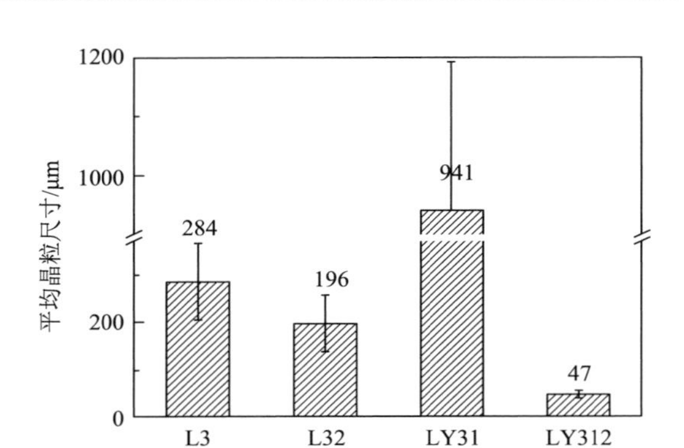

图 3-40 Mg-3La-xY-yAl$_2$Y 铸态合金晶粒尺寸统计

Mg-3La（L3）；Mg-3La-2Al$_2$Y（L32）；Mg-3La-1Y（LY31）；Mg-3La-1Y-2Al$_2$Y（LY312）

图 3-41 为 Mg-3La、Mg-3La-1Y、Mg-3La-2Al$_2$Y 和 Mg-3La-1Y-2Al$_2$Y 四种铸态合金的 SEM 图，表 3-11 为图 3-41 中特定相的 EDS 分析。可见，在没有添加

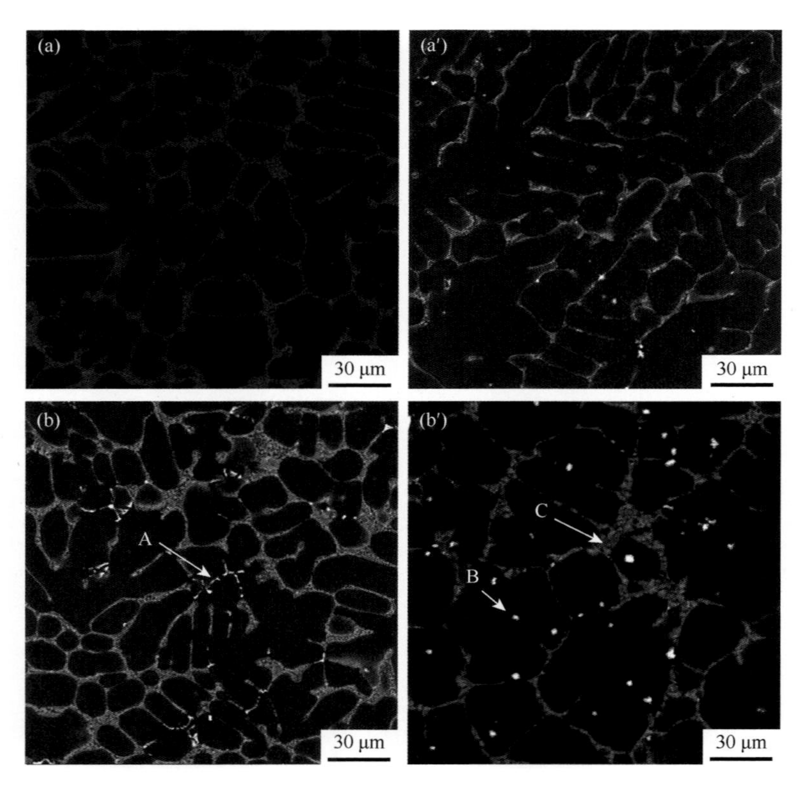

图 3-41 Mg-3La 和 Mg-3La-1Y 铸态合金在添加 Al$_2$Y 前后的背散射 SEM 图

（a）Mg-3La；（a′）Mg-3La-1Y；（b）Mg-3La-2Al$_2$Y；（b′）Mg-3La-1Y-2Al$_2$Y

Al_2Y 的 Mg-3La 和 Mg-3La-1Y 合金中，$Mg_{17}La_2$ 呈网状分布在晶界或者枝晶界[23]［图 3-41（a）和（a′）］。添加 Al_2Y 后，Mg-3La 合金中未观察到颗粒状 Al_2Y，但可见分布于枝晶间的不规则相且与网状相交叉分布，经 EDS 分析可知其应为 $Mg_{17}La_2$、$Al_{11}La_3$ 和 $Al_2(Y, La)$等多相的混合物。在添加 Al_2Y 的 Mg-3La-1Y 铸态合金组织中，可观察到较多的亮白色 Al_2Y 颗粒[图 3-41（b′）中 B]，沿晶界分布的网状相应为 Mg-La-Y 化合物，其特征与 Mg-3La-1Y 合金基本相同。

表 3-11　Mg-3La-xY-2Al_2Y 铸态合金的 EDS 分析结果

位置	元素含量/at%			
	Mg	La	Al	Y
图 3-41 中 A	92.86	2.66	3.13	1.35
图 3-41 中 B	29.17	0.23	46.63	23.97
图 3-41 中 C	95.42	3.56	0	1.02

由此可见，Al_2Y 中间合金对 Mg-3La 合金的晶粒细化规律与 Mg-3Ce 合金相似，但也有所不同，在 Mg-3La 合金中添加 Al_2Y 后，Al_2Y 颗粒发生了分解形成晶界相，导致合金晶粒尺寸细小效果非常有限。而在 Mg-3La 合金中添加 1 wt%的 Y 元素，可以使添加的 Al_2Y 颗粒在 Mg-3La 合金熔体中更加稳定，从而更好地细化铸态合金晶粒，晶粒细化效率达到 95%。

3. 外加 Al_2Y 颗粒对 Mg-3Nd 合金的晶粒细化作用

Nd 属于重稀土元素，与 Ce 和 La 两种稀土元素存在很大不同。根据 Mg-Nd 二元相图，Nd 在镁中具有较大的固溶度，最大固溶度达 3.5 wt%，在室温下固溶度仍有 0.8 wt%～1.0 wt%。因此，Mg-Nd 系镁合金在 20 世纪 70～80 年代就备受关注[38]。Mg-Nd 合金常常采用 Zr 元素进行晶粒细化，在本节研究中将 Al_2Y 中间合金添加到 Mg-Nd 合金，测试分析其晶粒细化效果。

图 3-42 为 Mg-3Nd 和 Mg-3Nd-1Y 两种合金在添加 Al_2Y 前后的铸态金相组织图，图 3-43 为相应合金的铸态晶粒尺寸统计。由图可以看出，Mg-3Nd 合金铸态组织为粗大的树枝晶，铸态晶粒尺寸为 1440 μm，比 Mg-3Ce 和 Mg-3La 合金更为粗大，表明 Nd 元素对镁基体的晶粒细化效果较弱。在 Mg-3Nd 合金中添加 1.0 wt% Y 元素后，Mg-3Nd-1Y 合金的铸态组织特征保持不变，晶粒尺寸减小到 631 μm。在 Mg-3Nd 合金中添加 2 wt%的 Al_2Y 化合物后，Mg-3Nd 合金铸态组织仍为树枝晶，但晶粒尺寸从 1440 μm 显著减少到 553 μm。在 Mg-3Nd-1Y 合金中添加 2 wt%的 Al_2Y 化合物后，合金的铸态组织为均匀细小的等轴晶且显著细化，平均晶粒尺寸由 631 μm 细化到 36 μm，细化效率达到 94%。

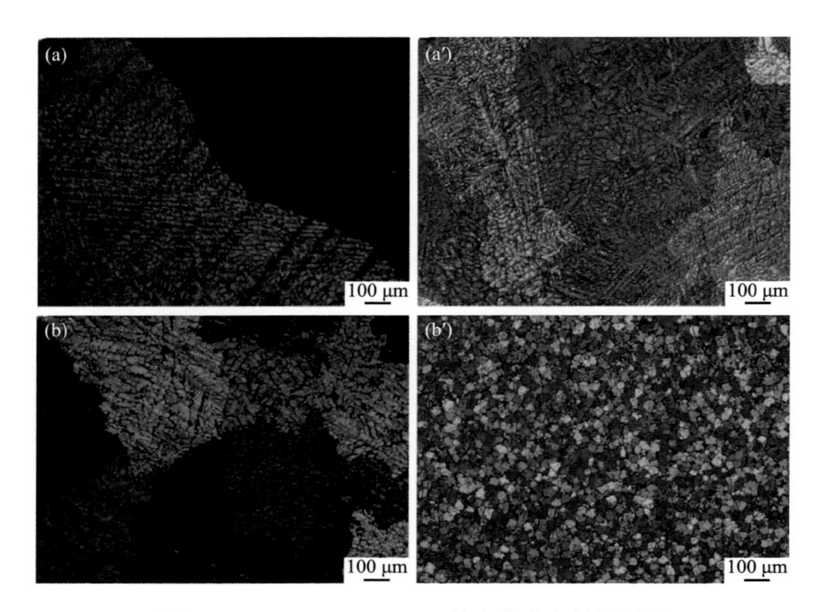

图 3-42　Mg-3Nd-*x*Y-*y*Al_2Y 铸态合金金相组织图

（a）Mg-3Nd；（a′）Mg-3Nd-1Y；（b）Mg-3Nd-2Al_2Y；（b′）Mg-3Nd-1Y-2Al_2Y

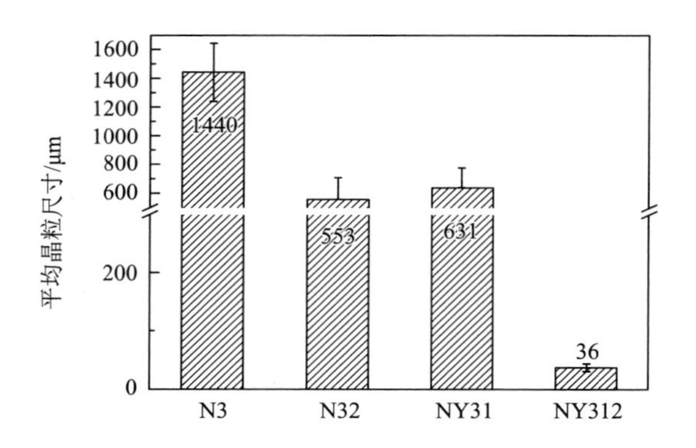

图 3-43　Mg-3Nd-*x*Y-*y*Al_2Y 铸态合金晶粒尺寸统计

Mg-3Nd（N3）；Mg-3Nd-2Al_2Y（N32）；Mg-3Nd-1Y（NY31）；Mg-3Nd-1Y-2Al_2Y（NY312）

图 3-44 为上述四种合金的 SEM 图，表 3-12 为图 3-44 中几种化合物相的 EDS 分析结果。Mg-3Nd 合金中第二相为 $Mg_{12}Nd$[39, 40]，呈弥散颗粒状或不规则状［图 3-44（a）］，相组成为 α-Mg 和 $Mg_{12}Nd$。Mg-3Nd-1Y 合金相形貌与 Mg-3Nd 合金基本相同。在 Mg-3Nd 合金中添加 Al_2Y 颗粒后，在 SEM 图中观察到 $Mg_{12}Nd$，少量 Al_2Y 颗粒，以及含 Al、含 Y 的新相等。合金的相组成发生了显著改变，出现了一些新相。少量的 Al_2Y 颗粒存在于晶内，$Mg_{12}Nd$ 和含 Al、含 Y 的新相以网状和针状分布于晶界。这表明 Al_2Y 颗粒添加到 Mg-3Nd 合金后，不能稳定存在，

发生了反应而生成新相。在 Mg-3Nd-1Y 合金中添加 Al_2Y 颗粒后，合金中仍然存在网状 $Mg_{12}Nd$，但尺寸比 Mg-3Nd-2Al_2Y 合金细小一些，与 Mg-3Nd-1Y 合金相形貌存在显著不同，也存在不规则的 $Mg_{12}Nd$ 和 $Mg_{24}Y_5$ 相，可观察到更多的位于晶内的 Al_2Y 颗粒。这表明外加的 Al_2Y 颗粒有少部分因不稳定而分解，但比在 Mg-3Nd 合金中更加稳定，说明 Y 元素起到了稳定 Al_2Y 颗粒的作用。

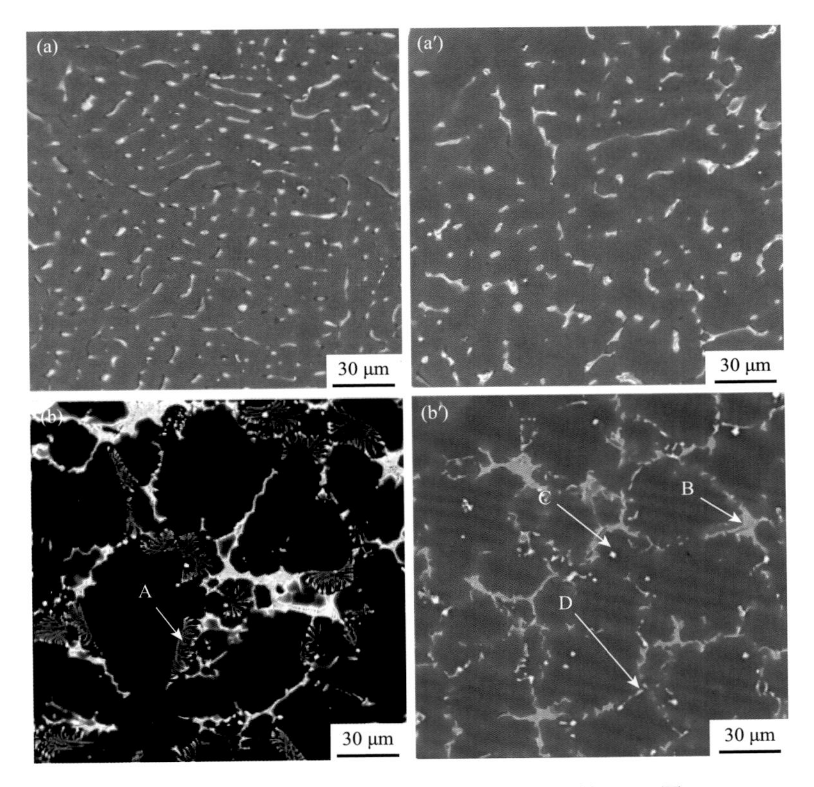

图 3-44　Mg-3Nd-*x*Y-*y*Al_2Y 铸态合金背散射 SEM 图

（a）Mg-3Nd；（a′）Mg-3Nd-1Y；（b）Mg-3Nd-2Al_2Y；（b′）Mg-3Nd-1Y-2Al_2Y

表 3-12　Mg-3Nd-*x*Y-2Al_2Y 铸态合金的 EDS 分析结果

位置	元素含量/at%			
	Mg	Nd	Al	Y
图 3-44 中 A	84.63	1.65	10.45	3.27
图 3-44 中 B	94.37	2.61	0.77	2.25
图 3-44 中 C	89.75	0.36	7.25	2.64
图 3-44 中 D	91.47	1.15	4.66	2.72

综上可知，Al_2Y 中间合金对 Mg-3Nd 合金的晶粒细化规律与 Mg-3La 合金基本相同，直接添加 Al_2Y 到 Mg-3Nd 合金中，对合金晶粒尺寸细化效果不显著，Al_2Y 颗粒发生分解形成晶界相。但其可显著细化 Mg-3Nd-1Y 合金铸态晶粒，晶粒细化效率达到 95%。

4. 外加 Al_2Y 颗粒对 Mg-3Gd 合金的晶粒细化作用

Gd 属于重稀土元素，是稀土元素的重要代表。Gd 在镁中的平衡固溶度更高，共晶温度时的固溶度为 4.53 at%。在 Mg-Gd 二元合金中 Mg_5Gd 是主要强化相，且在 250℃时仍然具有较高热稳定性。Mg-Gd 合金是主要的高强韧镁合金，应用前景十分广阔。常常采用添加 Zr 元素的方式进行铸态合金的晶粒细化。在本节研究中将 Al_2Y 中间合金添加到 Mg-Gd 合金中，测试分析其晶粒细化效果。

图 3-45 为 Mg-3Gd 和 Mg-3Gd-1Y 两种合金在添加 Al_2Y 前后的铸态金相组织图，图 3-46 为相应合金的铸态晶粒尺寸统计。由图可以看出，同 Mg-3Ce、Mg-3La 和 Mg-3Nd 等三种镁稀土合金相似，Mg-3Gd 和 Mg-3Gd-1Y 合金铸态组织为粗大枝晶，晶粒尺寸分别为 1362 μm 和 1050 μm。添加 2 wt%的 Al_2Y 后，Mg-3Gd 和 Mg-3Gd-1Y 两种合金的铸态组织都转变为均匀细小的等轴晶，Mg-3Gd-1Y 合金的铸态晶粒更加细小，两种合金的平均晶粒尺寸分别为 89 μm 和 54 μm。与初始铸态晶粒相比，Al_2Y 对两种合金的晶粒细化效率分别为 93%和 95%，晶粒细化效果非常显著。

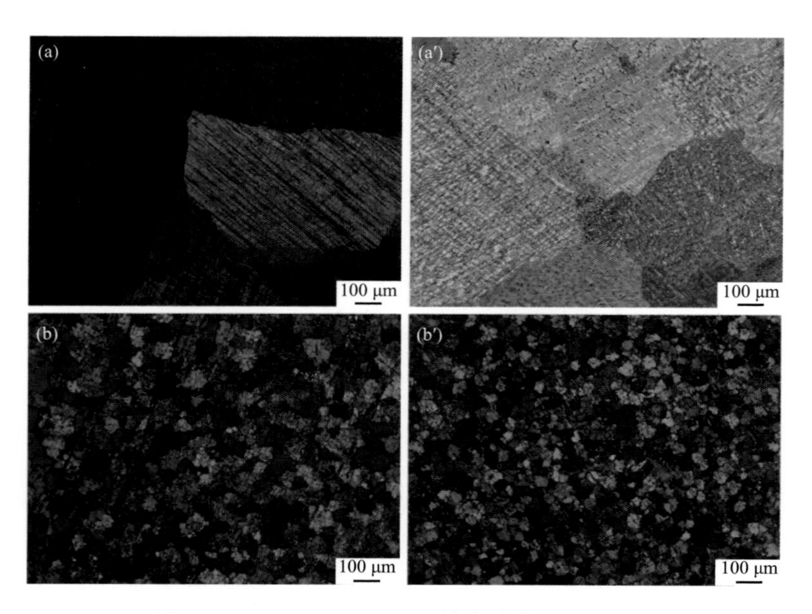

图 3-45 Mg-3Gd-xY-$y$$Al_2Y$ 铸态合金金相组织图

（a）Mg-3Gd；（a′）Mg-3Gd-1Y；（b）Mg-3Gd-2Al_2Y；（b′）Mg-3Gd-1Y-2Al_2Y

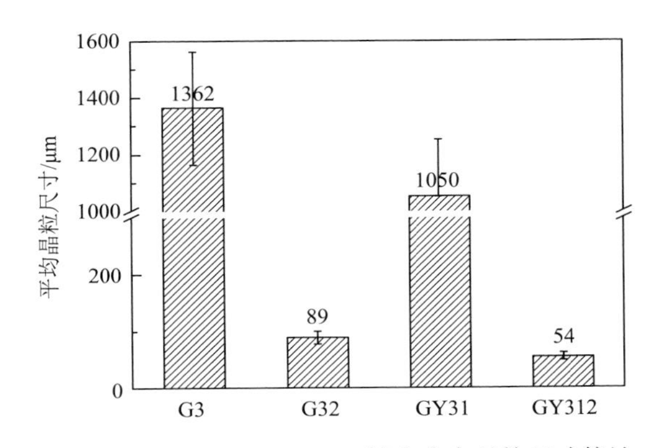

图 3-46　Mg-3Gd-xY-$y$$Al_2Y$ 铸态合金晶粒尺寸统计

Mg-3Gd（G3）；Mg-3Gd-2Al_2Y（G32）；Mg-3Gd-1Y（GY31）；Mg-3Gd-1Y-2Al_2Y（GY312）

图 3-47 为 Mg-3Gd 和 Mg-3Gd-1Y 两种合金在添加 Al_2Y 前后铸态组织 SEM 图，表 3-13 为图 3-47 中代表位置的 EDS 分析结果。由图可见，Mg-3Gd 和 Mg-3Gd-1Y 两种合金的铸态组织中，含有很少的颗粒状 Mg_5Gd 以及呈灰白色的 Gd 或 Y 原子富集区。添加 Al_2Y 颗粒的 Mg-3Gd（G32）合金铸态组织中，除了观察到 Gd 元素偏聚以外，还存在晶内颗粒状第二相[图 3-47（b）中 B 处]和晶界不规则第二相[图 3-47（b）中 A 处]。从 EDS 分析结果可知，A 和 B 两处的 Al/(Y + Gd)原子比约为 2∶1，同时未观察到 $Mg_{17}Al_{12}$ 的特征，因此，这两处的第二相为 $Al_2(Y_{0.5}Gd_{0.5})$[41]。$Al_2(Y_{0.5}Gd_{0.5})$颗粒也是一种对镁合金有效的异质形核晶粒细化剂。这表明 Al_2Y 颗粒添加到 Mg-3Gd 合金中后，由于 Gd 和 Y 原子晶体结构相似，Gd 原子部分替代 Y 原子而生成了 $Al_2(Y_{0.5}Gd_{0.5})$。添加 Al_2Y 颗粒到 Mg-3Gd-1Y（G312）合金中，存在较多的颗粒相[图 3-57（b′）中 C 处]，仍能观察到 Gd 和 Y 的偏聚区和晶界不规则相[图 3-47（b′）中 D 处]，合金中 Y 的存在使不规则相的数量比 Mg-3Gd 要少很多。从 EDS 分析结果可知，Al/(Y + Gd)原子比约为 2∶1，

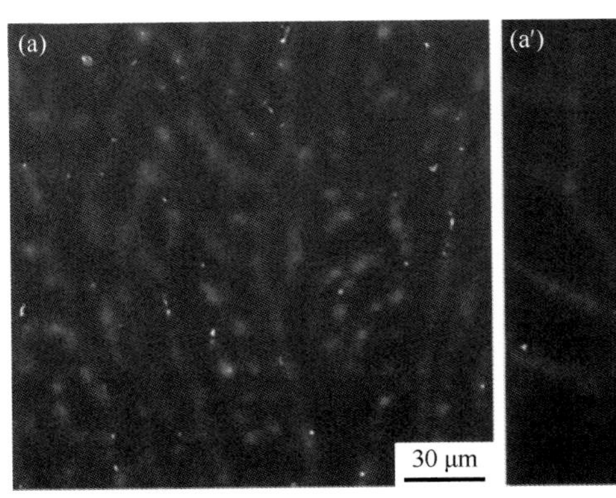

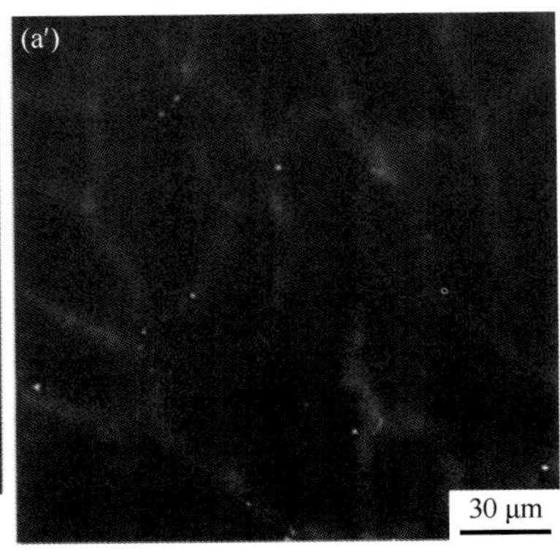

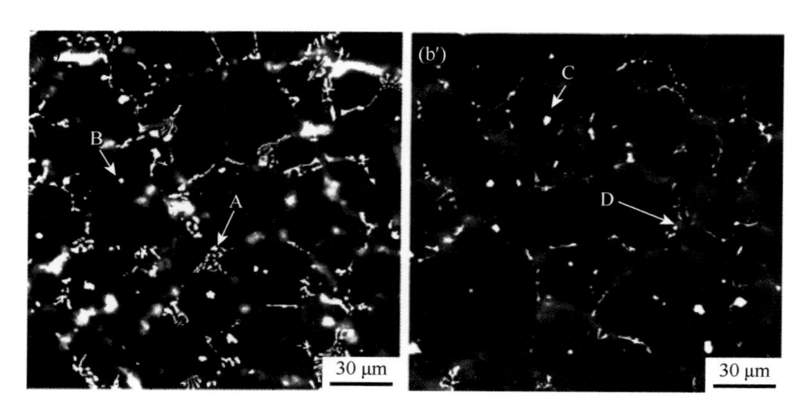

图 3-47 Mg-3Gd-*x*Y-*y*Al_2Y 铸态合金背散射 SEM 图

（a）Mg-3Gd；（a′）Mg-3Gd-1Y；（b）Mg-3Gd-2Al_2Y；（b′）Mg-3Gd-1Y-2Al_2Y

表 3-13 Mg-3Gd-*x*Y-2Al_2Y 铸态合金的 EDS 分析结果

位置	元素含量/at%			
	Mg	Gd	Al	Y
图 3-47 中 A	80.14	3.05	13.67	3.14
图 3-47 中 B	60.66	6.44	25.84	7.06
图 3-47 中 C	32.96	6.37	44.16	16.51
图 3-47 中 D	77.17	2.84	14.42	5.57

同时 Y/Gd 原子比约为 2∶1，这两处的第二相为 $Al_2(Y_{0.7}Gd_{0.3})$。因此，在 Mg-3Gd 中添加 Y 元素后，Al_2Y 化合物中更少的 Y 原子被 Gd 原子取代，说明有 Y 存在时的 Al_2Y 稳定性更强。

综上分析，Al_2Y 中间合金可显著细化 Mg-3Gd 和 Mg-3Gd-1Y 合金，其主要原因是新形成了具有异质形核作用的 $Al_2(Y, Gd)$化合物颗粒。由于 Al_2Y 在 Mg-3Gd-1Y 合金中稳定性更高，其晶粒细化效果也更好。

3.4.3 Al_2Y 化合物对 Mg-Al 合金的晶粒细化作用

由前述研究可知，Al_2Y 化合物可以在 Mg-Ce、Mg-Gd 及含 Y 镁稀土合金熔体中稳定存在，从而起到细化铸态晶粒的作用。Mg-Al 合金是当前应用最为广泛的镁合金，本节主要研究 Al_2Y 化合物对 Mg-3Al 和 Mg-9Al 两种镁合金的作用，考察其晶粒细化效果。

图 3-48 为 Mg-3Al 合金在添加 Al_2Y 前后的铸态金相组织图。由图可以看出，添加 2 wt%的 Al_2Y 后，Mg-3Al 合金的铸态晶粒尺寸没有明显变化。从添加

Al_2Y 颗粒后的 Mg-3Al 合金的 SEM 图（图 3-49）可见，合金中有较多的 Al_2Y 颗粒，大多数呈聚集态。可见，Al_2Y 颗粒在 Mg-3Al 合金熔体中发生聚集长大，颗粒尺寸明显大于镁稀土合金中的 Al_2Y 颗粒，不利于合金凝固过程中形核的发生。

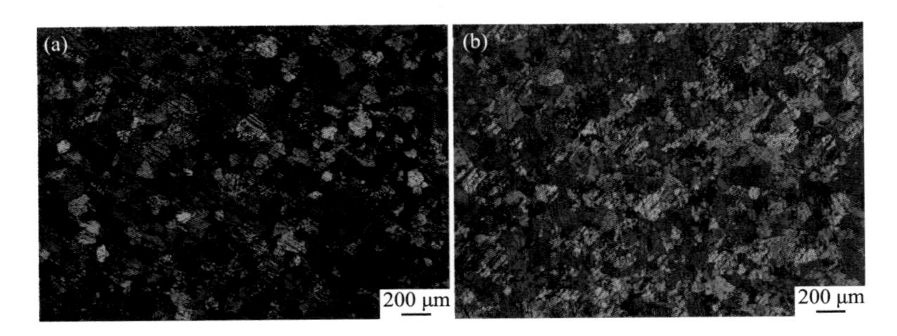

图 3-48　Mg-3Al-yAl$_2$Y 铸态合金金相组织图

（a）Mg-3Al；（b）Mg-3Al-2Al$_2$Y

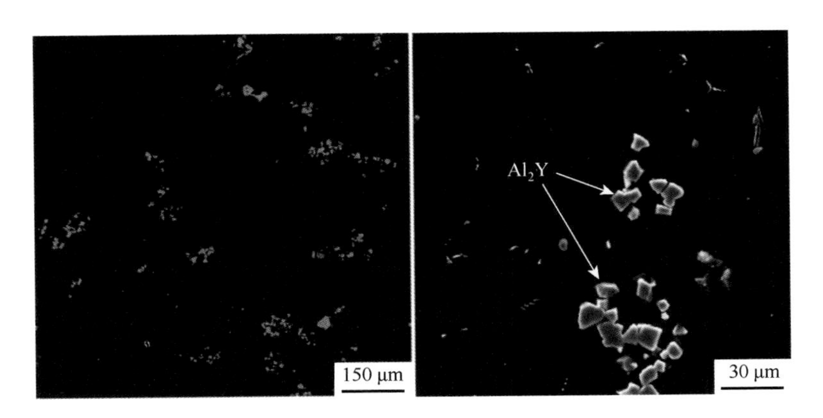

图 3-49　Mg-3Al-2Al$_2$Y 铸态合金背散射 SEM 图

图 3-50 为 Mg-9Al 合金在添加 Al_2Y 前后的铸态金相组织图。由图可以看出，添加 2 wt%的 Al_2Y 后，Mg-9Al 合金的铸态晶粒尺寸略有减小，经统计后由约 130 μm 减小到约 120 μm，细化效果较弱。图 3-51 为添加 Al_2Y 颗粒后的 Mg-9Al 合金的 SEM 图。与 Mg-3Al 合金中的 Al_2Y 颗粒相似，此时 Al_2Y 颗粒也发生明显长大和团聚。进一步采用高分辨 TEM 观察分析 Mg-3Al 合金基体 α-Mg 相与 Al_2Y 颗粒之间的界面关系（图 3-52），无论以 Al_2Y [011]方向为入射轴，还是以 Mg $[2\bar{1}\bar{1}0]$ 方向为入射轴，在 Mg-3Al 合金中均未观察到 Al_2Y 颗粒与 α-Mg 基体之间确定的位向关系。因此，Al_2Y 颗粒不能有效细化 Mg-Al 合金铸态组织。

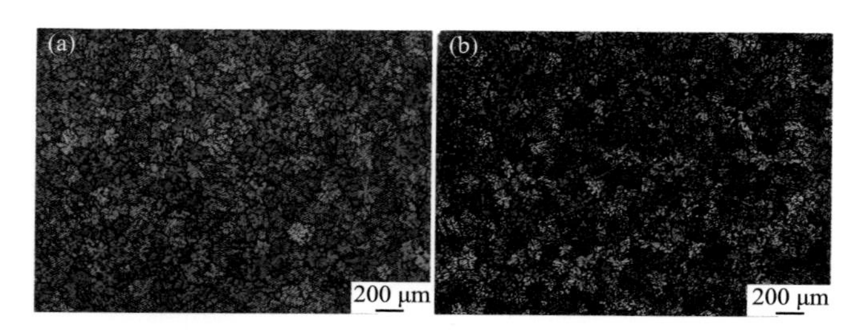

图 3-50　Mg-9Al-yAl$_2$Y 铸态合金金相组织图

（a）Mg-9Al；（b）Mg-9Al-2Al$_2$Y

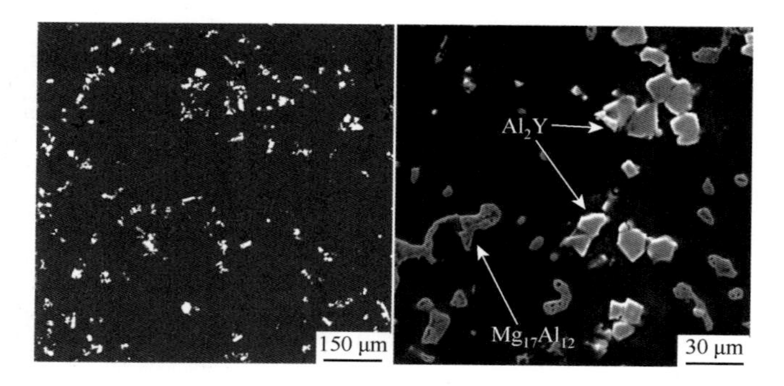

图 3-51　Mg-9Al-2Al$_2$Y 铸态合金背散射 SEM 图

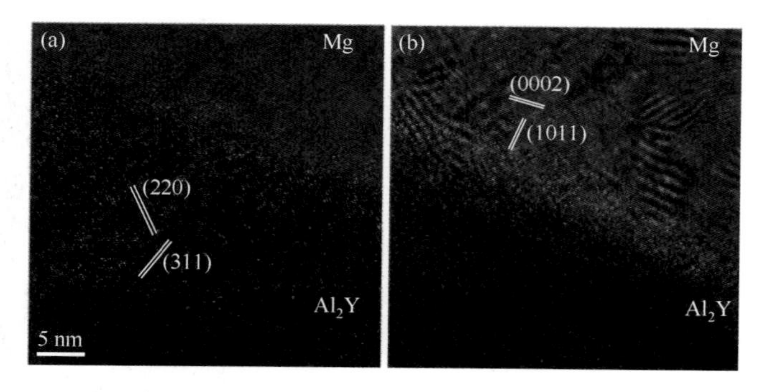

图 3-52　Al$_2$Y 颗粒在 Mg-3Al 合金基体中的 TEM 图和界面高分辨图

（a）入射轴为 Al$_2$Y [011]；（b）入射轴为 Mg [$2\bar{1}\bar{1}0$]

3.4.4　Al$_2$Y 化合物的晶粒细化机制

Mg-10Al$_2$Y 中间合金添加到 Mg-Ce、Mg-Gd 及含 Y 镁稀土合金熔体中，能起到较好的异质形核晶粒细化作用，从 SEM 观察来看，有效的晶粒细化颗粒为多边

形的 Al_2Y 化合物颗粒。前述研究表明，Al_2Y 化合物颗粒在 Mg-Ce、Mg-Gd 及含 Y 镁稀土合金熔体中能保持稳定存在，有足够的数密度，颗粒尺寸范围窄，在合金中弥散分布，具备了异质形核细化晶粒的初步条件。

颗粒在熔体中越稳定，越有利于异质形核晶粒细化。图 3-53 为 Al_2Y 中间合金具有晶粒细化作用的五种镁合金中，有效颗粒尺寸分布、颗粒数密度与晶粒细化效率之间的关系图。由图可以看出，Mg-10Al_2Y 中间合金中的 Al_2Y 颗粒尺寸分布范围较宽，为 2～16 μm。含 Al_2Y 颗粒的中间合金添加到不同镁合金中后，Al_2Y 颗粒尺寸大小分布发生变化，并且从晶粒细化效率分布来看，相应镁合金的晶粒细化效果也不同。可见，在具有明显晶粒细化的合金中，Al_2Y 颗粒大小分布范围较窄且呈正态分布，在 Y32、Y72、NY312 和 LY312 中的尺寸分布范围分别为 2～6 μm、2～7 μm、1～5 μm 和 1～4 μm。随着 Al_2Y 平均颗粒尺寸逐渐减小，这四种合金的晶粒细化效率逐渐升高。因此，合金中颗粒尺寸分布范围越窄且尺寸越细小，越有利于其异质形核的晶粒细化作用，反之则不利于晶粒细化。例如，在 A32 合金中，Al_2Y 颗粒尺寸分布较宽，不具有正态分布特征，平均颗粒尺寸为 10.5 μm，比中间合金中颗粒尺寸更加粗大且出现团聚，所以该合金未出现晶粒细化效果。

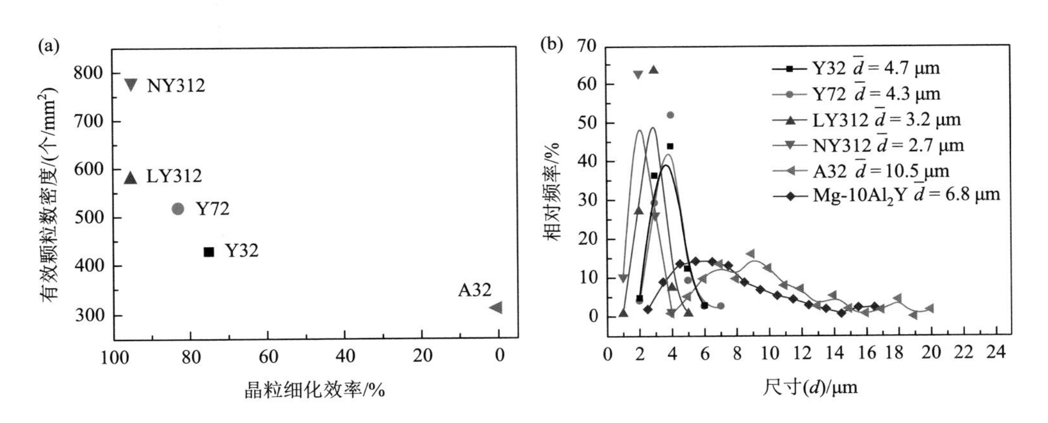

图 3-53　有效 Al_2Y 颗粒尺寸分布、数密度与晶粒细化效率

图中 A32 合金为 Mg-3Al-2Al_2Y

具有良好晶粒细化效果的外加颗粒，还应与基体之间保持良好的润湿性以及与基体之间具有较小的晶体学错配度。镁合金具有易氧化和饱和蒸气压高的特点，使 Al_2Y 块体与镁熔体的润湿性实验难以进行且难以得到准确结果。但是，理论计算可以得到较好的结果，这对实际工作也具有指导意义。Qiu 和 Zhang[30] 计算了 Al_2Y 与镁之间的润湿性，发现二者可以完全润湿。利用 E2EM 模型[18]也

可计算 Al_2Y 与镁基体之间的可能匹配面及其对应的匹配方向，匹配面和匹配方向的错配度与润湿性紧密相关，错配度越小，界面润湿性越好。通过 E2EM 模型，可以计算出 Al_2Y 和 Mg 之间的两组匹配：第一组的匹配方向 $\langle 112\rangle^{s}_{Al_2Y}\Big|\langle 2\bar{1}\bar{1}0\rangle^{s}_{Mg}$，错配度 $f_r = 0.1\%$，所在匹配面 $\{044\}_{Al_2Y}\Big|\{1\bar{1}00\}_{Mg}$ 和 $\{311\}_{Al_2Y}\Big|\{1\bar{1}01\}_{Mg}$，错配度 f_d 分别为 0.1%和 3.5%；第二组的匹配方向 $\langle 110\rangle^{z}_{Al_2Y}\Big|\langle 1\bar{1}00\rangle^{z}_{Mg}$，错配度 $f_r = 0.1\%$，所在匹配面 $\{044\}_{Al_2Y}\Big|\{0002\}_{Mg}$ 的错配度 $f_d = 6.5\%$。从理论计算结果分析，Al_2Y 与镁基体间具有较小的匹配度，均小于 10%，镁熔体可以在 Al_2Y 表面润湿。Qiu 和 Zhang[15]已通过高分辨 TEM 观察证实了 Mg-10Y 合金中有效 Al_2Y 颗粒与镁基体的界面匹配性，不过这是基于原位形成的 Al_2Y 颗粒。

图 3-54 为 Al_2Y 颗粒分别添加到 Mg-3Y 和 Mg-7Y 合金中，TEM 观察到的 Al_2Y 颗粒及其与镁基体的界面高分辨图像。由图可见，Al_2Y 与 Mg 之间具有清晰的界面结构和确定的位向关系。Mg-3Y 合金的 Al_2Y 与 Mg 取向关系为 $\langle 112\rangle_{Al_2Y}\big\|\langle 2\bar{1}\bar{1}0\rangle_{Mg}$，

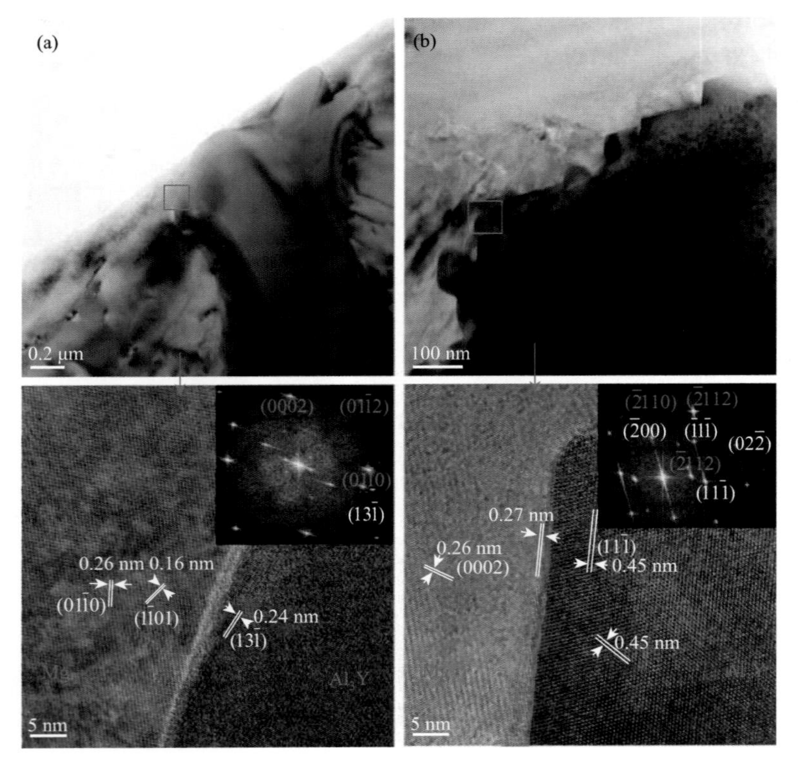

图 3-54　Al_2Y 颗粒在不同 Mg-Y 合金基体中的 TEM 图和界面高分辨图

（a）Mg-3Y-2Al_2Y 合金，入射轴 Mg [2$\bar{1}\bar{1}$0]；（b）Mg-7Y-2Al_2Y 合金，入射轴 Al_2Y [110]

$\{13\bar{1}\}_{Al_2Y} \| \{01\bar{1}0\}_{Mg}$。Mg-7Y 合金的 Al_2Y 与 Mg 界面处，有 5～10 个原子层厚度的原子面排列层（如图中红色虚线处），晶面间距为 0.27 nm，接近 Mg(0002)面的面间距，它们的取向关系为 $\langle 110\rangle_{Al_2Y} \| \langle 01\bar{1}0\rangle_{Mg}$，$\{11\bar{1}\}_{Al_2Y} \| \{0002\}_{Mg}$。由于外加 Al_2Y 颗粒可显著细化 Mg-3Y 和 Mg-7Y 合金，且 Al_2Y 颗粒与基体界面具有低错配度的晶体学位向关系，而 Al_2Y 颗粒无法细化 Mg-3Al 合金且它们之间没有确定的位向关系，因此，镁合金基体成分将通过影响界面取向关系，进而影响异质形核晶粒细化效果。综上所述，具备以上四个特征的晶粒细化剂，可以起到较好的晶粒细化效果，而这些特征与基体合金成分及细化剂添加量密切相关。

3.4.5 Al_2Y 化合物对镁合金性能的影响

1. 室温力学性能

从前述结果可知，Al_2Y 对 Mg-Ce、Mg-Gd 及含 Y 镁稀土合金具有良好的晶粒细化效果，部分可与 Zr 晶粒细化效果相比，甚至优于 Zr 的效果。为了对比 Al_2Y 和 Zr 细化合金的力学性能，制备了 Mg-3Y（Y3）、Mg-3Y-2Al_2Y（Y32）和 Mg-3Y-0.5Zr（YK30）三种合金。图 3-55 为这三种合金的室温拉伸应力-应变曲线及对应的力学性能。可以看出，无论添加 Al_2Y 还是添加 Zr，Mg-3Y 合金的综合力学性能显著提高，且 Zr 细化的 YK30 合金与 Al_2Y 细化的 Y32 合金力学性能基本相同。

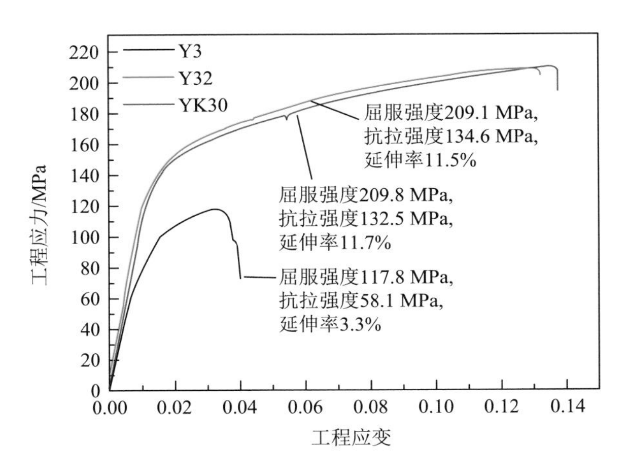

图 3-55 Mg-3Y（Y3）、Mg-3Y-2Al_2Y（Y32）和 Mg-3Y-0.5Zr（YK30）铸态合金的室温拉伸曲线

图 3-56 为 Mg-3Y（Y3）、Mg-3Y-2Al_2Y（Y32）和 Mg-3Y-0.5Zr（YK30）三种铸态合金拉伸断口 SEM 图。铸态 Mg-3Y 合金为典型的穿晶断裂，断口表面由大尺寸解理面组成。添加了晶粒细化剂的两种合金（Mg-3Y-0.5Zr 和 Mg-3Y-2Al_2Y）

断口特征由解理面和韧窝组成。可见，细化晶粒后合金断裂方式为穿晶断裂和沿晶断裂。在 Mg-3Y-2Al_2Y 合金断口上出现了颗粒状和不规则形状的白色相。结合该合金组织分析可知为 Al_2Y 化合物，一些尺寸较大（大于 10 μm）的颗粒出现在解理面上（图中虚线标记），这说明大颗粒是拉伸断裂的裂纹源，减小合金强度和塑性，还有少量小颗粒在韧窝底部出现，这表明小颗粒能阻碍位错运动，有助于提高合金力学性能。

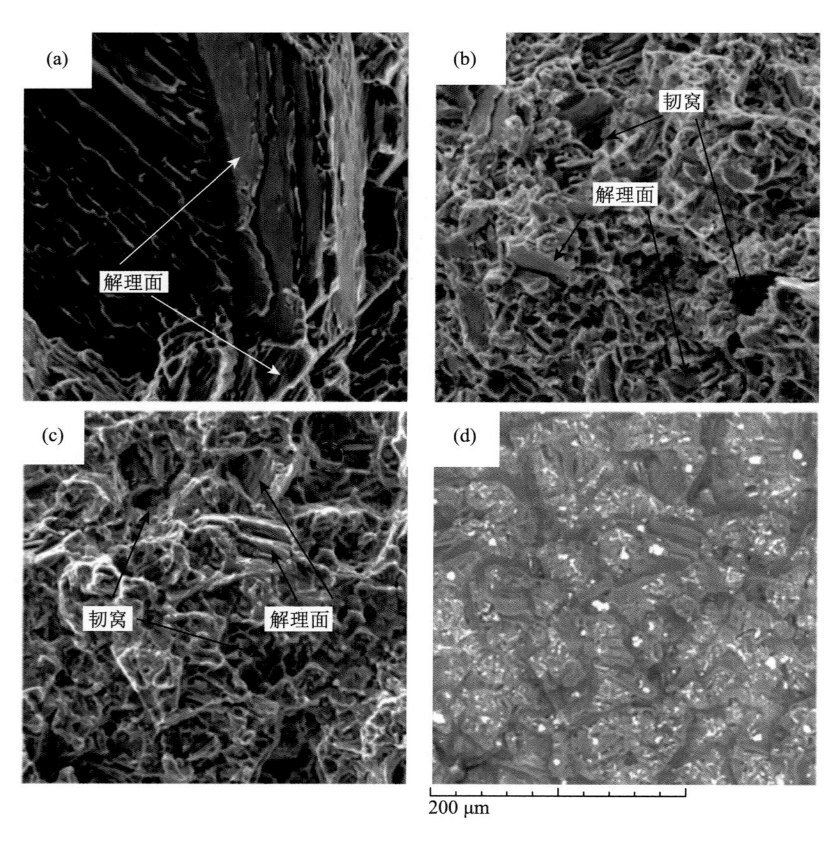

图 3-56　铸态合金拉伸断口 SEM 图

（a）Y3；（b）YK30；（c）Y32；（d）Y32

2. 高温力学性能

铸态合金的晶粒细化对其高温力学性能有重要影响。为此，对 Al_2Y 细化的 Y32、Y72、LY312 和 NY312 等四种铸态镁合金进行高温固溶处理，观察其组织变化，测试其高温力学性能，并对 Zr 细化的两种合金 YK3（Mg-3Y-0.5Zr）和 YK7（Mg-7Y-0.5Zr）进行对比分析。图 3-57 为 Y32、Y72 两种 Al_2Y 细化合金与 YK3、

YK7 两种 Zr 细化合金分别在 500℃和 530℃下固溶处理 12 h 前后的金相组织图。由图可以看出，在 500℃保温 12 h 后，Al_2Y 细化的 Y32 合金平均晶粒尺寸由 53 μm 变为 56 μm，没有明显粗化。Y72 合金的平均晶粒尺寸略有长大，由 32 μm 粗化到 40 μm。Zr 细化的 YK3 和 YK7 两种合金的晶粒细小，平均晶粒尺寸分别为 40 μm 和 25 μm，但是经 500℃固溶处理 12 h 后，它们发生了明显粗化，分别粗化为 92 μm 和 94 μm。当温度升高到 530℃时，Al_2Y 细化的 Y32 和 Y72 合金晶粒发生了一定粗化，平均晶粒尺寸分别为 70 μm 和 76 μm，而 YK3 和 YK7 合金晶粒粗化十分显著，分别长大到 126 μm 和 119 μm。这表明 Zr 细化的镁合金晶粒高温稳定性较差。

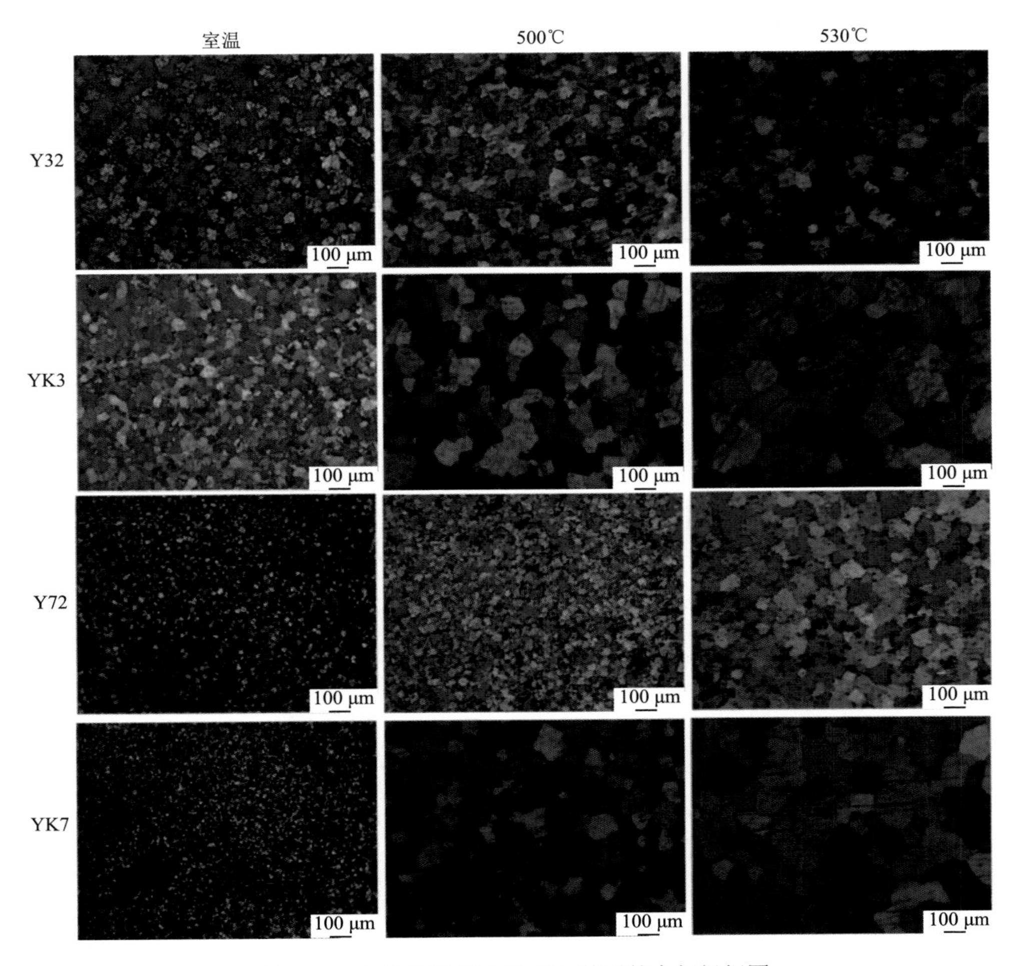

图 3-57　合金固溶热处理 12 h 前后的金相组织图

图 3-58 为 Mg-3La-1Y-2Al_2Y（LY312）和 Mg-3Nd-1Y-2Al_2Y（NY312）两种合金经 530℃固溶处理 12 h 后的金相组织图。可见，两种合金的平均晶粒尺寸分别为 50 μm 和 41 μm，与对应的铸态合金晶粒尺寸基本相等[图 3-39（b′）和图 3-42（b′）]。图 3-59 为 Al_2Y 细化的四种铸态合金固溶前后的 SEM 图。经固溶处理后，四种合金中富集于晶界的 Y 元素偏析[图 3-59（a）和（b）灰色区域]基本消失[图 3-59（a′）和（b′）]，Mg-La 和 Mg-Nd 的网状化合物仍然存在，同时，外加的 Al_2Y 颗粒仍然存在于晶界和晶内，很好地起到了抑制晶粒长大的作用。

图 3-58　Mg-3La-1Y-2Al_2Y（a）和 Mg-3Nd-1Y-2Al_2Y（b）合金经 530℃固溶 12 h 后的金相组织图

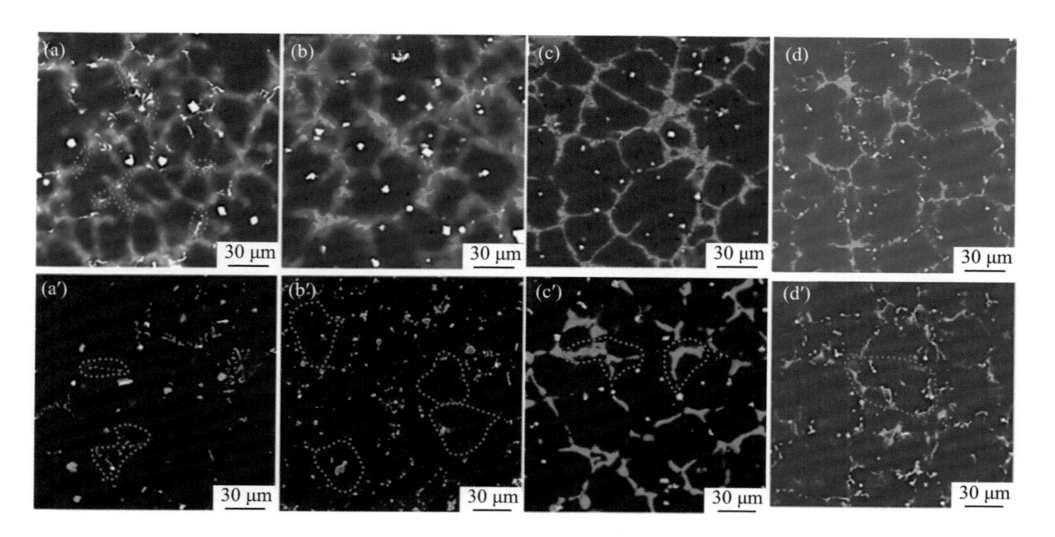

图 3-59　Al_2Y 中间合金细化的镁合金 SEM 图

处理前：（a）Y32；（b）Y72；（c）LY312；（d）NY312，固溶处理（530℃×12 h）后：（a′）Y32；（b′）Y72；（c′）LY312；（d′）NY312

图 3-60 为 Y32、Y72、YK3、YK7 四种合金分别在室温、300℃和 400℃下的压缩应力-应变曲线，所得的力学性能列于表 3-14 中。可见，在室温下 Al_2Y 细化的 Mg-3Y 和 Mg-7Y 合金的压缩强度均高于 Zr 细化的合金。随着温度升高，所有合金的强度明显下降，Al_2Y 细化镁合金的强度下降缓慢一些，无论是在 300℃还是在 400℃，Al_2Y 细化镁合金的强度均显著高于 Zr 细化合金的强度。由此可见，Al_2Y 中间合金的添加，不仅有利于室温强度改善，也有利于高温强度的提高。

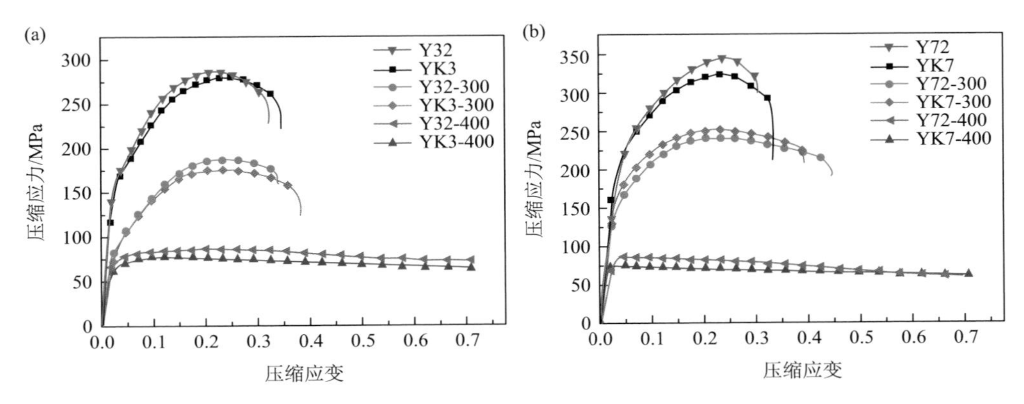

图 3-60　四种合金在不同温度下的压缩应力-应变曲线

表 3-14　四种合金的室温和高温压缩力学性能

合金	温度/℃	压缩屈服强度/MPa	压缩断裂强度/MPa
Y32	25	145.5	289.5
	300	83.2	187.3
	400	72.9	86.8
YK3	25	144.6	279.9
	300	75.6	175.6
	400	65.0	77.7
Y72	25	197.5	345.1
	300	156.9	251.6
	400	84.0	86.5
YK7	25	188.2	324.0
	300	146.7	240.4
	400	73.8	74.0

3.5 Al_2Ce 化合物对镁合金晶粒细化的影响

3.5.1 Al_2Ce 化合物对 Mg-Al-Ce 合金的晶粒细化作用

Al_2Ce 化合物与 Al_2Y 化合物具有相同的晶体结构，都是 Cu_2Mg 型的 laves 相，晶格常数相近。Al_2Ce 熔点为 1480℃，有望对镁合金起到良好的异质形核细化晶粒的作用。关于 Mg-Al-Ce 合金抗蠕变性能和力学性能的研究较多。例如，Rzychoń 等[42]研究了 Mg-4Al-4Ce 合金的高温结构稳定性和抗蠕变性能。Zhang 等[43]研究了压铸 Mg-4Al-xCe-0.3Mn（x = 0, 1, 2, 4 和 6，质量分数）合金的组织和高温力学性能，Ce 元素的添加形成了 Al_2Ce 相，提高了合金的高温性能，并且随着 Ce 的添加合金枝晶臂间距减小，产生了一定的晶粒细化作用。不过，添加稀土元素 Ce 是否可以有效细化镁合金晶粒还存在争议。一些研究者认为在镁合金中添加 Ce 可以有效细化合金的晶粒[44, 45]，部分研究者认为在镁合金中添加 Ce 将导致合金晶粒变得粗大[46, 47]。本节通过在 Mg-6Ce 和 Mg-3Ce 两种二元合金中添加不同含量的 Al 元素，研究 Al_2Ce 颗粒的生成过程，以及 Al_2Ce 颗粒是否具有异质形核晶粒细化作用，并研究合金的力学性能。

1. Mg-6Ce-xAl 的晶粒细化

表 3-15 为熔铸后的 Mg-6Ce-xAl 合金的实际成分。图 3-61 为 Mg-6Ce-xAl 合金添加不同含量 Al 元素以后的铸态合金金相组织图，图 3-62 为相应合金的平均晶粒尺寸统计结果。由图可以看出，随着 Al 含量的增加，Mg-6Ce 合金晶粒尺寸先增大后减小。未添加 Al 元素时，其铸态晶粒为粗大的树枝晶，平均晶粒尺寸约为 154 μm，但添加 1 wt%和 2 wt% Al 后，该合金铸态晶粒仍然为粗大的枝晶，且与添加前的合金组织相比，平均晶粒尺寸分别急剧增加到约 522 μm 和 748 μm，晶粒显著粗化。进一步添加 Al 元素至 3 wt%时，Mg-6Ce 合金铸态晶粒显著细化，平均晶粒尺寸下降到 143 μm。然而相比基体合金，晶粒细化效率很低。继续增加 Al 含量到 4 wt%和 5 wt%，Mg-6Ce 合金铸态晶粒变为细小的等轴晶，平均晶粒尺寸分别约为 96 μm 和 68 μm，与添加 Al 元素前的 Mg-6Ce 合金组织相比，晶粒显著细化，细化效率分别达到 38%和 56%。由 Mg-6Ce-5Al 合金组织的放大图[图 3-61（g）]可见，合金晶粒内部存在大量化合物颗粒，可能与形核相关。

表 3-15　Mg-6Ce-xAl 合金实际化学成分（wt%）

合金	Ce	Al	Mg
C6	6.15	—	剩余
CA61	5.98	0.95	剩余
CA62	6.05	2.01	剩余
CA63	6.11	3.10	剩余
CA64	5.89	4.11	剩余
CA65	6.14	4.89	剩余

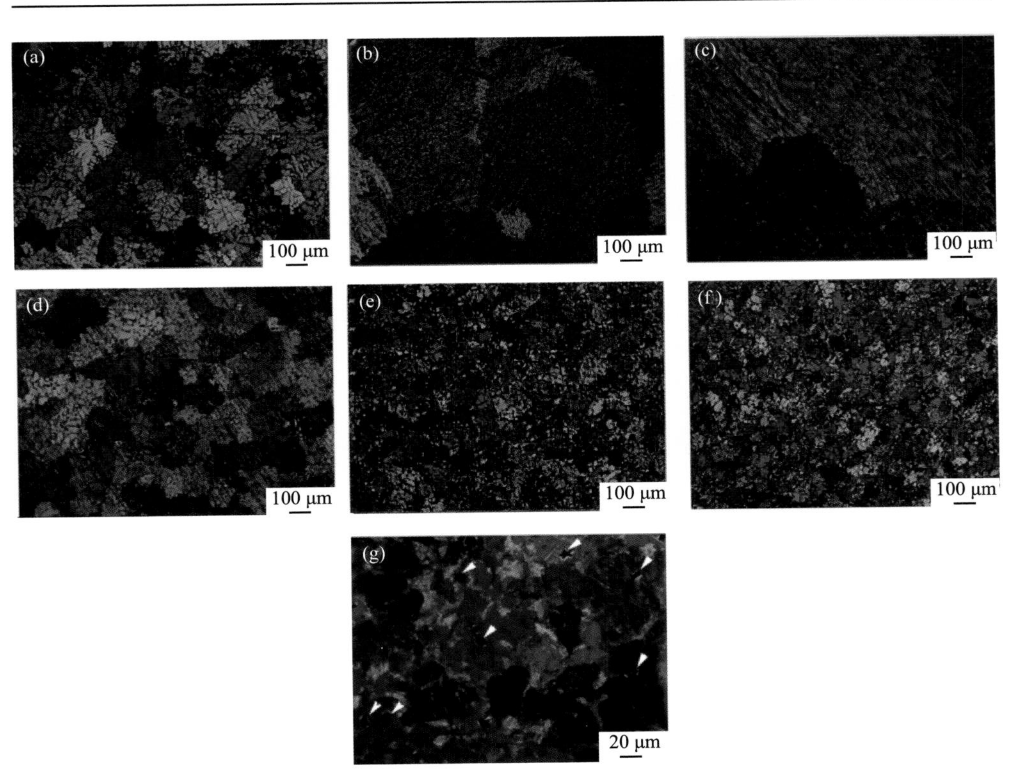

图 3-61　不同 Al 含量的 Mg-6Ce 铸态合金金相组织图

（a）0 wt%；（b）1 wt%；（c）2 wt%；（d）3 wt%；（e）4 wt%；（f）5 wt%；（g）图（f）的放大图

图 3-63 为不同 Al 含量的 Mg-6Ce 铸态合金的 XRD 谱图。由图可以看出，Mg-6Ce 合金中的第二相主要是 $Mg_{12}Ce$，合金相组成为 α-Mg 和 $Mg_{12}Ce$。当添加 Al 元素后，合金中出现 $Al_{11}Ce_3$ 相，且随着 Al 含量的增加，$Mg_{12}Ce$ 相含量逐渐减小，$Al_{11}Ce_3$ 相含量逐渐增加。当 Al 含量增加到 3 wt%及以上时，合金中新出

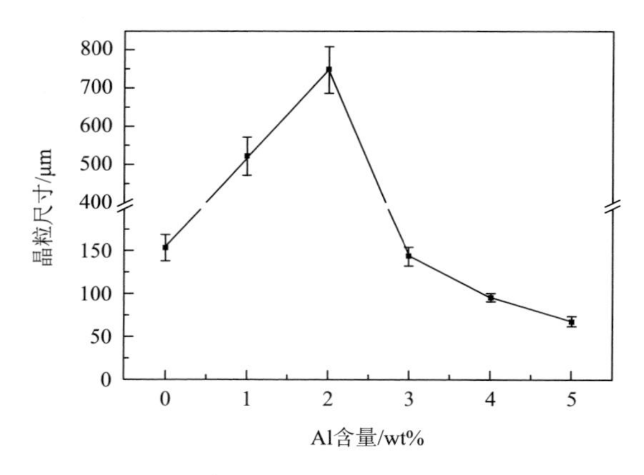

图 3-62 不同 Al 含量的 Mg-6Ce 铸态合金晶粒尺寸分布

现了 Al_2Ce 相，而 $Mg_{12}Ce$ 相基本消失，此时合金相组成为 α-Mg、$Al_{11}Ce_3$ 和 Al_2Ce。为了更清楚地区分各种相的衍射峰，将 15°～40°衍射角区域放大可见，Al_2Ce 相的特征峰为(111)、(220)和(311)，可以与图中 A 处红色标记 $Mg_{12}Ce$ 相的峰进行区分。

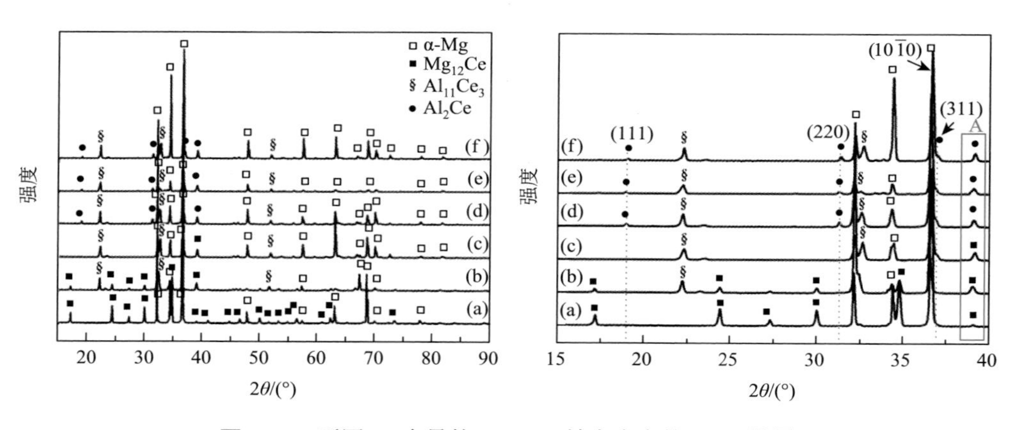

图 3-63 不同 Al 含量的 Mg-6Ce 铸态合金的 XRD 谱图

（a）0 wt%；（b）1 wt%；（c）2 wt%；（d）3 wt%；（e）4 wt%；（f）5 wt%

图 3-64 为 Mg-6Ce-*x*Al 合金铸态组织的 SEM 图。结合 XRD 结果，未添加 Al 元素的 Mg-6Ce 合金中的第二相主要是粗大的 $Mg_{12}Ce$，呈连续网状分布。添加 Al 元素的合金组织中 $Mg_{12}Ce$ 相逐渐减少，观察到大量的针状相和不规则颗粒相，EDS 测试分析（图 3-65）与 XRD 分析表明，针状相为 $Al_{11}Ce_3$，不规则颗粒相为 Al_2Ce。添加 1 wt%～2 wt% Al 元素之后，Mg-6Ce 合金中的连续网状相 $Mg_{12}Ce$ 有细化趋势，同时出现针状 $Al_{11}Ce_3$ 相，其含量随 Al 含量增加而逐渐增加。继续

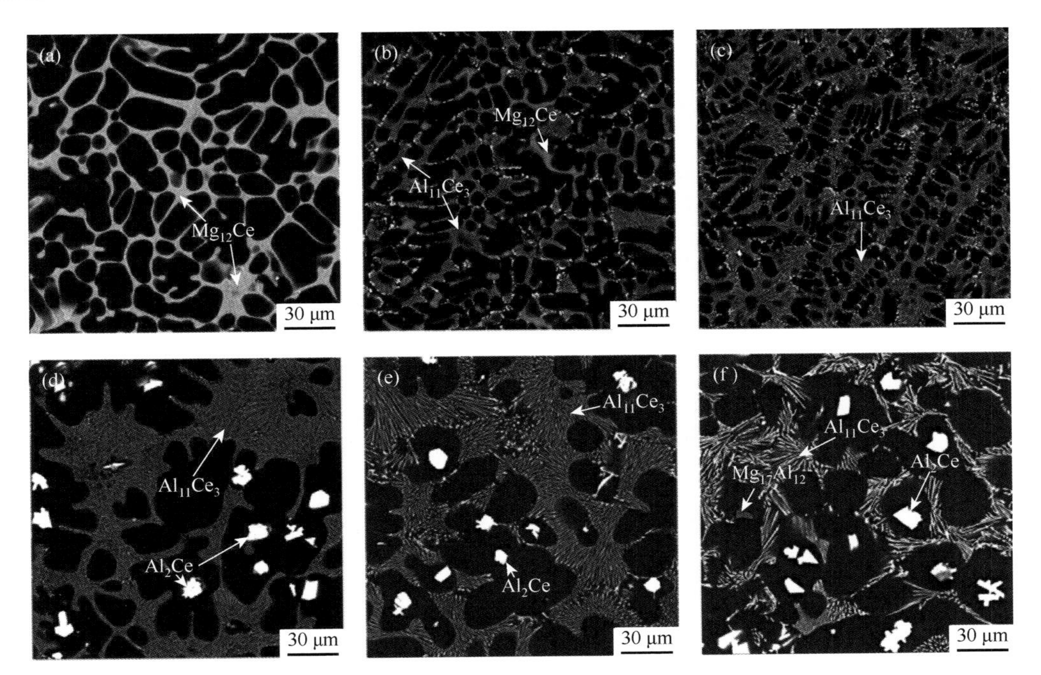

图 3-64　不同 Al 含量的 Mg-6Ce 铸态合金的背散射 SEM 图

（a）0 wt%；（b）1 wt%；（c）2 wt%；（d）3 wt%；（e）4 wt%；（f）5 wt%

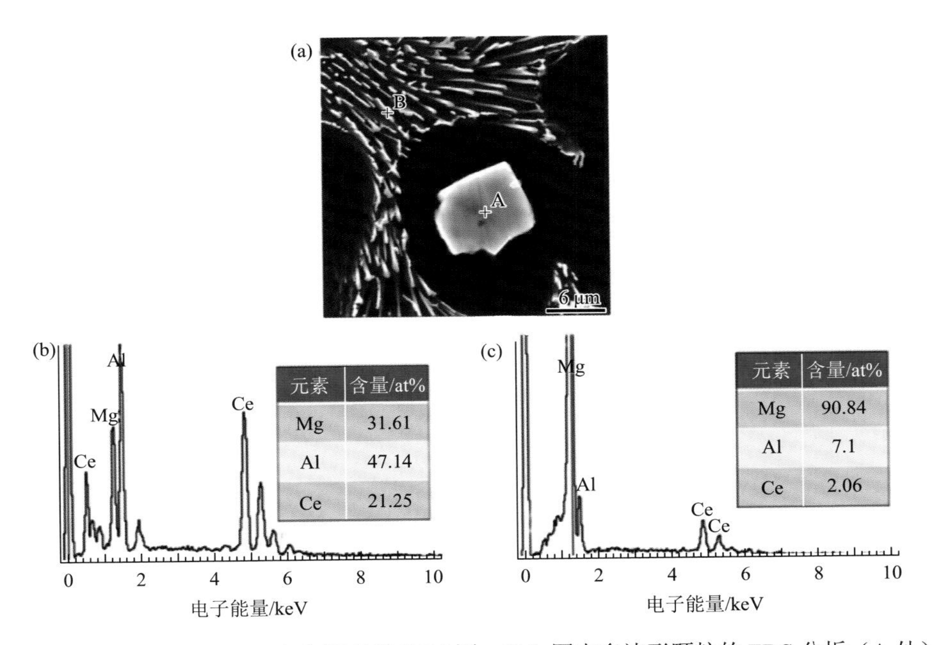

元素	含量/at%
Mg	31.61
Al	47.14
Ce	21.25

元素	含量/at%
Mg	90.84
Al	7.1
Ce	2.06

图 3-65　（a）Mg-6Ce-3Al 合金的高倍 SEM 图；（b）图中多边形颗粒的 EDS 分析（A 处）；（c）图中针状相的 EDS 分析（B 处）

增加 Al 含量到 3 wt%，除了针状 $Al_{11}Ce_3$，多边形颗粒状 Al_2Ce 也开始出现并逐渐增多，这与图 3-61 中观察到的规律一致。针状 $Al_{11}Ce_3$ 在 CA62 和 CA63 中呈团簇状分布于晶界和晶内，随着 Al 含量的进一步增加，针状 $Al_{11}Ce_3$ 相间距变大。当 Al 含量（5 wt%）过多时，合金中还出现少量 $Mg_{17}Al_{12}$ 相，但在 XRD 谱图中并没有观察到，说明此相含量很低。将金相组织观察、SEM 观察和 XRD 分析相结合，可以看出，$Al_{11}Ce_3$ 主要分布在晶界和枝晶界，Al_2Ce 主要分布在晶内。结合晶粒尺寸变化规律，Al_2Ce 颗粒出现，合金晶粒明显细化。因此，Al_2Ce 在凝固过程中起到了异质形核晶粒细化作用。

2. Mg-3Ce-*x*Al 的晶粒细化

根据戴吉春[21]的研究，合金成分对原位形成 Al_2Ce 形核颗粒的晶粒细化作用有很大影响。在 Mg-6Ce 合金中添加 Al 元素，原位形成了异质形核颗粒 Al_2Ce 而显著细化组织。为了验证在低 Ce 合金中添加 Al 元素的晶粒细化效果，本节以 Mg-3Ce 合金为基体，添加不同含量 Al 元素（0 wt%～10 wt%），研究其晶粒尺寸和相组成变化规律。采用常规熔炼铸造制备合金，实际成分如表 3-16 所示。

表 3-16 Mg-3Ce-*x*Al 合金的实际化学成分（wt%）

合金	Ce	Al	Mg	合金	Ce	Al	Mg
C3	2.9	—	剩余	CA36	2.99	6.05	剩余
CA31	2.89	0.96	剩余	CA37	3.15	6.89	剩余
CA32	3.02	1.95	剩余	CA38	3.20	7.86	剩余
CA33	3.11	3.01	剩余	CA39	3.14	9.01	剩余
CA34	2.98	3.86	剩余	CA310	3.22	10.21	剩余
CA35	3.12	4.97	剩余				

图 3-66 为不同 Al 含量的 Mg-3Ce 合金金相组织图，图 3-67 为对应合金的平均晶粒尺寸随 Al 含量的变化。由图可见，Mg-3Ce 合金铸态组织为粗大的树枝晶，平均晶粒尺寸约为 450 μm。当 Al 含量从 1 wt%增加到 3 wt%时，Mg-3Ce 合金铸态组织形貌基本没有变化，仍为树枝晶，晶粒逐渐粗化且不均匀。继续增加 Al 含量至 4 wt%，晶粒明显细化，且变为等轴晶组织。当 Al 含量为 6 wt%时，晶粒尺寸最细小，约为 95 μm，相对基体合金晶粒细化效率为 79%。随着 Al 含量进一步增加至 10 wt%，晶粒尺寸略有增加。总的来看，Al 元素的添加对 Mg-3Ce 合金的晶粒细化规律与 Mg-6Ce 合金基本相同。

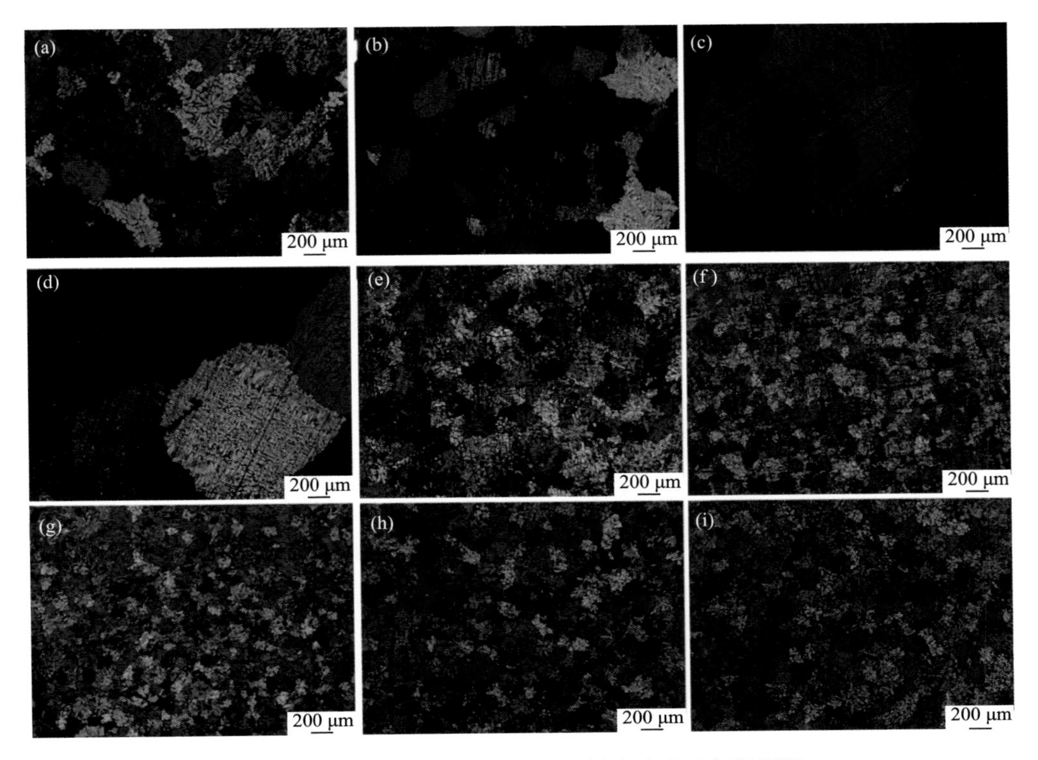

图 3-66　不同 Al 含量的 Mg-3Ce 铸态合金金相组织图

（a）0 wt%；（b）1 wt%；（c）2 wt%；（d）3 wt%；（e）4 wt%；（f）5 wt%；（g）6 wt%；（h）7 wt%；（i）8 wt%

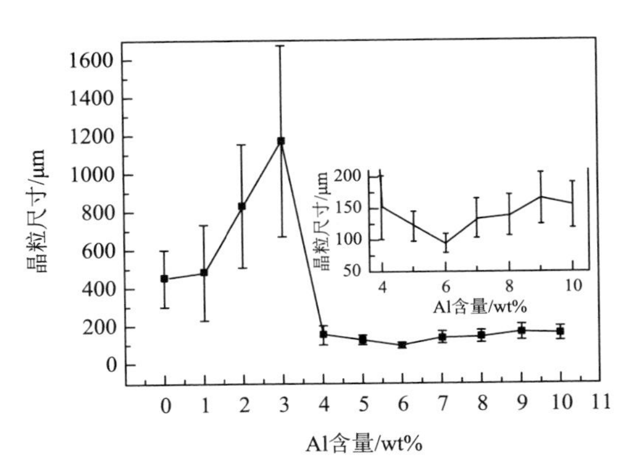

图 3-67　不同 Al 含量的 Mg-3Ce 铸态合金晶粒尺寸变化

由于该合金的晶粒细化规律与 Mg-6Ce-*x*Al 合金相似，因此选取 Mg-3Ce-*x*Al 合金的几个典型成分进行物相分析，如图 3-68 所示。添加 2 wt%的 Al 后，合金中第二相几乎完全转变为 $Al_{11}Ce_3$，只有少量 $Mg_{12}Ce$ 相存在。当 Al 含量为

4 wt%时，Al_2Ce 相开始出现。当 Al 含量超过 5 wt%时，合金中开始出现 $Mg_{17}Al_{12}$ 相。几种合金的 SEM 观察如图 3-69 所示。可见，相组成和组织形貌的变化规律与 Mg-6Ce-xAl 合金相似。不同之处在于，当 Al 含量超过 6 wt%，合金中开始出现 $Mg_{17}Al_{12}$ 相，继续增加 Al 含量，$Mg_{17}Al_{12}$ 相逐渐增多，针状 $Al_{11}Ce_3$ 相显著减少，且 Al_2Ce 颗粒相也略有减少，这与 $Mg_{90}Al_{10-x}Ce_x$ 合金相转变相似[48]。

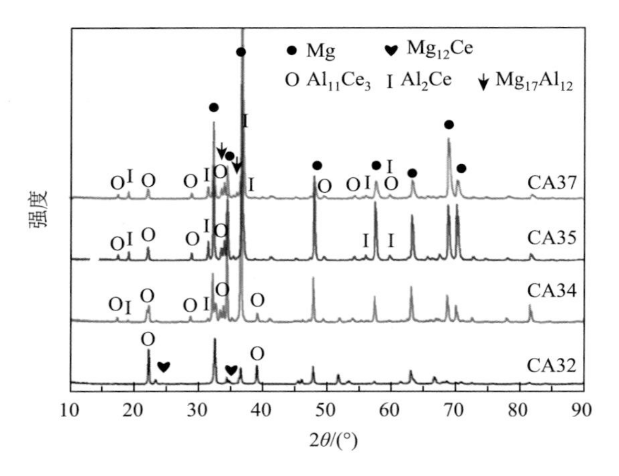

图 3-68 不同 Al 含量的 Mg-3Ce 铸态合金的 XRD 谱图

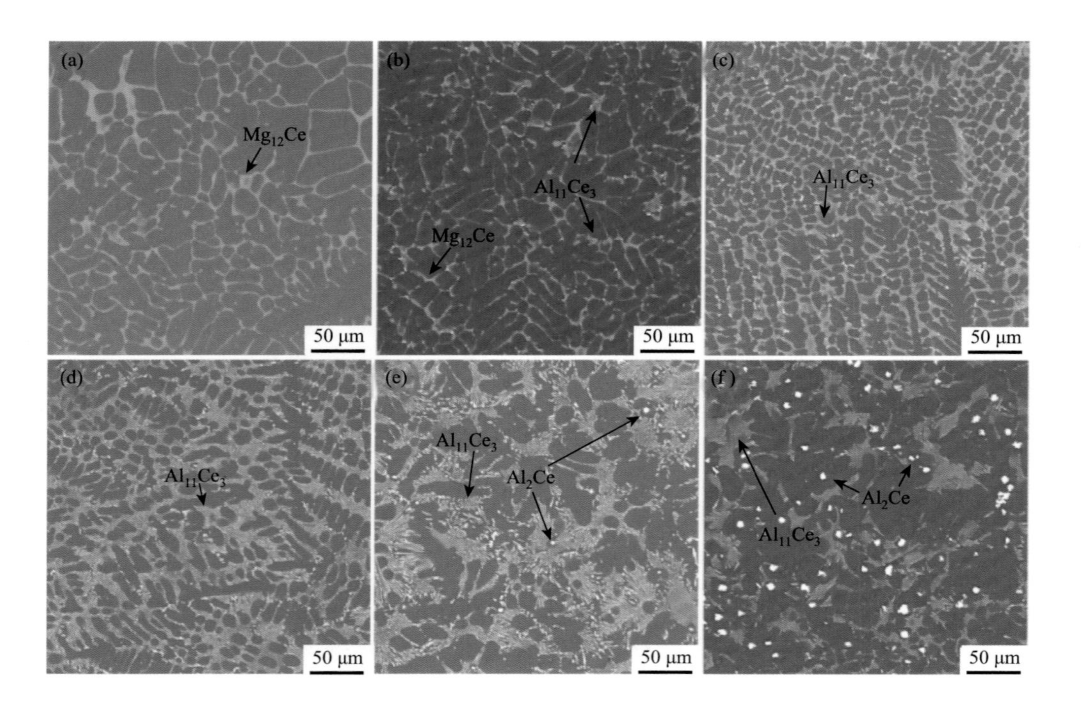

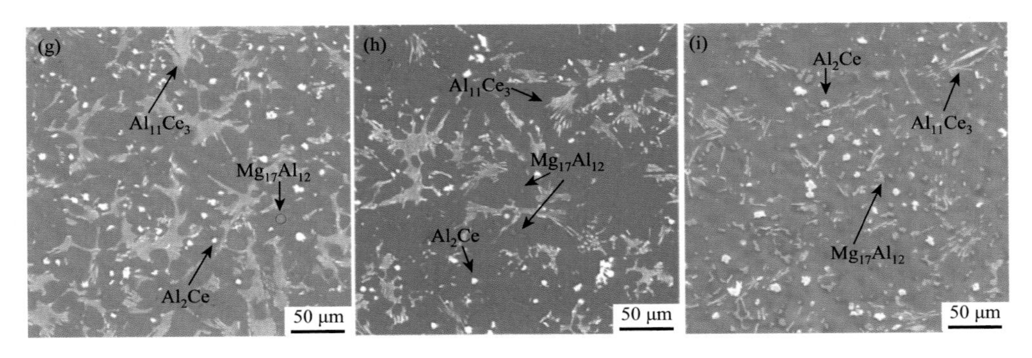

图 3-69　不同 Al 含量的 Mg-3Ce 铸态合金的背散射 SEM 图

（a）0 wt%；（b）1 wt%；（c）2 wt%；（d）3 wt%；（e）4 wt%；（f）5 wt%；（g）6 wt%；（h）7 wt%；（i）8 wt%

由以上晶粒尺寸变化和相分析可知，当合金中出现颗粒状 Al_2Ce 时，晶粒就显著细化，且随着 Al_2Ce 颗粒数密度的增加，细化效率也随之增大，但是继续增加 Al 含量时，晶粒尺寸趋于稳定，甚至粗化。这表明，即使添加过量 Al，提供更大的溶质含量，对晶粒尺寸的变化不大，进一步说明 Al_2Ce 化合物的形貌、数量和分布对合金晶粒细化起了决定作用。

3.5.2　Al_2Ce 化合物的晶粒细化机制

添加 Al 元素使 Mg-6Ce 和 Mg-3Ce 铸态合金晶粒明显细化，从物相和组织分析可知，合金中出现 Al_2Ce 颗粒时晶粒就显著细化，且 Al_2Ce 颗粒大多数位于晶粒内部，因此可以认为 Al_2Ce 颗粒是 Mg-Ce-Al 合金凝固过程中的异质形核核心。如 3.4.4 节所述，可以从颗粒与基体间的晶格错配度来考察该颗粒的异质形核可能性，即：晶格错配度越小，界面能就越小，基体就越容易在颗粒表面形核。

Qiu 等[18]和戴吉春[21]利用 E2EM 模型分别计算了 Al_2Y、Al_2Gd 和 Al_2Sm 与镁基体的晶格匹配度。Al_2Ce 属 Cu_2Mg 型 laves 相，根据其晶体结构和原子排列，Al_2Ce 的原子密排方向为 $\langle 112\rangle_{Al_2Ce}$ 和 $\langle 110\rangle_{Al_2Ce}$，原子密排面为 $\{311\}_{Al_2Ce}$ 和 $\{440\}_{Al_2Ce}$。Mg 是密排六方结构，其密排方向和密排面分别为：$\langle \bar{1}2\bar{1}0\rangle_{Mg}$ 和 $\langle 10\bar{1}0\rangle_{Mg}$，$\{10\bar{1}1\}_{Mg}$、$\{10\bar{1}0\}_{Mg}$、$\{0002\}_{Mg}$。$Al_2Ce$ 与镁基体的匹配方向 f_r 和匹配面 f_d 的计算结果，如图 3-70 所示。可见，$\langle 112\rangle^{s}_{Al_2Ce}\big|\langle \bar{1}2\bar{1}0\rangle^{s}_{Mg}$ 和 $\langle 110\rangle^{z}_{Al_2Ce}\big|\langle 10\bar{1}0\rangle^{z}_{Mg}$ 的 $f_r = 2.4\%$，$\{311\}_{Al_2Ce}\big|\{10\bar{1}1\}_{Mg}$ 的 $f_d = 1.0\%$，$\{440\}_{Al_2Ce}\big|\{10\bar{1}0\}_{Mg}$ 的 $f_d = 2.4\%$ 和 $\{440\}_{Al_2Ce}\big|\{0002\}_{Mg}$ 的 $f_d = 9.2\%$。可能的位向关系为

$$\langle 112\rangle_{Al_2Ce}\big\|\langle \bar{1}2\bar{1}0\rangle_{Mg},\ (440)_{Al_2Ce}\big\|(10\bar{1}0)_{Mg},\ (311)_{Al_2Ce}\big\|(10\bar{1}0)_{Mg} \qquad \text{OR（1）}$$

$$\langle 110\rangle_{Al_2Ce}\big\|\langle 10\bar{1}0\rangle_{Mg},\ (440)_{Al_2Ce}\big\|(0002)_{Mg} \qquad \text{OR（2）}$$

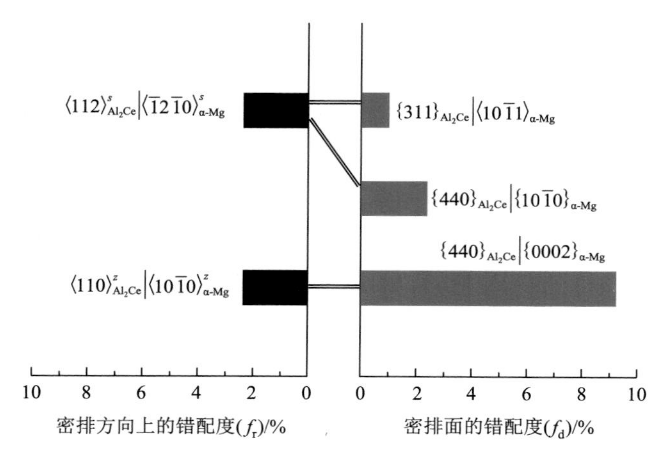

图 3-70 Al_2Ce 与 Mg 原子密排方向上的错配度（f_r）及其原子所在密排面的错配度（f_d）

上述晶体匹配的晶面是近似平行的关系，但实际仍存在一定的角度，根据 Zhang 等[49, 50]提出的 Δg 理论，进一步优化 Mg 与 Al_2Ce 的晶体学关系，得到模拟衍射斑点如图 3-71 所示。优化的结果为

$$\langle 112\rangle_{Al_2Ce}\|\langle\bar{1}2\bar{1}0\rangle_{Mg}，(440)_{Al_2Ce}2.54°偏离(10\bar{1}0)_{Mg},(311)_{Al_2Ce}4.81°偏离(10\bar{1}1)_{Mg} \quad \text{OR（A）}$$

$$\langle 110\rangle_{Al_2Ce}\|\langle 10\bar{1}0\rangle_{Mg}，(440)_{Al_2Ce}2.65°偏离(0002)_{Mg} \quad \text{OR（B）}$$

可见，在晶体学匹配方面，Al_2Ce 完全可以作为镁合金的异质形核核心。本节研究中的 Al_2Ce 为 Al 添加到 Mg-Ce 合金中原位形成的，还需要考察其是否在 α-Mg 凝固之前形成。为此，对该合金的凝固过程进行了 DSC 热分析，结果如图 3-72 所示。

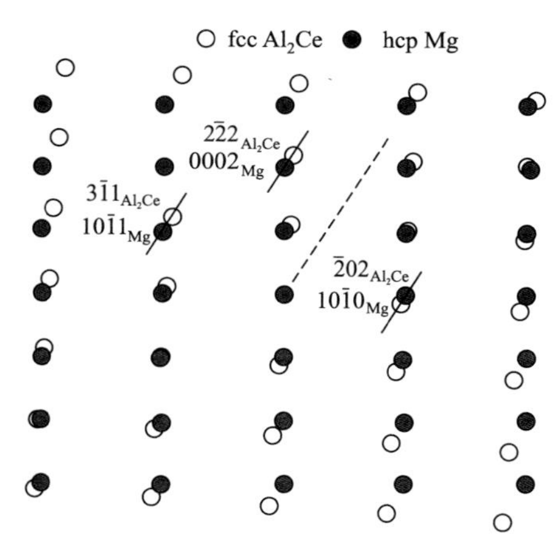

图 3-71 Al_2Ce 和 Mg 的模拟衍射花样

入射轴为 $[\bar{1}2\bar{1}0]_{Mg}//[112]_{Al_2Ce}$

从图 3-72 中 Mg-6Ce-3Al 合金的冷却速度曲线可以看出，在凝固过程中出现三个放热峰，最大的放热峰为 α-Mg 凝固放热，566℃附近的放热峰为 $Al_{11}Ce_3$ 相形成。结合 SEM 观察，这表明针状 $Al_{11}Ce_3$ 是在 α-Mg 析出后由于元素偏析而形成的[48]。650℃附近的放热峰为 Al_2Ce 相析出，由此证明 Al_2Ce 相形成于 α-Mg 凝固之前，符合异质形核的条件。

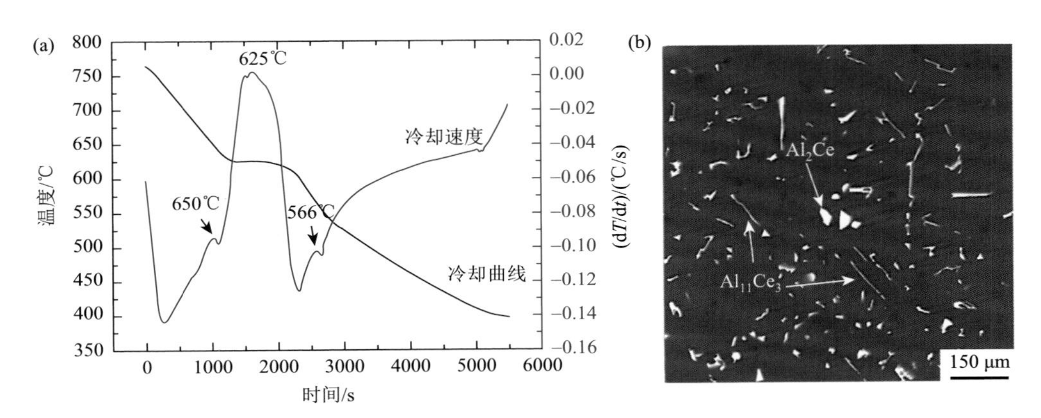

图 3-72　Mg-6Ce-3Al 合金凝固的热分析曲线（a）和相应的 SEM 图（b）

很多研究显示[15, 21, 51]，有效形核颗粒的数量和尺寸都会影响合金最终的晶粒尺寸。图 3-73 和表 3-17 为 Mg-Ce-Al 合金中有效形核颗粒的尺寸分布和颗粒数密度。可见，除了 CA35 和 CA63 合金外，其余合金中 Al_2Ce 颗粒尺寸分布基本符合正态分布规律，且颗粒尺寸都大于 2 μm，平均颗粒尺寸相近，分布在 5～7 μm

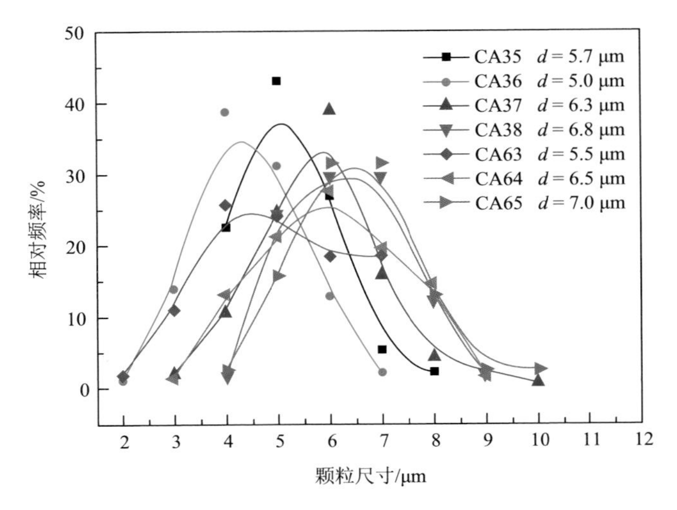

图 3-73　细化的 Mg-Ce-Al 合金中 Al_2Ce 颗粒尺寸分布与平均颗粒大小的关系

范围内。这与 Al_2Y 颗粒的晶粒细化现象类似。在 Ce 含量相同的合金中，随着 Al 含量的增加，Al_2Ce 颗粒的尺寸略有增加。从 Al_2Ce 颗粒的数密度分布可见，所有合金的形核颗粒数密度都在 350～560 个/mm^2 内，且在低 Ce 含量的镁合金中明显高于高 Ce 镁合金。根据 Easton 的半经验公式[16]，颗粒数密度和 Q 值共同决定合金晶粒尺寸，例如，CA36 合金的晶粒尺寸与 CA64 合金相近（都约为 95 μm），而 CA64 合金的溶质含量较高，所以二者晶粒尺寸相当时，CA36 合金的颗粒数量更多。

表 3-17 细化的 Mg-Ce-Al 合金中 Al_2Ce 颗粒数密度（个/mm^2）

合金	颗粒数密度	合金	颗粒数密度
CA35	554	CA63	349
CA36	560	CA64	409
CA37	538	CA65	397
CA38	455		

3.5.3 Al_2Ce 化合物对镁合金性能的影响

图 3-74 为 Mg-6Ce-*x*Al 合金的室温拉伸应力-应变曲线。Mg-6Ce 二元合金具有较低的强度和延伸率，由图 3-61 和图 3-64 可知，Mg-6Ce 晶粒粗大，且晶界分布呈连续网状的硬脆相 $Mg_{12}Ce$ 使合金的延伸率下降。随着 Al 含量的增加，晶粒逐渐细化，合金强度和延伸率都得到显著提高。Mg-6Ce-5Al 合金性能最优，屈服强度、抗拉强度和延伸率分别为：91 MPa、190 MPa 和 6.9%。

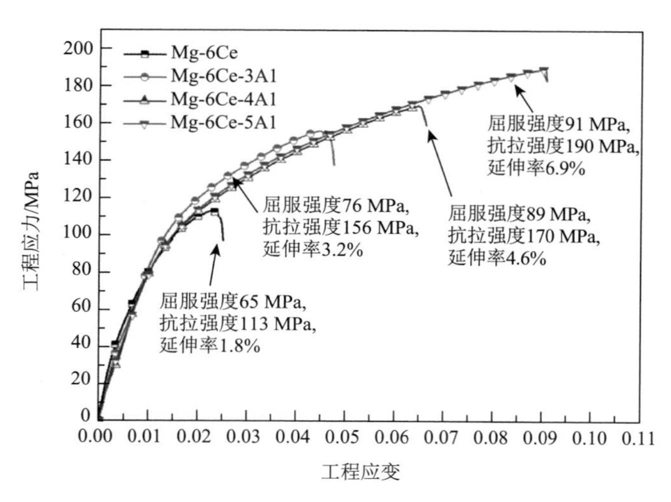

图 3-74 Mg-6Ce-*x*Al（*x* = 0, 3, 4, 5，质量分数）铸态合金的拉伸应力-应变曲线和对应的力学性能

Al 元素的添加细化了 Mg-6Ce 合金晶粒，改变了合金组织特征。由于 Ce 在室温下在镁中几乎没有固溶度，因此 Ce 的固溶强化作用可以忽略。添加的 Al 元素基本上都与 Ce 元素反应形成了 Al-Ce 化合物，Al 元素的固溶强化作用也几乎没有。因此，晶粒细化和第二相是合金力学性能提升的两个关键因素。首先，晶粒细化对合金强度的贡献，可根据霍尔-佩奇关系计算得到。其中纯镁的 $\sigma_0 = 21$ MPa[52]，$k = 300$ MPa·μm$^{1/2}$ [53]，Mg-6Ce-xAl（$x = 0, 3, 4, 5$，质量分数）合金的平均晶粒尺寸依次是：154 μm、143 μm、96 μm、68 μm。计算得到晶粒细化对合金屈服强度的贡献值分别为 45 MPa、46 MPa、51 MPa、58 MPa。根据合金实际的屈服强度值，可得到第二相对屈服强度的贡献为：$65 - 45 = 20$（MPa）、$76 - 46 = 30$（MPa）、$89 - 51 = 38$（MPa）、$91 - 58 = 33$（MPa）。可见，在 C6 和 CA63 合金晶粒尺寸差不多的条件下，CA63 合金的第二相强化作用明显高于 C6 合金，且添加 Al 的三种合金第二相强化作用相当，说明晶界连续网状分布的 $Mg_{12}Ce$ 的强化作用明显低于 $Al_{11}Ce_3$ 和 Al_2Ce 的强化作用，尤其是呈针状分布的 $Al_{11}Ce_3$ 相，其长径比较大，在合金中起到纤维增强增韧的作用，显著提高合金的强度和塑性，相似的现象在 Mg-Sm-Al 合金中也有发现[20]。

另外，为了研究添加 Al 细化的 Mg-Ce 合金的组织热稳定性，选取 Mg-3Ce-6Al 合金为对象进行高温固溶处理。图 3-75 为该合金在不同温度下固溶前后的金相组织图。对比合金为 Zr 细化的 Mg-3Ce 镁合金，即 Mg-3Ce-0.5Zr（CK30）。由图可以看出，CA36 和 CK30 两种合金固溶处理前后，晶粒尺寸基本没有变化，表现出较好的热稳定性。图 3-76 和图 3-77 为两种合金在 500℃固溶 12 h 后的

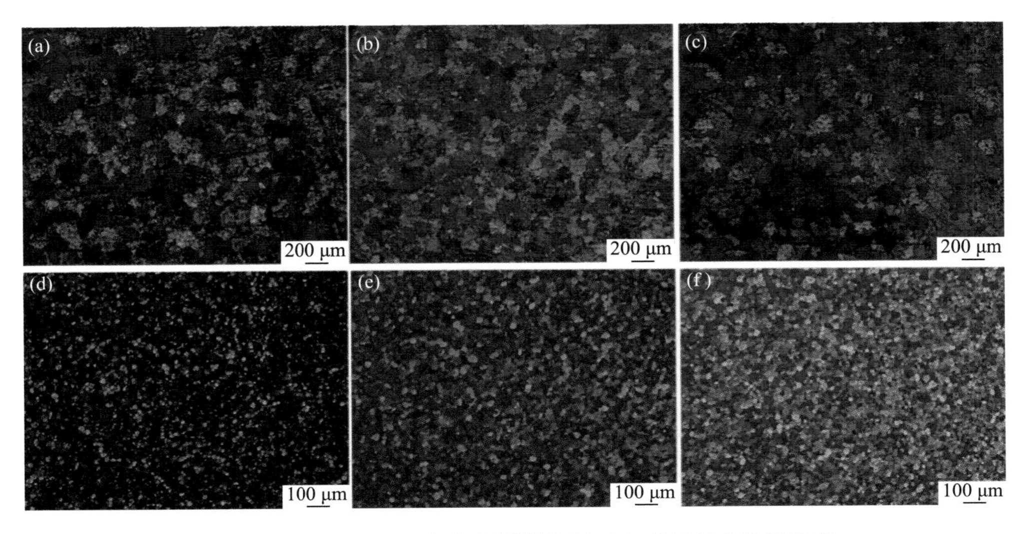

图 3-75　Mg-3Ce-6Al 合金在固溶处理 12 h 前后的金相组织图

（a～c）CA36；（d～f）CK30；（a，d）室温；（b，e）400℃；（c，f）500℃

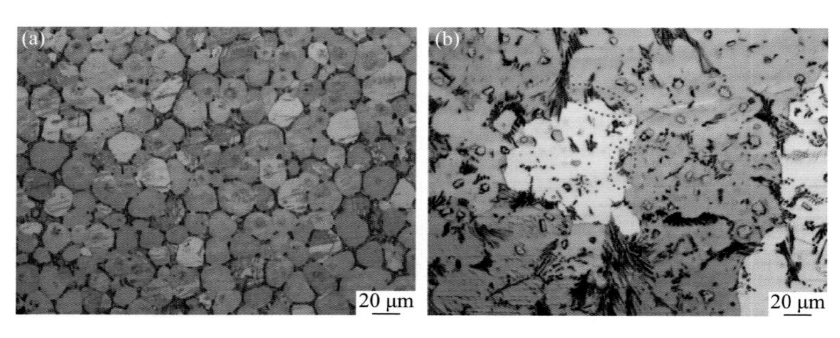

图 3-76 合金在 500℃固溶处理 12 h 后的金相组织图

（a）CK30；（b）CA36

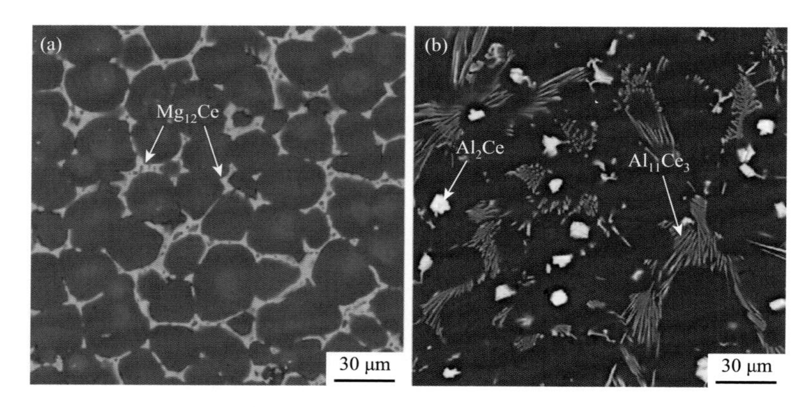

图 3-77 晶粒细化的合金在固溶热处理（500℃×12 h）后的 SEM 图

（a）CK30；（b）CA36

金相组织图和 SEM 图。由图可以看出，CK30 合金晶界均匀分布有 $Mg_{12}Ce$，呈半连续网状，而 CA36 合金经热处理后，晶界由针状 $Al_{11}Ce_3$，晶内由颗粒状 Al_2Ce 和针状 $Al_{11}Ce_3$ 两种相组成。两种合金晶粒热稳定性高，分别是由于晶界分布的高温稳定相 $Mg_{12}Ce$ 和 $Al_{11}Ce_3$ 对晶界的钉扎作用。Mg-3Ce-0.5Zr 合金晶粒热稳定性较好，明显优于 Mg-10Gd-0.8Zr[21]和 Mg-10Y-1Zr[18]，这种差异是由于 Ce 的固溶度较小，与 Mg 生成了高温稳定的 $Mg_{12}Ce$，它在高温固溶处理时几乎未发生固溶，而含有 Y 和 Gd 的合金，固溶度较大，缺少高温稳定相。可见 Zr 细化的合金热稳定性与 Zr 细化剂本身没有很大关系，主要取决于晶界分布的化合物的高温性质。

图 3-78 为 CK30 和 CA36 合金分别在室温、300℃和 400℃下的压缩应力-应变曲线，表 3-18 为对应的力学性能。室温下 CK30 的屈服强度明显大于 CA36 合金，断裂强度相当。一方面，CK30 合金晶粒尺寸（24 μm）明显小于 CA36 合金晶粒尺寸（95 μm），屈服阶段的细晶强化作用显著；另一方面，CK30 合金中主要存在晶界分布的网状硬脆 $Mg_{12}Ce$ 相，这种相割裂基体，在变形过程中容易在

晶界处产生微裂纹，降低合金抗拉强度和韧性。而 CA36 合金中存在的 $Al_{11}Ce_3$ 相分布在晶界和晶内，呈针状形态，且长径比较大，在合金中起到纤维强化的作用，所以虽然 CA36 合金的细晶强化作用低于 CK30 合金，但是其第二相强化作用较高，最终使得 CA36 合金的抗拉强度略高于 CK30 合金。当温度升高到 300℃，CA36 合金的强度明显高于 CK30 合金，说明合金高温下的性能不只与晶粒稳定性有关，还与合金中第二相形貌、分布和稳定性也有很大关系。CA36 合金在较高温度下第二相形貌几乎没有变化（图 3-77）。在较高温度（400℃）下的压缩性能，两种合金性能相当。

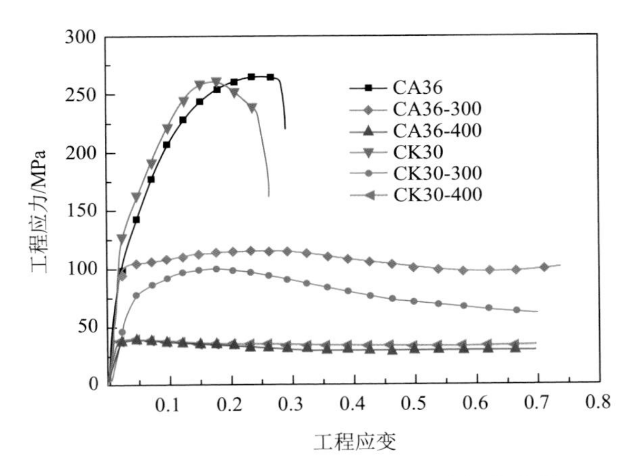

图 3-78　合金在不同温度下的压缩性能曲线

表 3-18　合金的室温和高温压缩性能

合金	温度/℃	压缩屈服强度/MPa	压缩断裂强度/MPa
CA36	25	90.5	265.5
	300	85	115.3
	400	36.9	39.1
CK30	25	126.8	261.5
	300	69.5	99
	400	33.8	39.6

参考文献

[1]　潘复生，韩恩厚. 高性能变形镁合金及加工技术[M]. 北京：科学出版社，2007.

[2]　纪宏超，李铁明，龙海洋，等. 镁合金在汽车零部件中的应用与发展[J]. 2019，40（1）：122-128.

[3]　Li Z T，Qiao X G，Xu C，et al. Enhanced strength by precipitate modification in wrought Mg-Al-Ca alloy with trace Mn addition[J]. Journal of Alloys and Compounds，2020，836：154689.

[4] Yang H，Huang Y，Song B，et al. Enhancing the creep resistance of AlN/Al nanoparticles reinforced Mg-2.85Nd-0.92Gd-0.41Zr-0.29Zn alloy by a high shear dispersion technique[J]. Materials Science and Engineering A，2019，755：18-27.

[5] Zhang A，Zhao Z，Yin G，et al. A novel model to account for the heterogeneous nucleation mechanism of α-Mg refined with Al_4C_3 in Mg-Al alloy[J]. Computational Materials Science，2017，140：61-69.

[6] Peng L，Zeng G，Lin C J，et al. Al_2MgC_2 and $AlFe_3C$ formation in AZ91 Mg alloy melted in Fe-C crucibles[J]. Journal of Alloys and Compounds，2020，854：156415.

[7] Qiu D，Zhang M X，Kelly P M. Crystallography of heterogeneous nucleation of Mg grains on Al_2Y nucleation particles in an Mg-10wt% Y alloy[J]. Scripta Materialia，2009，61（3）：312-315.

[8] Jiang Z，Jiang B，Zeng Y，et al. Role of Al modification on the microstructure and mechanical properties of as-cast Mg-6Ce alloys[J]. Materials Science and Engineering A，2015，645：57-64.

[9] Turnbull D，Vonnegut B. Nucleation catalysis[J]. Industrial & Engineering Chemistry，2002，44（6）：1292-1298.

[10] Bramfitt B L. The effect of carbide and nitride additions on the heterogeneous nucleation behavior of liquid iron[J]. Metallurgical and Materials Transactions B，1970，1（7）：1987-1995.

[11] Zhang M X，Kelly P M. Crystallography and morphology of Widmanstätten cementite in austenite[J]. Acta Materialia，1998，46（13）：4617-4628.

[12] Zhang M，Kelly P，Easton M，et al. Crystallographic study of grain refinement in aluminum alloys using the edge-to-edge matching model[J]. Acta Materialia，2005，53（5）：1427-1438.

[13] Zhang M X，Kelly P M，Qian M，et al. Crystallography of grain refinement in Mg-Al based alloys[J]. Acta Materialia，2005，53（11）：3261-3270.

[14] Qiu D，Zhang M X，Taylor J A，et al. A novel approach to the mechanism for the grain refining effect of melt superheating of Mg-Al alloys[J]. Acta Materialia，2007，55（6）：1863-1871.

[15] Qiu D，Zhang M X. Effect of active heterogeneous nucleation particles on the grain refining efficiency in an Mg-10wt% Y cast alloy[J]. Journal of Alloys and Compounds，2009，488（1）：260-264.

[16] Wang F，Qiu D，Liu Z L，et al. The grain refinement mechanism of cast aluminium by zirconium[J]. Acta Materialia，2013，61（15）：5636-5645.

[17] Jiang B，Liu W，Qiu D，et al. Grain refinement of Ca addition in a twin-roll-cast Mg-3Al-1Zn alloy[J]. Materials Chemistry and Physics，2012，133（2-3）：611-616.

[18] Qiu D，Zhang M X，Taylor J A，et al. A new approach to designing a grain refiner for Mg casting alloys and its use in Mg-Y-based alloys[J]. Acta Materialia，2009，57（10）：3052-3059.

[19] Dai J，Easton M，Zhu S，et al. Grain refinement of Mg-10Gd alloy by Al additions[J]. Journal of Materials Research，2012，27（21）：2790-2797.

[20] Wang C，Dai J，Liu W，et al. Effect of Al additions on grain refinement and mechanical properties of Mg-Sm alloys[J]. Journal of Alloys and Compounds，2015，620：172-179.

[21] 戴吉春. Al 及微量元素对 Mg-Gd(-Y)合金晶粒细化行为、组织及力学性能影响的研究[D]. 上海：上海交通大学，2014.

[22] Jiang Z，Jiang B，Zhang J，et al. Microstructural evolution of Mg-4Al-2.5Ca alloy during solidification[J]. Materials Science Forum，2015，816：486-491.

[23] Chang H W，Qiu D，Taylor J A，et al. The role of Al_2Y in grain refinement in Mg-Al-Y alloy system[J]. Journal of Magnesium and Alloys，2013，1（2）：115-121.

[24] Homma T，Nakawaki S，Kamado S. Improvement in creep property of a cast Mg-6Al-3Ca alloy by Mn addition[J].

Scripta Materialia，2010，63（12）：1173-1176.

[25] Bai J，Sun Y，Xue F，et al. Effect of Al contents on microstructures，tensile and creep properties of Mg-Al-Sr-Ca alloy[J]. Journal of Alloys and Compounds，2007，437：247-253.

[26] Laser T，Hartig C，Nürnberg M R，et al. The influence of calcium and cerium mischmetal on the microstructural evolution of Mg-3Al-1Zn during extrusion and resulting mechanical properties[J]. Acta Materialia，2008，56（12）：2791-2798.

[27] Ninomiya R，Ojiro T，Kubota K. Improved heat resistance of Mg-Al alloys by the Ca addition[J]. Acta Metallurgica et Materialia，1995，43（2）：669-674.

[28] Wu G，Fan Y，Gao H，et al. The effect of Ca and rare earth elements on the microstructure，mechanical properties and corrosion behavior of AZ91D[J]. Materials Science and Engineering A，2005，408：255-263.

[29] 刘文君. 典型 Mg-Al 镁合金的热裂行为研究[D]. 重庆：重庆大学，2012.

[30] Qiu D，Zhang M X. The nucleation crystallography and wettability of Mg grains on active Al_2Y inoculants in an Mg-10wt% Y alloy[J]. Journal of Alloys and Compounds，2014，586：39-44.

[31] Jiang Z，Feng J，Chen Q，et al. Preparation and characterization of magnesium alloy containing Al_2Y particles[J]. Materials，2018，11：1748.

[32] Peng Q，Huang Y，Zhou L，et al. Preparation and properties of high purity Mg-Y biomaterials[J]. Biomaterials，2010，31（3）：398-403.

[33] Wang Y，Xia M，Fan Z，et al. The effect of Al_8Mn_5 intermetallic particles on grain size of as-cast Mg-Al-Zn AZ91D alloy[J]. Intermetallics，2010，18（8）：1683-1689.

[34] Qian M. Heterogeneous nucleation on potent spherical substrates during solidification[J]. Acta Materialia，2007，55（3）：943-953.

[35] Qian M，Zheng L，Graham D，et al. Settling of undissolved zirconium particles in pure magnesium melts[J]. Journal of Light Metals，2001，1（3）：157-165.

[36] Tronche A，Greer A L. Electron back-scatter diffraction study of inoculation of Al[J]. Philosophical Magazine Letters，2001，81（81）：321-328.

[37] Qian M，Stjohn D H，Frost M T. Heterogeneous nuclei size in magnesium-zirconium alloys[J]. Scripta Materialia，2004，50（8）：1115-1119.

[38] Pike T J，Noble B. The formation and structure of precipitates in a dilute magnesium-neodymium alloy[J]. Journal of the Less Common Metals，1973，30（1）：63-74.

[39] Chang J W，Guo X W，Fu P H，et al. Relationship between heat treatment and corrosion behaviour of Mg-3.0%Nd-0.4%Zr magnesium alloy[J]. Transactions of Nonferrous Metals Society of China，2007，17（6）：1152-1157.

[40] Wen L，Ji Z，Li X. Effect of extrusion ratio on microstructure and mechanical properties of Mg-Nd-Zn-Zr alloys prepared by a solid recycling process[J]. Materials Characterization，2008，59（11）：1655-1660.

[41] Dai J，Zhu S，Easton M A，et al. Heat treatment，microstructure and mechanical properties of a Mg-Gd-Y alloy grain-refined by Al additions[J]. Materials Science and Engineering A，2013，576（4）：298-305.

[42] Rzychoń T，Kiełbus A，Cwajna J，et al. Microstructural stability and creep properties of die casting Mg-4Al-4RE magnesium alloy[J]. Materials Characterization，2009，60（10）：1107-1113.

[43] Zhang J，Leng Z，Zhang M，et al. Effect of Ce on microstructure，mechanical properties and corrosion behavior of high-pressure die-cast Mg-4Al-based alloy[J]. Journal of Alloys and Compounds，2011，509（3）：1069-1078.

[44] 余琨，黎文献，张世军. Ce 对镁及镁合金中晶粒的细化机理[J]. 稀有金属材料与工程，2005，34（7）：1013-1016.

[45] 张世军，黎文献，余琨. 铈对镁合金 AZ31 晶粒大小及铸态力学性能的影响[J]. 铸造，2002，51（12）：767-771.

[46] 潘复生，彭家兴，杨明波. 铈对 AZ31 镁合金铸态组织的影响[J]. 重庆大学学报，2009，32（4）：363-366.

[47] Li S，Zheng W，Tang B，et al. Grain coarsening behavior of Mg-Al alloys with mischmetal addition[J]. Journal of Rare Earths，2007，25（2）：227-232.

[48] Chaubey A K，Scudino S，Prashanth K G，et al. Microstructure and mechanical properties of Mg-Al-based alloy modified with cerium[J]. Materials Science and Engineering A，2015，625：46-49.

[49] Zhang W Z，Ye F，Zhang C，et al. Unified rationalization of the pitsch and T-H orientation relationships between Widmanstätten cementite and austenite[J]. Acta Materialia，2000，48（9）：2209-2219.

[50] Ye F，Zhang W Z. Coincidence structures of interfacial steps and secondary misfit dislocations in the habit plane between Widmanstätten cementite and austenite[J]. Acta Materialia，2002，50（11）：2761-2777.

[51] Qian M，Graham D，Zheng L，et al. Alloying of pure magnesium with Mg-33.3 wt% Zr master alloy[J]. Materials Science & Technology，2003，19（2）：156-162.

[52] Xu L，Liu C，Wan Y，et al. Effects of heat treatments on microstructures and mechanical properties of Mg-4Y-2.5Nd-0.7Zr alloy[J]. Materials Science and Engineering A，2012，558：1-6.

[53] Huang H，Yuan G，Chu Z，et al. Microstructure and mechanical properties of double continuously extruded Mg-Zn-Gd-based magnesium alloys[J]. Materials Science and Engineering A，2013，560：241-248.

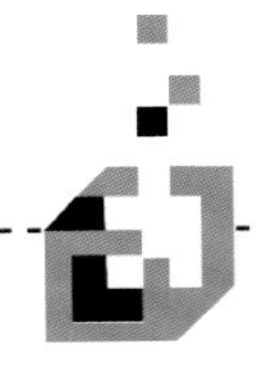

第4章 镁合金熔体氧化物的过滤净化

4.1 引言

现有的镁合金熔炼和铸造的全工艺流程，镁合金均与铁质工具接触，导致其中Fe含量偏高。镁的电极电位比Fe低很多，Fe在镁中溶解度很低，常常以单质Fe颗粒存在于镁合金中，导致镁合金存在电偶腐蚀而严重劣化其耐腐蚀性能[1-4]。同时，镁化学性质较为活泼，在镁合金的熔炼、合金化、铸造等生产过程中容易形成氧化镁等夹杂，从而进一步使镁合金材料和产品的耐腐蚀性能和力学性能劣化。因此，在研究和生产过程中，必须采取有效措施降低Fe等杂质元素和氧化镁等夹杂的含量，提高镁合金的纯净度，从而提升镁合金的品质和使用性能[5, 6]。目前，国内外在镁及镁合金降Fe的原理和工艺等方面已取得重要进展。接下来，本章主要介绍本书作者团队在镁合金熔体中过滤净化氧化物固态夹杂的研究进展。

4.2 镁合金熔体氧化物净化方法及影响因素

熔体净化处理是镁及镁合金熔炼的重要环节，对提高镁及镁合金熔体质量进而提升镁合金材料冶金质量和改善镁及镁合金性能十分关键。按是否使用熔剂，镁合金熔体净化方法可分为熔剂法和无熔剂法两大类。其中，无熔剂法包括静置法、吹气法、过滤法、稀土净化法及超声场净化法等。

4.2.1 熔体氧化物净化方法

1. 熔剂法

采用外加熔剂去除镁合金熔体中的氧化物夹杂，是镁合金领域目前采用的普遍方法，其原理是基于熔剂、镁熔体及夹杂物三者之间界面张力差异，从而实现夹杂物的净化。当在镁合金熔体中加入适当的熔剂后，夹杂物将产生聚集而形成更大尺寸的颗粒。然后，夹杂物开始向镁熔体和熔剂的界面迁移，增加适度的搅拌有利于该过程的进行。随后，夹杂物便与分散的熔剂液滴发生碰撞而结合形成大颗粒物。最终，夹杂物在自身重力作用下，在镁合金熔体中逐渐自然沉降而实现与熔体的有效分离。

镁合金熔体去除夹杂物的熔剂主要包括氯盐和氟盐，常见熔剂的主要成分是 $MgCl_2$。它不仅对镁熔体能起到良好的覆盖作用从而防止熔体高温氧化，还能很好地润湿镁熔体中的 MgO 等非金属夹杂物，将其包裹转移到熔剂中。同时，熔剂中的 $MgCl_2$ 和镁熔体中的氧化物等夹杂物接触时，将发生下列化学反应[6-10]：

$$MgCl_2(l) + MgO(s) \longrightarrow MgCl_2 \cdot MgO(s)\downarrow \tag{4-1}$$

$$MgCl_2(l) + Mg_3N_2(s) \longrightarrow MgCl_2 \cdot Mg_3N_2(s)\downarrow \tag{4-2}$$

反应生成的 $MgCl_2 \cdot MgO(s)$和 $MgCl_2 \cdot Mg_3N_2(s)$密度较高，且完全不溶于镁合金熔体，容易自然沉降而从高温熔体中分离，从而有效地去除熔体中的夹杂物。

为最大程度发挥除杂作用，镁合金熔剂应当满足以下要求[11]：①熔剂熔点低于纯镁或镁合金熔点；②熔剂和镁熔体存在较大密度差，避免形成熔剂夹杂；③熔剂自身不能携带对镁熔体净化和质量有害的杂质及夹杂物。

2. 静置法

静置法就是利用镁熔体与夹杂物之间的密度差，当熔体在高温静置时，两者将自动产生分离。若夹杂物密度小于熔体密度，夹杂物则上浮，反之，则下沉，从而实现夹杂物与镁熔体的有效分离。上浮或下沉的速度主要取决于夹杂物与熔体的密度差以及夹杂物颗粒的尺寸[12, 13]。此外，镁合金熔体的黏度越小，越有利于沉降，净化效果越好。张军等[14]研究了 AZ91 镁合金熔体中夹杂物的沉降速度和静置时间对熔体净化效果的影响规律。根据 Stokes 公式，对于粒径为 100 μm 的夹杂物，在 700℃时下降 1 m 所需时间长达 7.9 h。然而，在实际生产中镁熔体的氧化物夹杂物尺寸普遍小于 100 μm，有些甚至只有几微米，因此，静置法一般要与熔剂法结合使用，通过熔剂吸附使小的氧化物夹杂团聚长大，从而有利于静置沉降分离。

3. 吹气法

吹气法又称气泡浮游法，当镁熔体中通入 Ar、He 等惰性气体，在熔体中分散成多个细小的气泡。这些细小分散的气泡在搅拌过程中将润湿黏附轻质的夹杂物，并在气泡上浮过程中将轻质夹杂物带到熔体表面，然后经打渣工序，夹杂物即被去除。

4. 过滤法

过滤法去除夹杂物就是让熔体通过由中性或活性材料制造的多孔过滤器，以分离悬浮在熔体中的固态夹杂物的净化方法。过滤器捕捉与阻挡夹杂物的能力主要取决于夹杂物类型、熔体特性（组成、黏度及表面张力）、滤网特性（组成结构、孔隙率及透气性）等多种因素[15-18]。根据 Apel 理论，过滤板捕捉夹杂物的速度与夹杂物在熔体中的浓度成正比[13]。过滤器所用过滤材料，必须具备良好的高温力学性能和化学稳定性。在镁合金熔体过滤净化中得到一定应用的过滤材质主要有低含硅的氧化镁泡沫陶瓷[19]和铁制滤网等。

泡沫陶瓷过滤介质是由细密的陶瓷枝干骨架构成的三维连续网状结构，通过“截留”的方式有效实现固态夹杂物的过滤（图 4-1）。其对夹杂物起到以下捕捉作用[20-22]：①过滤作用，在过滤片的各个孔洞口处阻挡夹杂物颗粒；②沉淀作用，镁合金熔体通过过滤片时，一些很细小夹杂物颗粒沉淀于过滤片内部的一些角落而被去除；③吸附作用，泡沫陶瓷过滤器内壁对固态微细夹杂物或液态夹杂物可吸附去除。除了物理分离外，泡沫陶瓷的阻隔作用还包括由动力吸附以致夹杂物被烧结而产生的滤除作用。这些机制的综合作用，使泡沫陶瓷过滤达到较好的过滤效果，可以阻挡合金熔体中小至 10～20 μm 的微细夹杂物颗粒，也可滤掉一般过滤板难以处理的液态熔剂夹杂物。但泡沫陶瓷过滤也存在一些局限性，例如，在长时间使用后，网状孔洞容易因堵塞而减弱过滤效果，甚至失去持续过滤的功能。

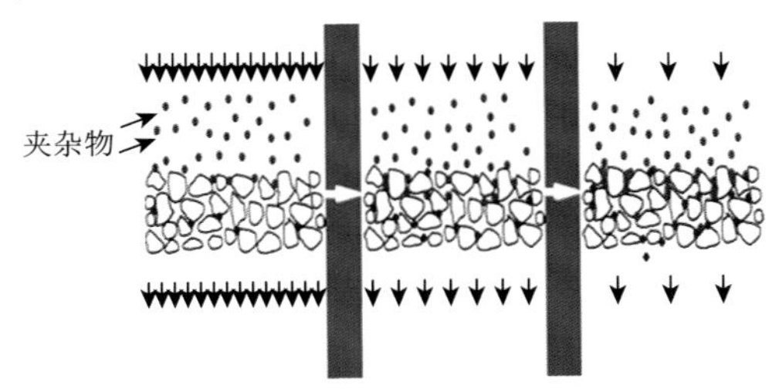

图 4-1　泡沫陶瓷过滤示意图

5. 稀土净化法

稀土元素较为活泼，可与镁熔体中的氧化物发生反应，生成密度较大且易于分离的稀土氧化物，促进夹杂物在镁熔体中的沉降[23]，达到去除氧化物夹杂的目的。此外，稀土元素的加入，将减少镁合金熔体中因氧化而产生的二次氧化夹杂物数量[24]。稀土元素还能与熔剂中的 $MgCl_2$ 发生如式（4-4）所示的化学反应，从而有效地去除熔剂夹杂。

$$3MgO + 2[RE] = RE_2O_3(s) + 3Mg(l) \tag{4-3}$$

$$2[RE] + 3MgCl_2(l) = 2RECl_3(s) + 3Mg(l) \tag{4-4}$$

稀土元素的加入，也能改善镁合金熔体和夹杂物的表面张力、流动性、黏度和溶解度等性质，通过提高某些非金属夹杂物的球化能力，达到镁合金熔体的除杂效果。采用混合稀土法去除再生镁合金中的夹杂物，可使夹杂物的体积分数降低 65%[25]。

6. 超声场净化法

超声场净化法是 20 世纪 90 年代发展起来的一种熔体净化方法，已开始在工业上应用。该方法利用超声波在熔体中的空化作用，实现合金熔体中夹杂物与熔体的快速分离，从而达到净化除杂的效果，其净化程度与超声功率及熔体温度有关。张志强等[26]研究指出利用超声场技术处理 AZ80 镁合金熔体，可有效去除其中的 MgO 夹杂，通过控制功率和熔体温度可得到良好的净化效果。超声处理熔体也存在一些局限，例如，超声功率过大或超声处理时间过长，均不利于合金熔体净化，并且处理成本较高。因此，超声场净化法难以处理大批量的合金熔体，其大规模工业应用受到一定限制。

4.2.2 影响熔体氧化物净化的因素

1. 熔体密度

在镁合金通常的熔炼温度条件下，夹杂物一般处于固态或半固态，其密度一般都大于镁合金熔体密度。经适当时间的静置后，密度较大的夹杂物将沉降至坩埚底部。根据 Stokes 公式，近球形夹杂物密度和镁合金熔体密度之间的密度差与夹杂物沉降速度成正比，即密度差越大，夹杂物上浮或下沉速度越快，镁合金熔体净化效果越好。

2. 表面张力

对于熔剂法净化除杂，熔剂需要具有合适的表面张力与熔液的充分接触来润湿并吸附夹杂物。熔剂表面张力过大，熔剂会凝聚成团，不易在镁合金熔体中分散；表面张力过小，净化处理后，熔剂与镁液难以分离。对于吹气法而言，夹杂物颗粒的表面张力对镁合金熔体净化效果影响显著，气泡黏附夹杂物并上浮必须满足热力学条件：$\sigma_{杂\text{-}金}+\sigma_{气\text{-}金}-\sigma_{气\text{-}杂}>0$。因此，夹杂物与金属液之间、气泡与金属液之间的界面张力越大或者夹杂物与气泡之间的界面张力越小，越有利于气泡净化除杂。

3. 熔体黏度

熔炼过程中液态熔剂的黏度和镁合金熔体自身的黏度，对镁合金熔体除杂净化具有重要影响。对于熔剂而言，若用于覆盖保护，则要求熔剂黏度较小，易于在镁合金熔体表面铺开以防止氧化。若用于除杂，则要求其黏度较大，便于与镁合金熔体分离。镁合金熔体黏度主要对夹杂物上浮或下沉的速度产生影响，进而影响除杂净化的效果。根据 Stokes 公式，夹杂物在镁熔体中上浮或下沉速度与镁熔体黏度成反比，熔体黏度越低，夹杂物在熔体中上浮或下沉速度越快，能够提高除杂效率。

4. 熔体温度

不同温度下镁合金熔体的黏度存在差异，从而对夹杂物在熔体中的沉降速度产生影响。曹永强[18]研究了 670℃、730℃和 780℃下镁合金熔体的净化效果，在 730℃下精炼后熔体中的夹杂物最少，在 670℃下精炼时镁熔体的黏度较大[27]而导致熔体中出现夹杂颗粒团，在 780℃下精炼后熔体中的夹杂颗粒较多，精炼效果较差。

5. 静置时间

张军等[14]研究发现在不添加熔剂而自然静置的情况下，静置 0～5 min 时夹杂物含量显著降低，降低率可达 90%左右，若继续延长静置时间至 5～20 min，降低率降低至 40%，最终静置 30 min 后，夹杂物基本去除。添加熔剂后静置一段时间，若静置时间过短，在 0～10 min 内，熔剂捕捉夹杂物后不能充分沉降，金属液上部夹杂物大部分沉降到中下部，夹杂去除效果差。随着静置时间延长，镁合金熔体内夹杂物含量逐渐减少，静置 30 min 后除杂效果较好。继续延长静置时间，镁合金熔体易出现氧化，导致新产生的氧化夹杂物增多，大量未能被熔剂黏结的夹杂颗粒进入镁合金熔体中，净化效果显著降低。

6. 熔剂种类

镁合金熔体除杂常用熔剂主要由 $MgCl_2$、KCl、NaCl、CaF_2、$BaCl_2$、$CaCl_2$ 等氯盐及氟盐的混合物组成，其中液态 $MgCl_2$ 对 MgO 和 Mg_3N_2 浸润性好，能有效吸附悬浮于熔体中的氧化物和氮化物夹杂，在 $MgCl_2$ 中加入 KCl 后，能显著降低 $MgCl_2$ 熔点、表面张力和黏度，高温精炼时可减少 $MgCl_2$ 蒸发，进一步提高净化效果。加入 $BaCl_2$ 或 CaF_2，能够增大熔剂与镁液之间的密度差，使熔剂更易与镁熔体分离。

7. 搅拌时间

镁合金精炼过程中常常需要搅拌，以使合金元素均匀熔化、熔剂与熔体更充分接触。研究与实践表明，随着搅拌时间的增加，夹杂物更容易聚集长大，有利于实现夹杂物与镁熔体的分离。

4.3 镁合金熔体逆向过滤净化

4.3.1 概述

常见的泡沫陶瓷过滤净化法是镁合金熔体自上而下（沿重力方向）流动，过滤器中的网状孔洞阻挡氧化物夹杂而实现过滤净化。潘复生院士团队发展了逆向过滤净化工艺。与泡沫陶瓷过滤过程中熔体沿重力方向流动不同，在镁合金熔体逆向过滤净化过程中，镁合金熔体沿反重力方向流动，即镁熔体“自下而上”地逆重力方向流过过滤机构，实现熔体与夹杂物的分离，从而起到净化镁合金熔体的作用。

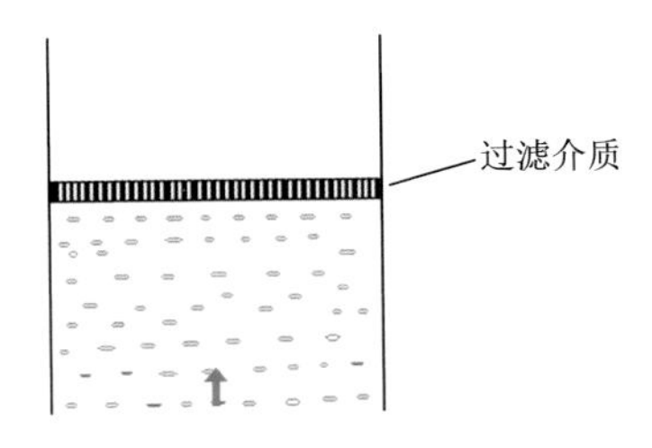

图 4-2 镁合金熔体的逆向过滤净化示意图

镁合金逆向过滤净化，可以有效去除镁合金熔体中可沉降的、不易沉降的、细小的夹杂物[28]。图 4-2 为镁合金熔体逆向过滤净化示意图，熔体的逆向流动将固态夹杂物分离思路从传统的“截留”调整为“阻挡”，被阻挡的夹杂物将聚集而自然沉降到过滤板的下方，使过滤板不易被堵塞而具备“自净化”效果，有效解决了传统过滤介质因截留固态夹渣而迅速堵塞，净化能效随之衰减的问题，新的方法能在较长时间内获得稳定的过滤效果，过滤板也可反复使用。本节主要介绍镁合金熔体逆向过滤净化过程的水力学模拟和数值模拟研究进展，揭示逆向过滤过程中镁熔体-夹杂物两相流动及其分离行为，为该技术后续的工程化提供支撑。

4.3.2 镁合金熔体逆向过滤净化过程的水力学模拟实验

1. 水力学模拟实验原理

水力学模拟实验是冶金工程中常用的对熔体/熔液流动行为进行物理模拟的手段之一，在钢铁冶炼和连续铸造工艺研究中广泛应用。它是在相似性原理的基础之上建立的实验模型，也被称为水模研究。因此，在实验过程中，模型与原型之间需要满足以下相似性：①几何相似；②运动状态相似；③动力学相似。

在进行水模拟实验时，鉴于实际工艺过程的复杂性与难预测性，一般只考虑主要方面的相似性，即几何相似与动力学相似。对于镁合金熔体过滤净化的水力学模拟，主要确保镁合金熔体在流动过程中的受力（自重 G、惯性力、表面张力 σ 及黏性力）与模拟介质水的相似，以及净化器内镁合金熔体与夹杂物的流动行为相似，即：弗劳德数（Fr）的相似和韦伯数（We）的相似。

2. 水力学模拟的计算与设计

为了实验方便和经济性，常常采用水来模拟镁合金熔体在净化器（坩埚）中的流动行为。表 4-1 为 20℃的水和 650℃的镁合金熔体的物理性质。

表 4-1 20℃水和 650℃镁合金熔体的物理性质

参数/单位	20℃水（常温）	650℃镁合金熔体（熔点状态）
ρ/(g/cm^3)	0.998	1.538
η/cP	1.019	1.250
σ/(erg/cm^2)	75	5.63×10^4
σ/(dyn/cm)	73	563
σ/(N/cm)	73×10^{-5}	5.63×10^{-3}
ν/(m^2/s)	1.007×10^{-6}	1.270×10^{-3}

注：1 cP = 10^{-3} Pa·s，1 erg = 10^{-7} J，1 dyn = 10^{-5} N。

为了保证模型与原型几何尺寸的相似，依据原型图，根据相似比，计算模型中各部位的尺寸。同时，要考虑弗劳德数与韦伯数的相似，要保证：

$$\begin{cases} Fr = Fr' \\ We = We' \end{cases} \tag{4-5}$$

即

$$\begin{cases} \left(\dfrac{v^2}{gl}\right) = \left(\dfrac{v'^2}{gl'}\right) \\ \left(\dfrac{\rho v^2 l}{\sigma}\right) = \left(\dfrac{\rho' v'^2 l'}{\sigma'}\right) \end{cases} \tag{4-6}$$

$$\lambda_1 = \frac{\lambda'}{\lambda} = \sqrt{\frac{\sigma'\rho'}{\sigma\rho}} = \sqrt{\frac{73\times1580}{563\times998}} = 0.453 \tag{4-7}$$

式中，Fr 为弗劳德数，无量纲；We 为韦伯数，无量纲；v 为流速，m/s；l 为定性长度，m；ρ、ρ'分别为镁液原型和水模拟模型的熔体密度，g/cm^3；σ、σ'分别为镁液原型和水模拟模型的表面张力系数，erg/cm^2；g 为重力加速度，m/s^2；λ_1为模型和原型几何尺寸之比。

为了同时满足 Fr 和 We 相似，实验模型的尺寸大约是实物尺寸的 0.5 倍，即模型与原型的几何尺寸比为 0.5。

考虑到工程实际应用，初步设计的双级逆向过滤系统如图 4-3 所示，长、宽、高分别为 2200 mm、379.7 mm、850 mm。其中，第一室为加料室和第一级合金坯料熔化室，合金熔体经第二室、第三室、第四室之间的过滤器过滤后，进入浇铸室出料口。合金熔体经过前述四个室的流动路线如图 4-4 所示，因此，在第二室与第三室之间、在第三室与第四室之间的两处过滤板，就实现了合金熔体的“自下而上”的逆向过滤。依据相似原理，简化模型如图 4-4 所示，实验用实物模型如图 4-5 所示。为了实现逐级过滤，提高熔体纯净度，第二级过滤板的开孔直径小于第一级过滤板。实验时用水泵将水溶液从实物模型左侧抽出，再从右侧注回。

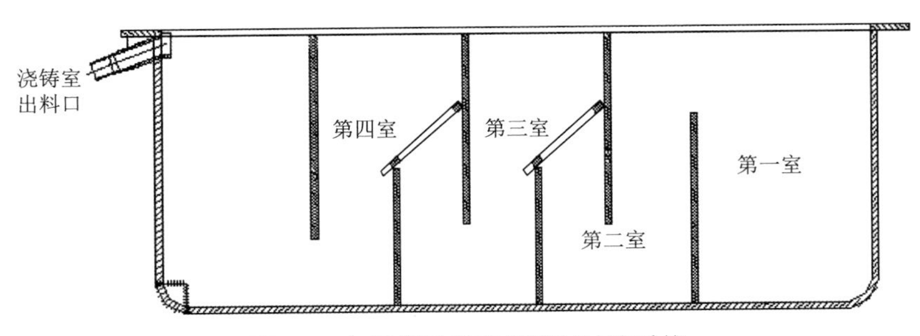

图 4-3　初步设计的双级逆向过滤系统

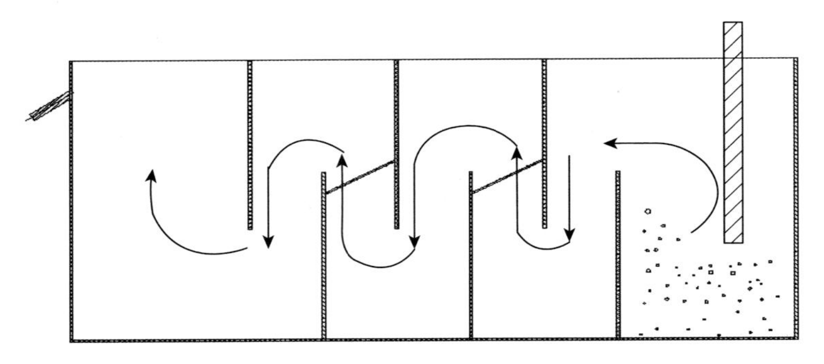

图 4-4 简化的逆向过滤系统模型图

图 4-5 实验用逆向过滤系统实物图

3. 水力学模拟的实验材料选择

在镁熔体中，各种夹杂物与镁熔体的浸润性以及夹杂物的尺寸、密度等不完全一样。因此，根据相似性准则，在水模拟实验中，水溶液的性质以及所使用的夹杂颗粒模型都应该尽量保证与镁熔体及熔体中夹杂物的性质相近。

首先，应保证水溶液与镁熔体性质的相似，主要是黏度相似和密度相似。镁熔体的黏度约为 1.25×10^{-3} Pa·s，常温下水的黏度为 1.109×10^{-3} Pa·s。因此，为了保持两者的相似性，需要往水中加入增加黏度的物质。聚丙烯酰胺（PAM）是一种较好的选择，它是一种水溶性高分子聚合物，不溶于大多数有机溶剂，具有良好的聚凝性，可以降低液体之间的摩擦阻力。可以通过调节 PAM 的浓度配比，保证水溶液的黏度与镁熔体相近。同时，水的密度为 0.998 g/cm^3，而镁熔体的密度一般为 1.538 g/cm^3。为了保持密度相似，需要提高水溶液的密度，氯化钠和丙三醇是常用添加物，购买方便，具有经济性。

其次，在实际净化过程中，镁熔体中含有不同形状、不同尺寸、不同密度的夹杂物，如条状、絮状、簇状及颗粒状等夹杂物，且主要夹杂物为 MgO，还可能含有氮化物、氯化物、碳化物等。通常的 MgO 夹杂物的尺寸在 10～30 μm 之间，密度在 3.0 g/cm^3 左右；团簇状夹杂物的尺寸在 50～500 μm 之间；膜状的 MgO 夹杂物的尺寸在 200～400 μm 之间。因此，用于模拟的夹杂颗粒应选择密度比水溶液小、密度与水溶液近似、密度比水溶液大等几种不同的颗粒。同时，还需要考虑颗粒与溶液的浸润性及相容性。为此，选取活性炭颗粒及塑料颗粒作为水模拟的夹杂颗粒，如图 4-6 所示。其中，黑色颗粒为活性炭，代表与镁熔体润湿的夹杂物；灰色颗粒为塑料，代表不与镁熔体润湿的夹杂物。为了能够清晰观察不同夹杂颗粒的流动状态及分布状态，设计了三组水模拟实验方案，分别为：①塑料颗粒夹杂物（与熔体不润湿）水模拟实验；②活性炭夹杂物（与熔体润湿）水模拟实验；③活性炭与塑料颗粒混合水模拟实验。模拟过程中采用流动显影技术，将水模拟实验的流动变化行为，以照相或摄影的方式记录下来，供后续分析使用。

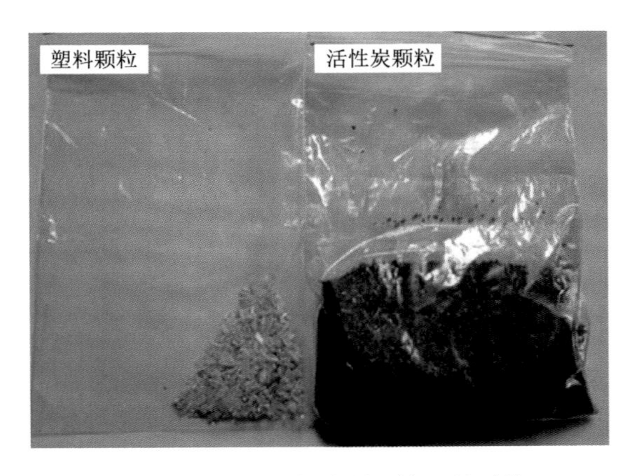

图 4-6　水模拟实验所用的几种颗粒

4.3.3　基于水力学模拟的镁合金熔体逆向过滤净化行为

1. 塑料颗粒夹杂物（与熔体不润湿）水模拟实验

用塑料颗粒模拟镁熔体中与熔体不润湿的夹杂物。图 4-7 和图 4-8 为采用塑料颗粒模拟与熔体不润湿的夹杂物的流动行为。由图可见，第一室中分布有大量的夹杂颗粒，随着溶液的流动，大量重质夹杂物在自身重力作用下逐渐自然沉降；轻质夹杂物随着溶液的流动逐渐浮于溶液表面；与溶液密度接近的夹杂颗粒悬浮在净化器中，经第二室与第三室之间的一级过滤后，基于逆向过滤的过滤机制，尺寸大于过滤孔的夹杂物被过滤板有效阻挡，并逐渐在自身重力作用下沉降于容器底部。进一步，经第三室与第四室之间的二级过滤后，大部分的夹杂物被有效过滤，过滤后容器中夹杂物的数量明显减少，只有少数细小的夹杂物通过二级过滤板而残留在水溶液中。可以看出，绝大部分有害的粗大的夹杂物被有效过滤。根据图 4-7 和图 4-8 所示的塑料颗粒夹杂物运动和沉降规律，可以得到如图 4-9 所示的与镁熔体不润湿的夹杂颗粒在逆向过滤过程中的流动、沉降和分布规律示意图。

图 4-7 塑料颗粒夹杂物（与熔体不润湿）水模拟实验结果：第一室、第二室

图 4-8 塑料颗粒夹杂物（与熔体不润湿）水模拟实验结果：第三室、第四室及浇铸室

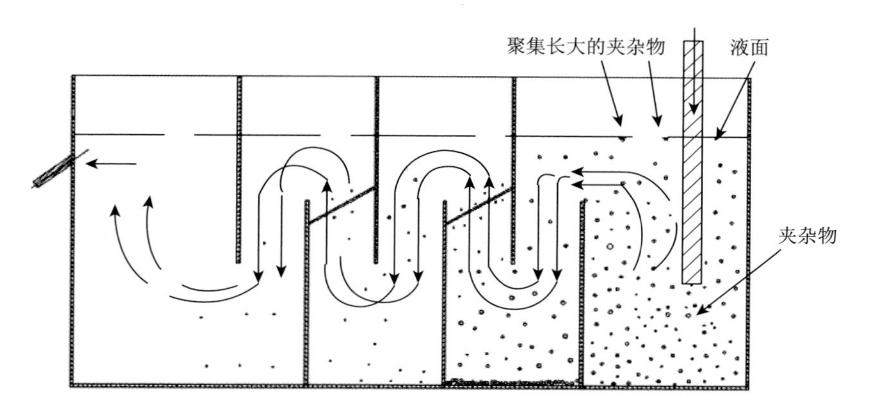

图 4-9 塑料颗粒夹杂物（与熔体不润湿）水模拟实验示意图

2. 活性炭夹杂物（与熔体润湿）水模拟实验

采用活性炭颗粒模拟与熔体润湿的夹杂物，图 4-10 至图 4-12 为活性炭颗粒在五个熔体室中的运动与沉降规律。与熔体润湿的活性炭颗粒，其运动趋势基本上与塑料颗粒一致，在第一室仍聚集了大量的夹杂颗粒，重质夹杂物随着液体的流动逐渐自然沉降，部分夹杂物在流动过程中出现卷吸回流的现象，并最终在自身重力作用下而沉于底部。经过一级过滤室，大部分夹杂物被阻挡在第一室，只有少部分夹杂物会随着水溶液的流动而进入一级过滤区。在通过一级过滤板时，基于自下而上的过滤机制，大颗粒夹杂物会被阻挡并在重力作用下沉降于底部，少数小颗粒夹杂物会穿过过滤孔而进入二级过滤室，再经过二级过滤室后，夹杂物的含量逐渐减少，甚至完全排除，得到了较为充分的净化去除。

图 4-10　活性炭颗粒夹杂物（与熔体润湿）水模拟实验结果：第一室、第二室

图 4-11　活性炭颗粒夹杂物（与熔体润湿）水模拟实验结果：第三室、第四室

图 4-12 活性炭颗粒夹杂物（与熔体润湿）水模拟实验结果：浇铸室

此外，活性炭颗粒在通过过滤板的过程中，有部分颗粒聚集附着在过滤板上。这是由于在净化过程中，当溶液流过过滤板时会被分隔成许多细流，导致液流变为层流运动，增加了夹杂颗粒与过滤板的接触概率，加上过滤板表面有大量凹凸面，从而提高了吸附夹杂物的能力。这说明过滤板不仅起到了过滤夹杂物的媒介作用，还能捕捉并吸附夹杂颗粒，即也起到了净化除杂的良好作用。根据图 4-10～图 4-12 所示的活性炭颗粒夹杂物运动和沉降规律，可以得到如图 4-13 所示的与镁熔体润湿的夹杂颗粒在逆向过滤过程中的流动、沉降和分布规律示意图。

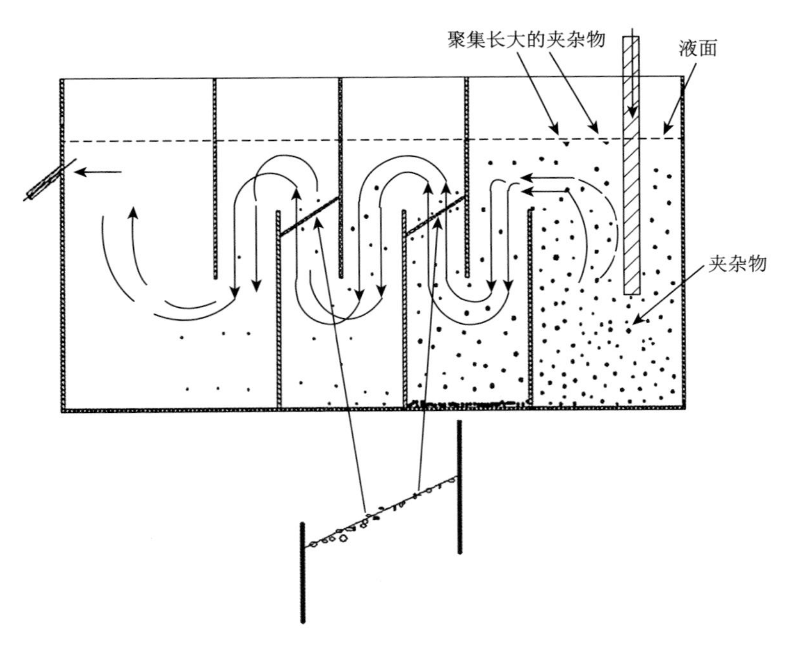

图 4-13 活性炭颗粒夹杂物（与熔体润湿）水模拟实验示意图

3. 活性炭与塑料颗粒混合水模拟实验

图 4-14 和图 4-15 为活性炭与塑料颗粒混合水模拟结果。由图可见，在前处理室中，大量重质夹杂物随着水溶液的流动逐渐自然沉降，而轻质夹杂物则漂浮于净化器中水溶液的表面成为浮渣，与水溶液密度相近的夹杂物则悬浮于溶液中，同样是基于密度差的原理而实现分离与净化。从第一室经一级过滤室，大量夹杂颗粒在竖直挡板的作用下，未能进入一级过滤室而停留在第一室，只有部分夹杂颗粒随着溶液的流动依然残留在溶液中，通过过滤孔而进入二级过滤区后，夹杂物的含量明显降低。浇铸室里的夹杂物数量很少，绝大部分粗大的有害夹杂物被有效过滤阻挡。根据图 4-14 和图 4-15 所示的活性炭颗粒和塑料颗粒混合夹杂物的运动、沉降和分布规律，可以得到如图 4-16 所示的混合夹杂颗粒在逆向过滤过程中的流动、沉降和分布规律示意图。

图 4-14 活性炭与塑料颗粒混合水模拟实验结果：第一室、第二室

图 4-15 活性炭与塑料颗粒混合水模拟实验结果：第三室、第四室及浇铸室

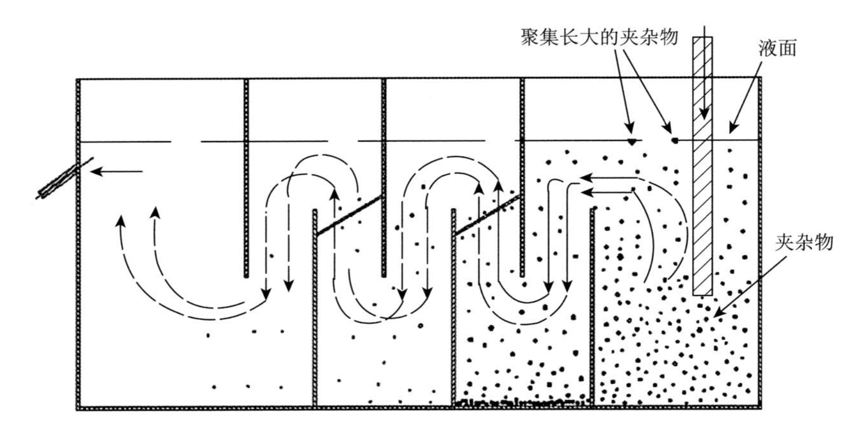

图 4-16 活性炭与塑料颗粒混合水模拟实验示意图

4. 水模拟逆向过滤行为分析

通过上述三组不同条件下夹杂物在镁熔体中的水模拟实验，可以归纳得到如图 4-17 所示的夹杂物在熔体中的流动及分离行为。在过滤开始之前，前处理室中含有大量的颗粒夹杂物，随着溶液的搅拌和流动，大颗粒重质夹杂物逐渐沉降在净化器底部，而质轻的夹杂则随着溶液的流动逐渐漂浮在溶液表面，与溶液密度接近的颗粒夹杂物悬浮在水溶液中。溶液经一级过滤后，大部分夹杂物被过滤板阻挡于过滤板下方，部分呈悬浮状，部分逐渐沉降；少部分小尺寸夹杂物通过过滤板，与水溶液一起流向二级过滤板；在过滤板及其过滤孔上未发现夹杂物停留，过滤孔未发生堵塞。进一步，溶液经二级过滤后，与一级过滤区相似，二级过滤板由于孔径更小，将剩下的大部分夹杂物阻挡于过滤板下方，部分呈悬浮状，部分逐渐沉降；只有极少数尺寸极小的夹杂物通过了二级过滤板；在过滤板及其过滤孔上未发现夹杂物停留，过滤孔未发生堵塞。

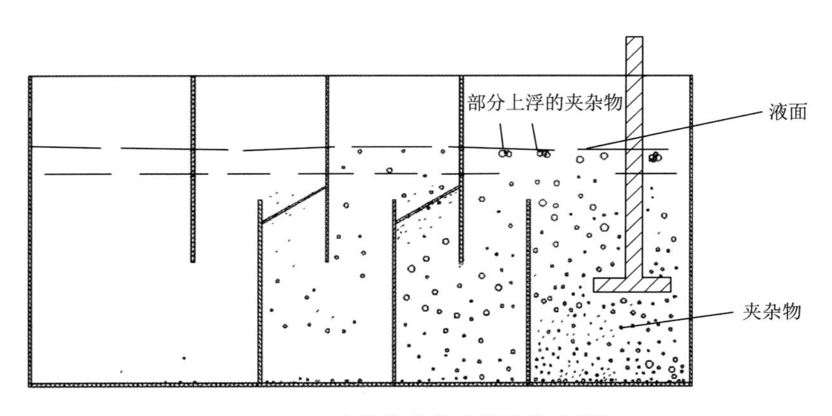

图 4-17 夹杂物流动和分离行为示意图

根据实验结果可知，逆向过滤能够通过阻挡分离机制，实现夹杂物与溶液分离，并且过滤板不会发生堵塞。实验中还发现，在前后两级过滤板的下侧聚集了大量的气泡（图 4-18），在一级过滤板与二级过滤板上，气泡的数量及大小并不完全一样：在一级过滤板上气泡数量多，尺寸较大；而在二级过滤板上的气泡数量少，尺寸较小。这表明过滤板不仅可以有效阻挡分离固态夹杂物，还能阻挡分离溶液中的气泡。

图 4-18　被过滤板阻挡的气泡

总的来看，无论是浸润还是不浸润夹杂物，逆向过滤系统均能通过阻挡分离机制实现夹杂物与溶液分离，表明逆向过滤对于去除夹杂物是非常有效的。被过滤板阻挡分离的夹杂物部分在过滤板下方呈现悬浮状态，部分在中间沉降，表明逆向过滤系统中的关键过滤板不会发生堵塞。这说明逆向过滤系统具有自净化特点，可以同时去除有害夹杂物和气泡，为实现连续过滤提供了保证。

4.3.4　镁合金熔体逆向过滤净化过程的数值模拟

1. 数值模拟方案

熔体流速和固体夹杂物大小是影响熔体净化的两个重要因素，在上述物理模拟基础上，根据工程实际设计了如表 4-2 所示的数值模拟方案。熔体中夹杂物含量不超过 15%，尺寸较小，采用离散相模型；熔体流动速度低，雷诺数较小，选择层流模型。

实际净化装置结构如图 4-19 所示，数值模拟重点考虑其逆向过滤部分，因此数值模拟的简化模型如图 4-20 所示。整个体系达到稳态后，流动情况在净化装置宽度方向上没有差异，因此选择 2D 模型作为计算模型。

表 4-2 数值模拟方案

夹杂物粒径/m	熔体流速/(m/s)		
	0.004	0.005	0.006
0.00002	A	A1	A2
0.00003	B	B1	B2
0.00004	C	C1	C2

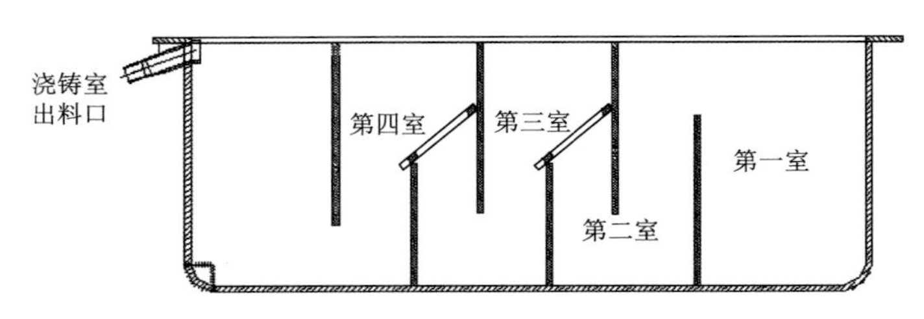

图 4-19 实验建立的 2D 工程模型

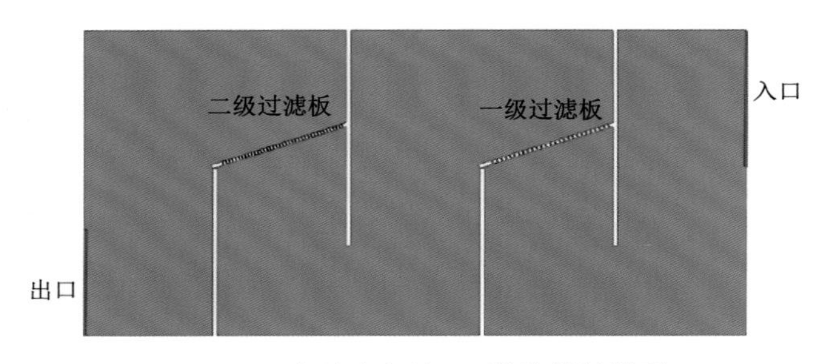

图 4-20 实验建立的 2D 数值模拟模型

2. **熔体流场分析**

镁合金熔体在三种流速下的流动情况和流体质点轨迹如图 4-21 所示。由图可见，三种情况下的熔体流场分布比较均匀，只在隔板端部存在流动缓慢区域，这个区域的面积随流速增大而增大，但不影响整个熔体的流动。当熔体流过一级过滤板时，可以看到回流流股，这种回流流股有利于带走被过滤器阻挡的夹杂颗粒。当熔体流过二级过滤板时，由于流速减缓而未观察到明显回流流股。总的来看，熔体流速从 0.004 m/s 增大到 0.006 m/s 时，流体流线基本没有明显的变化，即熔体流动规律变化不大。

3. **固体夹杂物的流动及分离**

固体夹杂物随熔体运动，其运动规律和熔体的流动规律密切相关。图 4-22 是在熔体不同流动速度下，粒径为 0.00003 m 的固体夹杂物的运动流线。可以看出，不同流速下固体夹杂物的运动规律非常接近，仅仅是在装置底部发现固体夹杂物的分离（沉降）有细微差异。熔体流速越低，固体夹杂物与熔体的分离越容易。

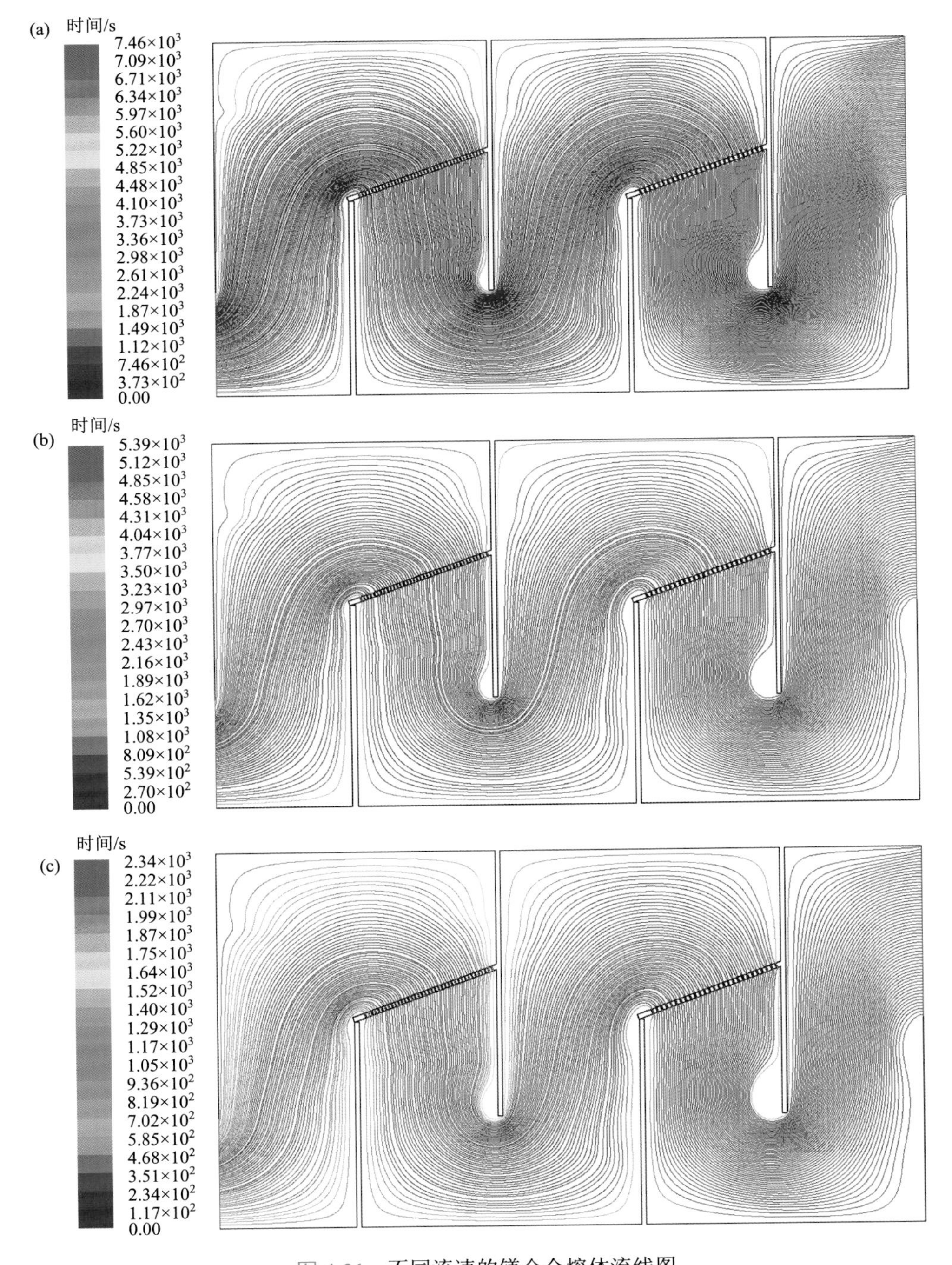

图 4-21　不同流速的镁合金熔体流线图

（a）0.004 m/s；（b）0.005 m/s；（c）0.006 m/s

过滤板对夹杂物的运动影响很大，对比图 4-22（b）和（c）可看到，熔体和夹杂物在一级过滤板之前的运动流线（运动规律）很相似，但是通过过滤板后，二者出现了很大的差异，即出现了熔体与夹杂物的分离。

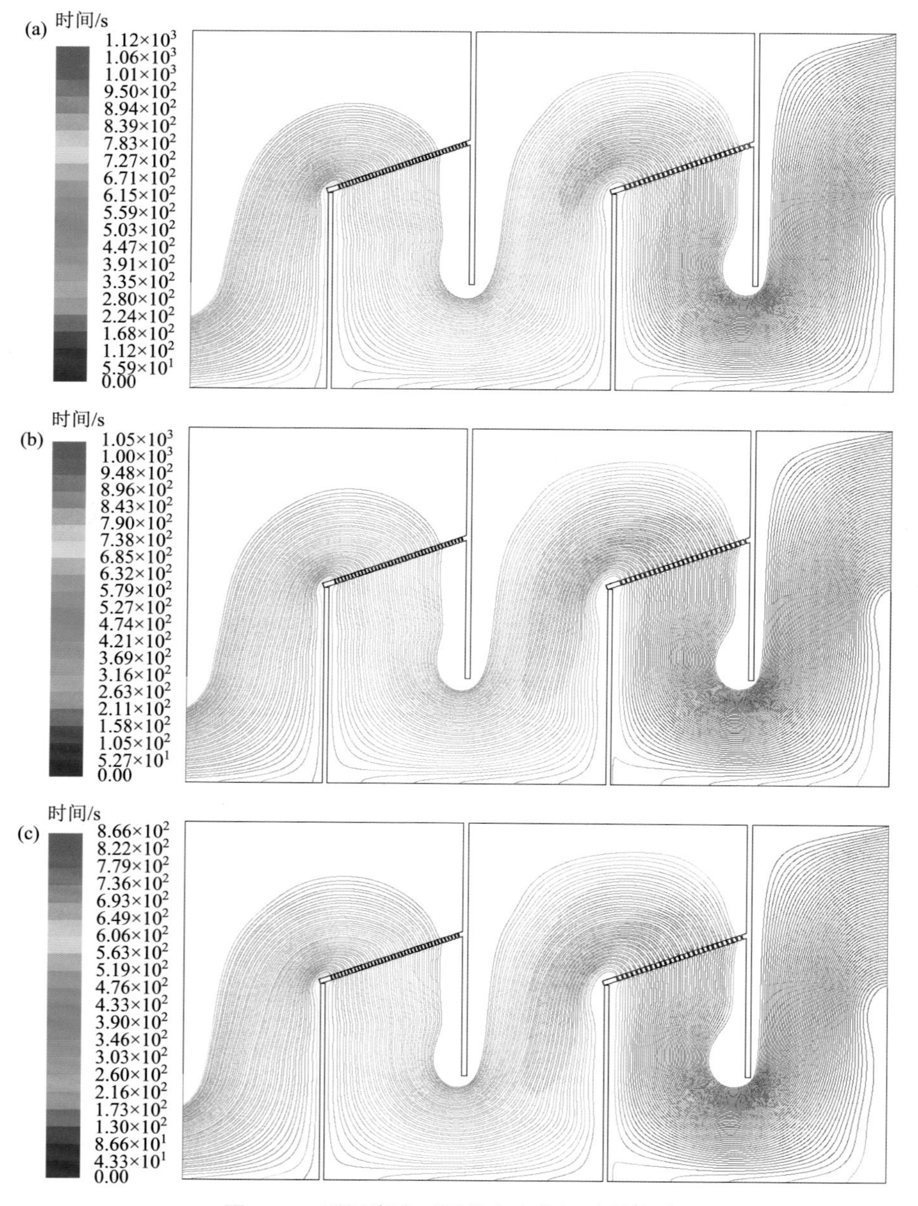

图 4-22　不同流速对固体夹杂物运动的影响

（a）0.004 m/s；（b）0.005 m/s；（c）0.006 m/s，夹杂物粒径 0.00003 m

图 4-23 为熔体流速为 0.005 m/s 时，不同粒径夹杂颗粒流动及分离情况。观察装置底部可以发现夹杂物粒径越大，其沉降到装置底部的越多，即粒径越大，分离越容易。同时对比图 4-23（a）和（c）可以看到，夹杂物粒径越大，过滤板对其运动的影响也越大，夹杂物粒径为 0.00004 m 时，相比粒径为 0.00002 m 的情况，通过过滤板后，流线变密且向装置底部靠近，即表现出更加明显的沉降趋势。

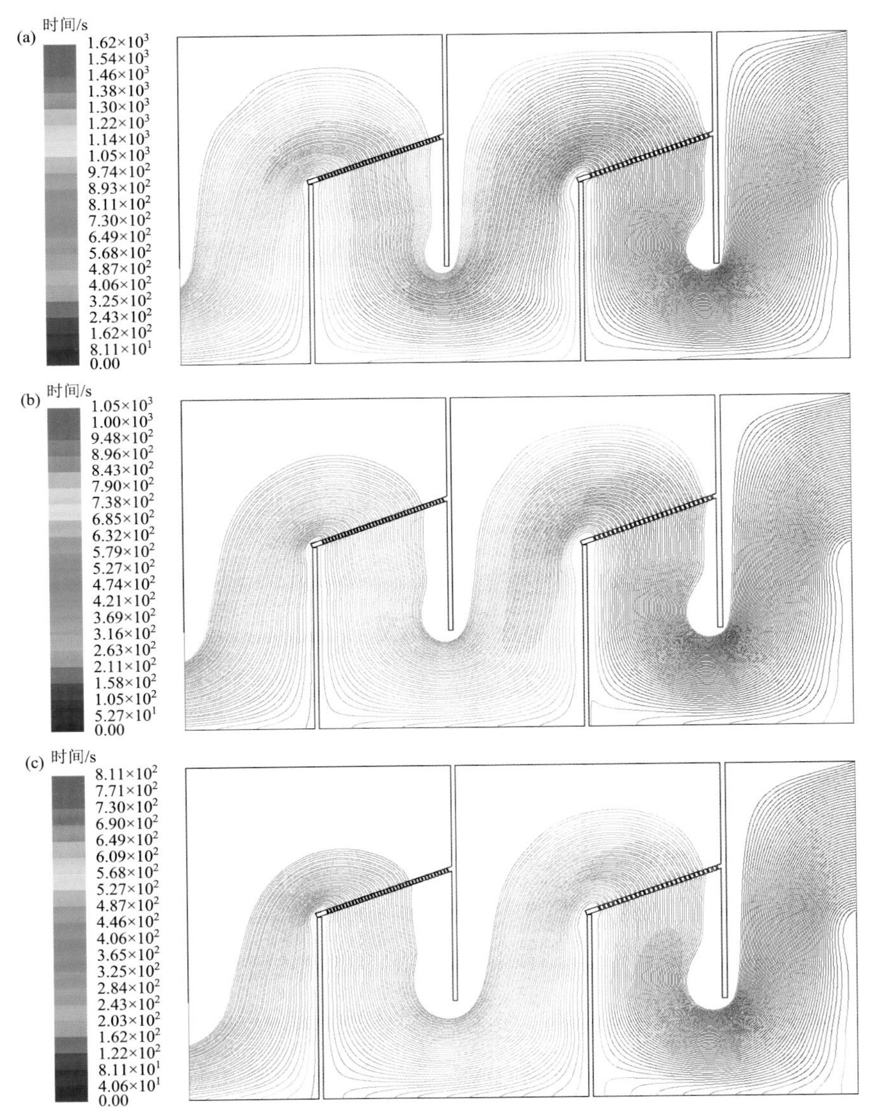

图 4-23　不同粒径夹杂物对自身运动的影响

（a）0.00002 m；（b）0.00003 m；（c）0.00004 m，流速为 0.005 m/s

过滤板上的孔洞直径为 3 mm，尺寸远远大于固体夹杂物粒径，由模拟也可以看出固体夹杂物能够绕过过滤板，即当夹杂物粒径小于过滤板上的孔洞直径时，一部分夹杂物可以穿过过滤板，但是由于过滤板对夹杂物的运动有直接影响，一方面当夹杂物碰撞到过滤板而被阻挡分离，另一方面通过显著改变固体夹杂物的运动轨迹而使其分离。总的来看，过滤板可以有效促进夹杂物和熔体分离。图 4-24 为熔体中单个夹杂颗粒的分离流线图，可以看出过滤板改变了其运动行为，夹杂物虽然通过了过滤板，但最终还是由于轨迹的改变而实现了沉降分离。

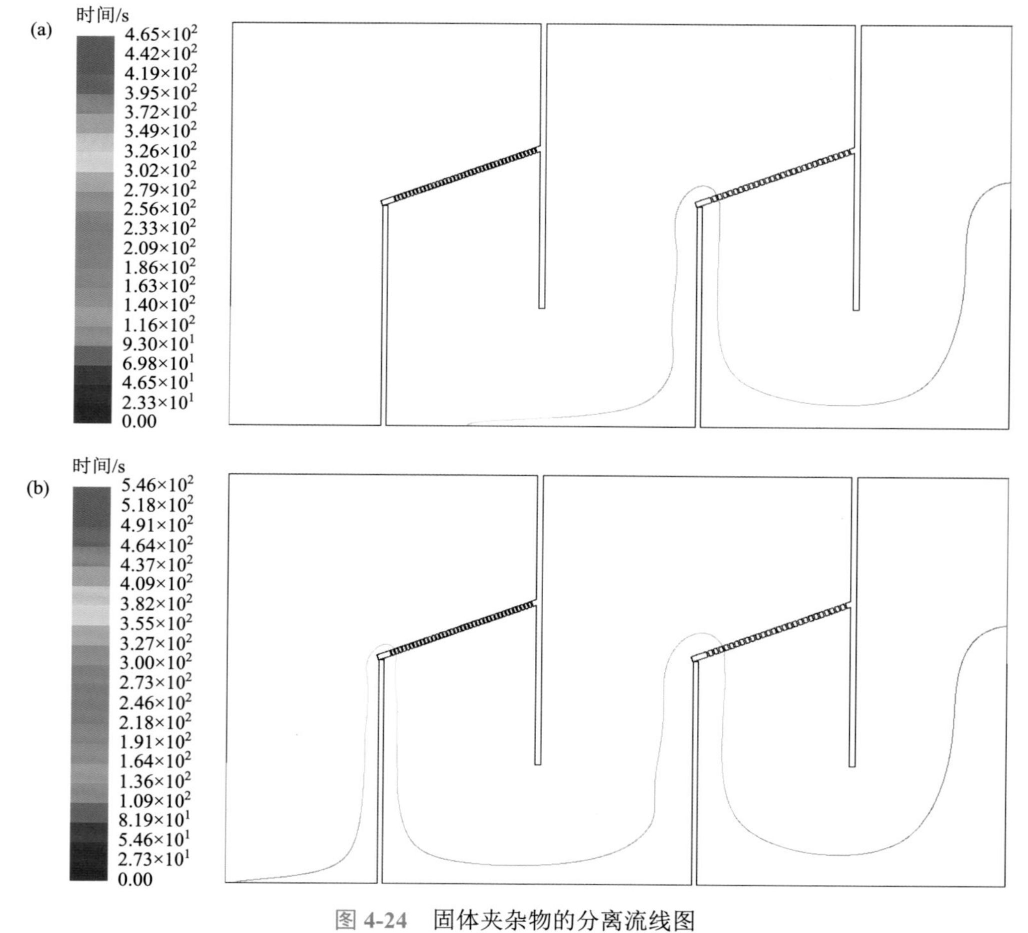

图 4-24 固体夹杂物的分离流线图

（a）通过一级过滤板后分离沉降；（b）通过二级过滤板后分离沉降

综上所述，通过对小尺寸固体夹杂物随熔体的流动及分离行为的数值模拟研究看出，夹杂物尺寸对过滤净化过程影响较大，尺寸较大的夹杂物很容易被分离。常见的熔体流动速度对固体夹杂物与熔体的分离过程影响不大。对于小尺寸夹杂物而言，尽管它们可以穿过过滤板，但过滤板可以有效改变其流动轨迹而使其沉降在过滤装置底部，实现熔体的有效净化。

4.4　镁合金熔体逆向过滤净化装备

4.4.1　逆向过滤装置设计

外加熔剂可以有效去除镁合金熔体中的氧化物夹杂，但这种方法在大规模工业生产中也存在一些难题。由于所用熔剂主要包括氯盐和氟盐，去除氧化物夹杂的同时，又极易引入氯化物和氟化物污染。另外，外加熔剂法不是特别适应大规模工业生产中的连续净化需要。相对来讲，逆向过滤工艺能够较好满足大规模工业化生产过程中的镁合金熔体连续净化需要，同时又能有效避免熔剂中氯化物和氟化物的污染，因而能够实现无熔剂连续净化。为此，需要开发合适的逆向过滤装置，过滤装置也是镁合金熔体的无熔剂连续净化系统的关键所在。

1. 过滤板设计方案

由于镁熔体中的氧化物夹杂具有区域团聚和沉降的特性，特别是在与过滤板接触以后更易团聚而促进沉降，从而使过滤器具有一定的自净化功能。逆向过滤装置需要具有这一功能，并拥有较长的使用寿命，以便重复利用而提高使用经济性。为此，采用带有小孔的板作为过滤板，具有单层孔结构，如图 4-25 所示。为减小有效孔径尺寸，增大过滤效果，同时，使固体夹杂物能团聚沉降，实现过滤板自净化和熔体连续过滤，将过滤板呈迎角小于 90°倾斜搁置于镁熔体中。设置过滤板的摆放方式，使镁熔体只能自下而上地逆重力方向通过过滤板，熔体中的非上浮性固体夹杂物则会被阻止在过滤板的迎流面，迎流面上附着的固体夹杂物则发生团聚，当其质量或尺寸足够时，在自身重力作用下从孔板上自动脱落沉降，实现镁熔体的过滤净化。

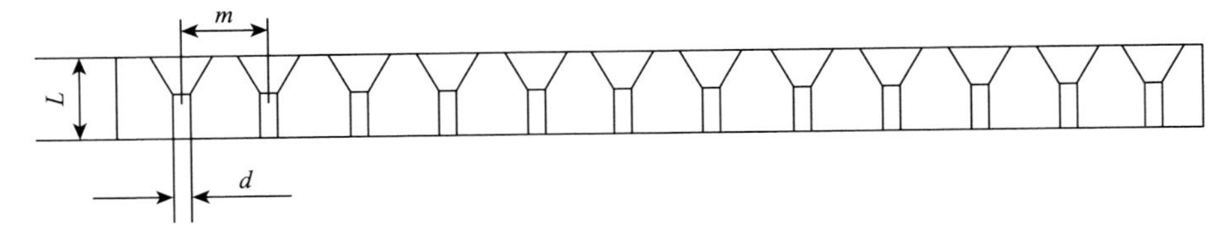

图 4-25　过滤板结构图

2. 过滤装置参数设计计算

镁合金熔体属于不可压缩流体，根据流体力学，对于不可压缩流体，单位时间内流过一定截面的流体流量为

$$Q = \rho v A' \tag{4-8}$$

式中，Q 为单位时间内流过一定截面的流体流量，kg/s；v 为流体流速，m/s；A' 为截面面积，m^2；ρ 为流体密度，kg/m^3。

根据雷诺定理：

$$Re = \frac{\rho v d}{\eta} \tag{4-9}$$

式中，Re 为雷诺数；η 为熔体黏度；d 为流过流体的管道当量直径，m。

对于圆管，d 为直径，对于非圆管，d 为当量直径：

$$d = \frac{4A'}{\chi} \tag{4-10}$$

式中，A'为流体流过断面的面积，m^2；χ 为 A'断面上流体与固体边界的接触长度，称为流体润湿的固体管道周长，m。

小孔阻力确定：当熔体流过过滤板时，首先进入过滤板内的孔隙，由于镁合金熔体与过滤板材料（普通碳钢）不完全润湿，因此熔体流入过滤板孔隙的过程将会消耗能量。随后，当熔体充满过滤板的全部孔隙后，为了克服过滤板孔隙对熔体的流动阻力，熔体流出过滤板的过程也会消耗能量。当熔体流过过滤板孔隙时，可以认为熔体通过由很多小通道组成的平行管束。因此，可将熔体视为在直管道内的流动问题来进行处理。由于通道直径很小，尺寸在 0.5～5 mm 之间，流动阻力较大，因此熔体在过滤板孔隙内的流速较小，属于层流问题，如图 4-26 所示。

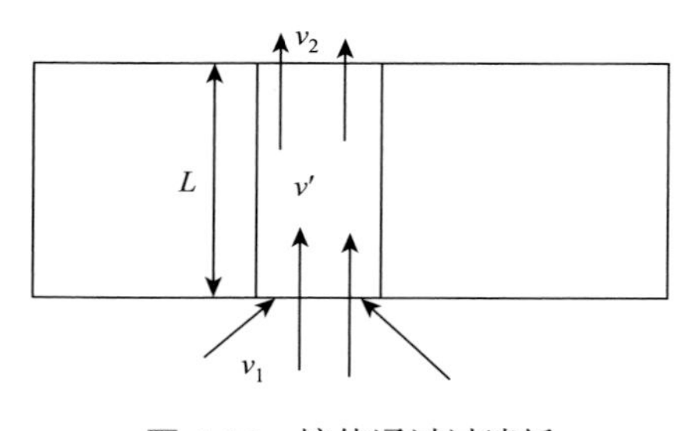

图 4-26 熔体通过过滤板

根据哈根-泊肃叶方程[29]：

$$v' = \frac{d^2 \Delta P}{32 \eta L} \tag{4-11}$$

式中，v'为熔体通过小孔的速度，m/s；ΔP 为流体通过小孔的压力降，Pa；L 为小孔的长度，即过滤板厚度，m；η 为熔体黏度；d 为流过流体的管道当量直径，m。

为简化分析计算，令

$$V = \frac{Q}{60\rho} \tag{4-12}$$

式中，V 为时间 t 秒内流过的熔体体积，m^3/s；Q 为每分钟的流量，kg/min；ρ 为流体密度，kg/m^3。

假设孔板介质内小孔的孔数为 n，则单位时间内，流过每个小孔的体积流量为

$$q = \frac{V}{n} \tag{4-13}$$

则有

$$v' = \frac{q}{\frac{\pi}{4}d^2} \tag{4-14}$$

考虑到：

$$\Delta P = P_1 - P_2 = \rho hf \tag{4-15}$$

式中，P_1、P_2 为过滤孔两侧压强，Pa；hf 为单位质量熔体克服摩擦所做的功，J。

联合式（4-12）和式（4-15），有

$$\Delta P = \frac{128\eta Lq}{\pi d^4} = \rho hf \tag{4-16}$$

因此，流过小孔内部的总的压力降为

$$\Delta P_{总} = n\Delta P \tag{4-17}$$

即有

$$\sum hf = \frac{128Q\eta L}{60\pi d^4 \rho^2} \tag{4-18}$$

当熔体在管中做层流运动时，其沿程损失的功率为

$$W = Q \cdot \Delta P_{总} = \frac{128\eta LQ^2}{60\pi d^4 \rho} \tag{4-19}$$

式（4-19）表明，在 L、Q 一定的情况下，孔径直径越小，其损失功率越大。

通常情况下，熔体流过过滤板时的过滤速度关系式为

$$v = \frac{dV}{Adt} = \frac{\Delta P}{\eta R_m} \tag{4-20}$$

式中，A 为垂直于熔体流向的过滤板总面积，m^2；R_m 为过滤板的阻力。

结合式（4-17）和式（4-19），有

$$R_m = \frac{128LA}{\pi d^4} \tag{4-21}$$

因此，熔体流过过滤板孔隙的阻力系数可以用式（4-21）表示，过滤板的阻力与过滤板的厚度成正比，与孔隙直径的 4 次方成反比。

孔入口和出口的局部阻力确定：当熔体流入过滤板并从孔隙流出时，可以认

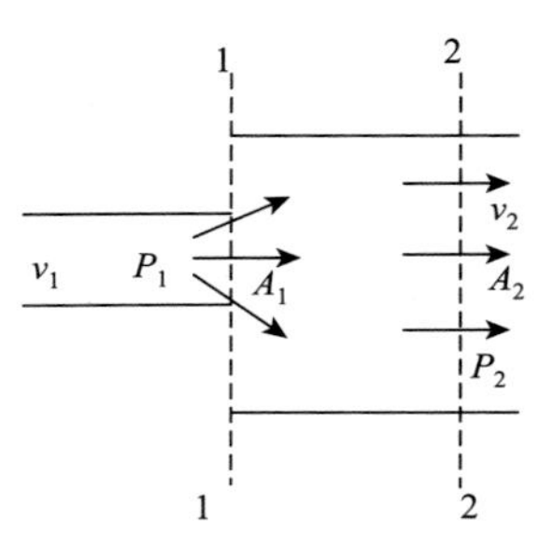

图 4-27 孔口扩大阻力结构示意图

为熔体首先流入突然收缩的管道截面，然后在管道内流动，最后流向突然扩大的截面。熔体流经过滤板的阻力损失包括：入口损失、管内损失和出口损失。管道内熔体流动阻力系数上面已经分析过，下面对孔入口与出口阻力系数进行确定。

当熔体从小截面流入突然扩大的截面时，由流速变化造成熔体内部的碰撞，以及熔体与孔的摩擦等其他原因，使能量产生损失，如图 4-27 所示。

在截面 1-1 与 2-2 间，利用伯努利方程[30]：

$$P_1+\rho g z_1+\frac{\rho v_1^2}{2}=P_2+\rho g z_2+\frac{\rho v_2^2}{2}+\Delta P_{出} \tag{4-22}$$

式中，P_1、P_2 分别为截面 1-1 与 2-2 处的压强，Pa；z_1、z_2 分别为截面 1-1 与 2-2 处的位置高度，m；v_1、v_2 分别为截面 1-1 与 2-2 处的流速，m/s；$\Delta P_{出}$ 为局部压强损失，Pa；ρ 为流体密度，g/cm^3。

根据已知条件，z_1 与 z_2 相等[30]，则

$$\Delta P_{出}=P_1-P_2+\frac{\rho}{2}\left(v_1^2-v_2^2\right) \tag{4-23}$$

根据流体动量平衡方程，在稳流条件下，有[30]

$$Qv_1-Qv_2=A_2P_2-A_1P_1-P_0(A_2-A_1) \tag{4-24}$$

将 $Q=\rho Av$，$P_0=P_1$ 代入式（4-24）有

$$\rho A_1v_1^2-\rho A_2v_2^2=A_2P_2-A_1P_1-P_1(A_2-A_1) \tag{4-25}$$

结合式（4-24）及式（4-25），有

$$\Delta P_{出}=\frac{\rho}{2}\left(v_1^2+v_2^2\right)-\frac{A_1}{A_2}\rho v_1^2 \tag{4-26}$$

对于不可压缩的镁合金熔体，有

$$A_1v_1=A_2v_2 \tag{4-27}$$

因此有

$$\Delta P_{出}=\left(1-\frac{A_1}{A_2}\right)^2\frac{\rho v_1^2}{2} \tag{4-28}$$

其出口阻力系数可以表示为

$$K_1=\left(1-\frac{A_1}{A_2}\right)^2 \tag{4-29}$$

因此，小孔出口处局部阻力系数只与小孔的截面变化有关，与雷诺数无关。

同理，当截面为逐渐扩大时，其局部阻力损失将会降低，在此条件下的局部阻力系数为

$$K_1=\left(1-\frac{A_1}{A_2}\right)^2\cdot\sin\alpha \qquad (4\text{-}30)$$

式中，α 为小孔逐渐扩大部分的夹角。

同样，对于小孔的入口阻力，阻力损失表示为

$$\Delta P_{入}=\left(\frac{A_2}{A_1}-1\right)^2\frac{\rho v_2^2}{4} \qquad (4\text{-}31)$$

式中，v_2 为孔内速度，m/s；A_1、A_2 分别为孔入口与孔内面积，m^2；

入口阻力系数表示为

$$K_2=\frac{1}{2}\left(\frac{A_2}{A_1}-1\right)^2 \qquad (4\text{-}32)$$

静压头确定：上面分析了熔体通过过滤板的孔隙时，过滤板对熔体的阻力损失，下面对第一阶段的能量消耗进行分析。当熔体流入过滤板时，相当于熔体在毛细管中的流动现象，因此，熔体在过滤板中的表面张力为[31]

$$F_{表}=\sigma_{LG}\cos\theta\times 2\pi r \qquad (4\text{-}33)$$

式中，$F_{表}$ 为孔内表面张力，mN/m；σ_{LG} 为熔体表面张力，mN/m；θ 为过滤板与熔体润湿角，°；r 为孔隙半径，m。

当熔体在过滤板内流动稳定时，静压力为[31]

$$F_{阻}=\pi r^2\rho gh \qquad (4\text{-}34)$$

式中，h 为静压头。因此，当达到平衡时，结合式（4-33）和式（4-34）有

$$\pi r^2\rho gh=2\pi r\sigma_{LG}\cos\theta \qquad (4\text{-}35)$$

即

$$h=\frac{2\sigma_{LG}\cos\theta}{r\rho g} \qquad (4\text{-}36)$$

由式（4-36）可知：熔体要克服过滤板的表面张力，必须附加压头，其值应大于 h，熔体的表面张力越大，附加的压头越大；过滤板的孔隙半径越小，要求的附加压头越大。一般而言，当流动稳定时，静压头不是很大，此时可以忽略不计。

过滤装置尺寸确定：通过上面的分析知道，熔体流过开有小孔的过滤板，其阻力主要包括截面突然收缩的阻力、在小孔内部的阻力和流出小孔的阻力，即：

$$\sum hf_{总}=\Delta P_{孔}+\Delta P_{入}+\Delta P_{出} \qquad (4\text{-}37)$$

有

$$\sum hf_{总} = \sum hf_{孔} + \sum hf_{入} + \sum hf_{出} \tag{4-38}$$

熔体能够有效通过小孔，其过滤动力来自进入小孔的初始速度压头、过滤板两边的压力差等。过滤装置布局图和简化的过滤装置示意图分别如图 4-28 和图 4-29 所示。

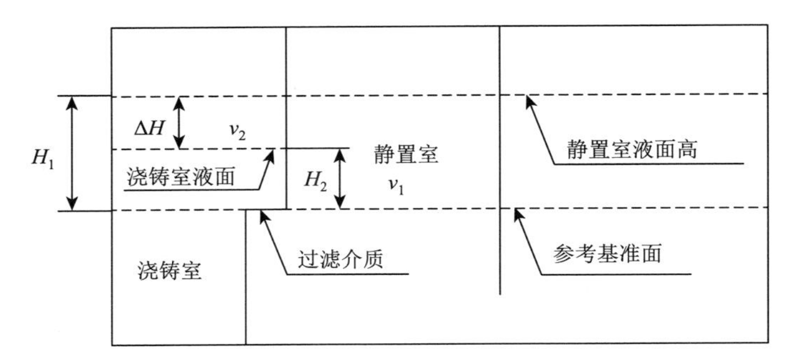

图 4-28　过滤装置布局图

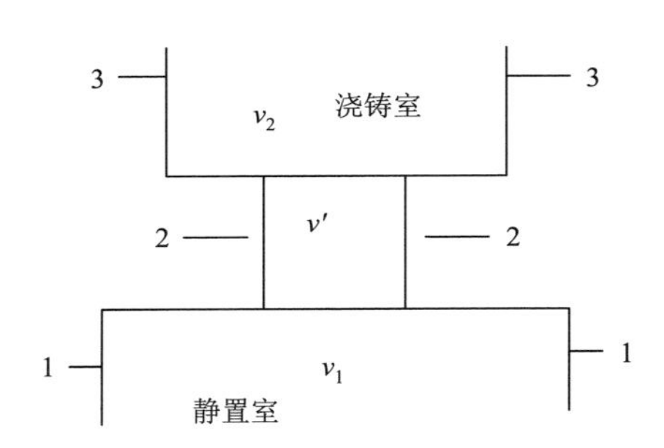

图 4-29　简化的过滤装置示意图

在截面 1-1 与 3-3，利用伯努利方程有

$$hw + H_2 + \frac{P_2}{\rho g} + \frac{v_2^2}{2g} = H_1 + \frac{P_1}{\rho g} + \frac{v_1^2}{2g} \tag{4-39}$$

式中，H_1、H_2 分别为过滤板两侧位置高度压头，m；v_1、v_2 分别为过滤板两侧流体流速，m/s；P_1、P_2 分别为过滤板两侧压强，Pa；hw 为熔体通过过滤板的流量损失，kg/min，即

$$hw = \frac{\sum hf_{总}}{g} \tag{4-40}$$

从上面的分析可知：

$$v_1 = v'\varepsilon_1 \tag{4-41}$$

$$v_2 = v'\varepsilon_2 \tag{4-42}$$

式中，ε_1、ε_2 分别为过滤板有效面积与静置室的截面比和过滤板有效面积与浇铸室的截面比。

在静置室与浇铸室内，熔体的上部均为相同保护气体，可以认为 $P_1 = P_2$，因此，结合式（4-40）、式（4-41）、式（4-42），有方程：

$$H_1 - H_2 = \Delta H = hw + \frac{v'^2}{2g}\varepsilon_2^2 - \frac{v'^2}{2g}\varepsilon_1^2 \tag{4-43}$$

从上面分析可知，hw 是 v' 的函数，因此，将 hw 写成：

$$hw = \sum\xi\frac{v'^2}{2g} \tag{4-44}$$

结合式（4-18）、式（4-29）、式（4-32）、式（4-39）和式（4-41），有

$$\sum\xi = \sum\xi_{孔} + \sum\xi_{入} + \sum\xi_{出} = \frac{64n}{Re}\cdot\frac{L}{d} + \frac{n(1-\varepsilon_2)^2}{2} + \frac{n(\varepsilon_1 - 1)^2}{4} \tag{4-45}$$

结合式（4-44）和式（4-45），式（4-43）转化为

$$\Delta H = \left(\sum\xi + \varepsilon_2^2 - \varepsilon_1^2\right)\frac{v'^2}{2g} \tag{4-46}$$

即

$$v' = \frac{1}{\sqrt{\sum\xi + \varepsilon_2^2 - \varepsilon_1^2}}\cdot\sqrt{2g\Delta H} \tag{4-47}$$

为简化分析，令 $\varphi = \dfrac{1}{\sqrt{\sum\xi + \varepsilon_2^2 - \varepsilon_1^2}}$，表示过滤板流速系数。因此有

$$v' = \varphi\sqrt{2g\Delta H} \tag{4-48}$$

$$\frac{dQ}{dt} = \rho A v' = \rho A\varphi\sqrt{2g\Delta H} \tag{4-49}$$

为简化分析处理，令 $v_2 = v_1$，式（4-43）转化为

$$H_1 - H_2 = \Delta H = hw \tag{4-50}$$

综合式（4-19）、式（4-29）、式（4-32）、式（4-41）和式（4-44），有

$$\Delta H = \frac{128Q\eta L}{60\pi d^4\rho^2 g} + \frac{\left(\dfrac{A}{A_1} - 1\right)^2\cdot\dfrac{\rho v'^2}{2}}{\rho g}\cdot n + \frac{\left(1 - \dfrac{A}{A_2}\right)^2\cdot\dfrac{\rho v'^2}{2}}{2\rho g}\cdot n \tag{4-51}$$

对于液体过滤通常取：

入口：$A/A_1 = 0.06 \sim 0.04$，$\xi_{入} = 0.5$。

出口：取 $\xi_{出} = 1$。

所以：

$$\Delta H = \frac{128Q\eta L}{60\pi d^4 \rho^2 g} + \frac{12Q^2 n}{g\pi^2 d^4 n^2 \rho^2 60^2} \tag{4-52}$$

此式就是当熔体流动稳定时，仅靠压力差来推动熔体通过过滤板的数学表达式，从中能得出过滤装置各个尺寸大小参数。因此，式（4-52）对设计过滤装置具有重要意义。

3. 过滤过程计算

熔体中的杂质含量既可以用质量分数 ψ 表示，也可以用体积分数 ϕ 表示。假如熔体中杂质的体积不发生膨胀，则有

$$\phi = \frac{\dfrac{\psi}{\rho_{颗粒}}}{\dfrac{\psi}{\rho_{颗粒}} + \dfrac{1-\psi}{\rho}} \tag{4-53}$$

当熔体在压力差作用下通过开有孔道的过滤孔板，熔体中的杂质颗粒被过滤孔板阻挡截留下来并附着在介质的迎流面上，出现“架桥”现象并形成滤饼，滤饼形成后会进一步阻挡更小的杂质颗粒通过，使过滤效果更加显著。因此，消耗的熔体量 $V_{耗}$ 并形成厚度为 $L_{饼}$ 的滤饼与获得熔体量 V 之间有如下的关系：

$$V_{耗} = V + L_{饼}A \tag{4-54}$$

$$V_{耗}\phi = L_{饼}A(1-\varepsilon) \tag{4-55}$$

式中，ε 为过滤装置的孔隙率。

结合式（4-54）和式（4-55）有

$$L_{饼} = \frac{\phi}{1-\varepsilon-\phi} \cdot q_{熔} \tag{4-56}$$

表明在过滤板的孔隙率不变的情况下，滤饼的厚度 $L_{饼}$ 与单位面积累计过滤的熔体量 $q_{熔}$ 成正比。对于镁合金熔体，其 ϕ 很小，可以忽略不计，因此式（4-56）转化为

$$L_{饼} = \frac{\phi}{1-\varepsilon} \cdot q_{熔} \tag{4-57}$$

从上面分析有

$$v = \frac{\mathrm{d}V}{\mathrm{d}t} = \frac{\Delta P_1}{\eta R_{\mathrm{m}}} = \frac{\Delta P_1}{128\eta L \dfrac{A}{\pi d^4}} = \frac{\Delta P_1}{r\eta L} \tag{4-58}$$

式中，r 为面积比阻。

同理，当熔体在一定压力作用下经过滤饼时，其过滤速度可以表示为

$$\frac{\mathrm{d}V}{\mathrm{d}t}=\frac{\Delta P_2}{rL_{饼}\eta}=\frac{\Delta P_2}{r\phi\eta q_{熔}} \tag{4-59}$$

为简化分析，过滤板的阻力表达为通过单位过滤面积获得某当量熔体量 q_e 所形成的虚拟滤饼层的厚度，即：

$$\frac{\mathrm{d}V}{\mathrm{d}t}=\frac{\Delta P_1}{r\phi\eta q_e} \tag{4-60}$$

因此，总的过滤阻力表达为

$$\frac{\mathrm{d}V}{\mathrm{d}t}=\frac{\Delta P_{总}}{r\phi\eta(q_e+q_{熔})} \tag{4-61}$$

因此，从上面的分析可知：影响过滤的因素包括熔体的性质（杂质的体积分数 ϕ、黏度）和过滤板的性质（孔隙率等）。由于熔体在一定压力作用下通过过滤板和滤饼时，这些参数保持不变，为分析问题的简化，令：

$$K=\frac{2\Delta P_{总}}{r\phi\eta} \tag{4-62}$$

则

$$\frac{\mathrm{d}V}{\mathrm{d}t}=\frac{K}{2(q_e+q_{熔})} \tag{4-63}$$

因此将式（4-63）积分有

$$\int_{q_{熔}=0}^{q_{熔}=q}(q_e-q_{熔})\,\mathrm{d}V=\frac{K}{2}\int_{t=0}^{t=t}\mathrm{d}t \tag{4-64}$$

即

$$2q_{熔}^2+2q_{熔}q_e=Kt \tag{4-65}$$

式（4-65）表达了在恒压，有滤饼形成条件下时，累计过滤熔体量与过滤时间之间的关系。由于设计的镁熔体过滤净化是使熔体自下而上通过过滤装置，当镁熔体过滤一定时间后，过滤装置表面的滤饼达到一定厚度或一定尺寸，将会有可能在其重力的作用下从过滤装置的表面脱落。而式（4-65）的计算未考虑过滤中滤饼的脱落问题，因此熔体的过滤时间将会延长。

4. 自净化过滤装置研发

根据以上理论计算，设计出如图 4-30 所示的自净化逆向过滤装置。为提高过滤效果，通过设置多级逆向过滤装置，使镁合金熔体在逐次通过孔径逐渐减小的带孔过滤板的过程中，达到逐级过滤实现夹杂物的净化。该自净化过滤装置具有如下优点：①所采用的钢质单层带孔过滤板易于制作，有利于降低过滤装置成本；②镁熔体夹杂物在迎流面被阻挡后发生区域团聚和沉降后，能够实现过滤装置的重力自净化，实现了过滤装置重复使用和镁熔体连续过滤。

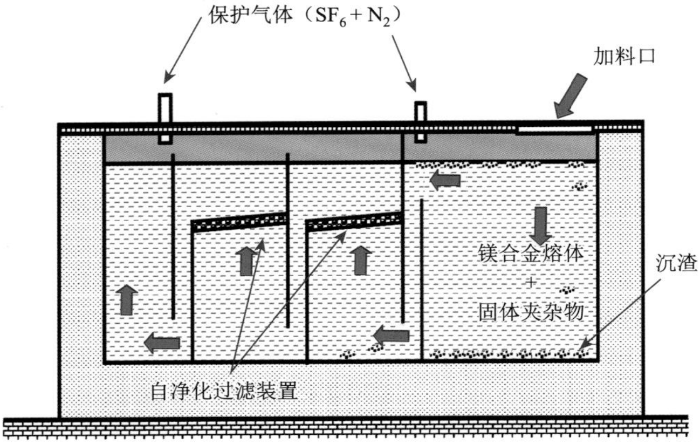

图 4-30　自净化逆向过滤装置图

4.4.2　镁合金熔体逆向过滤系统开发

随着镁产业技术经济指标的不断提升和环保法规的日益完善，无熔剂逆向过滤技术愈发显示出其重要的工程价值。为此，设计开发了气体保护、连续熔化、气体搅拌精炼、惯性分离、自净化过滤、自然沉降、凝析降铁、定量浇铸、铸锭等功能一体化集成的独具特色的“镁熔体无熔剂连续精炼工艺”。根据应用场合、用途的不同，分别开发了镁熔体无熔剂连续精炼铸锭系统、镁熔体无熔剂连续精炼熔体制备供应系统（如铸造装备机边炉）等，适用于镁合金炉料为全废料、部分废料加镁合金熔体现场成分调配以及全合金熔体现场成分调配后的熔化精炼过程，从而制备出高品质镁合金熔体。

1. 过滤系统的技术原理

图 4-31 为镁合金熔体无熔剂连续精炼技术原理示意图[32]，其核心在于：气体搅拌精炼 + 自然沉降 + 惯性分离 + 自净化过滤 + 凝析降铁，并且该技术通过对镁熔体自净化逆向过滤确保稳定精炼效能，可实现过滤板的再利用。

无熔剂连续精炼技术的具体实施过程如下：①将镁合金废料或镁锭预热除湿、除油；②将镁合金加入到坩埚内进行熔化；③对镁合金熔体进行气体精炼。

气体精炼，就是将干燥后的氩气通入镁合金熔体底部，并驱动气体精炼转子按一定转速旋转，将通入的精炼气体打碎成弥散的精炼气泡，气泡在上浮过程中，与熔体中密度较小的固态渣结合，在扩散压的作用下，将熔体中的氢气俘获，带动固态渣及氢气上浮，达到去除浮渣及气体的效果。

密度较大的固态渣逐渐下降并沉积于坩埚底部。密度与熔体密度相当的熔渣与熔体逐渐通过坩埚隔板流入粗过滤室底部。粗过滤室的过滤板将粗过滤室分成上下两部分，粗过滤过程中，熔体自下而上流经粗过滤板筛孔，夹杂物会被过滤板截留而形成滤饼，滤饼会进一步截留细小夹杂物进而聚集长大从而提高过滤效果。并且过滤截留的夹杂物会随着长大后的大尺寸夹杂物在自重作用下脱离过滤板，使得过滤板得以自净化，延长过滤板的使用时间。

同时，由于过滤室结构结合了惯性分离技术，在过滤过程中的熔体流动会加速熔体中密度差较大的夹杂物与熔体的分离，没有被粗过滤板截留的细小夹杂物则与熔体一同进入二次过滤室。二次过滤室的筛孔尺寸更小，进一步截留尺寸更小的夹杂物。熔体经二次过滤室过滤除渣后进入保温浇铸室进行静置，使更小的熔渣进行自然沉降分离。最终，静置保温后的熔体经过浇铸泵及转液浇管，浇铸到合金锭模凝固成合金锭或下游铸造装备中制成铸件。

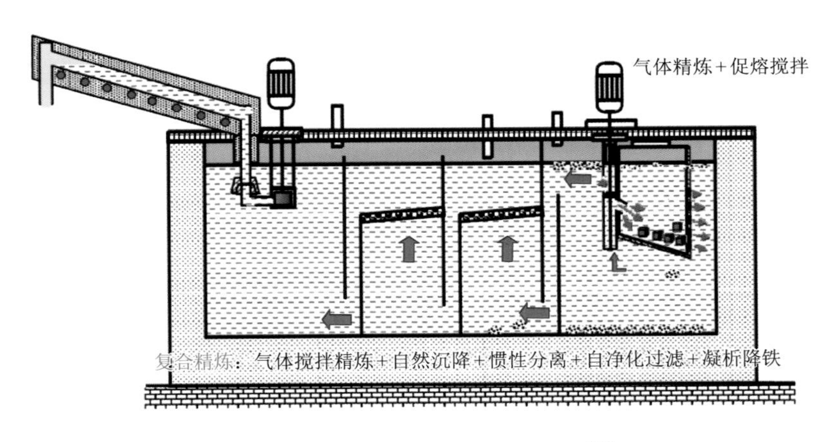

图 4-31　无熔剂连续精炼技术原理[32]

2. 过滤系统的工艺流程

下面以块状废镁为原材料介绍镁合金无熔剂连续精炼铸锭系统的工艺流程。图 4-32 为块状废镁无熔剂连续精炼工艺流程[32]。在该工艺中，初始原材料为清洁工艺废镁或中间合金，输出材料是清洁铸锭，从原料到铸锭共需要七个步骤：

（1）人工或物流机械上料：随时保持废镁自动预热加料系统加料口处于有料状态为作业准则，通过人工或物流机械向废镁自动预热加料机上料。

（2）废镁预热加料入炉：向废镁自动预热加料机供给废镁，在自动预热加料机内经过强制循环电热风的充分预热除湿后，被送入炉盖上的加料框内，控制系统根据坩埚液位，自动开启炉盖，让料框内的炉料入炉熔化。为确保入炉炉料能够没入坩埚熔池，系统配备的入池机构会自动将堆积密度较低、不易入池的炉料气动压入熔池，同时根据压铸工艺对化学成分的要求，适时适量补加相应的镁合金。

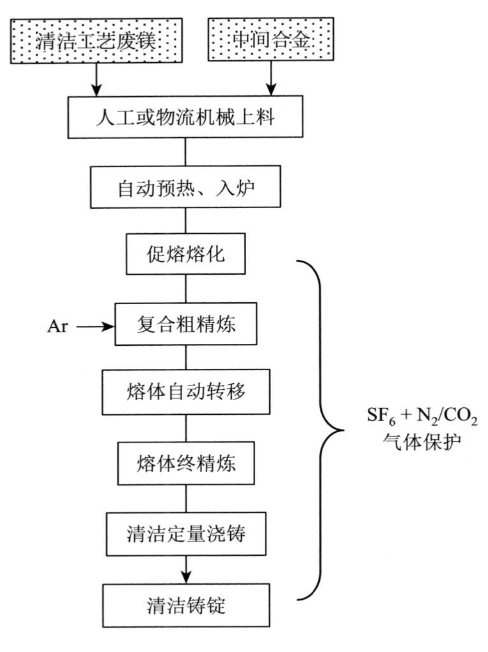

图 4-32 无熔剂连续精炼工艺流程[32]

（3）促熔熔化：在强制对流均温促熔系统作用下，熔化室内的熔体在熔化室内做强制连续对流，入池炉料在熔化室内被快速升温熔化，熔池熔体同步完成均温均质和连续气体精炼。

（4）复合粗精炼：系统采用无熔剂复合粗精炼技术（气体精炼、惯性分离、自净化过滤精炼），依次对熔体中所含气体和固体夹杂物进行分离净化。

（5）熔体自动转移：在熔化粗精炼炉中经过粗精炼的熔体被自动封闭转移给精炼浇铸炉。

（6）熔体终精炼：转入的熔体在精炼浇铸炉内通过惯性分离、自净化过滤、静置沉降、降温凝析等物理精炼方法，逐级去除不同尺寸和密度的固体熔渣，降低铁系杂质元素含量，获得化学成分和纯净度均满足要求的镁熔体后，温度被调节到适合铸锭的浇铸温度。

（7）清洁定量浇铸：在气体保护下，通过定量浇铸泵和封闭保温浇管，将精炼浇铸炉内的镁合金熔体自动浇入全封闭的气体保护铸锭机内，冷凝后获得压铸用再生铸锭。

3. 过滤装置运行原理

图 4-33 为镁熔体无熔剂连续精炼设备及其运行原理图[32]。整体设备由六个硬件模块和一个控制系统组成，六个硬件模块分别为：自动预热加料机、熔化炉、

转液浇管、精炼炉、浇铸浇管、铸锭机。各硬件模块的作用如下：自动预热加料机的功能是对镁合金废料进行预加热，去除废料中的水分，达到干燥镁合金废料的目的。熔化炉的两个主要硬件组成是气体搅拌均质均温泵和转液泵。

干燥后的块状废镁被送入熔化炉，发生熔化，废镁熔体通过均质均温泵使精炼氩气与泵出的熔体强制混合达到粗精炼的目的。粗精炼后的镁熔体再受转液泵提供的动力驱动，经过转液浇管进入精炼炉进行复合精炼。在粗精炼和复合精炼环节，都要对精炼后的熔体进行取样检测，确保合金成分达到标准要求。合金成分达不到标准要求就要进行成分调节，调节后的中间合金成分达到标准要求才能进行下一环节。最后，复合精炼后的镁熔体（合金成分满足标准要求）再受浇铸泵提供的动力驱动，经过浇铸浇管进入铸锭机成型为镁锭。

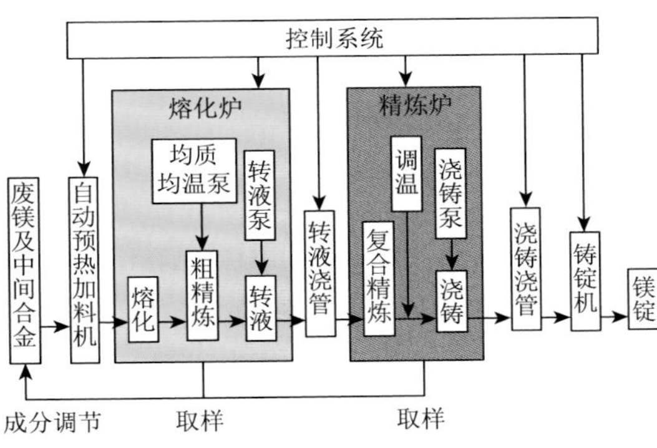

图 4-33　无熔剂连续精炼设备及其运行原理[32]

参考文献

[1] Mathieu S，Rapin C，Steinmetz J，et al. A corrosion study of the pain constituent phases of AZ91 magnesium alloys[J]. Corrosion Science，2003，45（12）：2741-2755.

[2] Ambat R，Aung N，Zhou W. Evaluation of microstructural effects on corrosion behavior of AZ91D magnesium alloy[J]. Corrosion Science，2000，42（8）：1433-1455.

[3] Haitani T，Tamura Y，Motegi T. Solubility of iron in pure magnesium and cast structure of Mg-Fe alloy[J]. Materials Science Forum，2003，419-422：697-702.

[4] Haitani T，Tamura Y，Motegi T. Solubility of iron into pure magnesium and Mg-Al alloy melts[J]. Journal of Japan Institute of Light Metals，2002，52（12）：591-597.

[5] 李宏伟. 镁及其合金生产中的质量问题[J]. 中国镁业，2002，6：1-3.

[6] 杨承志. 熔炼工艺对 ZM6 熔体品质影响的对比研究[D]. 重庆：重庆大学，2016.

[7] 王晓明，查吉利，陈敏强，等. 压铸高危镁合金废料回收技术与设备研发[J]. 特种铸造及有色合金，2011，31（12）：1127-1130.

[8] 孙明，吴国华，王玮，等. 镁合金纯净化研究现状与展望[J]. 材料导报，2008，22（4）：88-92.

[9] 张诗昌，段汉桥，蔡启舟，等. 镁合金中的夹杂物及检测方法[J]. 铸造技术，2001，4：3-5.
[10] Bakke P，Laurin J，Provost A. Consistency of inclusions in pure magnesium[J]. Light Metals，1997：1019-1026.
[11] 翟春泉，丁文江，徐小平，等. 新型无公害镁合金熔剂的研制[J]. 特种铸造及有色合金，1997，4：50-52.
[12] 王进峰. 镁熔体中夹杂的无熔剂净化行为研究[D]. 重庆：重庆大学，2013.
[13] 李日娟. 再生镁合金铸锭质量控制及铸锭机设计[D]. 重庆：重庆大学，2007.
[14] 张军，何良菊，李培杰. 镁合金熔体净化工艺的研究[J]. 铸造，2005，7：665-669.
[15] 许并社. 镁冶炼与镁合金熔炼工艺[M]. 北京：化学工业出版社，2006.
[16] Bakke P，Laurn J，Engh T，et al. Hydrogen in magnesium absorption，removal and measurement[C]. Proceedings of the 120th TMS Annual Meeting，1991：1015-1023.
[17] 董若憬. 铸造合金熔炼[M]. 北京：机械工业出版社，1991.
[18] 曹永强. 熔剂与镁合金中夹杂物的相互作用和精炼工艺分析[D]. 长春：吉林大学，2006.
[19] 吴国华，孙明，王玮，等. 镁合金纯净化研究新进展[J]. 中国有色金属学报，2010，20（6）：1021-1030.
[20] 丁文江. 镁合金科学与技术[M]. 北京：科学出版社，2007.
[21] Chen F，Huang X，Wang Y，et al. Investigation on foam ceramic filter to remove inclusions in revert alloy[J]. Material Letters，1998，34（3-6）：372-376.
[22] 王薇薇，张绍兴. 泡沫陶瓷过滤片的正确选择和使用[J]. 铸造技术，1996，4：7-10.
[23] 郭旭涛，李培杰，曾大本，等. 混合稀土去除再生镁合金中的夹杂[J]. 中国有色金属学报，2004，8：1295-1300.
[24] 罗志平，张少卿，汤亚力. 稀土在镁合金溶液中作用的热力学分析[J]. 中国稀土学报，1995，13（2）：119-122.
[25] Matucha K. Structure and Properties of Nonferrous Alloys[M]. New York：VCH Press，1996.
[26] 张志强，乐启志，崔建忠，等. 超声场作用下镁合金熔体净化工艺[J]. 特种铸造及有色合金，2010，30（11）：988-991.
[27] 高洪涛，吴国华，丁文江，等. 硼化物对镁合金净化效果影响的研究[J]. 铸造技术，2004，9：667-669.
[28] 孙继云，查吉利，龙思远. 一种镁合金炉料无熔剂重熔精炼方法及其装置：CN100480406C[P]. 2009-04-22.
[29] 袁惠新，冯骉. 分离工程[M]. 北京：中国石化出版社，2002.
[30] 鲁德洋. 冶金传输基础[M]. 西安：西北工业大学出版社，1991.
[31] 李庆春. 铸件形成理论基础[M]. 北京：机械工业出版社，1982.
[32] 查吉利. 镁熔体无熔剂连续精炼理论及关键技术研究[D]. 重庆：重庆大学，2018.

第5章

镁合金铸造热裂及控制

5.1 引言

镁合金具有密度低、比强度高等特点，优异的减重和节能减排效果使镁合金在轨道交通、航空航天、3C 等领域得到了较为广泛的应用[1-5]。但是，常用镁合金的凝固区间较宽，凝固收缩大，在铸造过程中容易产生热裂等铸造缺陷，极大地限制了高性能镁合金尤其是铸造镁合金的更大规模的工业应用。热裂一般发生在固相率高、液相率较低的最后凝固阶段，此时合金液相在枝晶间流动性变差，当产生的凝固收缩应力-应变超过已经凝固部分合金的强度或延展性时，若剩余合金液相不能及时补缩产生的局部空洞将形成热裂纹[6]。镁合金凝固收缩较大，易产生热裂，特别是复杂铸件，存在热节点较多、壁厚不均匀、厚度变化较大等问题，导致局部区域更易产生热裂，从而降低铸件质量、降低铸件成品率。通过厘清镁合金热裂的形成机制，明确镁合金热裂的影响因素，分析铸造镁合金材料和铸件的热裂行为，提出镁合金大型铸件的材料和工艺协同的热裂控制方法，对提高镁合金大型铸件的成品率及推动镁合金更大规模的应用至关重要。

镁合金热裂可以通过热裂倾向性来进行评价，而热裂倾向性主要受合金特性、工艺特性和模具结构这三种因素影响。合金特性主要是合金成分通过改变凝固区间大小和共晶液相分数等参数影响热裂倾向性。工艺特性主要包括浇铸温度、模具温度等铸造工艺参数。模具结构主要通过模具退让性和热节点处的补缩特性等影响热裂倾向性。通过镁合金材料优化设计、铸造工艺参数优化和模具结构优化，可以有效改善和降低镁合金铸件，特别是大型铸件的热裂倾向性。

关于镁合金热裂倾向性的实验和理论研究，已有较多的文献报道。Mg-Al[7]、Mg-Zn[8, 9]、Mg-Gd[10]和 Mg-Y[11]等二元镁合金的热裂倾向性研究表明，其热裂倾向性与合金元素含量的关系大多数遵循 λ 型曲线，即：合金的热裂倾向性随着元素含量的增加先增加后降低。对于多元镁合金，合金元素含量对其热裂倾向性的影响则未发现明显规律，不一定遵循 λ 型曲线。例如，Mg-10Zn-xAl（$x = 0, 2, 5, 7$，质量分数）合金[12]的热裂倾向性随着 Al 含量的增加而降低；Mg-xAl-yCa（$x + y = 8$）合金[13]的元素相对含量对热裂倾向性有较大影响，低 Ca/Al 比的合金的热裂倾向性高，而高 Ca/Al 比的合金的热裂倾向性低；Zn 元素的添加使 Mg-0.5Ca-(0～6)Zn 合金[14]的热裂倾向性增加，但使 Mg-7Gd-5Y-(3～7)Zn-0.5Zr 合金[15]的热裂倾向性降低。

在商用铸造镁合金材料热裂行为方面，重庆大学、沈阳工业大学、上海交通大学等单位主要研究了 AZ91D、AM60、WE43、VW63（Mg-Gd-Y-Zr）、VW91/VW92（Mg-Gd-Y-Zn-Zr）、VW103（Mg-Gd-Y-Zr）等合金的热裂行为，在镁合金热裂控制方面取得了一些进展。在镁合金铸件的热裂行为方面，目前公开的系统研究报道较少。大多数采用一些商业软件对铸件热裂行为进行数值模拟研究，以获取铸件热裂倾向性的大小和分布，得到合金材料、铸造工艺参数、模具结构对热裂倾向性的影响规律，进而依据数值模拟结果指导铸件的热裂控制，达到提高铸件成品率的目的。为此，本章将重点介绍镁合金热裂的影响因素、镁合金的热裂行为和镁合金构件的热裂行为与控制等方面的工作进展。

5.2 镁合金热裂的影响因素

5.2.1 合金特性

对铸造热裂影响较大的合金特性主要包括脆弱温度区间和共晶含量等凝固特性，以及初生第二相种类和铸态晶粒尺寸等铸态组织特性。

在凝固特性方面，合金的脆弱温度区间越大，其热裂倾向性就越大。一般，热裂纹主要发生在凝固枝晶交联后液相不能自由补缩的凝固末期，通常将固相分数 0.90～0.99 对应的温度区间定义为易发生热裂的脆弱温度区间（ΔT）。二元合金中的共晶体具有低熔点特性，在凝固后期合金体系温度降低后，仍然具有一定的流动性，可以有效补缩凝固后期形成的热裂纹。在半固态拉伸过程中，已观察到共晶补缩热裂纹的现象。通常而言，共晶含量（f_{le}）越高，其凝固补缩效果越好，该合金的热裂倾向性就越低。工业用镁合金大多数是 Mg-Al-Zn-Mn、Mg-Al-Mn、Mg-Zn-Zr、Mg-RE-Zn-Zr 等多元镁合金，这些合金的凝固路径和凝固过程更为复杂，其共晶含量定义为非平衡凝固曲线上固相分数随着温度变化非常小的区间所对应的液相分数。Zhao 等[16]在 Mg-1Ca 合金中添加 0.6 wt% Sr，使脆弱温度区间从 70℃减小至 56℃，同时降低了离异共晶的倾向，产生了大量的宽片层状共晶体，使合金热裂倾向性大大降低。重庆大学的研究表明[17]，将 VW63 合金中的 Y 含量从 2.8 wt%增加到 3.4 wt%，合金的脆弱温度区间从 10℃降低至 5℃，共晶含量从 8.8%增加至 10.0%。所得的 Mg-6Gd-3.4Y-0.5Zr 合金的热裂倾向性低于 Mg-6Gd-2.8Y-0.5Zr 合金。

凝固第二相对合金的热裂倾向性也有重要影响。Du 等[18]研究表明，在 AXJ530 合金中添加少量 Y 元素，会与 Al 反应生成 Al_2Y 相，减少 α-Mg + $(Mg, Al)_2Ca$ 共晶体的数量，不利于凝固后期剩余液相的供给与补缩，因此使该合金的热裂倾向性增加。不过，对于简单二元共晶镁合金体系而言，凝固第二相仅在热裂纹萌生之后的共晶反应期间形成，其对热裂倾向性的影响很弱。而多元镁合金的凝固相组成较为复杂，部分研究认为初生第二相阻碍补缩增加热裂倾向性。例如，Li 等[19]认为初生凝固 Al_2Ca 相阻碍了 AZ91D-Ca 合金的凝固补缩，因此增加了该合金的热裂倾向性。也有部分研究认为初生第二相可以缩小凝固范围、细化晶粒而降低热裂倾向性。例如，王峰等[20]认为初生凝固 Al_2Ca 相抑制了 Mg-5Al-Ca 合金中 $Mg_{17}Al_{12}$ 相的形成，缩小了凝固范围，增加了共晶含量有利于液相补缩，从而降低了该合金的热裂倾向性。Bai 等[21]研究了 Ca 添加量对 Mg-4Zn-*x*Ca-0.3Zr 合金热裂倾向性的影响，发现当 Ca 添加量达到 2.0 wt%时，晶界处形成脆性的含钙相，降低了基体的高温强度和抗凝固收缩应力的能力，导致热裂倾向性增加。因此，初生第二相如何影响热裂倾向性尚不明确，需要进一步研究。

大量研究表明，晶粒细化可以有效改善镁合金的热裂倾向性。晶粒细化推迟了凝固时枝晶分离及补缩阶段、缩小了实际脆弱温度区间、优化了凝固补缩能力，同时细小的晶粒也使凝固收缩应变更加均匀。Zhu 等[22]在 Mg-6Zn-1Cu-0.6Zr 合金中添加 Y 元素使铸态晶粒细化，优化了凝固后期液体的补缩通道，提高了补缩能力，同时降低了晶粒间的液膜厚度，增加了热裂的临界断裂应力，从而降低了合金的热裂倾向性。Song 等[14]在 Mg-0.5Ca-4Zn 合金中添加了微量 Zr 元素细化晶粒，推迟了凝固时枝晶分离及补缩阶段，合金热裂倾向性显著降低。Wei 等[23]研究了不同晶粒细化剂对 Mg-1Zn-2Y 合金热裂倾向性的影响，发现添加 0.5 wt% Na_2CO_3、0.5 wt% Ti 或 0.5 wt% Zr 晶粒细化剂都能使 Mg-1Zn-2Y 合金 α-Mg 晶粒细化、等轴化，推迟枝晶相互交联点。其中，当 Zr 添加量为 0.5 wt%时，Mg-1Zn-2Y 合金晶粒尺寸减小了 89.1%，枝晶交联时的固相分数增加了 45%，热裂倾向性降低了 77.1%。

5.2.2　工艺特性

铸造工艺特性如模具温度、浇铸温度等对热裂也有较大影响。模具温度越高，镁合金熔体与模具之间的温差越小，减小了凝固冷却温度梯度，合金凝固更接近于平衡凝固，因而在凝固过程中产生的收缩应变较低，从而提高合金的抗热裂性。Song 等[24]研究了模具温度对 Mg-2Ca-*x*Zn 合金热裂行为的影响，随着模具温度从

250℃到 450℃，合金的热裂倾向性显著降低。

熔体浇铸温度对镁合金热裂倾向性的影响较为复杂，较高的浇铸温度一方面改善合金熔体的热分布，减缓热节的形成，从而降低热裂倾向性；另一方面促使第二相偏析和晶粒粗化，不利于凝固后期残余液相的补缩，从而增加热裂倾向性。Su 等[25]研究发现较高的浇铸温度增加了 WE43 合金的热裂倾向性；也有研究表明改变浇铸温度对于 AZ91D 镁合金的热裂倾向性没有明显影响；部分研究发现随着浇铸温度的升高，AZ91D 和 NZ30 合金的热裂倾向性先增加后降低[26]。相比于浇铸温度对热裂倾向性的影响，模具温度对热裂倾向性的影响更为显著。在镁合金铸件尤其是复杂铸件实际生产过程中，工艺参数的调控工艺窗口较窄，使工艺参数调控镁合金热裂倾向性具有一定的局限性。

5.2.3 模具结构

铸件结构的合理性和相应的模具结构设计对铸件特别是复杂铸件的热裂倾向性有较大影响。在模具设计时，应尽量避免形成热节从而产生热裂缺陷。在铸件变截面处或厚薄不均处如果收缩受阻，会造成热节处的应力集中，从而更易发生热裂。在大型镁合金铸件浇铸系统设计中，如果无法避免变截面设计，则应设计相应的适当的冒口进行补缩，避免形成有害的热节。

模具设计时，还应避免设计限制性收缩结构。图 5-1 对比了同一种镁合金在相同浇铸工艺、不同收缩约束条件下的热裂行为。通过在横杆尾端添加螺钉实现受约束凝固，不添加螺钉实现无约束凝固，分别如图 5-1（a）和（b）所示。在试件凝固过程中，螺钉被先凝固的合金所覆盖，因此杆部无法在模具内部进行轴向自由收缩，这种受限的收缩极易导致热裂。从图中可以发现，有收缩约束的试件在横杆和浇口交界的地方发生了完全断裂，而无收缩约束的试件在横杆和浇口交界处未发现肉眼可见的裂纹。

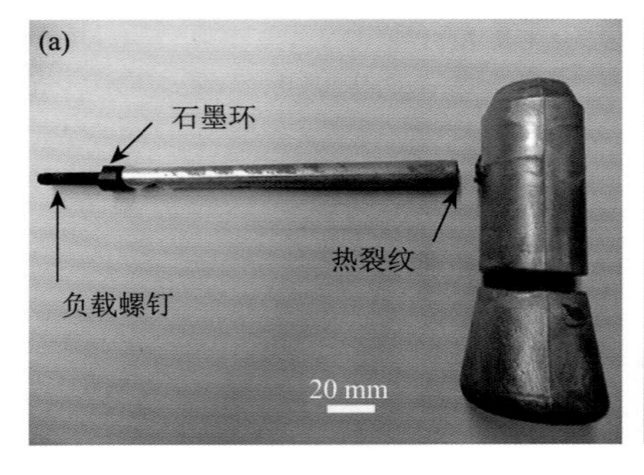

图 5-1 Mg-1Ca 在 $T_{模具}$ = 250℃下的宏观照片

（a）有收缩约束；（b）无收缩约束

5.3 镁合金材料的热裂行为

5.3.1 Mg-10Gd-*x*Y-1Zn-0.5Zr 合金热裂行为

Mg-Gd-Y 系合金是一种优良的高强韧镁合金，具有良好的室温和高温力学性能，在航空航天和军工等领域应用潜力巨大。在 Mg-Gd-Y 合金中加入 Zn 元素可以形成 LPSO，从而显著提高合金的力学性能[27, 28]。Cui 等[29]研究了 Zn 含量对 Mg-9Gd-3Y-0.5Zr 合金力学性能的影响，Mg-9Gd-3Y-0.5Zn-0.5Zr 的强度和延伸率显著提升，屈服强度达到 244 MPa、抗拉强度达到 371 MPa、延伸率达到 3.8%。近年来，重庆大学研究团队开发出具有高强度高塑性的 VW92（Mg-10Gd-2Y-1Zn-0.5Zr）铸造镁合金，经固溶 + 时效热处理后其抗拉强度达到 351 MPa，屈服强度达到 252 MPa，延伸率达到 10.2%[30]。

Mg-Gd-Y-Zn-Zr 合金属于多元高合金化镁合金，其热裂行为较为复杂。同时，该合金系又是加工制造高性能关键构件的重要合金材料。了解和掌握该合金的热裂行为，是获得高质量铸件、提高铸件成品率的关键环节之一，对复杂铸件的高效高质量制备尤为重要。尽管 VW92 铸造镁合金力学性能较好，但其铸造成型过程中的热裂行为尚不明确。因此，本节重点研究了 VW92 合金的热裂行为，并与 Mg-10Gd-1Y-1Zn-0.5Zr（VW91）进行对比，为后续采用该合金制备大型构件提供更加全面的材料支撑。

1. 热裂倾向性的预测

预测合金的热裂倾向性对铸造镁合金成分设计具有重要意义。采用 Pandat 软件计算 Mg-10Gd-*x*Y-1Zn-0.5Zr 合金的相图和凝固曲线，从而计算获得合金的脆弱温度区间和共晶液相含量，以初步预测合金的热裂倾向性。

图 5-2 所示为计算的 Gd 含量为 10 wt%的 Mg-10Gd-*x*Y-1Zn-0.5Zr 合金的相图截面，图中标出的两条红线分别代表 VW91 和 VW92 合金。基于相图和结合 Pandat 软件计算的非平衡凝固曲线（图 5-3），VW91 合金的凝固过程为：随着温度的降低，α-Mg 相首先从熔体中结晶析出，接着 18R LPSO 相从熔体液相中析出，随后 18R LPSO 相转变为 14H LPSO 相，最后残余熔体液相转化为 $Mg_{24}Y_5$、Mg_5Gd 和 α-Mg。VW92 合金的凝固过程为：随着温度的降低，α-Mg 相首先从熔体中结晶析出，接着 18R LPSO 相从熔体液相中析出，然后部分 18R LPSO 转变为 14H LPSO，最后阶段的残余液相转变为 $Mg_{24}Y_5$、Mg_5Gd 和 α-Mg。可见，它们的凝固过程基本相同。

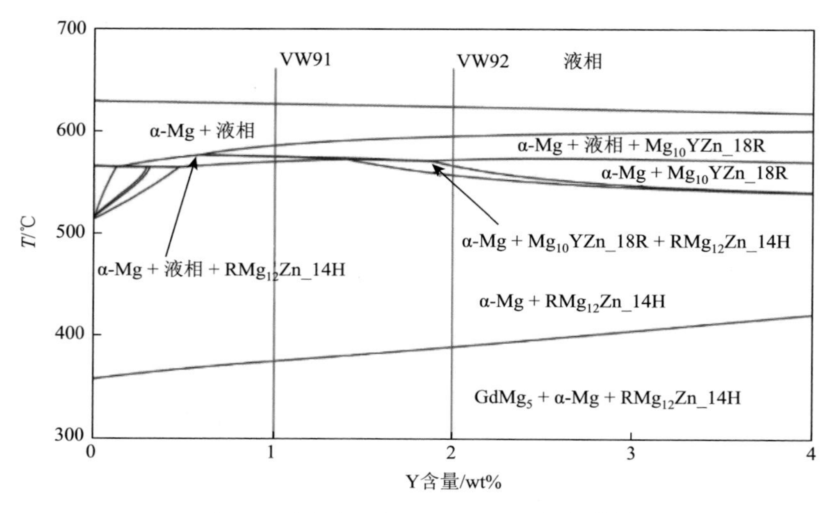

图 5-2　Mg-10Gd-*x*Y-1Zn-0.5Zr 合金相图

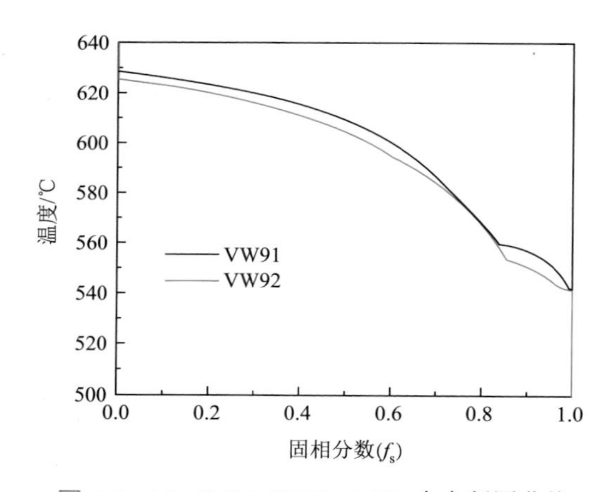

图 5-3　Mg-10Gd-*x*Y-1Zn-0.5Zr 合金凝固曲线

通过凝固曲线获得了 VW91 和 VW92 合金的脆弱温度区间和对应的共晶含量，如表 5-1 所示。随着 Y 含量从 1 wt%增加到 2 wt%，脆弱温度区间 ΔT 从 14℃下降到 9℃，共晶含量（f_{le}）从 0.5%增加到 1.0%。因此，基于脆弱温度区间越大、共晶含量越少则合金热裂倾向性越大的判据，可以预测 VW92 合金的热裂倾向性低于 VW91 合金。

表 5-1　合金脆弱温度区间和共晶含量

合金	$T_{0.9}$/℃	$T_{0.99}$/℃	ΔT/℃	f_{le}/%
Mg-10Gd-1Y-1Zn-0.5Zr	557	543	14	0.5
Mg-10Gd-2Y-1Zn-0.5Zr	551	542	9	1.0

注：$T_{0.9}$ 和 $T_{0.99}$ 分别为固相分数为 0.9 和 0.99 时对应的温度。

除通过热力学计算预测镁合金的热裂倾向性之外，近年来发展的商业数值模拟软件也可以预测热裂倾向性。其中，ProCAST 软件是常用软件之一，可以预测凝固过程中的热裂倾向性高低和发生的位置。ProCAST 软件中，采用热裂因子（hot tearing indicator，HTI）来评估合金热裂倾向性的高低。软件将 HTI 定义为采用有限元方法计算的网格中每个节点在固相分数为 50%到 99%之间产生的弹性和塑性应变总和。以每个节点在凝固过程中产生的该累计热应变大小来评估某一位置的热裂倾向性大小。由于 HTI 的计算涉及材料的弹塑性应力-应变行为，其计算精度与输入镁合金材料的应力-应变数据库完整度密切相关。目前，ProCAST 软件自带数据库中，包含典型的商用铸造镁合金 AM50、AM60、AZ91 等少量合金。其他镁合金可采用 ProCAST 软件计算材料的相关性能，但通常只能计算较为简单的线弹性力学行为。因此，为进一步提高 HTI 的计算精度，有必要开展多种镁合金材料的力学行为数据库建设。

本节研究采用 ProCAST 软件进行典型“T”型热裂测试装置的数值模拟，预测合金发生热裂的位置和热裂因子（热裂倾向性）。“T”型热裂测试装置的示意图如图 5-4 所示。“T”型热裂测试装置由“T”型试样模具、应力传感系统、温度采集系统、数据处理存储系统构成。ProCAST 软件根据“T”型试样和模具进行建模、划分网格等，并结合镁合金的浇铸条件开展镁合金凝固过程的数值模拟，计算出“T”型试样的热裂因子分布。

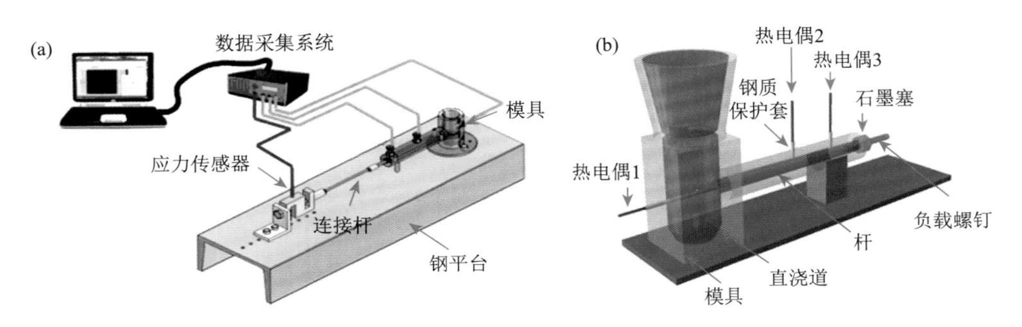

图 5-4　“T”型热裂测试装置示意图

（a）热裂测试装置；（b）“T”型试样示意图

VW91 和 VW92 合金在模具温度为 250℃时的 ProCAST 热裂数值模拟结果如图 5-5 所示。图 5-5 左侧的彩条标尺为合金的热裂因子（HTI），反映了试件在每个节点的热裂倾向性。由图可知，HTI 高的区域主要集中在试件的浇道和横杆相交处的热节处。对比发现，VW92 合金的热裂倾向性低于 VW91 合金。因此，Pandat 相图计算和 ProCAST 数值模拟结果一致，表明 VW92 合金的热裂倾向性低于 VW91 合金。

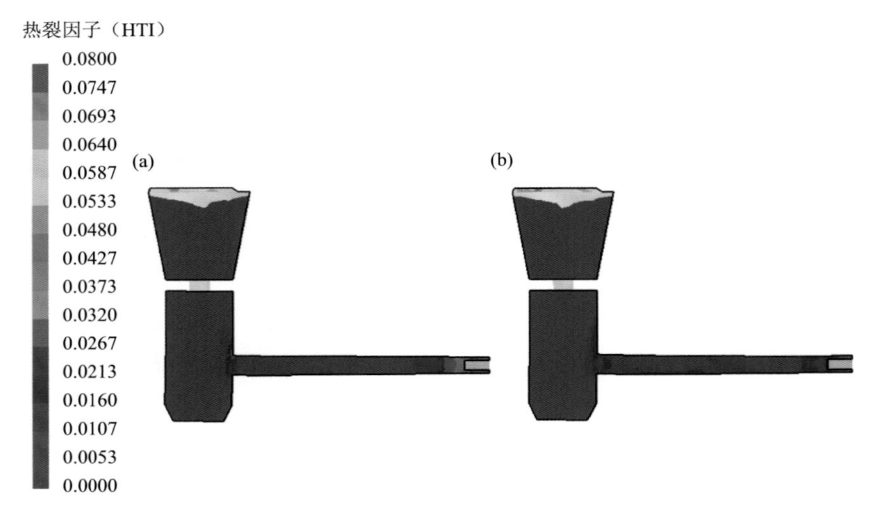

图 5-5 ProCAST 热裂数值模拟

（a）VW91；（b）VW92

2. **热裂行为的实验表征**

采用常用“T”型热裂实验装置（图 5-4），测试分析镁合金在模具温度为250℃时的热裂行为。该热裂实验装置配有力和凝固温度测试，可以实时记录试件浇铸过程中的力和热节处（浇口和横杆连接处）的温度变化，为理清热裂形成机制提供基础数据。

图 5-6 为 VW91 和 VW92 两种铸造镁合金的力-温度-时间曲线和热节处的宏观照片。可以看出，VW91 合金的热节处几乎没有肉眼可见的宏观裂纹，其对应的力-温度-时间曲线[图 5-6（a）]中的收缩力曲线平滑。在热裂萌生时，收缩力下降较小，热裂纹萌生温度约为 644℃。随着时间的延长，收缩力以较大的斜率逐渐上升，在 200 s 时最终收缩力超过 600 N。VW92 合金的热节处同样没有观察到宏观裂纹。VW92 合金的热裂收缩力曲线与 VW91 的宏观变化趋势基本相同，但在热裂纹萌生阶段存在较大的差异，VW92 的收缩力存在明显的下降过程，此时裂纹萌生温度为 594℃。同时，VW92 合金的收缩力上升斜率明显小于 VW91 合金，在 200 s 时对应的最终收缩力约为 200 N。VW92 合金的热裂纹萌生温度比 VW91 低 50℃，相同时间下的收缩力比 VW92 小 400 N，表明 VW92 合金具有更低的热裂倾向性，这与前述的相图计算结果、数值模拟结果均是一致的。

图 5-7 为 VW91 和 VW92 两种铸造镁合金“T”型热裂测试模具的热节处的光学显微组织。由图可见，VW91 和 VW92 合金铸态晶粒尺寸在同一水平、差异很小，在合金热节处均有少量细窄的裂纹，裂纹沿晶界分布。与 VW91 合金不同，VW92 合金的裂纹附近观察到明显的尺寸较小的树枝晶，这与裂纹附近的组织存

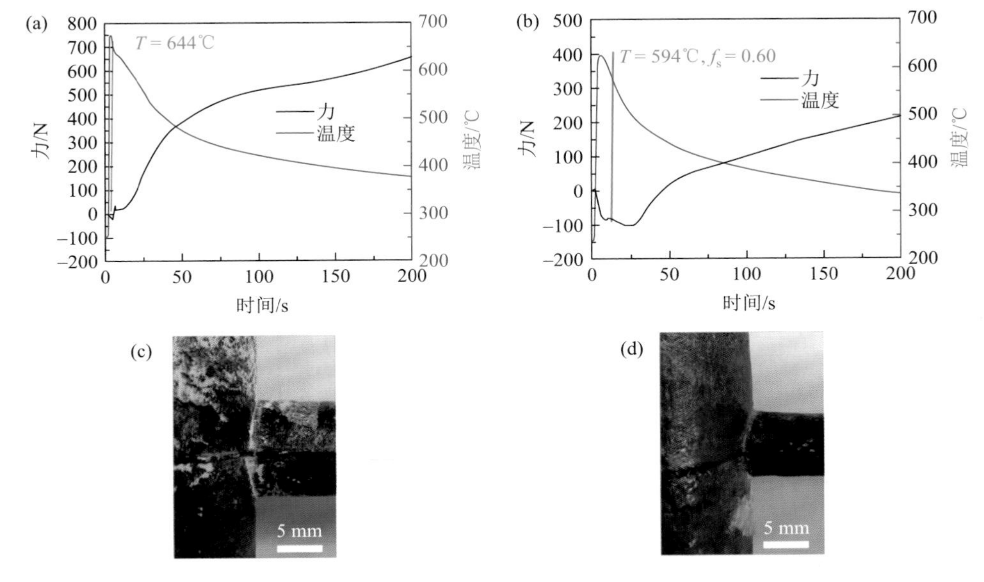

图 5-6　两种铸造镁合金的力-温度-时间曲线和宏观形貌

（a，c）VW91；（b，d）VW92

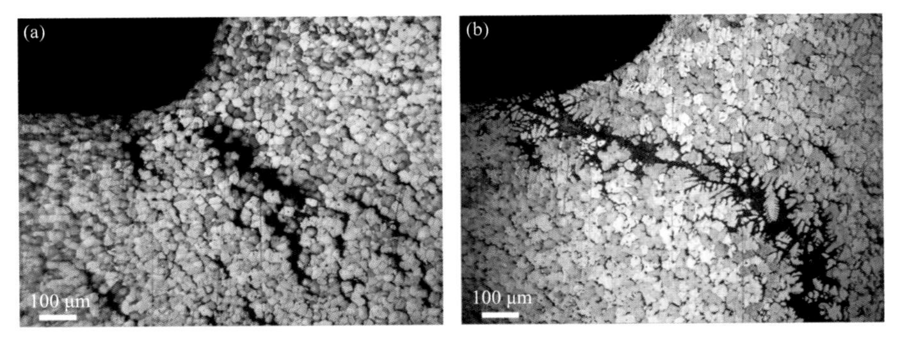

图 5-7　两种铸造镁合金的裂纹尖端光学金相组织图

（a）VW91；（b）VW92

在显著差异。这表明在 VW92 凝固过程中和热裂纹形成过程中，凝固最后阶段的熔体液相起到了较好的补缩作用。

为了进一步观察分析两种镁合金中热裂纹的分布特征，采用背散射 SEM 观察 VW91 和 VW92 合金的热节处，如图 5-8 所示。从图中可以看到，VW91 合金热节的上侧与下侧均有热裂纹，且上侧裂纹比下侧裂纹更大。VW92 合金热节中的裂纹主要集中在热节下侧，合金上侧未发现裂纹。在两种合金的热裂纹附近均观察到河流状的亮白色区域，但 VW91 合金中亮白色区域细长不连续，VW92 合金中的河流状区域在视场内连续分布，而且数量众多。如图 5-9 所示，对部分亮白色区域进行高倍 SEM 观察，由图可见，裂纹附近的亮白色区域呈宽大层片状，可以确定这些亮白色河流状组织为合金的共晶组织。VW91 合金中共晶体的含量和裂纹尖端的共晶体尺寸均显著小于 VW92 合金，VW92 组织中可看到大片的层片状共晶体，大片富集共晶体附近存在微小裂纹。因此，VW92 合金中的共晶体在凝固后期进行了有效的补缩，愈合了部分前期形成的热裂纹。同时，共晶体更容易在热节下侧进行补缩，因此热节上方的裂纹比下方大。

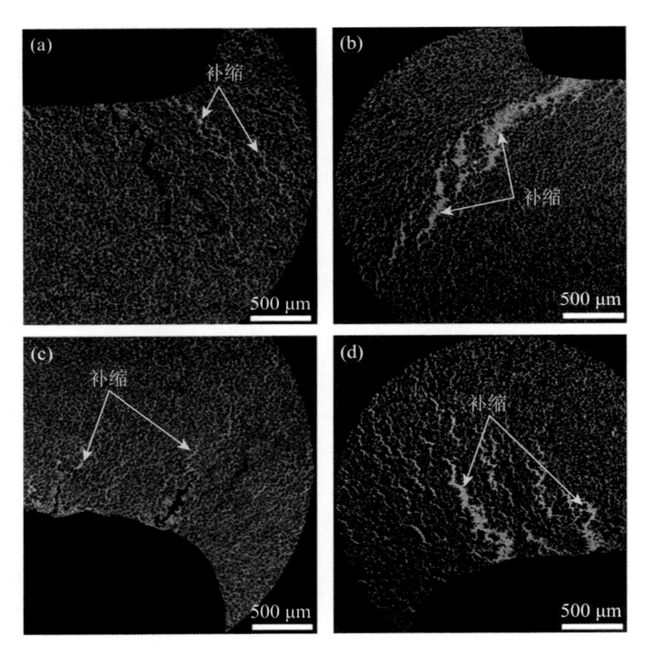

图 5-8 两种铸造镁合金热节的 SEM 图

（a）VW91 上侧；（c）VW91 下侧；（b）VW92 上侧；（d）VW92 下侧

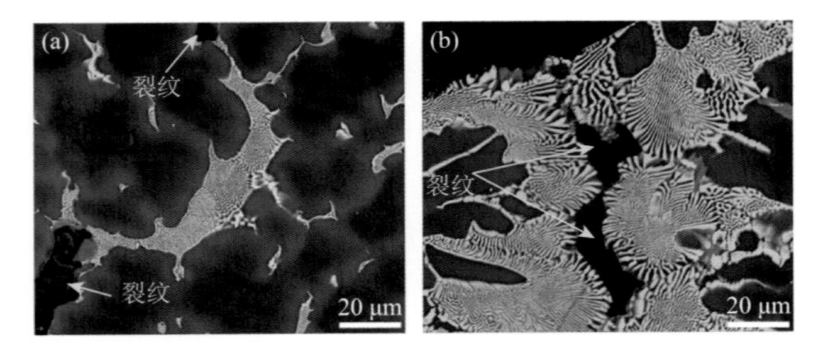

图 5-9 两种铸造镁合金的裂纹尖端 SEM 图

（a）VW91；（b）VW92

3. 热裂行为分析

基于 Pandat 相图计算的脆弱温度区间和基于 ProCAST 数值模拟的 HTI 结果均预测了 VW92 合金的热裂倾向性低于 VW91 合金。两种合金的热裂实验结果（图 5-8）表明，在 VW91 合金中可以看到明显的热裂纹，VW92 合金中的热裂纹很小且热节存在大量的共晶补缩。因此，理论预测与实验证实是一致的，即：VW92 合金热裂倾向性更低。

合金热裂的产生与其凝固过程中产生的收缩应力和合金自身的补缩能力密切相关。一方面，合金的补缩能力与合金的流动性及共晶含量有关。根据液膜理论，在合金凝固的后期，液相被限制在枝晶内难以有效流动。在凝固收缩受阻的情况下很容易产生晶间裂纹。如果此时合金液相的流动性差，导致液相补缩不及时，则会产生热裂纹。另一方面，合金凝固过程中产生的收缩应力受合金的热膨胀系数影响，合金的热膨胀系数越大，在凝固过程中产生的收缩应力就越大，合金在凝固后期开裂的概率越大。因此，需要考虑 VW91 和 VW92 合金凝固过程中流动性、热膨胀系数和热裂之间的关系。

图 5-10 为 VW91 和 VW92 合金的平均热膨胀系数随温度的变化曲线。可以看出，两种合金的平均热膨胀系数都随温度的升高而逐渐增加。当温度低于 250℃，VW91 和 VW92 两种合金的平均热膨胀系数几乎相等。当温度超过 250℃，VW92 合金的热膨胀系数比 VW91 合金稍大一些。当将 VW92 熔体注入模具时，由于其热膨胀系数较大，在凝固过程中将产生较大的收缩力，导致在凝固初期出现较大的裂纹，这反映在热裂曲线上有较明显的收缩力下降。VW92 合金在凝固早期萌生的大量微裂纹被共晶体愈合，并留下大量共晶补缩特征。对于 VW91 合金，其在凝固早期的收缩力较小，对应的裂纹也较少，在热裂曲线上没有观察到明显的收缩力下降。

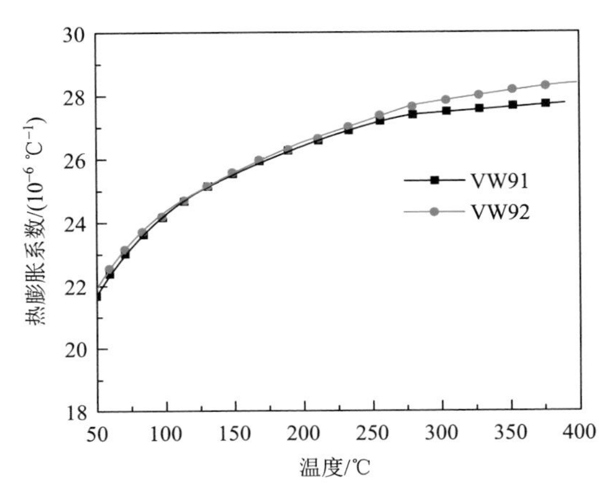

图 5-10　VW91 和 VW92 两种合金的平均热膨胀系数与温度关系曲线

共晶体对裂纹的补缩愈合不仅与其体积分数有关，还与合金的流动性存在一定关系。因此，进一步探究了流动性对合金中共晶补缩能力的影响。VW91 和 VW92 合金在模具温度为 350℃时的流动性模拟和实验结果如图 5-11 所示。模拟结果表明，VW91 和 VW92 合金的流动性长度差异不大。实验结果表明，VW91 和 VW92 流动性样品的流动距离分别为 286 mm 和 240 mm，表明 VW91 合金的流动性优于 VW92 合金。尽管 VW91 合金具有良好的流动性，但由于其共晶含量较低，只有少量的裂纹被共晶体补缩和愈合，大多数裂纹最终被保留下来。

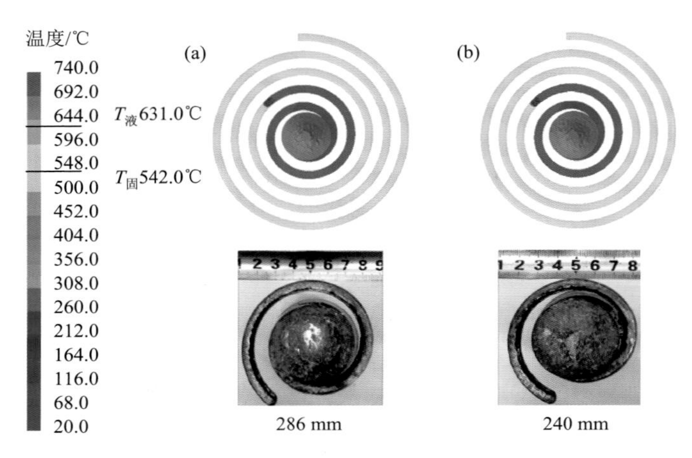

图 5-11 合金流动性模拟和实验结果

（a）VW91；（b）VW92

综上所述，VW91 和 VW92 合金的 Pandat 相图计算预测、ProCAST 数值模拟和热裂实验结果保持一致，VW92 合金的热裂倾向性比 VW91 合金更低。VW92 合金较高的热膨胀系数导致了其在凝固早期产生了较多的微裂纹，但随后被共晶体补缩愈合，在热节处仅发现一处微小裂纹。VW91 合金较低的热膨胀系数导致了其在凝固早期产生了较少的微裂纹，但仅有少量的裂纹被共晶体补缩愈合，在热节处观察到尺寸较大的热裂纹。

5.3.2 Mg-6Gd-*x*Y-0.5Zr 合金热裂行为

Mg-6Gd-3Y 系合金也是一种优良的高强铸造镁合金，具有良好的高温力学性能和抗蠕变性能。与 Mg-10Gd-3Y-0.5Zr 合金相比，由于 Gd 含量较低，Mg-6Gd-3Y 合金在轻量化和降低成本方面具有更大的优势，主要用于制备大型航空铸件。Li 等[31]采用高真空压铸法制备的 Mg-6Gd-3Y-0.5Zr（VW63K）合金的抗拉强度和延伸率分别达到 308 MPa 和 9.45%。由于 Mg-Gd-Y-Zr 合金主要用于生产航空航天的复杂铸件，其热裂倾向性是实际应用中需要研究和考虑的一个非常重要的铸造特性指标。本节研究了合金成分微调的 VW63K 合金的热裂行为。为了保证 VW63K 合金的优良力学性能，Gd 含量应保持在 5.5 wt%～6.4 wt%，Y 含量保持在 2.5 wt%～3.4 wt%范围内，研究了 Y 含量从 2.8 wt%到 3.4 wt%的微调对 VW63K 合金热裂行为的影响，并阐明 Mg-6Gd-*x*Y-0.5Zr 合金的热裂机制。

1. 热裂倾向性的预测

由 Pandat 软件计算的 Gd 含量为 6 wt%时 Mg-Gd-*x*Y-0.5Zr 合金的相图截面如图 5-12 所示。根据相图，Mg-Gd-Y 合金中可能发生共晶反应：L ⟶ α-Mg + $Mg_{24}Y_5$。Gd 和 Y 元素可以相互替代[32]，因此 $Mg_{24}Y_5$ 可以写成 $Mg_{24}(Gd, Y)_5$。

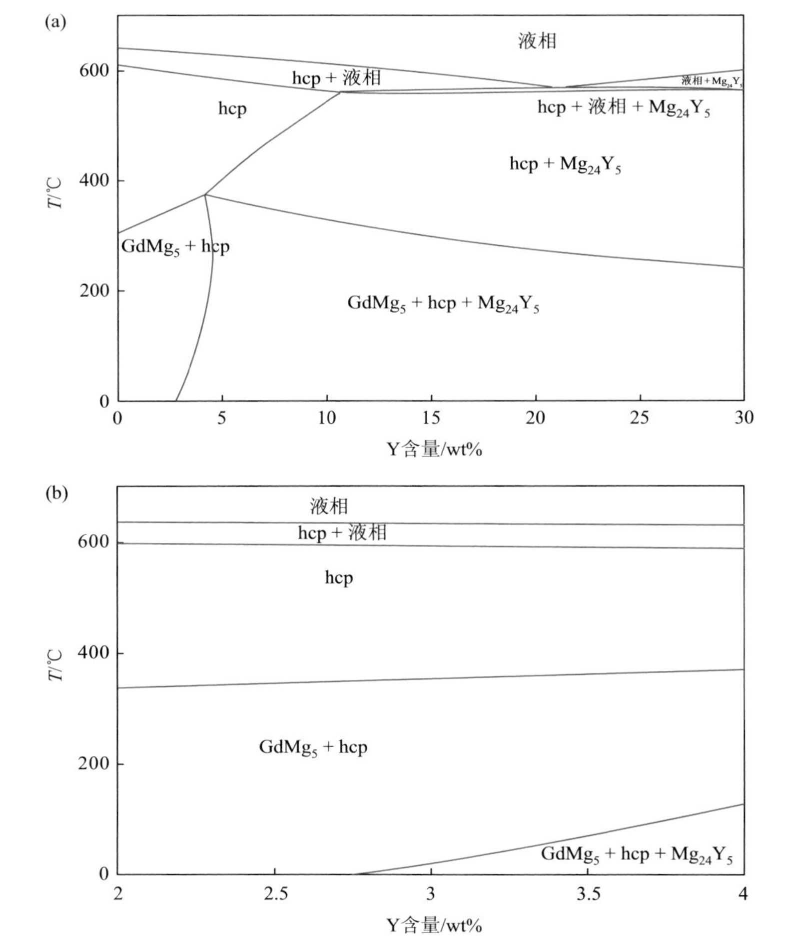

图 5-12　不同 Y 含量下 Mg-6Gd-*x*Y-0.5Zr 合金相图截面

（a）0 wt%～30 wt%；（b）2 wt%～4 wt%

由于实验过程中的冷却速度相同，合金的脆弱温度区间越大，凝固过程中合金在此温度范围内停留的时间便越长，导致合金更容易发生热裂。图 5-13 是由 Pandat 软件和 Scheil 非平衡凝固模型相结合计算得到的四种不同成分合金的凝固曲线，表 5-2 为四种合金的脆弱温度区间的统计值。随着 Y 含量的增加，Mg-6Gd-xY-0.5Zr 合金的脆弱温度区间从 9.5℃逐渐减小到 5.6℃，因此 Mg-6Gd-xY-0.5Zr 合金热裂倾向性随着 Y 含量增加而呈降低趋势。

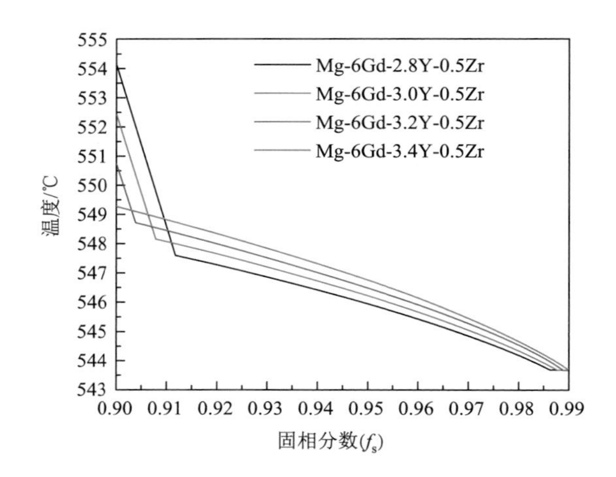

图 5-13 采用 Pandat 软件计算的 Mg-6Gd-xY-0.5Zr 合金的凝固曲线

表 5-2 Mg-6Gd-xY-0.5Zr 合金的脆弱温度区间和共晶含量

序号	成分	$T_{0.9}$/℃	$T_{0.99}$/℃	ΔT/℃	f_{le}/%
1	Mg-6Gd-2.8Y-0.5Zr	553.2	543.7	9.5	8.8
2	Mg-6Gd-3.0Y-0.5Zr	552.6	543.6	9.0	9.2
3	Mg-6Gd-3.2Y-0.5Zr	552.0	543.6	8.4	9.6
4	Mg-6Gd-3.4Y-0.5Zr	549.3	543.7	5.6	10.0

在凝固后期，由凝固收缩引起的收缩力将导致凝固前期形成的固相网络在某些区域被撕裂。$Mg_{24}(Gd, Y)_5$ 是 Mg-Gd-Y 合金中的典型共晶相[33]，在枝晶间分离后仍与液相共同存在且可随液相保持一定的流动。因此，它可以部分或完全地对凝固热裂纹进行补缩。表 5-2 还列出了凝固后期共晶体的含量。结果表明，随着 Y 含量的增加，合金中的共晶含量略有增加，呈上升趋势。在所有实验合金中，Mg-6Gd-3.4Y-0.5Zr 合金的共晶含量最多，因而其对裂纹的补缩愈合能力最好。

因此，基于合金的脆弱温度区间和共晶含量，可以预测 Mg-6Gd-(2.8～3.4)Y-0.5Zr 合金的热裂倾向性随着 Y 含量的增加而不断降低。

2. 热裂行为的实验表征

采用“T”型热裂实验装置测试分析 Mg-6Gd-(2.8～3.4)Y-0.5Zr 合金在模具温度为 250℃、150℃时的热裂行为。结果发现，在较高的模具温度 250℃下，Mg-6Gd-3.0Y-0.5Zr 合金未产生热裂纹，如图 5-14 所示。因此，为研究微量元素变化对 Mg-6Gd-3Y-0.5Zr 合金热裂倾向性的影响，本节研究选取较低的模具温度 150℃进行深入研究。图 5-15 所示为模具温度为 150℃时 Mg-6Gd-(2.8～3.4)Y-0.5Zr 合金的热裂纹宏观照片。由图可见，合金样品的热裂倾向性仍然很小，热裂纹主要分布在铸件的浇道和横杆相交的热节处。Mg-6Gd-2.8Y-0.5Zr 和 Mg-6Gd-3.0Y-0.5Zr 两种合金的热节表面有较大的裂纹，说明这两种合金的热裂倾向性较高。随着 Y 含量增加到 3.2 wt%，热节表面的热裂纹尺寸略有下降。Y 含量进一步增加到 3.4 wt%，Mg-6Gd-3.4Y-0.5Zr 铸件的热节表面没有肉眼可见的宏观裂纹，这表明其热裂倾向性最低。

图 5-14　Mg-6Gd-3.0Y-0.5Zr 合金在模具温度为 250℃时热裂纹宏观形貌

（a）宏观图；（b）局部图

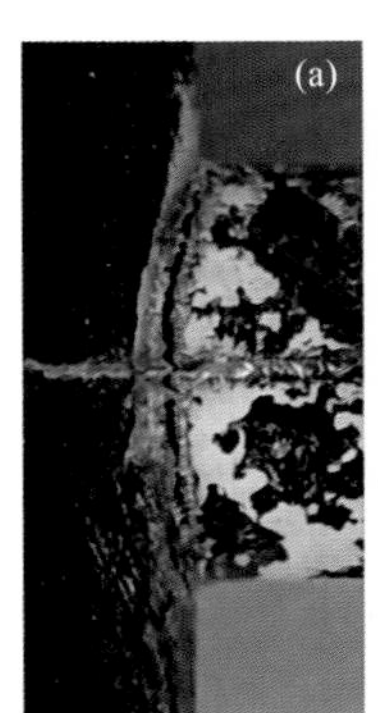

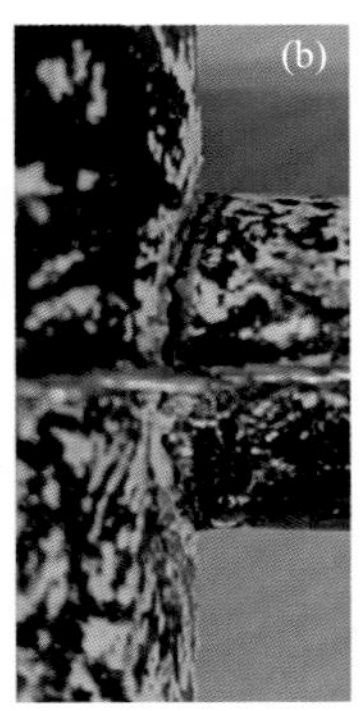

图 5-15　Mg-6Gd-xY-0.5Zr 合金在模具温度为 150℃时热裂纹宏观形貌

（a）$x = 2.8$；（b）$x = 3.0$；（c）$x = 3.2$；（d）$x = 3.4$

图 5-16 为 Mg-6Gd-xY-0.5Zr 合金热节的 SEM 图。在 Mg-6Gd-2.8Y-0.5Zr 合金的热节上下两侧均有较大的裂纹，一些白色河流状结构分布在裂纹附近。当 Y 含量增加到 3.0 wt%，合金的热节下侧的裂纹明显变小。当 Y 含量继续增加，裂纹尺寸逐渐变小。在 Mg-6Gd-3.4Y-0.5Zr 合金的热节上侧只存在一个非常小的裂纹，而下侧几乎没有裂纹，只观察到一些白色河流状结构。在所有铸件中，热节上侧的裂纹均大于下侧，这可能是上侧离熔体浇铸部位更近温度更高引起的，这对工业应用中合理设计模具的热节具有重要指导意义。

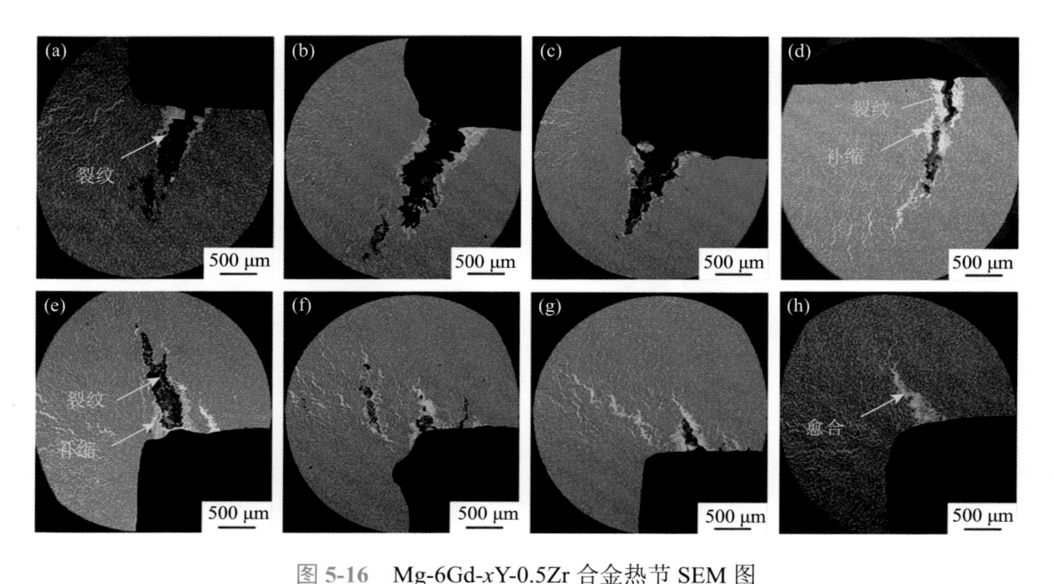

图 5-16　Mg-6Gd-xY-0.5Zr 合金热节 SEM 图

（a，e）$x = 2.8$；（b，f）$x = 3.0$；（c，g）$x = 3.2$；（d，h）$x = 3.4$。（a～d）上侧；（e～h）下侧

热节区域裂纹面积可以作为热裂指数，以评估合金的热裂倾向性，表 5-3 为裂纹面积统计结果。可以看出，随着合金中 Y 含量的增加，合金的热裂倾向性呈逐渐下降的趋势。虽然 Mg-6Gd-2.8Y-0.5Zr 合金的上侧热裂纹面积小于 Mg-6Gd-3.0Y-0.5Zr 合金，但 Mg-6Gd-2.8Y-0.5Zr 合金（0.30 mm^2）的下侧裂纹面积最大。此外，从宏观样品中可以发现，在 Mg-6Gd-2.8Y-0.5Zr 合金的浇道和横杆连接处有一圈连续的裂纹，而在 Mg-6Gd-3.0Y-0.5Zr 合金的热节上侧只观察到不连续的裂纹。因此，在四种合金中，Mg-6Gd-2.8Y-0.5Zr 合金热裂倾向性最高。当 Y 含量增加到 3.4 wt%时，合金热节上侧的热裂纹面积减少到 0.17 mm^2，下侧的热裂纹面积减少到 0 mm^2。因此，随着 Y 含量的增加，合金的热裂纹尺寸逐渐减小，即热裂倾向性逐渐降低。

表 5-3　Mg-6Gd-xY-0.5Zr 合金热裂纹面积（mm^2）

合金	上侧面积	下侧面积	总面积
Mg-6Gd-2.8Y-0.5Zr	0.36	0.30	0.66
Mg-6Gd-3.0Y-0.5Zr	0.56	0.13	0.69
Mg-6Gd-3.2Y-0.5Zr	0.41	0.06	0.47
Mg-6Gd-3.4Y-0.5Zr	0.17	0.00	0.17

图 5-17 为四种合金在“T”型热裂实验过程中的凝固时间-力-温度曲线。从图中可以看到，这四种合金的收缩力均是先降低，对应着热裂纹的萌生，随后逐渐升高，并最终趋于相对稳定。对于 Mg-6Gd-3.2Y-0.5Zr 合金和 Mg-6Gd-3.4Y-0.5Zr 合金，收缩力值上升很快，最终力值也较高。这表明 Mg-6Gd-3.2Y-0.5Zr 合金和 Mg-6Gd-3.4Y-0.5Zr 合金具有较好的抗热裂性。

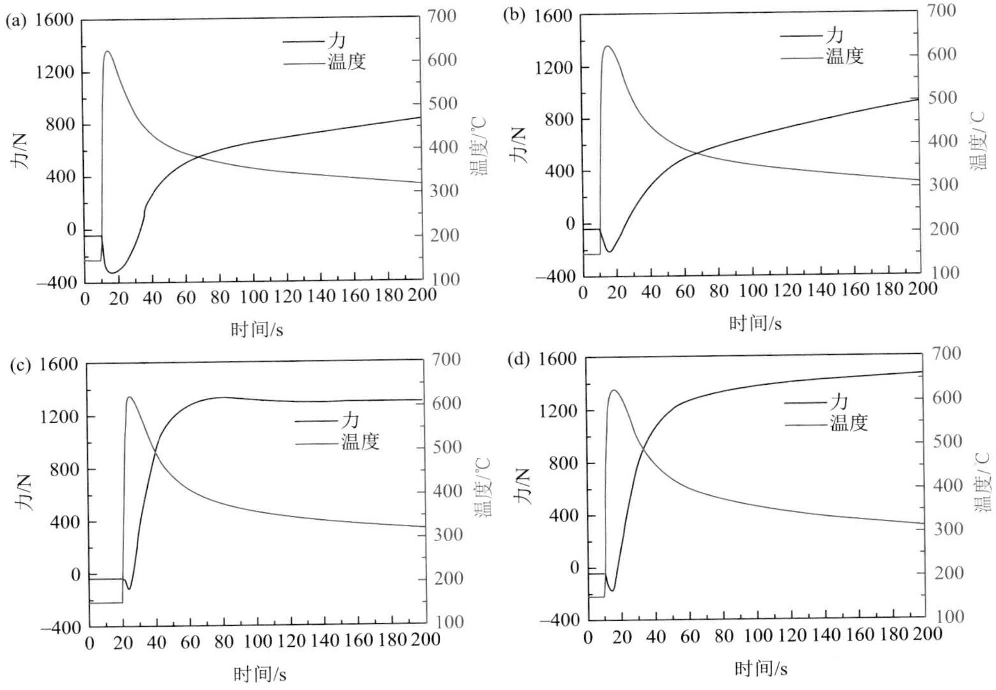

图 5-17　Mg-6Gd-xY-0.5Zr 合金的凝固时间-力-温度曲线

（a）$x = 2.8$；（b）$x = 3.0$；（c）$x = 3.2$；（d）$x = 3.4$

图 5-18 为 Mg-6Gd-xY-0.5Zr 合金热节处的光学金相显微组织。从图中可以看出，这四种合金的铸态晶粒尺寸和凝固组织特征均没有明显差别。图 5-19 所示为

Mg-6Gd-xY-0.5Zr 合金的 XRD 谱图，四种合金的衍射峰无明显差异，表明这四种合金主要由 α-Mg 相和 $Mg_{24}(Gd, Y)_5$ 相组成，微调 Y 含量并没有改变合金的相组成。因此，微调 Y 含量导致四种合金的不同热裂特征和热裂行为与晶粒尺寸、宏观铸态组织、合金相种类等关系不大。

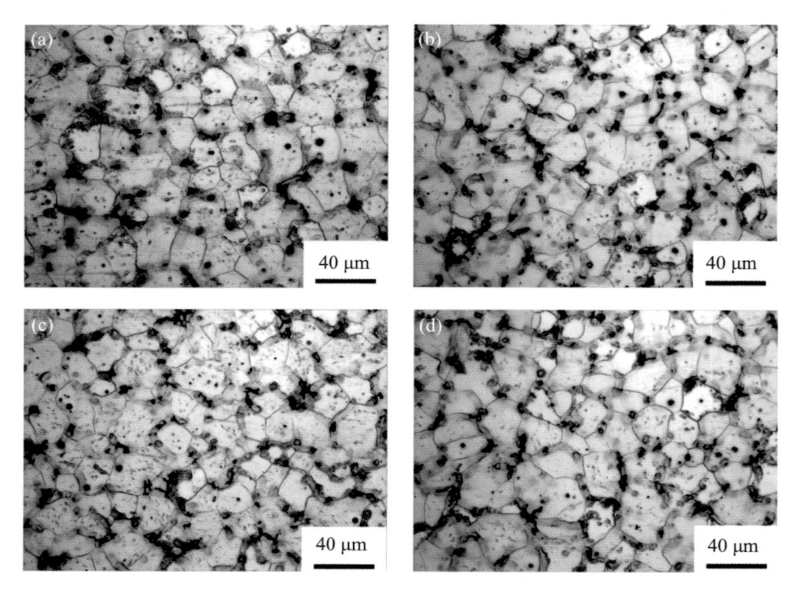

图 5-18 Mg-6Gd-xY-0.5Zr 合金热节处的金相显微组织

（a）$x = 2.8$；（b）$x = 3.0$；（c）$x = 3.2$；（d）$x = 3.4$

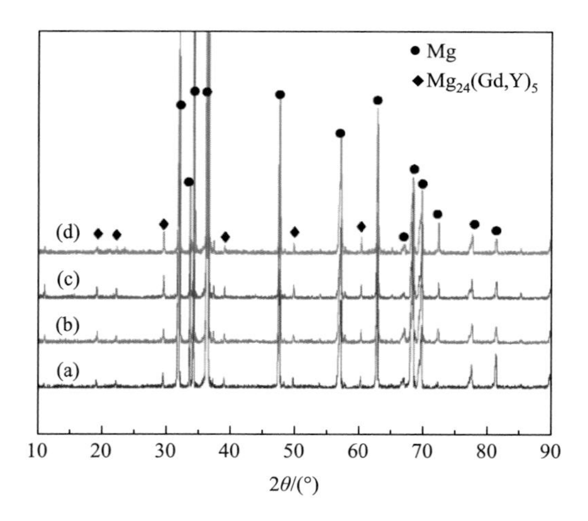

图 5-19 Mg-6Gd-xY-0.5Zr 合金 XRD 谱图

（a）$x = 2.8$；（b）$x = 3.0$；（c）$x = 3.2$；（d）$x = 3.4$

将四种合金的裂纹尖端进一步放大，如图 5-20 所示。Mg-6Gd-2.8Y-0.5Zr 合金的热裂纹尖端没有观察到明显的大块白色组织。随着 Y 含量的增加，合金的裂纹尖端出现了河流状的亮白色区域，且热节下侧亮白色区域面积大于热节上侧。

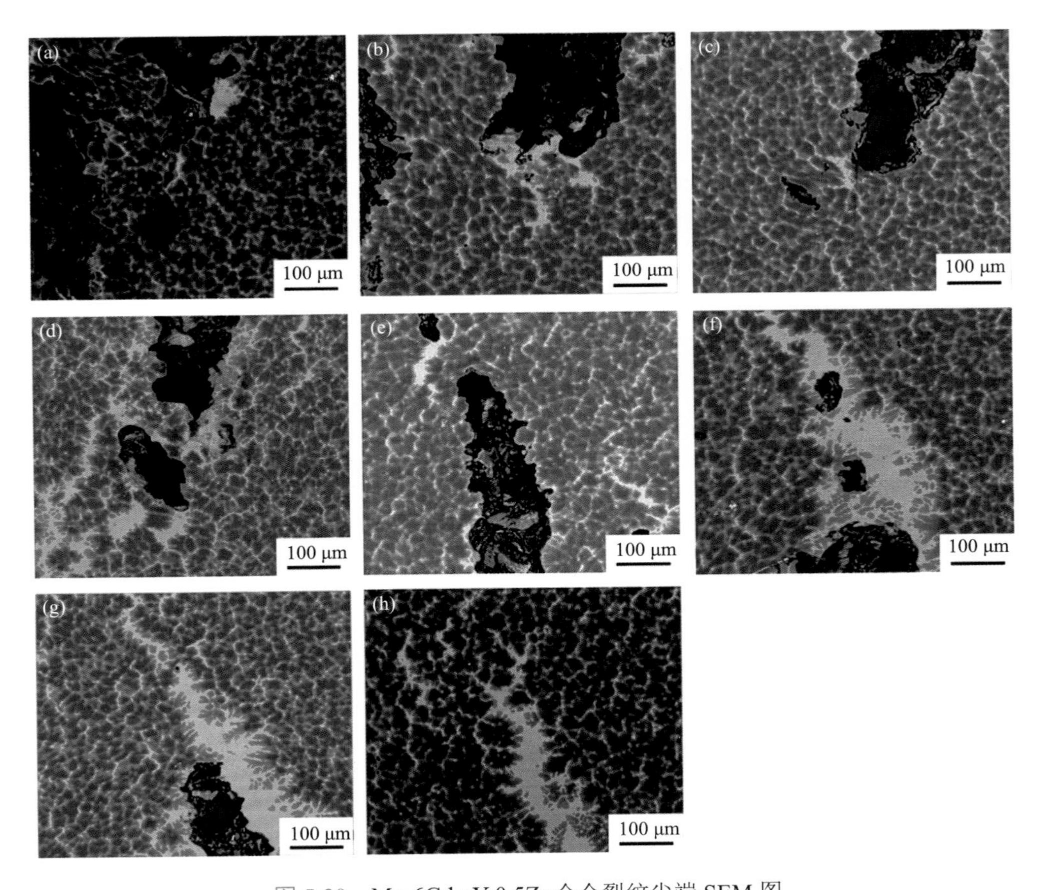

图 5-20 Mg-6Gd-*x*Y-0.5Zr 合金裂纹尖端 SEM 图

（a，e）$x=2.8$；（b，f）$x=3.0$；（c，g）$x=3.2$；（d，h）$x=3.4$。（a～c）上侧；（d～f）下侧；（g，h）中部

以 Mg-6Gd-3.2Y-0.5Zr 合金为对象进行进一步分析，如图 5-21 所示，可以观察到裂纹附近的大块亮白色组织呈层片状结构。根据合金相图和凝固过程分析，这种层状结构是一种低熔点共晶，可以在凝固后期对裂纹进行补缩愈合。对图 5-21（a）所示的三个区域进行了 EDS 分析，结果如表 5-4 所示。可以看出，共晶区[图 5-21（a）中的区域 1 和区域 3]富含 Gd 和 Y 元素。结合图 5-19 中的 XRD 结果分析，热裂纹附近的大块共晶为 α-Mg + $Mg_{24}(Gd, Y)_5$，明亮的颗粒[图 5-21（a）中的区域 2]为 Zr 颗粒。

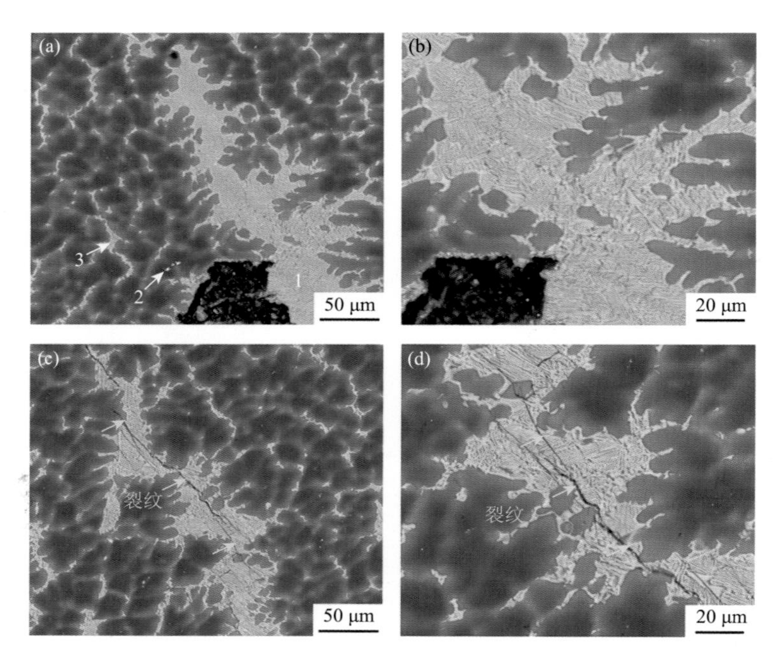

图 5-21　Mg-6Gd-3.2Y-0.5Zr 合金的热裂纹尖端 SEM 图

（a）、（b）、（c）和（d）为不同区域

表 5-4　Mg-6Gd-3.2Y-0.5Zr 合金裂纹尖端 EDS 结果（wt%）

序号	Mg	Gd	Y	Zr
1	63.0	26.9	10.1	0.0
2	37.3	0.0	0.0	62.7
3	67.5	21.4	11.0	0.1

如图 5-16 所示，远离热节的区域没有观察到大尺寸的共晶相。热裂发生时产生负压，将吸引周围残留的共晶液相进行补缩，从而填充甚至愈合裂纹。由于 Mg-6Gd-2.8Y-0.5Zr 合金的裂纹较大，共晶体数量不足以对凝固早期产生的裂纹进行完全的补缩愈合，因此，凝固完成后在热节处仍有较大的裂纹存在。在 Mg-6Gd-3.4Y-0.5Zr 合金的热节下侧观察到的白色河流状结构完全愈合了凝固早期产生的裂纹。此外，在 Mg-6Gd-3.2Y-0.5Zr 合金的大块共晶中，仍然存在一些小的微裂纹，如图 5-21（c）和（d）所示，这些微裂纹是合金在凝固后从高温固相到低温固相的连续收缩导致的。

对于 Mg-6Gd-*x*Y-0.5Zr 合金，由于裂纹较小，不容易观察到合金热裂断口形貌。因此，采用典型样品（Mg-6Gd-3.2Y-0.5Zr）观察热裂纹断口形貌，如图 5-22

所示。可以观察到光滑的树枝状凸起，属于典型的凝固枝晶间分离表面。枝晶凸起之间有一些褶皱，这是凝固后期的液膜，属于典型的热裂纹断口形貌。在某些地方，树枝状凸起不明显，这是因为在凝固后期，有大量的共晶补缩愈合热裂纹。

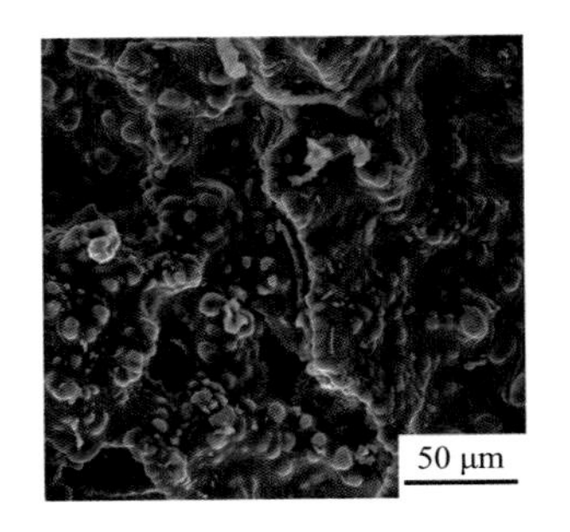

图 5-22　Mg-6Gd-3.2Y-0.5Zr 合金的热裂纹断口形貌

3. 热裂行为分析

采用 ProCAST 模拟 Mg-6Gd-3.2Y-0.5Zr 合金的热裂行为。从 ProCAST 模拟计算图中提取了合金在热节上侧和下侧的有效应力，结果如图 5-23 所示。可见，上侧的有效应力远高于下侧。也就是说，上侧的固相网络在较高的有效应力作用下，在枝晶分离阶段就更容易产生裂纹，导致热节上侧的热裂纹尺寸更大。这种现象与 SEM 观察结果一致。

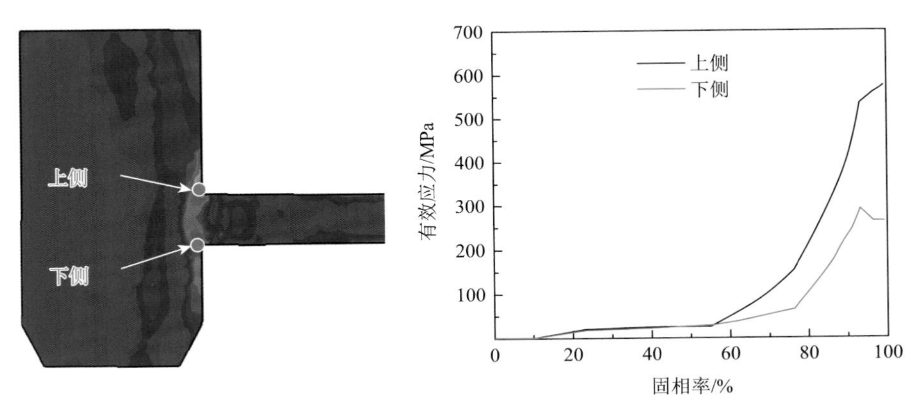

图 5-23　ProCAST 模拟的 Mg-6Gd-3.2Y-0.5Zr 合金有效应力

综上所述，微调 Y 含量会在一定程度上影响 VW63K 合金的热裂行为。随着 Y 含量从 2.8%增加到 3.4%，合金的脆弱温度区间变窄，共晶含量增加，热裂倾向性逐渐降低，导致高 Y 含量的 Mg-6Gd-*x*Y-0.5Zr 合金的抗热裂性提高。

5.3.3　稀土微合金化 AZ91 合金的热裂行为

AZ91 是常用的低成本铸造镁合金，具有中等强度、铸造流动性较好的特点，在实际生产中常常加入微量稀土改性，进一步改善其综合力学性能。Yang 等[34]在 AZ91D 中加入 1 wt%稀土 Ce，形成了高熔点 $Al_{11}Ce_3$ 强化相，使铸态晶粒细化，晶间孔隙率减少，从而使合金力学性能和疲劳强度都有所增加。Cai 等[35]在 AZ91 中加入 0.6 wt% Y 元素，Y 主要以微量固溶和 Al_2Y 化合物形式存在，细化了 α-Mg

基体和 β-$Mg_{17}Al_{12}$ 共晶体，使铸件抗拉强度和延伸率分别达到 256.16 MPa 和 5.13%。Boby 等[36]在 AZ91 中复合添加 Sn 和 Y 元素，生成的 Mg_2Sn 相和 Al_2Y 相可以减少 $Mg_{17}Al_{12}$ 体积分数，并细化晶粒，同时耐腐蚀性能也得到一定程度改善。

为了保证 AZ91 铸件的冶金质量及复杂铸件的成型能力，还需研究微量稀土元素对合金铸造性能的影响，为 AZ91 合金用于复杂薄壁件生产制备做准备，从而扩大其生产应用。因此，本节主要研究 Y、Ce、La 等典型稀土元素对 AZ91 铸造镁合金热裂行为的影响，进一步揭示 AZ91 铸造镁合金的热裂纹形成机制，控制铸造缺陷。

1. 热裂倾向性预测

图 5-24 是采用 Thermo-Calc 软件和 Scheil 非平衡凝固模型计算得到的 AZ91、AZ91-Y、AZ91-Ce 和 AZ91-La 四种合金的凝固曲线。对于 AZ91 合金，主要合金相包括 Al_8Mn_5、α-Mg、$Mg_{17}Al_{12}$，对应的相转变过程是 L→L + Al_8Mn_5（678℃）→ L + α-Mg + Al_8Mn_5（600℃）→L + α-Mg + $Mg_{17}Al_{12}$ + Al_4Mn（430℃）。Al_8Mn_5 相熔点较高，在 α-Mg 基体析出前已存在，在随后的凝固过程中转变为 Al_4Mn 相。α-Mg 基体在 600℃时开始析出，搭建枝晶骨架；在 430℃，固相分数为 0.838 时，发生共晶反应，生成 α-Mg + $Mg_{17}Al_{12}$ 共晶体。由于合金中加入了少量 Zn，在共晶反应之后仍存在少量富 Zn 熔液，使固相线温度变得很低，最终 Zn 固溶进入 α-Mg 和 $Mg_{17}Al_{12}$。

除 AZ91 本身的固有析出相以外，稀土元素的加入，将与合金元素反应生成稀土第二相，这些稀土第二相熔点高、在共晶反应之前便存在，为初生第二相。在 AZ91 中加入 Y 元素生成 Al_2Y 相，Al_2Y 相熔点很高，在 α-Mg 晶粒形核之前

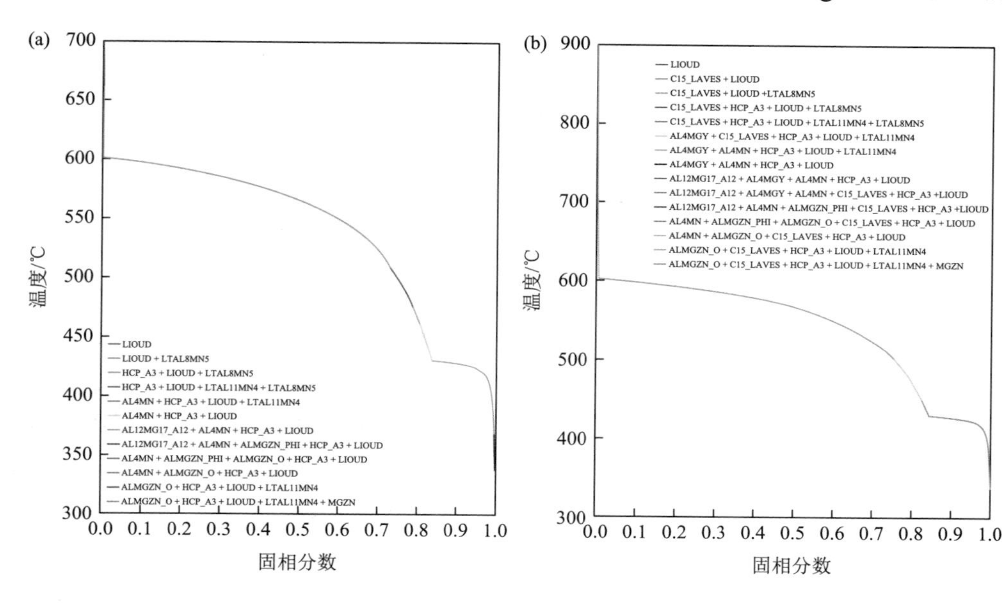

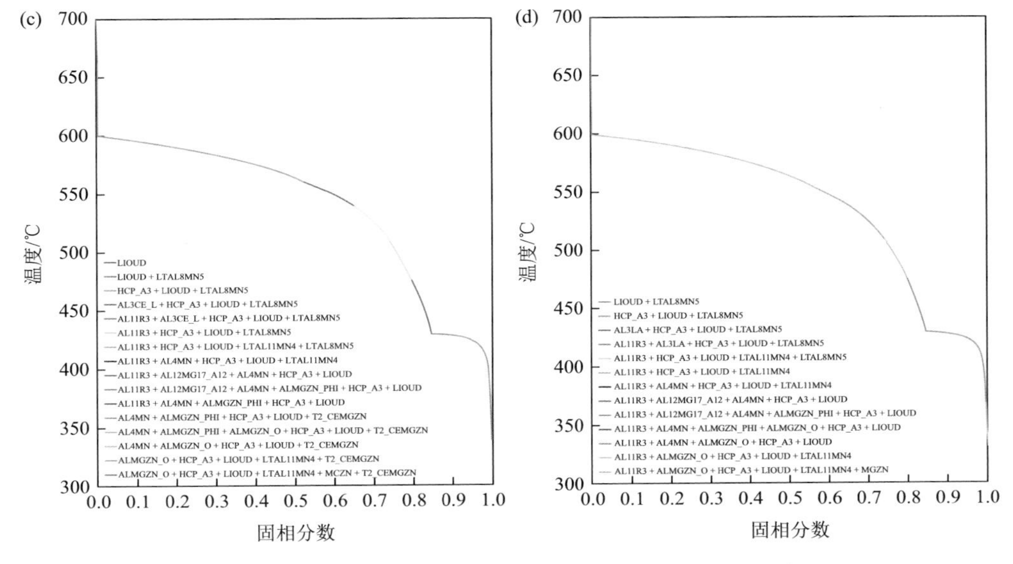

图 5-24 Thermo-Calc 软件计算 AZ91-RE 合金凝固曲线

（a）AZ91；（b）AZ91-Y；（c）AZ91-Ce；（d）AZ91-La

便存在于熔体中。同时，Y 元素的加入稍微推迟了共晶反应，即在 430℃、固相分数为 0.845 时，合金发生共晶反应。在 AZ91 中加入 Ce 元素，将在 560℃析出 Al_3Ce，随后在 553℃转变成 $Al_{11}Ce_3$ 相；在 430℃，固相分数为 0.847 时，发生共晶反应。此外，在凝固末期，Zn 元素少许固溶于 $Al_{11}Ce_3$ 相。在 AZ91 中加入 La 与加入 Ce 的合金相生成规律类似，在 552℃析出 Al_3La，随后在 540℃转变成 $Al_{11}La_3$ 相，共晶反应发生时刻与 AZ91-Ce 类似。

将前述四种 AZ91 合金的凝固区间和脆弱温度区间进行统计，如表 5-5 所示，以析出开始温度（T_1）为液相线温度，凝固结束温度（T_s）为固相线温度，$T_{0.9}$ 和 $T_{0.99}$ 分别为固相分数为 0.9 和 0.99 时对应的温度，FR 表示凝固区间，ΔT_s 为脆弱温度区间。可以看出，由于它们共晶反应都发生在固相分数为 0.9 之前，因此在脆弱温度区间内，它们的凝固路径基本相似，脆弱温度区间大小基本相似，都为 27℃。因此，Y、Ce、La 等合金元素对 AZ91 合金的脆弱温度区间影响很小。

表 5-5 AZ91-RE 合金的凝固区间及脆弱温度区间（℃）

合金	T_1	T_s	$T_{0.9}$	$T_{0.99}$	FR	ΔT_s
AZ91	600.0	338.6	427.7	400.7	261.4	27.0
AZ91-Y	601.3	338.6	427.5	400.5	262.7	27.0
AZ91-Ce	599.2	338.6	427.4	400.4	260.6	27.0
AZ91-La	599.1	338.6	427.4	400.4	260.5	27.0

2. 热裂行为的实验表征

采用“T”型热裂实验装置测试分析了 AZ91-RE 合金在模具温度为 300℃时的热裂行为，图 5-25 为 AZ91、AZ91-Y、AZ91-Ce 和 AZ91-La 四种合金热裂试样热节处裂纹的宏观形貌。从宏观照片来看，加入稀土元素后，热节处的表面裂纹明显变宽。采用光学显微镜对热节处纵向截面进行观察，结果如图 5-26 所示，可以看到裂纹形状较为复杂，整体向内凹，呈现层片状形态，有多个裂纹萌生点。加入稀土元素后，裂纹内凹幅度变小，裂纹内凹程度与应变有关，应变越大，裂纹内凹程度越大，即 AZ91 合金热节处承受的应变最大。

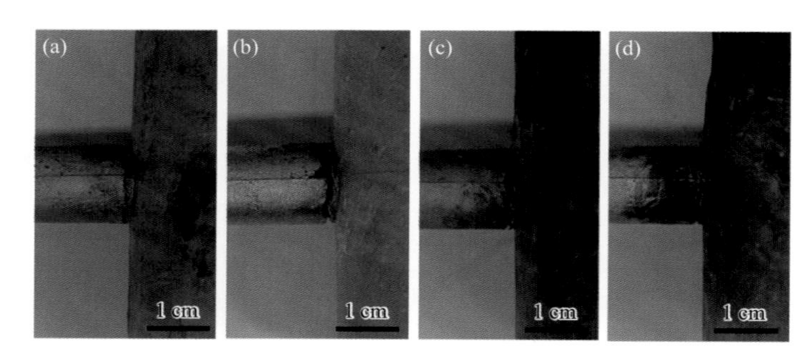

图 5-25　AZ91-RE 合金热裂纹宏观形貌

（a）AZ91；（b）AZ91-Y；（c）AZ91-Ce；（d）AZ91-La

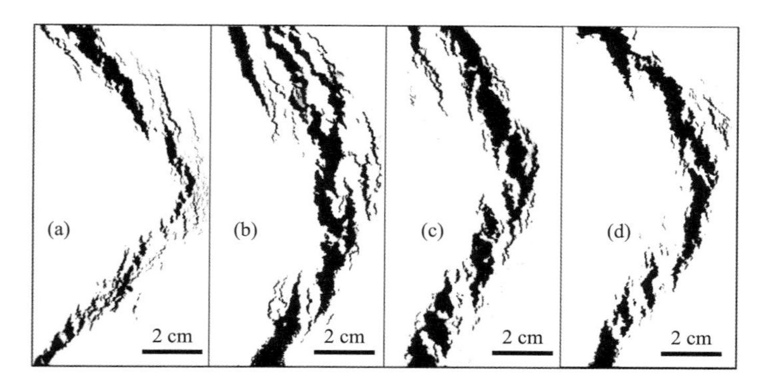

图 5-26　AZ91-RE 合金热节处的热裂纹截面图

（a）AZ91；（b）AZ91-Y；（c）AZ91-Ce；（d）AZ91-La

表 5-6 为采用 Image-Pro 统计的热裂纹截面面积。可见，AZ91 热裂纹截面面积为 5.94 mm^2，加入稀土元素后，热裂纹截面整体变大。热裂纹截面可以用来衡量热裂倾向性的大小，高热裂倾向性的合金热裂纹截面较大，因此，四种合金的热裂倾向性大小顺序为：AZ91＜AZ91-La＜AZ91-Ce＜AZ91-Y。

表 5-6　AZ91-RE 合金热节处的热裂纹截面面积（mm^2）

合金	面积	合金	面积
AZ91	5.94	AZ91-Ce	10.84
AZ91-Y	11.01	AZ91-La	8.88

图 5-27 记录了凝固过程中热节处的温度和横杆的收缩力随时间的变化。在浇铸开始时，由于熔体充满横杆，会对应力杆产生冲击，使收缩力下降；随着凝固过程的进行，会产生凝固收缩力，使力值上升。若在凝固过程中产生裂纹，会出现应力松弛，对应于应力曲线中，将出现收缩力的下降阶段或出现应力松弛平台。在 AZ91 合金中，浇铸完成后，收缩力平缓上升，只出现轻微斜率的变化，在 300 s 时，最终收缩力达到 133.1 N。这表明 AZ91 合金的裂纹较小，热裂倾向性较小。

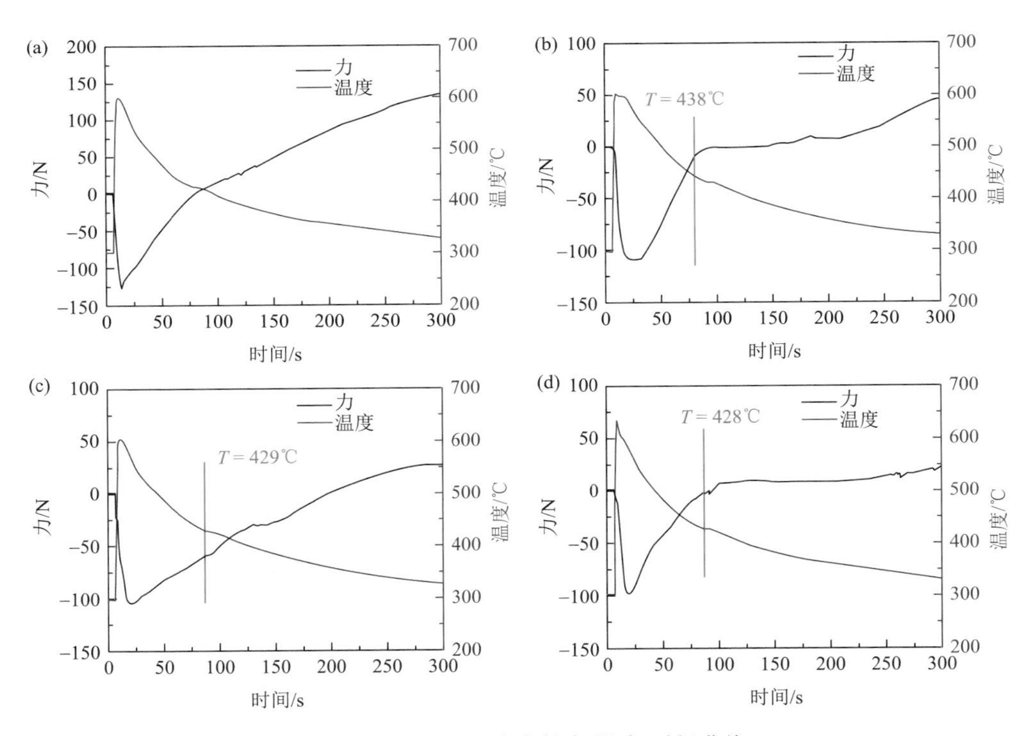

图 5-27　AZ91-RE 合金的力-温度-时间曲线

（a）AZ91；（b）AZ91-Y；（c）AZ91-Ce；（d）AZ91-La

对于 AZ91-Y 合金，在温度为 438℃时，收缩力曲线出现较大的斜率变化，此时为热裂纹萌生时刻，随后收缩力的波动对应于裂纹扩展阶段。在 AZ91-Ce 合金中，收缩力曲线上升斜率较小，在温度为 429℃时出现收缩力下降点，热裂纹开始萌生。在 AZ91-La 合金中，在温度为 428℃时出现收缩力下降点，热裂纹开始萌生。在随后多个力值松弛点对应于微裂纹和二次裂纹的产生。

从前述凝固曲线可知，在凝固后期，合金的凝固路径相差不大。在三个加稀土元素的合金中，AZ91-Y 合金裂纹萌生温度最高，此时对应固相分数较低，在凝固前裂纹扩展时间延长，但裂纹萌生后还有很多液相未凝固。

图 5-28 为四种合金热节处的金相组织图。可以看到，裂纹沿着晶界扩展，呈现典型的沿晶断裂特征。在热节处 AZ91 合金的平均晶粒尺寸为 74 μm，AZ91-Y 为 313 μm，AZ91-Ce 为 170 μm，AZ91-La 为 116 μm。可以发现铸态晶粒尺寸整体变化趋势与远离热节的区域相同，AZ91 晶粒最细，加入稀土后发生粗化，AZ91-Y 合金晶粒尺寸最粗。但是，每个合金在热节处的晶粒尺寸都比远离热节处更细。实际凝固一般为非平衡凝固，先凝固部分的溶质元素与后凝固部分的溶质元素含量存在较大差异，呈现明显的梯度分布。热节处为横杆最后凝固区域，会形成明显的溶质富集，造成局部成分过冷，使晶粒明显细化。同时，元素的富集对于共晶体系合金而言，更容易形成共晶体偏聚，有利于热裂纹的补缩。研究表明，晶粒细化会提高合金抗热裂性，AZ91 合金由于晶粒尺寸很小，其热裂倾向性小。加入稀土元素导致晶粒粗化，使合金热裂倾向性反而增大。虽然 AZ91-Y 合金晶粒尺寸最大，但其裂纹尺寸与 AZ91-Ce 合金相差不大。

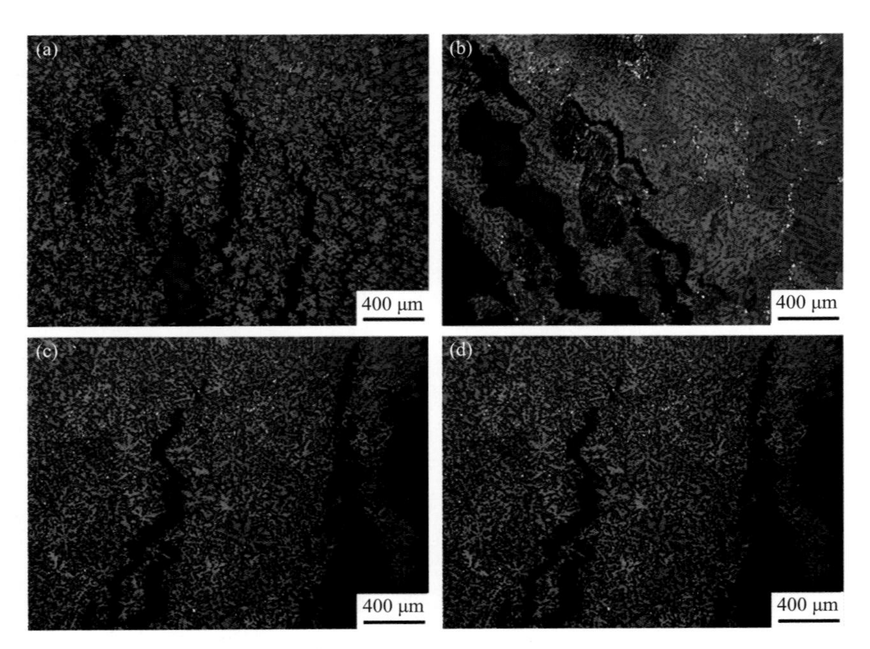

图 5-28 AZ91-RE 合金裂纹尖端金相组织图

（a）AZ91；（b）AZ91-Y；（c）AZ91-Ce；（d）AZ91-La

图 5-29 为四种合金热节处的热裂纹背散射 SEM 图，四种合金的裂纹附近都观察到较多白色第二相聚集。进一步观察裂纹尖端，如图 5-30 所示，在四种合金中的裂纹尖端及附近区域黄色箭头所指的大块白色河流状分布的组织。将 AZ91 尖端白色组织放大，观察到层片状结构，经 EDS 分析，主要含有 Mg、Al、Zn 元素，结合凝固路径，白色组织可以确定为 α-Mg + $Mg_{17}Al_{12}$ 共晶体。在凝固后期，热裂发生后会在局部形成负压，吸引周围未凝固的低熔点共晶体至裂纹处，补缩裂纹，当剩余液相较多时甚至可以愈合裂纹。

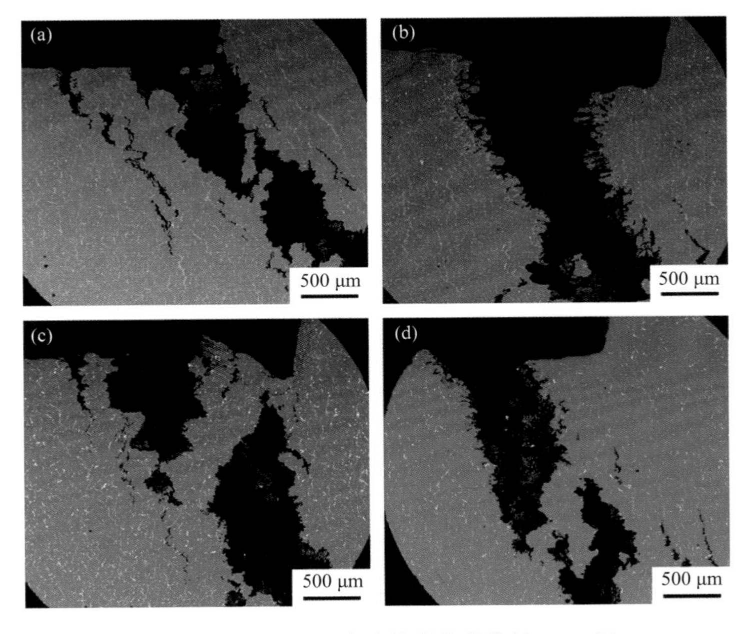

图 5-29　AZ91-RE 合金热裂纹背散射 SEM 图

（a）AZ91；（b）AZ91-Y；（c）AZ91-Ce；（d）AZ91-La

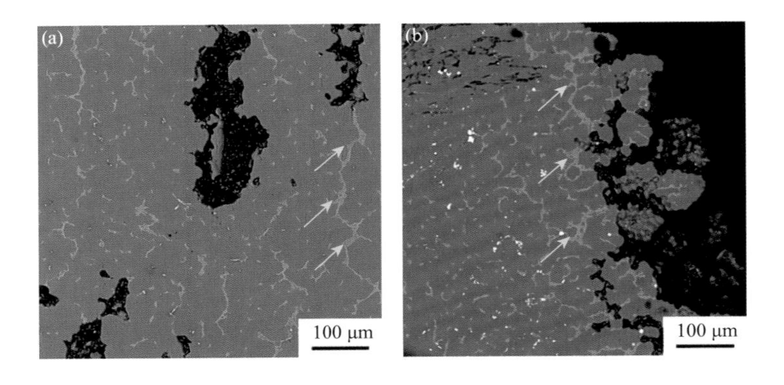

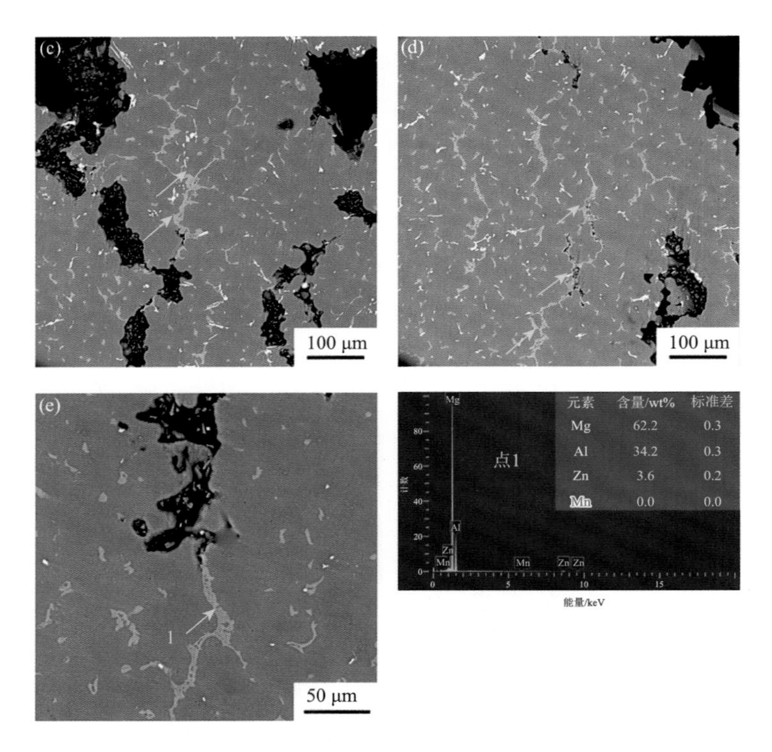

图 5-30 AZ91-RE 合金热裂纹附近 SEM 图和 EDS 分析

（a，e）AZ91；（b）AZ91-Y；（c）AZ91-Ce；（d）AZ91-La

AZ91 合金的热裂纹尺寸较小，补缩现象不明显，只在裂纹尖端出现少量河流状共晶体。AZ91-Y 合金中沿着热裂纹分布着密集的补缩共晶体，补缩效果较好。在 AZ91-La 和 AZ91-Ce 合金中，补缩现象存在于微裂纹附近和裂纹尖端，一定程度上愈合了微裂纹。对比三种加稀土元素的合金，AZ91-Y 补缩现象最明显，一定程度上降低了热裂倾向性，这与其在凝固后期仍具有较好的流动性有关。此外，在 AZ91-La 和 AZ91-Ce 合金中，稀土元素第二相较多，在一定程度上阻碍了合金的补缩通道，使剩余液相难以流动补缩。

由于 AZ91 合金热裂纹较小，不易观察其断口，因此对三种加稀土元素合金进行进一步的断口分析。如图 5-31 所示，AZ91-Y、AZ91-Ce 和 AZ91-La 三种合金的热裂断口表面都有树枝状凸起，这是枝晶分离现象。白色拉长部分是凝固后期存在于枝晶间的液膜，热裂产生时，裂纹沿液膜扩展，使液膜沿着枝晶分离方向被撕裂拉长。进一步观察断口，如图 5-31（d）所示，可以明显地看到二次微裂纹，呈现撕裂的形态。如图 5-31（a）所示，AZ91-Y 合金断口中拉长的液膜较少，树枝状凸起表面有明显褶皱，这是未凝固的剩余液相流过的痕迹。AZ91-Ce 中液膜较多，被拉得较长，树枝状凸起光滑无明显褶皱。AZ91-La 断口与 AZ91-Ce 类似，但拉长的液膜更薄更短。

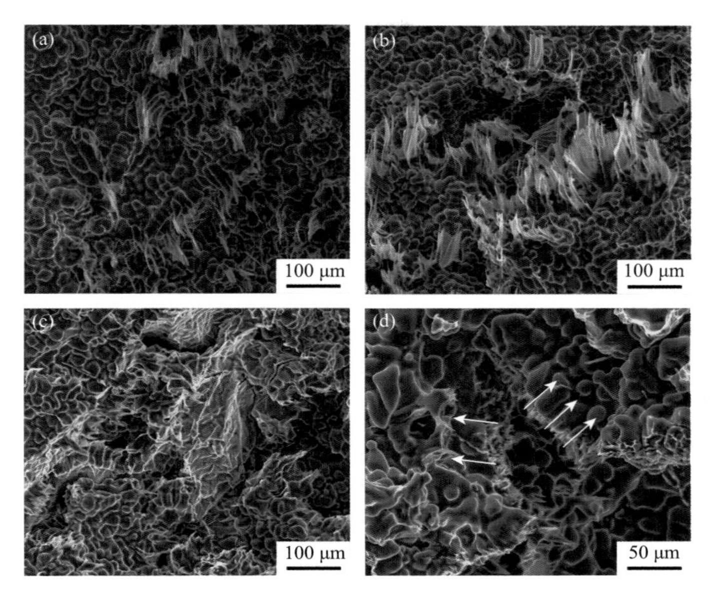

图 5-31 AZ91-RE 合金热裂断口 SEM 图

（a）AZ91-Y；（b）AZ91-Ce；（c，d）AZ91-La

对 AZ91-Y、AZ91-Ce 和 AZ91-La 三种合金热裂断口进行背散射 SEM 观察（图 5-32），图 5-33 为断口局部 SEM 观察和 EDS 分析结果。可以看到，在断口处存在亮白色的第二相，结合图 5-33 的分析结果，其为 Al-RE 相，且与远离裂纹处相比，Al-RE 相尺寸增大。在局部发现，亮白色第二相处于微裂纹开口最大处，推测此处可能为微裂纹的萌生点。对比三种添加稀土元素的 AZ91 合金热裂断口的背散射 SEM 图，AZ91-Ce 合金断口处存在更多针状第二相富集的现象。在 AZ91-Ce 和 AZ91-La 两种合金断口处观察到光滑平面状的结构，如图 5-33 所示，结合 EDS 分析，此处含有大量氧元素，应为氧化物夹杂。

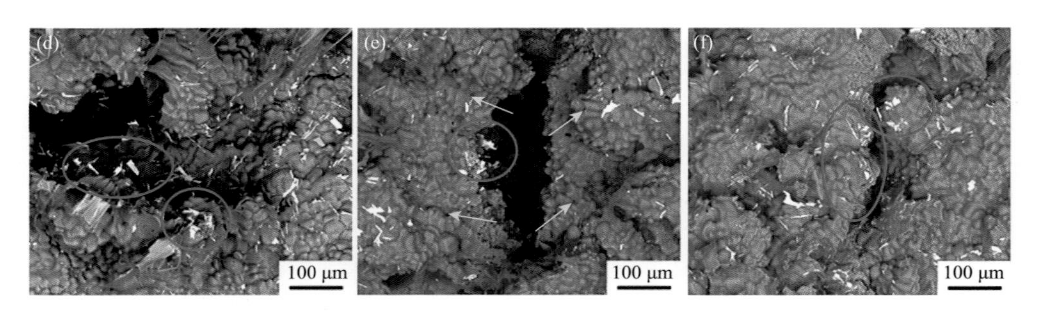

图 5-32 AZ91-RE 合金热裂断口第二相 SEM 图

（a，d）AZ91-Y；（b，e）AZ91-Ce；（c，f）AZ91-La

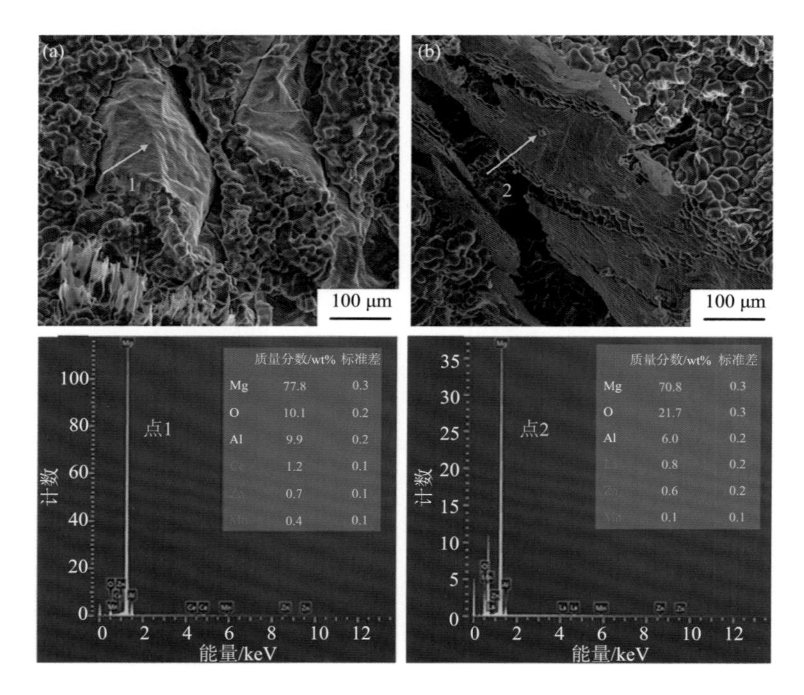

图 5-33 AZ91-RE 合金热裂断口夹杂物 SEM 图和 EDS 分析

（a）AZ91-Ce；（b）AZ91-La

3. 热裂行为分析

铸态晶粒细化可以增大凝固过程中枝晶交联时的固相分数，使凝固后期半固态金属的强度和韧性增加，使临界断裂应力增大，减小枝晶分离倾向[37, 38]；同时，细小的晶粒也可以使应力、应变分布得更加均匀[14]，从而使热裂倾向性降低。

AZ91 合金由于晶粒尺寸最小、强度高，临界断裂应力较大，在热裂曲线中表现出无明显的裂纹萌生与扩展点，同时 AZ91 中应力分布更加均匀，能承受的应变更大，在宏观形貌中表现出内凹程度大，因而其热裂倾向性最小。AZ91-Y 合金由于晶粒尺寸最大，在温度较高（438℃）、固相分数较低时就产生热裂纹，此时未凝固的液相较多，枝晶间液膜韧性较差，极易分离，因而在断口处液膜拉长的痕迹很少，其热裂倾向性较大。热裂纹产生后，合金中还有大量未凝固的液相流至裂纹处，覆盖在裂纹的表面，形成褶皱，部分补缩了裂纹。与 AZ91-Y 相比，AZ91-Ce 合金的晶粒尺寸变小，发生热裂时温度较低，固相分数高，此时固态枝晶骨架强度较高，在枝晶分离的瞬间，液膜有较好的韧性，因而被拉长凝固，热裂倾向性相对较低。由于剩余液相较少，断口处树枝状凸起比较光滑，没有明显褶皱。AZ91-La 合金的晶粒尺寸进一步减小，虽然裂纹萌生温度与 AZ91-Ce 相似，但其较细的晶粒尺寸使其固相枝晶骨架强度更高，单位晶间液膜更薄，因此断口上液膜拉长形貌更短更薄，热裂倾向性进一步减小。

凝固后期，枝晶间由收缩产生裂纹时会在局部形成负压，吸取附近未凝固的液相进行补缩，若补缩完全，甚至可以愈合裂纹。研究表明[12, 17]，共晶体熔点较低，在枝晶网络较发达的凝固后期仍以液相的形式存在，在热裂纹产生后可以部分或者完全愈合裂纹。因此，共晶含量对裂纹愈合至关重要，共晶体越多，其愈合裂纹的能力越强[39]。由 Thermo-Calc 计算的共晶体以 α-Mg + $Mg_{17}Al_{12}$ 为主，Zn 元素固溶其中，四种 AZ91 合金共晶含量如表 5-7 所示。可见，AZ91 中共晶含量最多，由于稀土元素使共晶反应推迟，共晶含量减少，三种不同稀土 AZ91 中共晶含量相差不大。

表 5-7　Thermo-Calc 计算所得的 AZ91-RE 合金共晶含量

合金	f_{le}	合金	f_{le}
AZ91	0.162	AZ91-Ce	0.153
AZ91-Y	0.155	AZ91-La	0.153

在图 5-30 背散射 SEM 观察结果中，对裂纹尖端起补缩作用的为片层状 α-Mg + $Mg_{17}Al_{12}$ 共晶体，AZ91 合金由于裂纹较小，局部负压较小，因而补缩不明显。对比三种含稀土元素的合金，补缩区域大小顺序为：AZ91-Y＞AZ91-La＞AZ91-Ce。补缩区域的大小可以反映补缩能力的强弱，AZ91-Y 合金较好的补缩能力在一定程度上减小了其热裂倾向性。需要注意的是，仅用凝固共晶含量无法很好地解释补缩趋势。

合金流动性大小可以反映出枝晶交联前液体的流动能力。在凝固末期，固相分数较大，合金黏度较高，流动性会急剧下降。对于流动性较好的合金，其仍能保持相对较高的流动能力，因此合金流动性会影响凝固后期的补缩能力[40]，从而更好地补缩热裂。实验结果表明，三种含稀土元素 AZ91 合金在凝固后期的补缩能力与合金流动性测试结果趋势相同，因此三种稀土元素 AZ91 合金的补缩能力主要受合金流动性的影响。

在三种稀土元素 AZ91 合金热裂纹及断口背散射 SEM 图中，均发现了初生 Al-RE 第二相富集的现象，且第二相尺寸较大。初生第二相的富集原因有两方面：一方面，初生第二相未作为异质形核点，凝固时液相被推至枝晶间液膜里，随液膜流至裂纹附近；另一方面，热节处最后凝固的液相溶质富集，促使了第二相的持续萌生长大。从裂纹背散射 SEM 图[图 5-30（c）]中可以看到，针状 Al-Ce 相沿着补缩通道分布，而在断口散射 SEM 图（图 5-32）中可见，二次裂纹萌生处存在大块 Al-RE 相富集。初生第二相的富集会阻碍补缩通道[41]，使补缩困难。此外，由于第二相和基体的收缩率不同，在凝固收缩过程中，热节处收缩应力增加，容易在基体与第二相的结合处产生裂纹[21]。因而，Al-RE 相的存在，使与 AZ91 合金相比 AZ91-Ce 和 AZ91-La 合金热裂倾向性增大。

熔体中氧化夹杂物在凝固后与基体结合不紧密，常常导致材料失效[42]。在热节处，氧化物夹杂也会恶化半固态合金的强度和韧性，易成为热裂纹的萌生点，使热裂倾向性增加。与 AZ91-Y 合金相比，AZ91-Ce 和 AZ91-La 由于熔体纯净度相对较低，会在一定程度上增加其热裂倾向性。

综上所述，在 AZ91 合金中添加微量 Y、Ce、La 稀土元素会生成 Al-RE 相，削弱 Al、Mn 元素细化晶粒的效果，使晶粒尺寸粗化，晶粒尺寸大小排序为 AZ91＜AZ91-La＜AZ91-Ce＜AZ91-Y。AZ91 系列合金热裂倾向性的大小为 AZ91＜AZ91-La＜AZ91-Ce＜AZ91-Y。微量稀土元素添加使 AZ91 晶粒粗化，导致合金热裂倾向性增加，其热裂倾向性与合金晶粒尺寸变化规律一致。对比三种稀土微合金化 AZ91 合金热裂行为，第二相形态、含量及分布对合金热裂倾向性也产生一定影响，其中 AZ91-Y 裂纹形貌显示了良好的补缩效果和较少的初生第二相及夹杂物，在一定程度上减小了热裂的不良影响。AZ91-Ce 合金与 AZ91-La 合金热裂纹形貌显示了稀土针状第二相阻碍剩余液相的补缩通道，并作为裂纹的萌生点恶化了热裂性能。此外，其熔体中的氧化夹杂也会作为裂纹的萌生点。

5.3.4 稀土微合金化 AM60 合金的热裂行为

AM60 是用量最大的车用镁合金之一，实际生产中常常加入微量 Y、La、Ce 等稀土元素改性，以使其力学性能得到改善。Su 等[43]研究表明，随着 Y 含量的增加，Al_2Y 析出，AM60 晶粒尺寸减小；铸态 Mg-6Al-0.3Mn-0.9Y 合金的室温极限强度、屈服强度和延伸率分别达到 192 MPa、62 MPa 和 12.6%。Liang 等[44]在

AM60 镁合金中添加 La、Ce 混合稀土元素后，形成了新的针状 Al_2Ce 相和 $Al_{11}La_3$ 相，使合金的电化学性能、摩擦磨损性能均得到改善。Jin 等[45]在 AM60 基体中复合添加 1.0 wt% Ce 和 1.5 wt% Ca，加入的 Ca 在合金中优先与 Al 结合，在晶界处形成高熔点 Al_2Ca 相，高温稳定的网状层片 Al_2Ca 相部分取代 β-$Mg_{17}Al_{12}$ 相为主要强化相，使合金的抗蠕变性能明显改善。

AM60 镁合金常常用于仪表盘支架、中控支架等复杂结构的汽车零部件，添加稀土元素改性可以提高其力学性能，但为了保证汽车零部件的质量及复杂薄壁成型能力，需要了解和掌握微量稀土元素对其铸造性能的影响。本节重点介绍了 Y、Ce、La 等稀土元素对 AM60 合金热裂行为的影响。

1. 热裂倾向性预测

图 5-34 是采用 Thermo-Calc 软件和非平衡凝固 Scheil 模型计算得到的 AM60、AM60-Y、AM60-Ce 和 AM60-La 四种稀土微合金化 AM60 合金的凝固曲线。AM60 合金主要的相转变如下：L→L + Al_8Mn_5（700℃）→L + α-Mg + Al_8Mn_5（620℃）→L + α- Mg + $Mg_{17}Al_{12}$ + Al_4Mn（436℃）。AM60 合金与 AZ91 合金的凝固路径差别不大，但由于 Al 含量较少且不含 Zn 元素，在凝固特性上存在一些差异。例如，α-Mg 和 Al_8Mn_5 的析出温度略有提高，即液相线温度提高。同时，AM60 合金共晶反应推迟，在 436℃、固相分数为 0.921 时发生共晶反应。由于 AM60 中不含 Zn 元素，在共晶反应之后凝固便停止，即固相线温度提高。

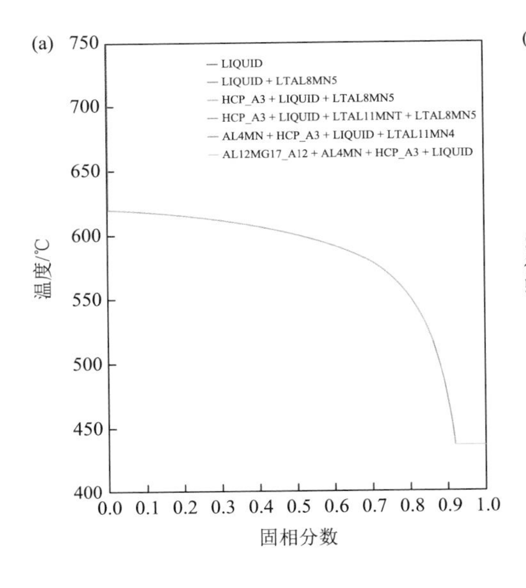

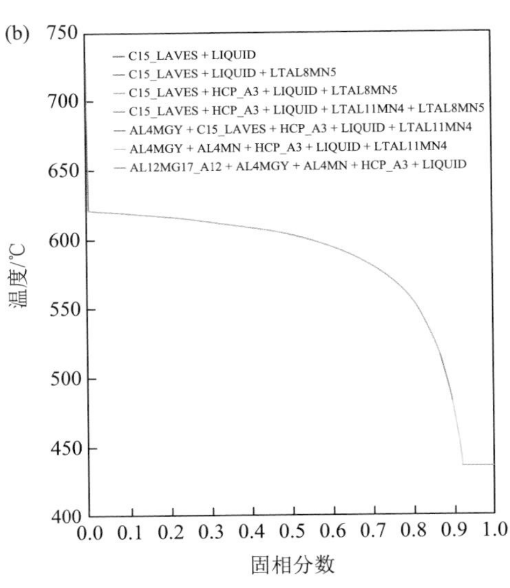

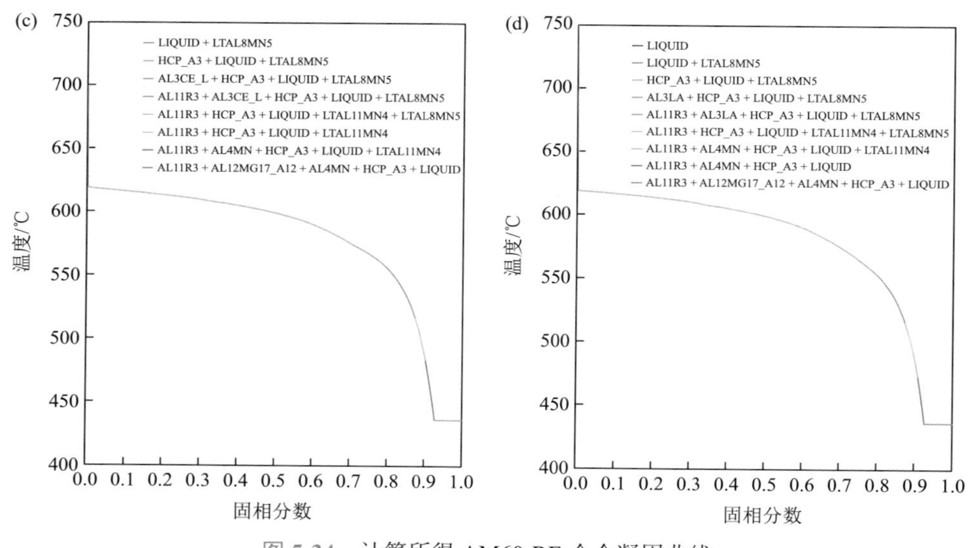

图 5-34 计算所得 AM60-RE 合金凝固曲线

（a）AM60；（b）AM60-Y；（c）AM60-Ce；（d）AM60-La

加入稀土元素后，除了 AM60 原有的析出相外，AM60-Y 合金在 α-Mg 析出之前生成了 Al_2Y 相，在凝固过程中转变为 Al_4MgY 相；在温度为 436℃、固相分数为 0.926 时，发生共晶反应。AM60-Ce 合金在 574℃析出 Al_3Ce，随后在 557℃转变成 $Al_{11}Ce_3$ 相，在温度为 436℃、固相分数为 0.928 时发生共晶反应。AM60-La 合金在 565℃析出 Al_3La，随后在 545℃转变成 $Al_{11}La_3$ 相。

与 AZ91 合金相比，AM60 合金的低铝含量，使其凝固液相线温度、合金相析出温度、共晶反应对应的固相分数均明显提高。表 5-8 为 AM60、AM60-Y、AM60-Ce 和 AM60-La 四种合金凝固区间以及脆弱温度区间的统计结果。可见，四种合金的共晶反应都发生在固相分数为 0.9 之后，在脆弱温度区间内，但它们的凝固路径略有不同。加入稀土元素后，合金凝固区间大小未发生明显变化，但推迟了共晶反应时刻，增大了脆弱温度区间。AM60 合金的脆弱温度区间为 39.1℃。添加稀土元素后，脆弱温度区间大幅增大，添加 Y 之后，升高至 49.2℃；加入 Ce 之后，脆弱温度区间最大，为 53.7℃；AM60-La 略小于 AM60-Ce，为 53.6℃。脆弱温度区间不同，会影响合金的热裂倾向性。初步预测合金热裂倾向性大小为：AM60＜AM60-Y＜AM60-La＜AM60-Ce。

表 5-8 AM60-RE 合金的凝固区间及脆弱温度区间（℃）

合金	T_l	T_s	$T_{0.9}$	$T_{0.99}$	FR	ΔT_s
AM60	619.8	436.3	475.4	436.3	183.5	39.1

续表

合金	T_l	T_s	$T_{0.9}$	$T_{0.99}$	FR	ΔT_s
AM60-Y	621.1	436.3	485.5	436.3	184.8	49.2
AM60-Ce	618.9	436.3	490.0	436.3	182.6	53.7
AM60-La	619.0	436.3	489.9	436.3	182.7	53.6

2. 热裂行为的实验表征

采用“T”型热裂实验装置测试分析四种 AM60-RE 合金在模具温度为 300℃时的热裂行为，图 5-35 为四种合金热裂试样热节处裂纹的宏观形貌。可以看出，加入稀土元素的 AM60 合金的表面裂纹明显变宽，AM60-Ce 合金热节处几乎完全断裂，只有很薄的连接。进一步观察 AM60、AM60-Y 和 AM60-La 三种合金的热节纵向截面，如图 5-36 所示。由图可见，它们的热裂纹形态与 AZ91

图 5-35　AM60-RE 合金热节的热裂宏观形貌

（a）AM60；（b）AM60-Y；（c）AM60-Ce；（d）AM60-La

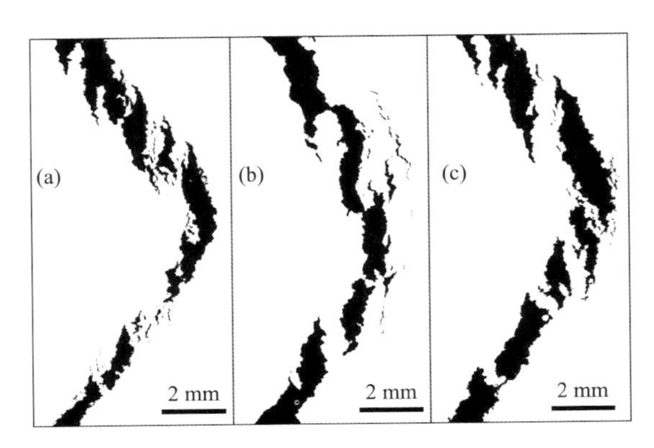

图 5-36　AM60-RE 合金热节热裂纵向截面图

（a） AM60；（b）AM60-Y；（c）AM60-La

基本相似，其中 AM60 内凹程度最大，即其在热节处承受的应变最大。采用 Image-Pro 软件对 AM60、AM60-Y、AM60-La 三种合金热节截面的热裂纹面积进行计算，结果如表 5-9 所示。由于 AM60-Ce 合金热节几乎是完全断裂，它的面积未列出。从表中可知，前述几种 AM60 合金的热裂倾向性大小为：AM60＜AM60-Y＜AM60-La＜AM60-Ce。

表 5-9 AM60-RE 合金热节热裂纹面积（mm^2）

合金	面积	合金	面积
AM60	9.32	AM60-Ce	
AM60-Y	10.59	AM60-La	12.52

四种 AM60 合金凝固过程的收缩力-温度-时间曲线如图 5-37 所示。在 AM60 合金中，浇铸开始时由于熔体冲击应力杆，收缩力下降，浇铸完成后，收缩力平滑上升，没有明显的收缩力松弛点，最终收缩力达到 108 N。AM60-Y 合金在温度为 493℃时出现一小段斜率突变，表明此阶段裂纹开始萌生，随后收缩力保持较大的

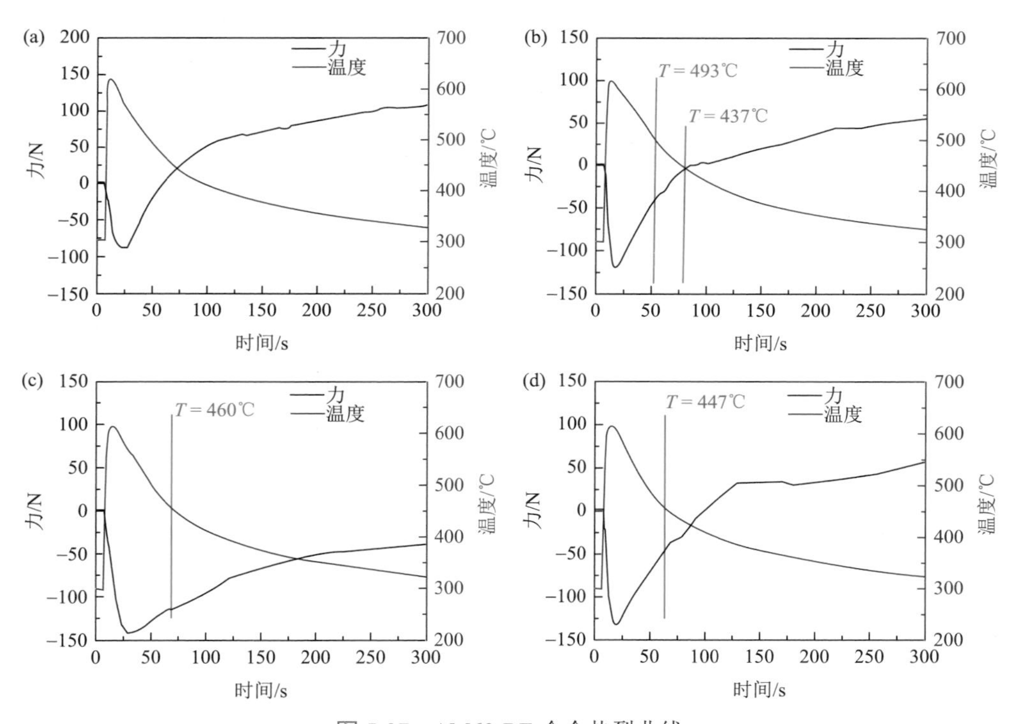

图 5-37 AM60-RE 合金热裂曲线

（a）AM60；（b）AM60-Y；（c）AM60-Ce；（d）AM60-La

斜率继续上升，表明裂纹没有明显扩展。在温度为 437℃时，收缩力曲线斜率出现较大的变化，且持续较长时间，表明裂纹发生较大的扩展。在 300 s 时，最终收缩力达到 57 N。AM60-Ce 合金的收缩力在浇铸开始阶段缓慢上升，说明其承受应力较小。在温度为 460℃时出现较大的斜率变化，裂纹开始萌生，此后收缩力上升趋于平缓，这是因为裂纹较大，甚至几乎断裂，因而最终收缩力为负值。在 AM60-La 合金中，在温度为 447℃时出现力的松弛平台，此时萌生裂纹，最终收缩力达到 56 N。

图 5-38 为 AM60、AM60-Y、AM60-Ce、AM60-La 四种合金热节处金相组织图。由图可见，热节处 AM60 合金平均晶粒尺寸为 134 μm，AM60-Y 合金为 326 μm，AM60-Ce 合金为 201 μm，AM60-La 合金为 150 μm。热节处晶粒尺寸变化趋势与远离热节的区域相似，裂纹沿晶界扩展，对于这四种 AM60 合金，其铸态晶粒尺寸对热裂行为有一定的影响。

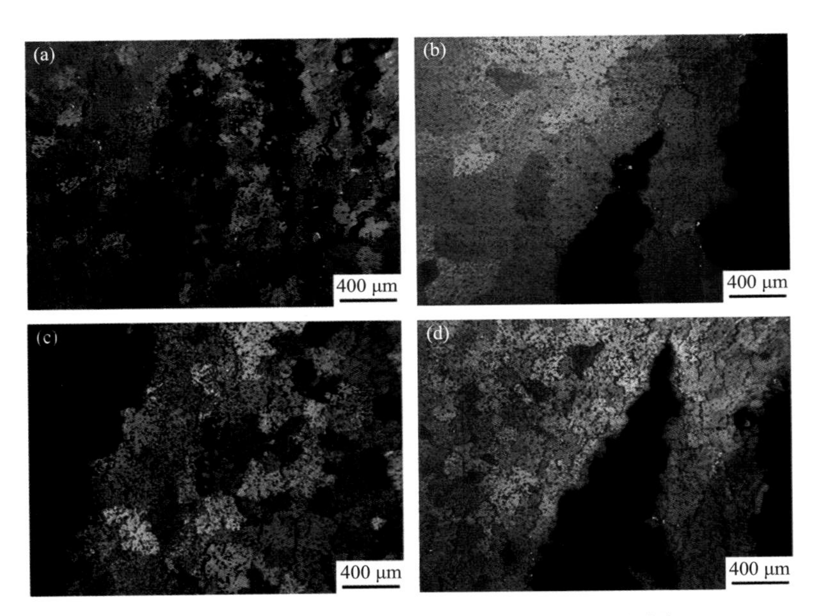

图 5-38　AM60-RE 合金热节裂纹尖端金相组织图

（a）AM60；（b）AM60-Y；（c）AM60-Ce；（d）AM60-La

图 5-39 为四种合金热节处裂纹背散射 SEM 图。由于 AM60 中共晶含量比 AZ91 少，在四种 AM60 合金裂纹附近未发现明显的河流状共晶体聚集，而在微量稀土合金化 AM60 合金的热节裂纹附近的亮白色第二相含量比远离裂纹处多。对裂纹附近区域进一步观察（图 5-40）可见，在四种合金热节裂纹尖端附近可看到层片状 α-Mg + $Mg_{17}Al_{12}$ 共晶体富集河流型分布特征，表明在凝固过程中存在共

晶补缩。富集的亮白色第二相为加入稀土元素后形成的 Al-RE 稀土相。对比三种含稀土元素 AM60 合金，AM60-Y 补缩痕迹较多，且补缩的共晶含量更多，补缩效果更好。AM60-Ce 合金的补缩痕迹不明显，AM60-La 合金尽管共晶含量较多，但其共晶体附近存在大量长针状 $Al_{11}La_3$ 稀土相，沿着共晶体呈束状分布，阻碍了共晶补缩通道。

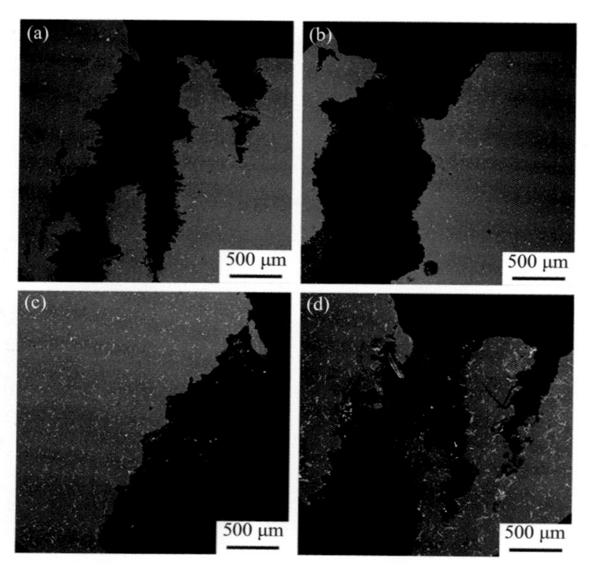

图 5-39 AM60-RE 合金热裂背散射 SEM 图

（a）AM60；（b）AM60-Y；（c）AM60-Ce；（d）AM60-La

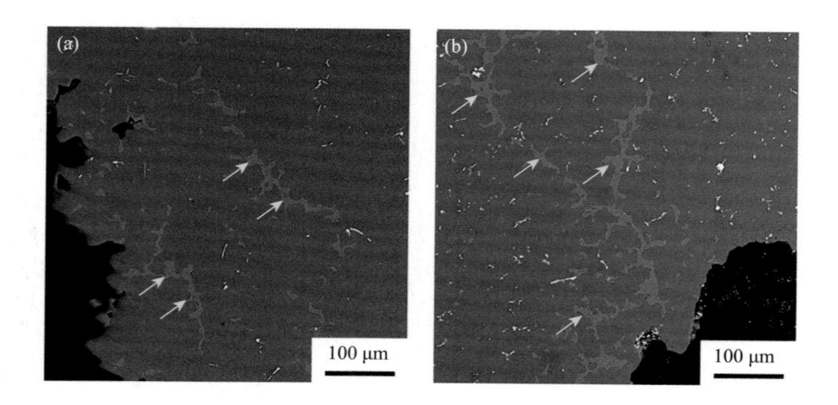

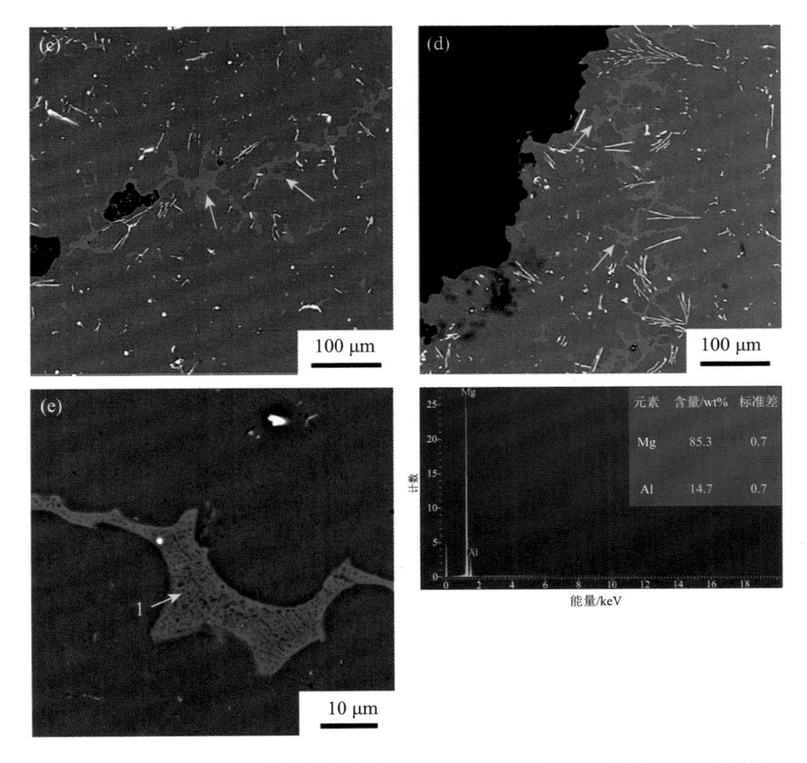

图 5-40　AM60-RE 合金热节处裂纹附近区域的 SEM 图和 EDS 分析

（a，e）AM60；（b）AM60-Y；（c）AM60-Ce；（d）AM60-La

对四种合金热节处裂纹断口形貌进行了观察分析，如图 5-41 所示。由图可见，四种合金断口表面的树枝状凸起比较光滑，无明显褶皱，沿着裂纹面扩展方向存在白色拉长的液膜。AM60 断口表面的液膜分布较为均匀，这是因为其枝晶较细。在凝固后期，均匀分散的薄液膜能够更好地抵抗收缩力的拉扯，提高临界断裂应力，使热裂倾向性降低。

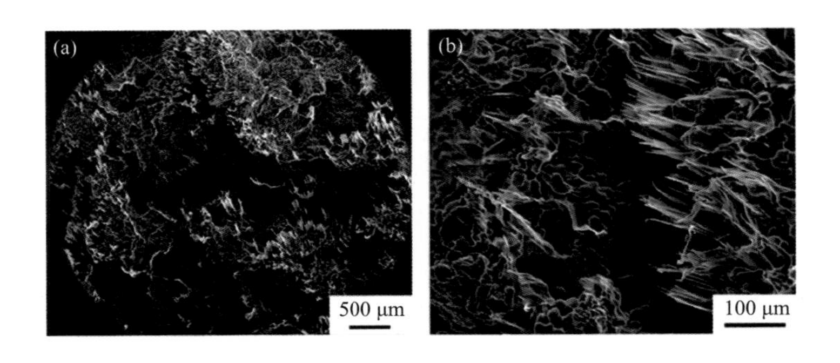

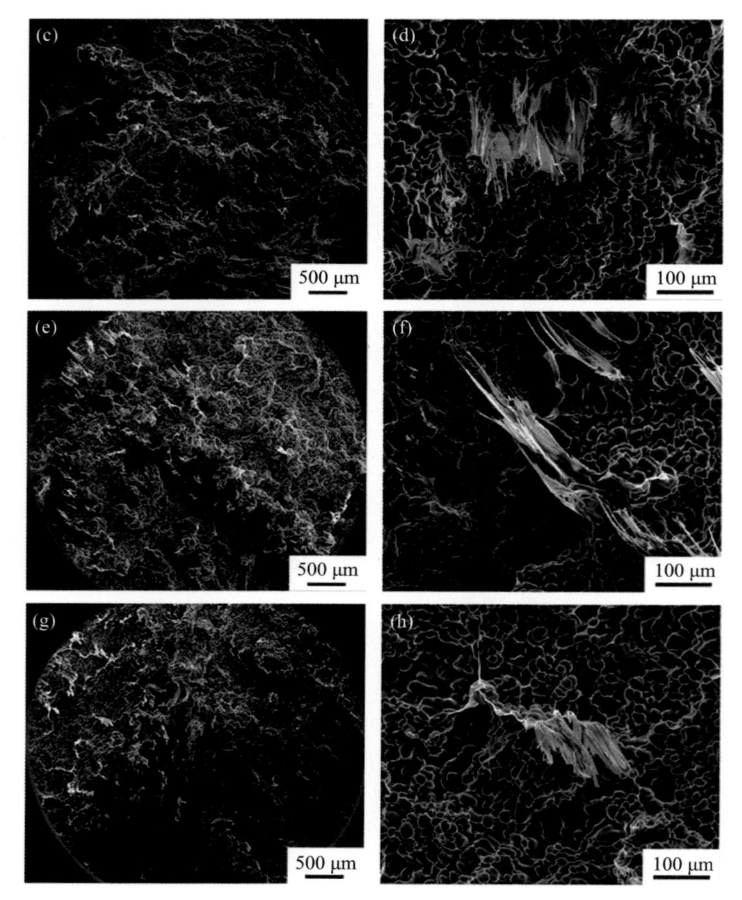

图 5-41 四种合金热裂断口形貌

（a，b）AM60；（c，d）AM60-Y；（e，f）AM60-Ce；（g，h）AM60-La

结合收缩力-温度-时间曲线，AM60-Y 合金由于晶粒尺寸较大，临界断裂应力小，在较高的温度（493℃）下就产生热裂纹，但裂纹大量扩展时对应的温度（437℃）较低，固相分数高，枝晶间液膜较薄，因此只在热裂断口表面观察到少量薄的液膜。AM60-Ce 在 460℃时发生热裂，随后持续扩展，此时还存在部分液相，由于晶粒尺寸较大，枝晶间液膜相对较厚且分布不均。此外，由于合金在枝晶分离阶段停留时间较长，液膜被拉得更长。AM60-La 合金液膜薄且少，这是其发生热裂温度较低，固相分数较高的结果。此外，与含稀土元素的 AM60 相比，未添加稀土元素的 AM60 合金断口表面的薄液膜较多，说明其凝固后期剩余液相补缩能力更强。对四种合金的热裂断口进行背散射 SEM 分析，结果如图 5-42 所示。由图可见，在 AM60 和 AM60-Y 合金中，断口处的第二相较少，而 AM60-Ce

和 AM60-La 两种合金断口处富集了大量针状 Al-RE 稀土相，与 AZ91 合金一样，Al-RE 相在微裂纹处有大块富集，且尺寸较大，可以作为热裂纹萌生点，并阻碍凝固后期共晶液相的补缩，使合金的热裂倾向性增加。

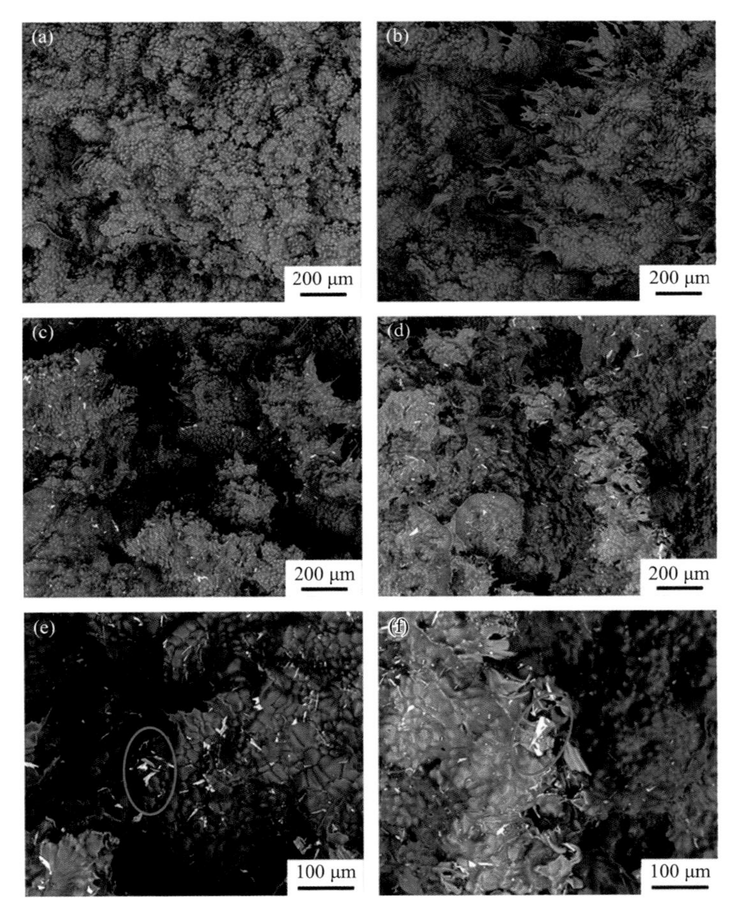

图 5-42　AM60-RE 合金热裂断口第二相形貌

（a）AM60；（b）AM60-Y；（c，e）AM60-Ce；（d，f）AM60-La

3. 热裂行为分析

在 AM60 合金中，加入稀土元素均使其热裂倾向性增大，但是，三种微量稀土合金化 AM60 合金与 AZ91 合金最大的区别在于，添加 Y 元素之后，AM60-Y 表现出更好的抗热裂性。其晶粒尺寸、第二相等铸态组织特征对合金热裂的影响机制与 AZ91 合金相似，此处不再赘述。不同之处在于，微量稀土元素改变了 AM60 合金在凝固后期的凝固路径，使脆弱温度区间增大，不同稀土元素添加后对应的脆弱温度区间大小存在不同。合金热裂倾向性对脆弱温度区间极为敏感，在脆弱温度区间内：一方面，固相枝晶网络基本搭建完成，但由于高温强度很低，而此时收缩应力较大，极易产生枝晶分离；另一方面，枝晶网络限制了剩余液相的流动，枝晶分离后形成的热裂纹很难被共晶液相补缩愈合[24]。AM60-Y 合金的脆弱温度区间比 AM60-La 和 AM60-Ce 都小，只有 49.2℃，这使其热裂倾向性明显降低。

此外，四种合金的流动性测试结果为：AM60-Y＞AM60＞AM60-La＞AM60-Ce，与四种合金凝固后期的补缩能力的变化规律保持一致。AM60-Y 由于具有最好的流动性，在凝固后期表现出最优的补缩能力，进一步提升了其抗热裂性。这也进一步验证合金流动性对热裂的影响，主要在于凝固后期对热裂纹的有效补缩。

综上所述，在 AM60 合金中添加微量 Y、Ce、La 稀土元素会生成 Al-RE 相，削弱 Al、Mn 元素细化晶粒效果，使晶粒尺寸粗化，晶粒尺寸大小排序为：AM60＜AM60-La＜AM60-Ce＜AM60-Y。但由于 Mn 元素较多，稀土元素对 AM60 合金粗化程度降低。总的来看，四种 AM60 合金的热裂倾向性大小为：AM60＜AM60-Y＜AM60-La＜AM60-Ce。三种稀土元素对 AM60 合金和 AZ91 合金的热裂倾向性影响的区别在于，Y 元素添加在 AM60 合金中表现出最佳的抗热裂性，这与脆弱温度区间增加幅度最小，流动补缩能力最强有关。

5.4 镁合金铸件的热裂行为

5.4.1 铸件热裂的数值模拟与实验表征

实际生产的大型复杂铸件，由于结构复杂、熔体流程长、熔体凝固时间长，在铸造过程中容易产生成分偏析、热裂和缩松等缺陷。前述的“T”型热裂测试装置对优化材料成分具有重要指导作用，但大型复杂铸件制备加工过程中的热裂控制，还需要综合考虑模具结构、工艺参数等。为此，重庆大学研究团队设计了一套典型铸件模具（图 5-43），用于综合评估热裂、缩松、流动性和偏析等铸造特性。

采用这套模具，使用 ProCAST 软件对常见的商用铸造镁合金 WE43（Mg-2.2Nd-1.4Gd-4.3Y-0.3Zr）典型铸件凝固过程的热裂倾向性及其分布进行了数值模拟。图 5-44 为 WE43 合金典型铸件在模具温度为 250℃时的 HTI 分布。从图中可以看出，由于典型铸件的结构较为复杂，不同区域的 HTI 差异很大。变截面处和热节处常常产生应力集中，更容易发生热裂，其 HTI 较大。HTI 最大的位置位于细横杆和粗立杆交界的热节区域，表明该区域出现热裂纹的概率最大。

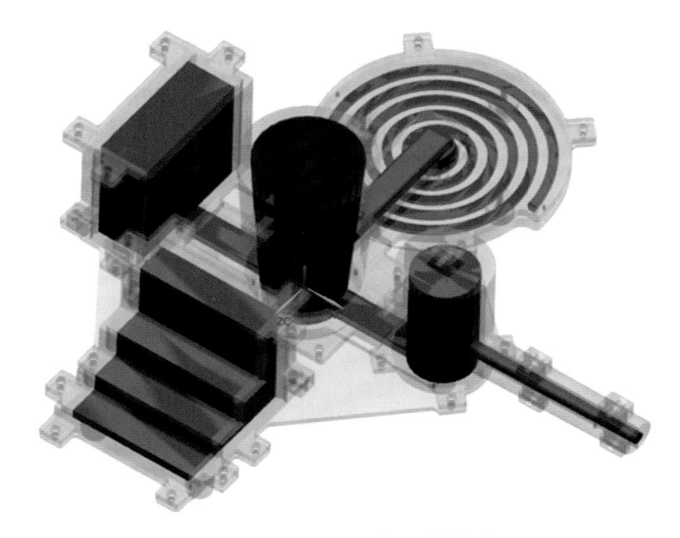

图 5-43　典型铸件模具结构图

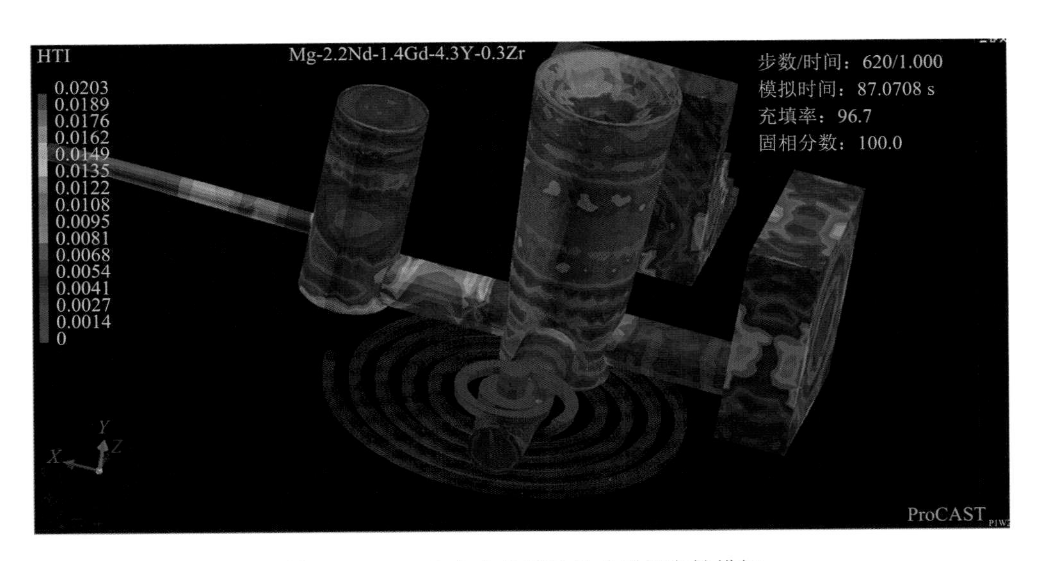

图 5-44　WE43 合金典型铸件热裂倾向性模拟

进一步通过 Pandat 软件计算了 WE43 合金的非平衡凝固曲线，初步预测了 WE43 合金的热裂倾向性，并与 AZ91D 合金进行对比。计算得到的 WE43 和 AZ91D 合金的脆弱温度区间分别为 17℃和 31℃，初步预测 WE43 合金热裂倾向性更小。

采用典型铸件模具研究了商用 WE43 合金、AZ91D 合金在模具温度为 250℃时的热裂行为，浇铸得到的典型铸件如图 5-45 所示。WE43 合金由于含有较多的稀土元素而呈现与 AZ91D 不同的颜色。根据 ProCAST 模拟结果，HTI 最大的区域位于细横杆和粗立杆交界区域，该区域的宏观照片如图 5-46 所示。从图中可以看出，AZ91D 和 WE43 合金热节处都有裂纹，且 AZ91D 合金的裂纹尺寸要大于 WE43 合金，表明 AZ91D 合金的热裂倾向性要大于 WE43 合金，这与 Pandat 计算结果一致。为了了解合金中的裂纹分布，对 AZ91D 和 WE43 合金热节处进行背散射 SEM 观察，如图 5-47 所示。AZ91D 和 WE43 合金热节上侧与下侧均有热

图 5-45　典型铸件照片

（a，c）AZ91D；（b，d）WE43

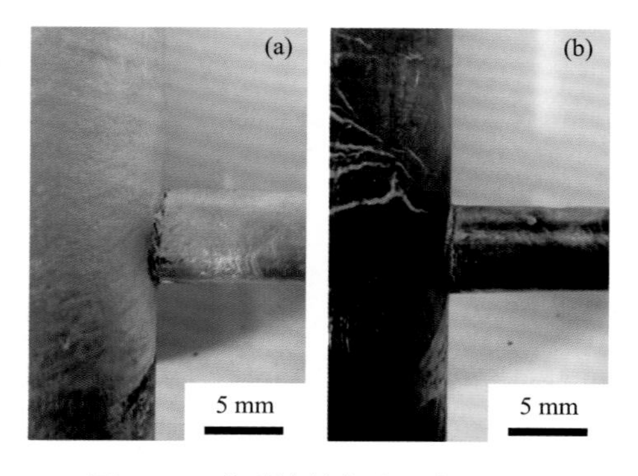

图 5-46　典型铸件热节处宏观照片

（a）AZ91D；（b）WE43

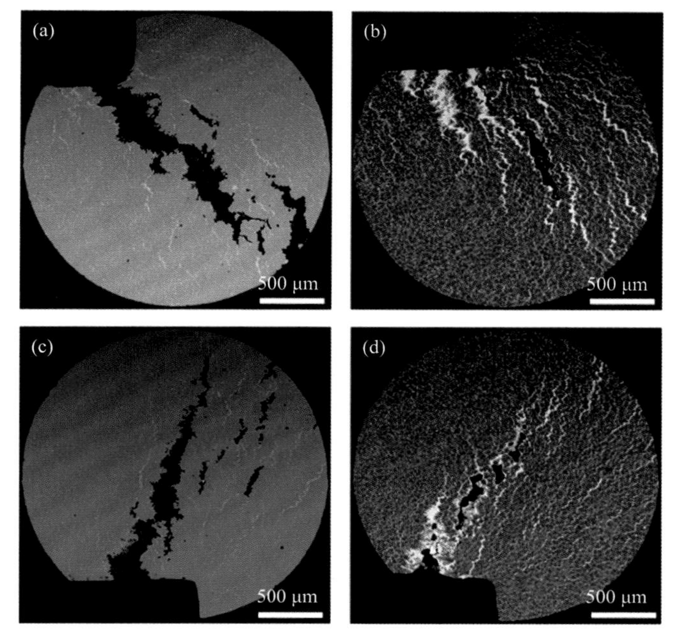

图 5-47　合金热节处背散射 SEM 图

（a）AZ91D 上侧；（b）WE43 上侧；（c）AZ91D 下侧；（d）WE43 下侧

裂纹，上侧裂纹比下侧裂纹更大，且 AZ91D 合金裂纹尺寸远大于 WE43 合金，进一步证明 AZ91D 合金的热裂倾向性更大。此外，在热裂纹附近观察到河流状的亮白色区域。AZ91D 合金中亮白色区域分布稀疏，WE43 合金中的河流状区域在视场内连续分布，而且数量众多。与前述研究相同，白色河流状组织为共晶体，可以对凝固前期形成的热裂纹进行补缩愈合。

5.4.2　镁合金汽车仪表盘支架的压铸热裂行为

镁合金仪表盘支架具有质轻、阻尼减震等特点，能够很好地满足汽车轻量化要求，已在中高端汽车中得到广泛应用。镁合金仪表盘支架主要采用高压压铸工艺生产。压铸是在高温、高速、高压条件下将镁合金熔体压射填充至模具型腔内，进而凝固形成铸件的工艺，适合大批量生产。仪表盘支架压铸件的结构复杂、壁厚不均，压铸过程涉及流体力学、传热、传质等多种因素，各因素之间的相互影响较为复杂，因此在生产中经常会出现质量缺陷。热裂是常见的压铸缺陷，严重影响产品生产效率和成品率。对镁合金仪表盘支架压铸件的热裂缺陷进行有针对性的分析，探讨其形成原因，可为工艺优化和生产实践提供指导。

以某公司生产的镁合金仪表盘支架为主要研究对象，产品结构如图 5-48 所示。

所用合金为AM50A镁合金，在2500 t压铸机上生产。为了探讨压铸热裂缺陷的形成原因和影响因素，通过压铸过程数值模拟和热裂缺陷的宏微观表征分析等手段研究热裂缺陷，并提出有针对性的改善措施。

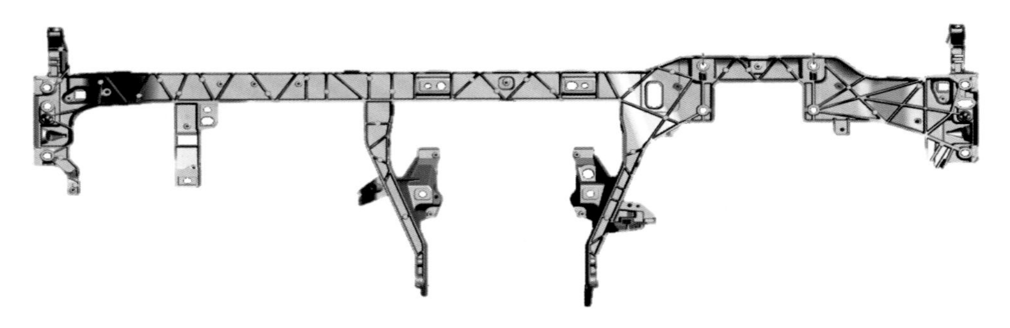

图5-48 镁合金仪表盘支架压铸件模型图

1. **镁合金仪表盘支架热裂数值模拟**

采用ProCAST软件模拟AM50A合金在浇铸温度680℃、模具预热温度200℃、压射速度6 m/s下的HTI，结果如图5-49所示。可以看出，零件多处存在热裂倾向，主要分布在薄厚相接区域和圆角过度区域等。超薄压铸件中间结构的背部，需要很多结构加强筋以保证整体刚度，在这些薄厚改变区域其热裂倾向性更大。

实际生产中，裂纹缺陷易发生于中间两侧肋板支架和高塔区域。这两处的HTI局部放大如图5-49所示，表明热裂位置与实际情况基本吻合。通过ProCAST的后处理Visual-Viewer对两个区域的典型节点进行分析，得到中间肋板区域的HTI约为0.019，高塔区域HTI约为0.021，表明二者热裂倾向性在同一水平。

2. **镁合金仪表盘支架热裂缺陷表征**

在浇铸温度680℃、模具预热温度200℃、压射速度6 m/s的压铸工艺条件下，压铸生产的镁合金仪表盘支架易在中间肋板区域（区域A）和高塔区域（区域B）出现压铸裂纹和冷隔等外观缺陷，如图5-50所示。宏观观察发现，铸造裂纹缺陷通常为铸件基体被破坏或断开形成细丝状的缝隙，有穿透的和不穿透的两种类型，裂纹存在继续扩展的趋势。

图5-51为中间肋板区域出现的压铸裂纹，其宏观形貌为不规则走向。裂纹程度较为严重，多处为穿透性裂纹，即薄壁内外两侧均出现裂纹。通过肉眼观察裂纹断口，裂纹表面颜色偏暗，无金属光泽，为典型的热裂特征。薄壁和壁厚不均匀的铸件在压铸生产中容易出现裂纹缺陷，热裂纹的外形通常没有规则，大多数沿合金晶界形成、扩展。

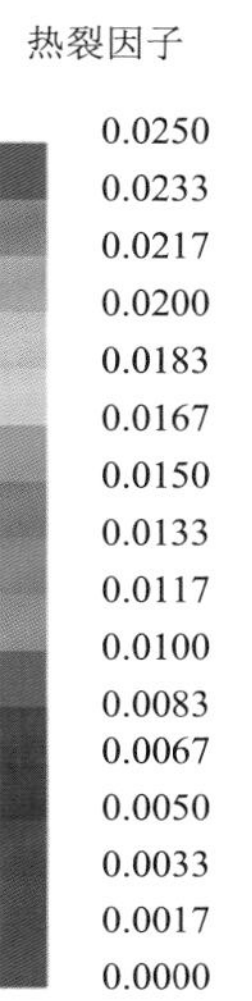

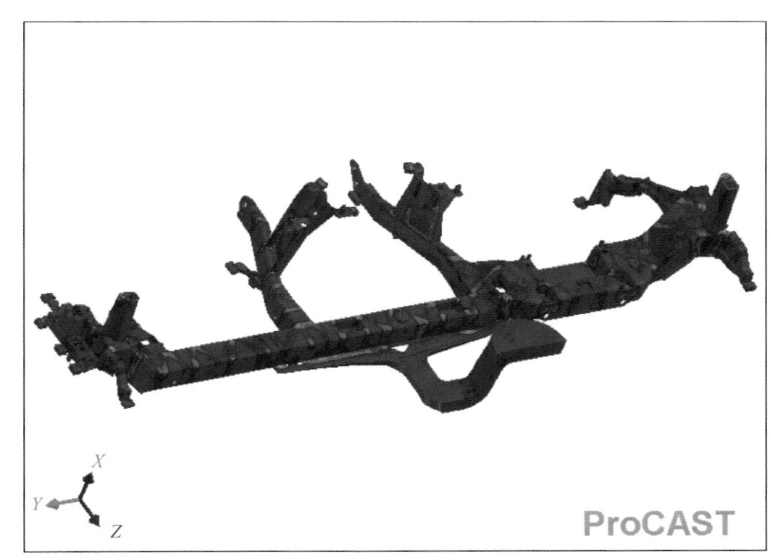

图 5-49　镁合金仪表盘支架的压铸 HTI 分布模拟

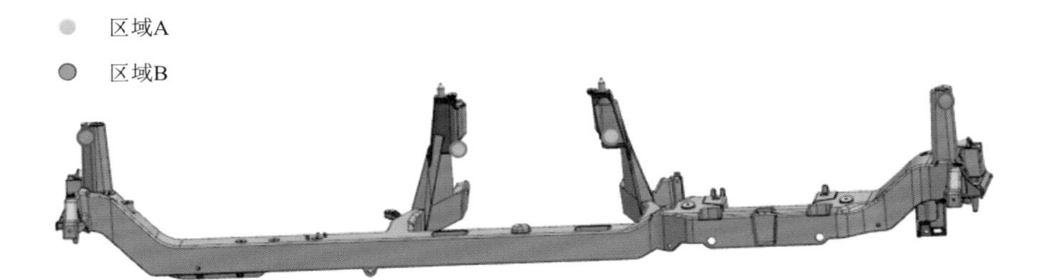

图 5-50　镁合金仪表盘支架的压铸缺陷位置示意图

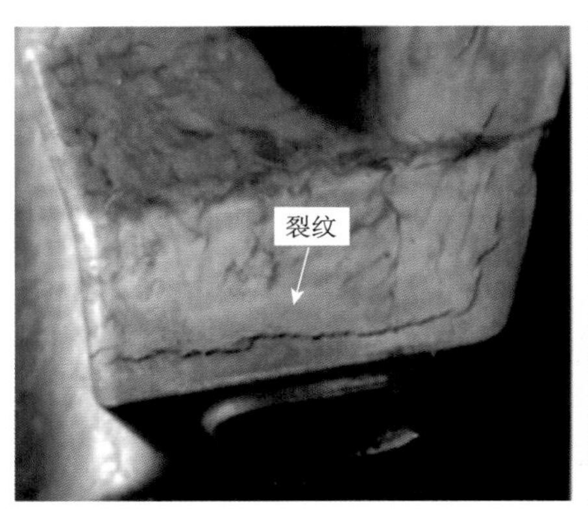

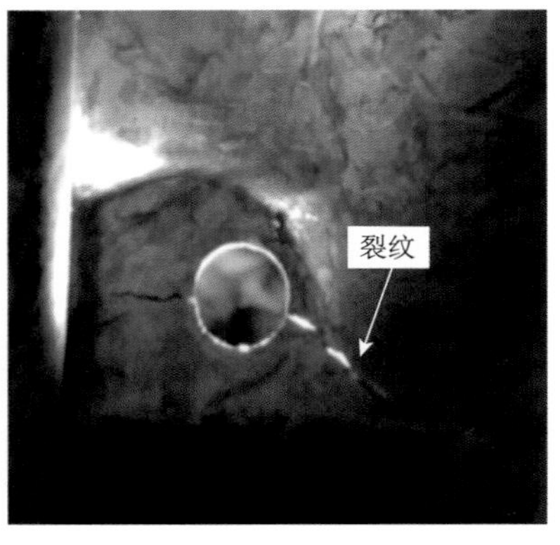

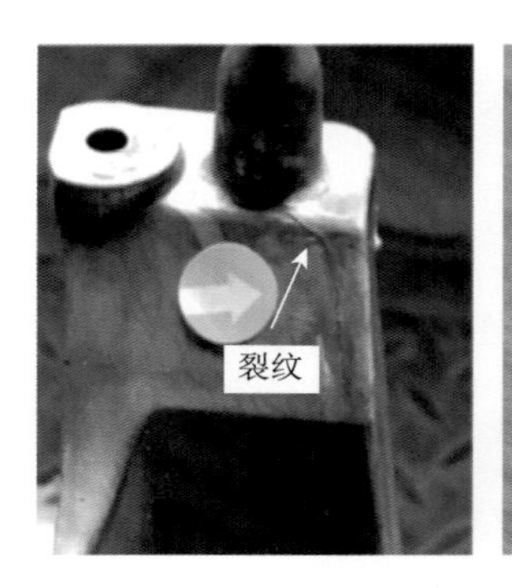

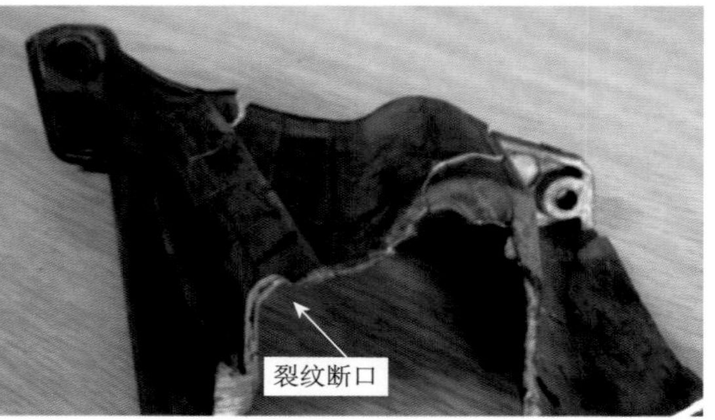

图 5-51　仪表盘支架中间肋板区域裂纹缺陷

为了进一步了解裂纹性质，对此区域的典型裂纹断口进行了 SEM 观察和表征，如图 5-52 所示。根据 SEM 观察分析可知，在穿透性裂纹断口处存在大量的氧化夹渣，导致铸件在凝固时结合不良，当受到一定的凝固收缩应力时，诱导裂纹萌生与扩展。另外，在裂纹的断口中，还观察到一些微裂纹和显微缩孔。微裂纹主要分布于铸件薄壁截面靠近中心区域，表明铸件截面表层与心部区域受到的

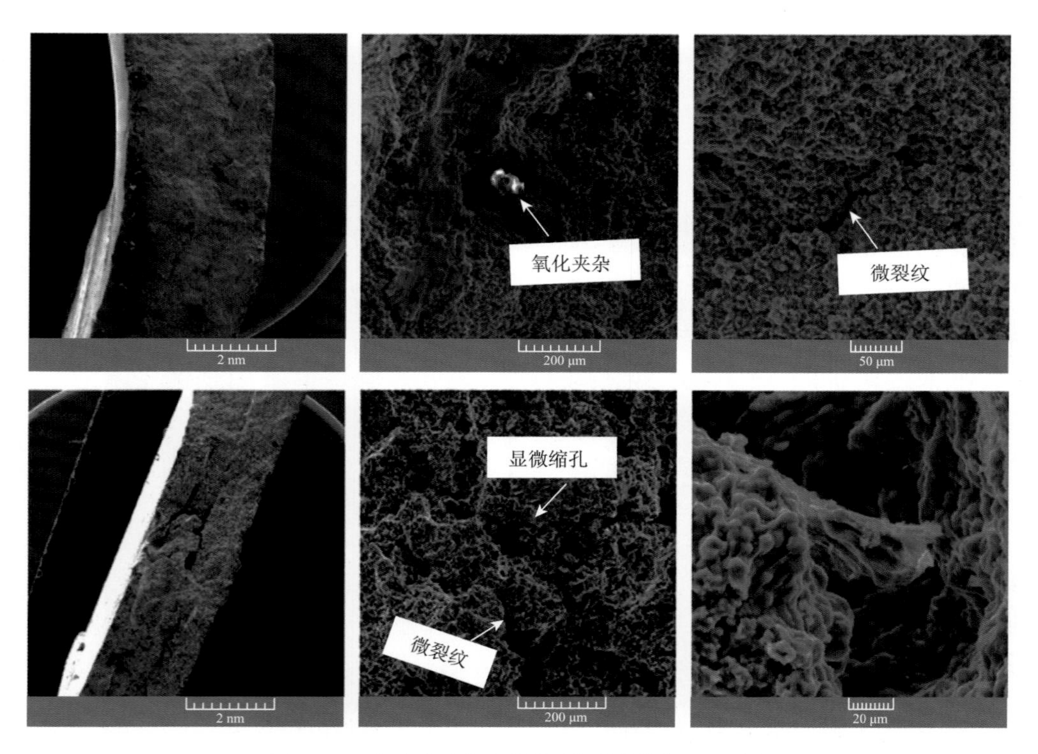

图 5-52　仪表盘支架中间肋板区域裂纹 SEM 图

凝固应力存在差异，这些微裂纹的存在也影响着铸件的质量。在裂纹断口中，有的显微缩孔沿着两侧发展成了微裂纹。在凝固过程中，由于这些不规则的显微缩孔的存在，在凝固收缩应力作用下容易造成局部应力集中，从而使裂纹在缩孔周围萌生进而扩展成为微裂纹，严重时可发展为穿透性裂纹。

图 5-53 为仪表盘支架在高塔区域的压铸缺陷宏观照片。该区域冷隔缺陷较为严重，裂纹缺陷既有穿透性裂纹，也有表层的未穿透性裂纹，裂纹宏观形貌呈现不规则走向，为典型的热裂纹特征。由于高塔距离内浇口较远，充型时金属液温度较低且流动性较差，也易出现铸造裂纹、冷隔和缩孔等缺陷。对高塔裂纹区域进行 SEM 表征，如图 5-54 所示。裂纹走向曲折，属于压铸热裂纹。高塔侧面有多处裂纹，包含一些孔洞，且存在一定的补缩现象。

图 5-53　压铸仪表盘支架高塔区域缺陷宏观形貌

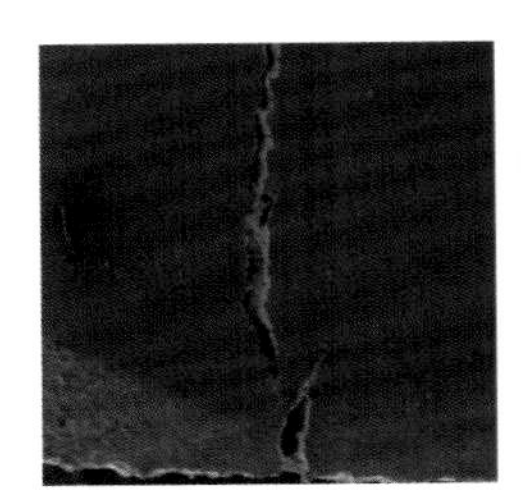
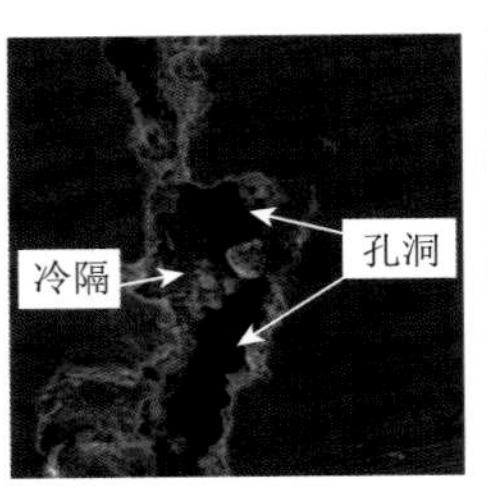

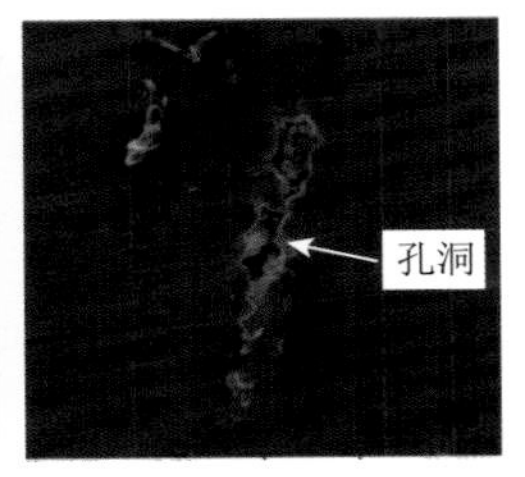

图 5-54　高塔裂纹区域 SEM 图

综上所述，通过对汽车仪表盘支架进行压铸过程数值模拟分析和压铸缺陷裂纹表征，发现压铸裂纹缺陷主要为热裂纹，发生区域集中在压铸件薄厚相接处或圆角过度区域。压铸裂纹缺陷的形成与零件结构、压铸工艺及合金成分等均有关系，氧化夹杂或缩孔的形成可能诱导裂纹萌生及扩展。

参 考 文 献

[1]　Ali Y，Qiu D，Jiang B，et al. Current research progress in grain refinement of cast magnesium alloys：a review

article[J]. Journal of Alloys and Compounds，2015，619：639-651.

[2] Angelini V，Ceschini L，Morri A，et al. Influence of heat treatment on microstructure and mechanical properties of rare earth-rich magnesium alloy[J]. International Journal of Metalcasting，2017，11（3）：382-395.

[3] Luo A A. Magnesium casting technology for structural applications[J]. Journal of Magnesium and Alloys，2013，1（1）：2-22.

[4] Song M，Zeng R，Ding Y，et al. Recent advances in biodegradation controls over Mg alloys for bone fracture management：a review[J]. Journal of Materials Science & Technology，2019，35（4）：535-544.

[5] Xu T，Yang Y，Peng X，et al. Overview of advancement and development trend on magnesium alloy[J]. Journal of Magnesium and Alloys，2019，7（3）：536-544.

[6] Dahle A，Stjohn D. Rheological behaviour of the mushy zone and its effect on the formation of casting defects during solidification[J]. Acta Materialia，1998，47（1）：31-41.

[7] Cao G，Kou S. Hot cracking of binary Mg-Al alloy castings[J]. Materials Science and Engineering A，2006，417（1-2）：230-238.

[8] Yang Z，Wang K，Fu P，et al. Influence of alloying elements on hot tearing susceptibility of Mg-Zn alloys based on thermodynamic calculation and experimental[J]. Journal of Magnesium and Alloys，2018，6（1）：44-51.

[9] Zhou L，Huang Y，Mao P，et al. Influence of composition on hot tearing in binary Mg-Zn alloys[J]. International Journal of Cast Metals Research，2011，24（3-4）：170-176.

[10] Srinivasan A，Wang Z，Huang Y，et al. Hot tearing characteristics of binary Mg-Gd alloy castings[J]. Metallurgical and Materials Transactions A，2013，44（5）：2285-2298.

[11] Wang Z，Huang Y，Srinivasan A，et al. Hot tearing susceptibility of binary Mg-Y alloy castings[J]. Materials & Design，2013，47：90-100.

[12] Vinodh G，Jafari N H，Li D，et al. Effect of Al content on hot-tearing susceptibility of Mg-10Zn-*x*Al alloys[J]. Metallurgical and Materials Transactions A，2020，51（4）：1897-1910.

[13] Du X，Wang F，Wang Z，et al. Effect of Ca/Al ratio on hot tearing susceptibility of Mg-Al-Ca alloy[J]. Journal of Alloys and Compounds，2022，911：165113.

[14] Song J，Wang Z，Huang Y，et al. Effect of Zn addition on hot tearing behaviour of Mg-0.5Ca-*x*Zn alloys[J]. Materials & Design，2015，87：157-170.

[15] Wei Z，Liu S，Liu Z，et al. Effects of Zn content on hot tearing susceptibility of Mg-7Gd-5Y-0.5Zr alloy[J]. Metals，2020，10（3）：414.

[16] Zhao H，Song J，Jiang B，et al. The effect of Sr addition on hot tearing susceptibility of Mg-1Ca-*x*Sr alloys[J]. Journal of Materials Engineering and Performance，2021，30（10）：7645-7654.

[17] Yang Z，Li M，Song J，et al. Optimized hot tearing resistance of VW63K magnesium alloy[J]. International Journal of Metalcasting，2022，16（4）：1858-1868.

[18] Du X，Wang F，Wang Z，et al. Effect of Y content on hot tearing susceptibility and mechanical properties of AXJ530-*x*Y alloys[J]. Materials Research Express，2019，6（10）：106508.

[19] Li P，Tang B，Kandalova E. Microstructure and properties of AZ91D alloy with Ca additions[J]. Materials Letters，2005，59（6）：671-675.

[20] 王峰，董海阔，王志，等. Mg-5Al-*x*Ca 合金的热裂行为[J]. 金属学报，2017，53（2）：211-219.

[21] Bai S，Wang F，Wang Z，et al. Effect of Ca content on hot tearing susceptibility of Mg-4Zn-*x*Ca-0.3Zr（x = 0.5, 1, 1.5, 2）alloys[J]. International Journal of Metalcasting，2021，15（4）：1298-1308.

[22] Zhu G，Wang Z，Qiu W，et al. Effect of yttrium on hot tearing susceptibility of Mg-6Zn-1Cu-0.6Zr alloys[J].

International Journal of Metalcasting，2020，14（1）：179-190.

[23] Wei Z，Zhou Z，Liu S，et al. Effects of Y and addition of refiners on hot tearing susceptibility of MgZn-based alloy[J]. International Journal of Metalcasting，2022，16（1）：278-290.

[24] Song J，Wang Z，Huang Y，et al. Hot tearing characteristics of Mg-2Ca-*x*Zn alloys[J]. Journal of Materials Science，2016，51（5）：2687-2704.

[25] Su X，Feng Z，Wang F，et al. Effect of pouring and mold temperatures on hot tearing susceptibility of WE43 magnesium alloy[J]. International Journal of Metalcasting，2021，15（2）：576-586.

[26] Huang H，Fu P，Wang Y，et al. Effect of pouring and mold temperatures on hot tearing susceptibility of AZ91D and Mg-3Nd-0.2Zn-ZrMg alloys[J]. Transactions of Nonferrous Metals Society of China，2014，24（4）：922-929.

[27] Shao J，Chen Z，Chen T，et al. The effect of LPSO on the deformation mechanism of Mg-Gd-Y-Zn-Zr magnesium alloy[J]. Journal of Magnesium and Alloys，2016，4（2）：83-88.

[28] Zhou X，Liu C，Gao Y，et al. Microstructure and mechanical properties of extruded Mg-Gd-Y-Zn-Zr alloys filled with intragranular LPSO phases[J]. Materials Characterization，2018，135：76-83.

[29] Cui W，Xiao L，Liu W，et al. Effect of Zn addition on microstructure and mechanical properties of Mg-9Gd-3Y-0.5Zr alloy[J]. Journal of Materials Research，2018，33（6）：733-744.

[30] 侯正全，蒋斌，王煜烨，等. 镁合金新材料及制备加工新技术发展与应用[J]. 上海航天，2021，38（3）：119-133.

[31] Li S，Li D，Zeng X，et al. Microstructure and mechanical properties of Mg-6Gd-3Y-0.5Zr alloy processed by high-vacuum die-casting[J]. Transactions of Nonferrous Metals Society of China，2014，24（12）：3769-3776.

[32] Wang J，Meng J，Zhang D，et al. Effect of Y for enhanced age hardening response and mechanical properties of Mg-Gd-Y-Zr alloys[J]. Materials Science and Engineering A，2007，456（1-2）：78-84.

[33] Wang X，Wang F，Wu K，et al. Experimental study and cellular automaton simulation on solidification microstructure of Mg-Gd-Y-Zr alloy[J]. Rare Metals，2021，40（1）：128-136.

[34] Yang Y，Liu Y，Qin S，et al. High cycle fatigue properties of die-cast magnesium alloy AZ91D with addition of different concentrations of cerium[J]. Journal of Rare Earths，2006，24（5）：591-595.

[35] Cai H，Guo F，Su J，et al. Study on microstructure and strengthening mechanism of AZ91-Y magnesium alloy[J]. Materials Research Express，2018，5（3）：036501.

[36] Boby A，Srinivasan A，Pillai U，et al. Mechanical characterization and corrosion behavior of newly designed Sn and Y added AZ91 alloy[J]. Materials & Design，2015，88：871-879.

[37] Birru A K，Karunakar D B. Effects of grain refinement and residual elements on hot tearing of A713 aluminium cast alloy[J]. Transactions of Nonferrous Metals Society of China，2016，26（7）：1783-1790.

[38] Davis T，Bichler L. Novel fabrication of a TiB_2 grain refiner and its effect on reducing hot tearing in AZ91D magnesium alloy[J]. Journal of Materials Engineering and Performance，2018，27（9）：4444-4452.

[39] Zhou Y，Mao P，Wang Z，et al. Investigations on hot tearing behavior of Mg-7Zn-*x*Cu-0.6Zr alloys[J]. Acta Metallurgica Sinica（English Letters），2017，53（7）：851-860.

[40] 李一洲. Mg-6Zn-*x*Cu-0.6Zr 合金热裂行为研究[D]. 沈阳：沈阳工业大学，2018.

[41] Liu W，Jiang B，Yang Q，et al. Effect of Ce addition on hot tearing behavior of AZ91 alloy[J]. Progress in Natural Science：Materials International，2019，29（4）：453-456.

[42] Su X，Huang J，Du X，et al. Influence of a low-frequency alternating magnetic field on hot tearing susceptibility of EV31 magnesium alloy[J]. China Foundry，2021，18（3）：229-238.

[43] Su G，Zhang L，Cheng L，et al. Microstructure and mechanical properties of Mg-6Al-0.3Mn-*x*Y alloys prepared by

casting and hot rolling[J]. Transactions of Nonferrous Metals Society of China，2010，20（3）：383-389.
[44] Liang C H，Wang S S，Huang N B，et al. Effects of lanthanum and cerium mixed rare earth metal on abrasion and corrosion resistance of AM60 magnesium alloy[J]. Rare Metal Materials and Engineering，2015，44（3）：521-526.
[45] Jin W，Song Y，Liu Y，et al. Effect of Ca on microstructure and high temperature creep properties of AM60-1Ce alloy[J]. China Foundry，2019，16（2）：88-97.

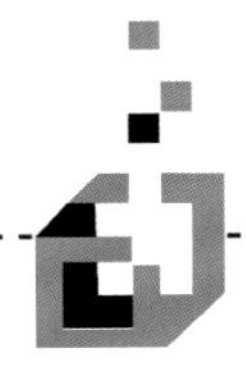

第6章 镁合金微孔缺陷及控制

6.1 引言

微孔是镁合金在凝固过程中极易出现的一类缺陷，以气孔、缩松、缩孔等类型和形态存在于铸造镁合金及其铸件产品中，对镁合金构件常规力学性能、疲劳性能和腐蚀性能等产生不同程度的危害[1-3]。

镁合金熔体浇入铸型后，铸型和环境吸热使熔体温度下降，熔体中的点阵空穴数量减少、原子间距缩短，导致镁合金熔体体积收缩。随着熔体温度继续下降，镁合金熔体从液态到固态开始凝固转变，原子间距逐步缩短，当完全凝固后继续冷却，合金原子间距进一步缩短，固态镁合金体积进一步减小[4-6]。因此，铸件在液态凝固过程和固态冷却过程中发生体积收缩。常用镁合金的结晶温度范围较宽，倾向于体积凝固或同时凝固。当液态收缩和凝固收缩之和大于固态收缩时，铸件最后凝固部位将出现孔洞。尺寸大而集中的孔洞称为缩孔，细小而分散的孔洞称为缩松。存在于镁合金熔体中的气体，若凝固结束前来不及排出熔体，将在铸件内部形成气孔。微孔缺陷会减小铸件的有效承载面积，造成应力集中，增加缺口敏感性，成为零件断裂裂纹源，使铸件的强韧性和抗疲劳性显著降低[7, 8]。本章将重点介绍本书作者团队在气孔、缩松等微孔缺陷形成过程、表征模拟和预测控制等方面的工作进展。

6.2 典型的镁合金微孔缺陷

6.2.1 气孔

镁合金的气孔缺陷按形成原因可分为卷入性气孔、析出性气孔、反应性气孔和侵入性气孔等[1]。卷入性气孔，是指在浇注过程中，因熔体扰动卷入的气体在后续凝固过程中未能从熔体中逸出而形成的气孔。析出性气孔，是指凝固过程中由于温度降低、气体溶解度下降而从合金基体中析出并残留在合金中形成的气孔。反应性气孔，主要是由镁合金和铸型中的水或介质等发生化学反应而形成的气孔。侵入性气孔，是铸型、型芯等在高温液态金属作用下产生的气体侵入熔体内部形成的气孔。气孔体积相对较大，表面较为光滑，通过肉眼或者在光学显微镜下就可清晰观察到。

气孔的数量、分布和形貌等特征与熔体中的原始气体含量密切相关。原始气体含量又与熔炼温度有关，熔炼温度越高，气体溶解度越大，凝固前沿液相中较早形成气泡的倾向性越大，气孔形貌更加接近球形。当原始气体含量较低时，气孔则易依附于缩松、缩孔在后期析出，气孔球形度降低。同时，气孔也受液态金属流态的影响，如压铸中浇注系统的位置、形状及排气道等结构布置，将直接影响液态金属填充流动情况，从而影响气孔的分布和含量。因此，设计构件浇注系统应在保证金属液良好填充的前提下，尽可能增加内浇道横截面积，降低液态金属在内浇道中的流动速度，提高液体流动的平稳性，减少气孔含量。

溶入镁合金熔体中的气体主要是氢气。镁的熔点为 650℃，镁熔体在形核凝固时随着温度的降低，氢的溶解度有明显变化，尤其在 650℃时呈急剧降低的趋势。析出的氢会以氢气的形式存在于凝固过程中固相间的剩余熔体中，由于镁合金的凝固区间较宽，合金形成缩松的倾向较大，有利于析出性气孔的形成，同时析出性气孔又会阻碍熔体的补缩，加剧合金缩松的形成[9]。

6.2.2 缩松

缩松按其形态分为宏观缩松和微观缩松（也称显微缩松）两类[10]。镁合金中的缩松大多数分布在铸件的轴线区域、缩孔附近和铸件厚壁的中心部位。宏观缩松大多数分布在铸件最后凝固部位，微观缩松一般出现在枝晶间，与微观气孔难以区分，只有在显微镜下经放大后才能观察到。

镁合金热膨胀系数较大，在凝固过程中易产生较大的收缩，但是否会形成缩松与凝固条件紧密相关。凝固收缩若能得到液相的及时补充，则可在一定程度上抑制缩松。凝固过程的补缩通道是否畅通，是决定缩松形成的关键因素。镁合金铸件大多数以糊状凝固方式进行凝固成型，当任何局部都得不到液相有效补充时，缩松将存在于镁合金凝固组织中。在凝固过程中铸件截面上，液相分数自固相面向液相面逐渐增大，可划分为三个区域：在靠近液相区的部分，固相尚未形成骨架，凝固收缩通过液相的流动和固相的运动得到补缩；在中间区，固相虽已经形成骨架，但枝晶间液相的流动通道仍是畅通的，凝固收缩可以得到液相补充；在靠近固相的区域，液相被枝晶分割、封闭，其中的残余液相凝固产生的收缩如果得不到补充就会形成缩松。因此，凝固区间越宽，枝晶越发达，被封闭的残余液相就越多，形成缩松的倾向就越严重。

影响缩松倾向的主要因素包括凝固组织形态、凝固区的宽度、凝固方式和合金液中的气体等参量[11-13]。当凝固以平面状或胞状方式沿热流方向进行时，有利于液相的补缩。相反，当凝固以发达的枝晶进行时，液相补缩比较困难。而当凝固以等轴晶方式进行时，液相补缩就更难。凝固区的宽度越大，补缩通道就越长，补缩的阻力也越大，补缩也就越困难。在低的生长速度和高的温度梯度下，可能获得胞状甚至平面状的凝固界面，有利于液相的补缩。同时，在高的温度梯度下，凝固区较窄，枝晶间距大，补缩通道短，也有利于补缩的进行。

凝固过程中液相的补缩条件还与铸件形状相关。例如，两侧同时凝固的平板铸件，当两侧生长的枝晶在铸件中心相遇时，将阻止来自顶部液相的补缩。为此，需要控制不同高度处的凝固速度，以保证补缩通道的畅通。通常，当液态合金中存在溶解的气体时，这些气体在固相中的溶解度远小于液相，因而在凝固过程中气体将析出，可能形成孔洞。枝晶间的液相凝固收缩产生的真空，需要液态金属补缩，也会加剧合金液相中气体的析出。气体析出的条件，就是析出气泡内的各种气体的分压力总和大于气泡外压力和气泡表面张力的总和。

6.2.3　缩孔

缩孔常常出现在纯金属、共晶成分合金和结晶温度范围较窄的铸造合金中，且大多数集中在铸件上部和最后凝固部位。铸件厚壁处、两壁相交处及内浇道附近等凝固较晚或凝固缓慢的部位（称为热节），也常常出现缩孔。缩孔的尺寸较大，形状不规则，表面不光滑，有枝晶脉络状凸起特征。

缩孔包括内缩孔和外缩孔两种形式，外缩孔一般在铸件外部或顶部，大多数呈漏斗状。当铸件壁厚很大时，有时出现在侧面或凹角处。内缩孔产生于铸件内部，孔壁粗糙不规则，可以观察到发达的枝晶末梢，一般为暗黑色或褐色，如果是气缩孔，其内表面为氧化色。纯金属共晶成分合金和窄的结晶温度范围的合金，在通常铸造条件下其凝固方式表现为由表及里的逐层凝固，由于其凝固前沿直接与液态金属接触，当液态金属凝固成固体而发生体积收缩时，可以不断得到液态金属的有效补充，铸件最后凝固部分得不到液态金属补充而产生缩孔，尺寸较大。

在合金凝固过程中，合金温度在液相线温度以上时，铸型吸热导致液态金属温度下降而产生液态收缩，其体积的减小可通过浇注系统进行有效补充，型腔总是充满金属液。当铸件表面的温度下降到凝固开始温度时，铸件首先凝固形成固体表面层，与内部的液态金属紧密接触。此时，内浇道已经凝固，与浇注系统之间的通道被切断。随着合金温度的进一步下降，已凝固的固体表面层产生固态收缩，使铸件外形尺寸缩小。同时，正在凝固的部分持续发生凝固收缩。内部的液体金属因温度降低产生液态收缩，并对先期的凝固收缩进行补充，液体体积缩小的宏观表现为液面下降。此时，如果液态收缩和凝固收缩造成的体积缩小等于固态收缩引起的体积缩减，则凝固外壳依然和内部液态金属紧密接触，一般不会产生缩孔。但是，如果合金的液态收缩和凝固收缩之和大于表面的固态收缩，将致使液体与顶部表面层脱离。随着冷却的不断进行，固体表面至中心部不断加厚，内部液面不断下降，当金属全部凝固后，在铸件上部形成一个倒锥形的宏观缩孔。

6.3 镁合金微孔缺陷实验表征

6.3.1 气孔

Mg-Al 系铸造镁合金是当前应用最广泛的镁合金，主要以铸造工艺进行生产。本节以铸态 Mg-30Al 合金作为研究对象，将该合金熔化后，浇铸为圆柱形铸锭试样，对其界面进行 SEM 观察，图 6-1 为气孔缺陷 SEM 图。由图可见，合金中的气孔形貌相对比较规则，周边平滑，呈现圆形或近圆形。从分布上来看，气孔集中于 α-Mg 基体和共晶组织的交界处，呈现单个或几个气孔并存的特征。此外，气孔还会与枝晶发生相互作用。气孔影响枝晶的生长，阻碍枝晶发展，枝晶会影响气体的运动，改变气孔形貌[14]。

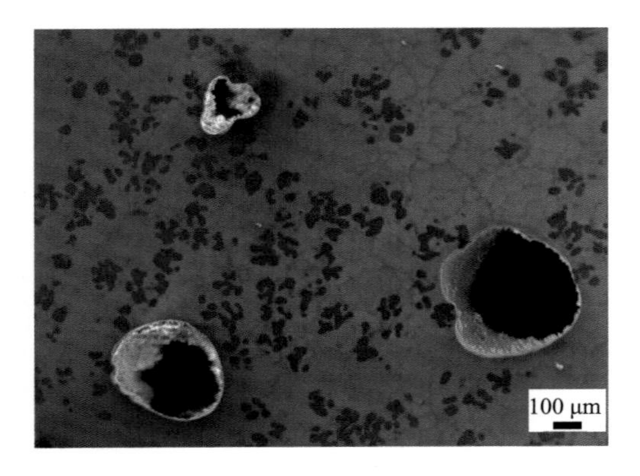

图 6-1 Mg-30 Al 合金的气孔缺陷 SEM 图

对 Mg-20Al、Mg-25Al、Mg-30Al 三种合金铸锭在不同高度处取样，测量其合金密度，结果如图 6-2 所示。其中，从取样点 1 至取样点 5 合金试样的高度逐渐增加。由图可见，三种合金的密度沿铸锭高度方向，随高度上升而逐渐递减。铸锭底部区域具有相对致密的铸态组织，随着铸锭取样高度的增加，合金试样的密度逐步降低，致密性减弱。同时，通过对不同位置试样的组织形貌进行对比，发现气孔沿铸锭高度方向的分布具有一定的规律性，在铸锭底部区域气孔数量较少，随着取样位置的升高，气孔数量增加。这是因为：一方面，位置相对靠上的熔体温度较低，气体在熔体的溶解度较小而易析出形成气泡；另一方面，气泡形成后会发生上浮，聚集在未凝固液体中，在铸锭最终凝固后而保留在铸锭上部。

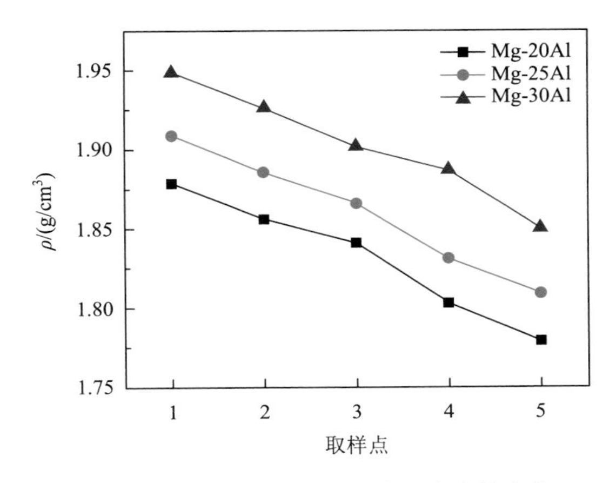

图 6-2 Mg-Al 合金不同高度处密度的变化

6.3.2 缩松

缩松是液态合金在凝固末期由于液相补缩不充分而形成的孔洞缺陷，是镁合金复杂铸件制备过程中的常见缺陷之一。图 6-3 为 Mg-5Al、Mg-10Al、Mg-15Al、Mg-20Al 四种合金的重力铸造铸锭的铸态组织 SEM 图。由图可见，四种合金均存在缩松缺陷，随着铝含量从 5%增加至 15%，合金的缩松含量逐渐增加，但当铝含量进一步增加至 20%时，缩松含量呈下降趋势。缩松均呈现暗的衬度，呈不规则形状，以岛状或连续网状形貌分布于晶界处，大多数与最后凝固形成的第二相共存。缩松的面积一般小于气孔面积，这主要是由于缩松缺陷往往形成于合金凝固末期的晶间残余液相中，残余液相的凝固收缩导致缩松缺陷的形成。

可以看出，合金元素含量不仅对缩松含量有较大影响，对缩松形貌也有很大影响。当合金元素含量较低时，缩松呈单独岛状形貌，面积分数占比较低；随着合金元素含量的增加，缩松占比增多，其形貌逐渐发生变化，由原本单一的岛状形貌转变为连续分布的网状形貌。

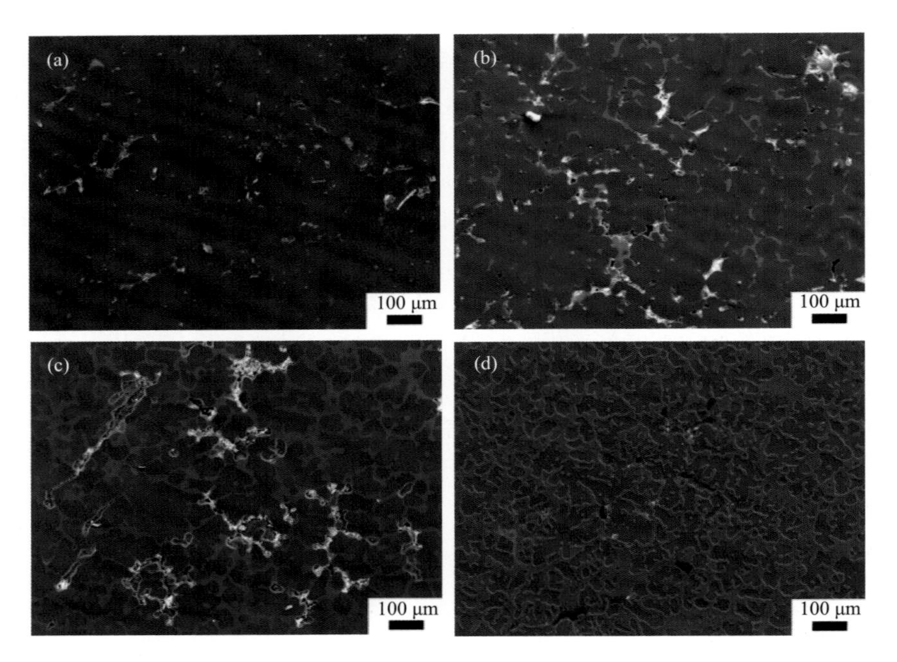

图 6-3 Mg-*x*Al 合金的缩松缺陷 SEM 图

（a）$x=5$；（b）$x=10$；（c）$x=15$；（d）$x=20$

图6-4为合金元素含量对Mg-Al合金铸锭相同部位处试样缩松率的影响规律。随着合金元素含量的增多，合金的平均缩松率首先呈现上升趋势，当合金元素含量达到某临界值后，合金缩松率开始下降；此时若继续增加合金元素含量，当到达合金的共晶成分点时，最终合金的缩松率会趋向于零。

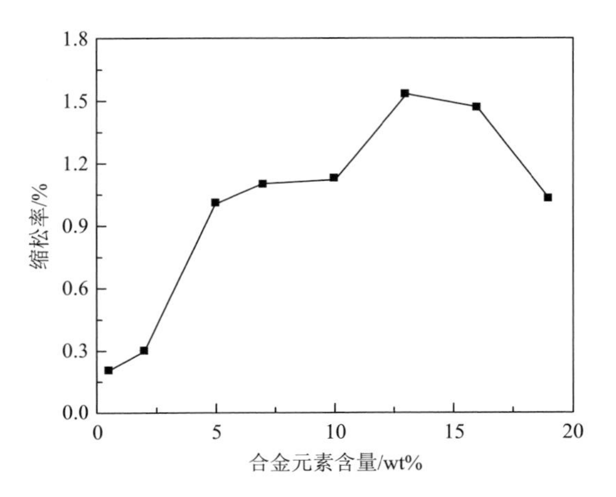

图 6-4 Mg-Al 合金缩松倾向性的演变规律

随着合金元素含量的增加，Mg-Al 合金的凝固特征将发生明显改变。图 6-5 为不同 Al 含量的 Mg-Al 合金铸锭的 DSC 曲线，对比发现，随着合金元素含量的改变，放热峰出现位置也发生明显变化。Mg-Al 合金的 DSC 曲线有两个放热峰，分别代表初生 α-Mg 形成（600℃左右）和共晶相生成（400℃左右）。当合金元素含量增加时，α-Mg 放热峰强度逐渐降低，共晶相放热峰逐渐增强，表明随着合金元素含量的增加，凝固过程中析出的 α-Mg 占比降低，合金共晶相占比逐渐增加。如前所述，缩松缺陷形成的主要原因，在于合金在冷却过程中的凝固收缩，而合金的凝固收缩往往反映了合金补缩行为的不充分。一般而言，合金中共晶相的熔点较低，其流动性优于 α-Mg，且共晶相大多数形成于合金的凝固后期。因此，合金中共晶相占比越高，其对应的补缩性能也就越优异。

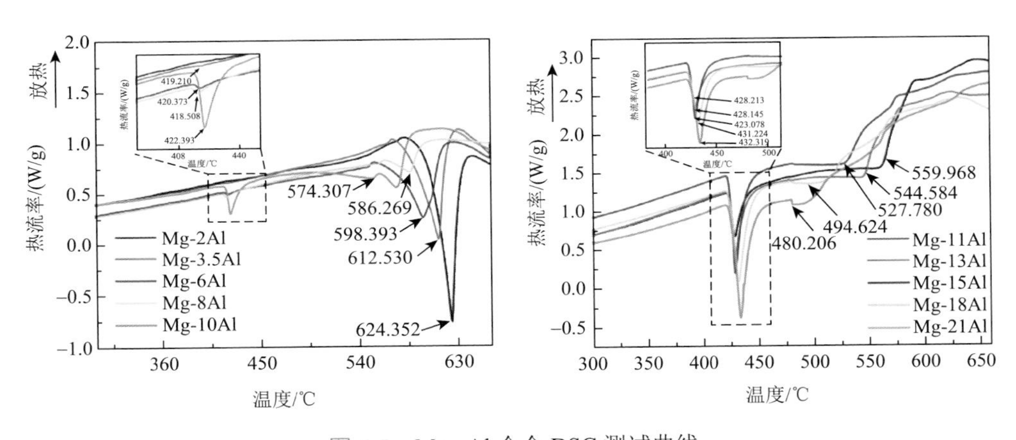

图 6-5　Mg-xAl 合金 DSC 测试曲线

通过对比不同成分 Mg-Al 合金液相线温度、固相线温度及凝固温度区间，发现随着 Al 含量增加，Mg-Al 合金的液相线温度逐渐降低、固相线温度变动幅度较小，凝固温度区间随着 Al 含量增加而降低。然而，Mg-Al 合金仍然具有较宽的凝固温度区间，凝固方式为糊状凝固，且存在较厚的糊状区域。在相对较大的流动阻力下，晶间的共晶相无法对缩松区域进行有效补缩，最终导致 Mg-Al 合金的缩松缺陷较多。因此，合金元素含量可改变合金的凝固温度区间，这在一定程度上会对缩松缺陷产生影响。

随着合金成分变化，合金的热物性参数也会发生显著变化。图 6-6 为不同成分 Mg-Al 合金的凝固温度区间，共晶温度下合金的体积收缩率和动力黏度，以及室温下合金的体积收缩率和动力黏度等热物性参数。其中 $\beta_{eut}=(\rho_{eut}-\rho_l)/\rho_l$，$\beta_s=(\rho_s-\rho_l)/\rho_l$，$\beta_{eut}$ 和 β_s 分别为合金从液相线温度降低至共晶反应温度和固相线温度时所对应的收缩率；ρ_l 为在液相线温度下合金的密度，ρ_s 为在固相线温度下合金的密度，

ρ_{eut}为在共晶反应温度下合金的密度。对比发现，随着合金元素 Al 含量的增加，Mg-Al 合金的热物性参数均发生了明显改变。例如，共晶温度下 Mg-Al 合金的收缩率、室温条件下合金的收缩率以及合金的凝固温度区间均明显降低，即与合金元素含量呈线性负相关，而动力黏度与合金元素含量保持一致，呈线性正相关。

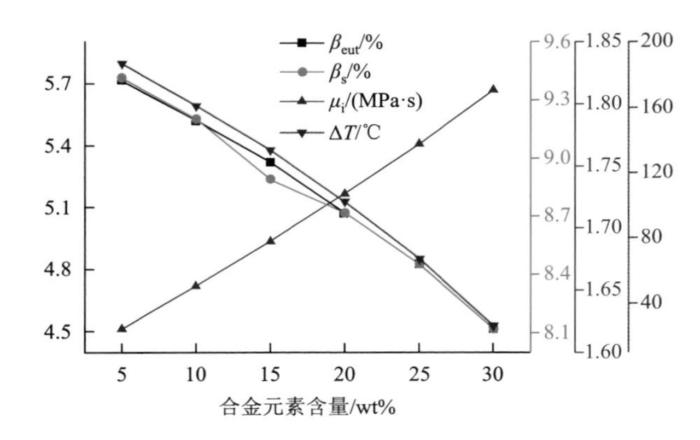

图 6-6　Mg-Al 合金热物性参数随合金元素含量的变化趋势

μ_i表示溶体的动力黏度

虽然 Mg-Al 合金的热物性参数与合金元素含量之间呈现出较为明显的线性关系，但是通过对比合金元素含量与合金缩松含量的变化趋势（合金中缩松含量呈现先增加后降低特征），可以发现合金的热物性参数，尤其是凝固温度区间，对合金缩松缺陷的影响作用并非是简单的线性相加。

此外，合金元素含量还会改变合金冷却凝固阶段的枝晶干涉点。枝晶干涉点，是合金在凝固过程中固相枝晶相互干涉搭接而形成的连续固相骨架的特征点。在合金的枝晶干涉点形成之前，液态金属具有较好的流动性和补缩性能。在合金的枝晶干涉点形成之后，已结晶的合金固相相互搭接，形成大范围的、连续的固相骨架，将残余液相分割为孤立的液态金属。此时，局部区域的补缩仅依靠分割的、孤立的液相，导致合金的补缩性能差，易产生缩松缺陷。因此，枝晶干涉点对缩松缺陷的含量及形貌等特征有重要影响。

图 6-7 为借助双热电偶装置，测得不同成分 Mg-Al 合金试样中心及边缘的冷却曲线，并根据二者冷却曲线差值计算得到合金冷却阶段中心和边缘的温度差随凝固时间的变化。其中，在中心和边缘温度差随凝固时间变化曲线（图中蓝色曲线）中，曲线的极值点即为合金冷却凝固时产生的枝晶干涉点。随着合金元素含量的增加，枝晶干涉点的形成温度逐渐降低，但对应的凝固时间逐渐增加。由于缩松缺陷的形成与合金凝固后期残余液相的补缩过程有关，因此，在其他参数相同的条件下，合金的枝晶干涉点形成越晚，其对应的缩松缺陷倾向也就越低。

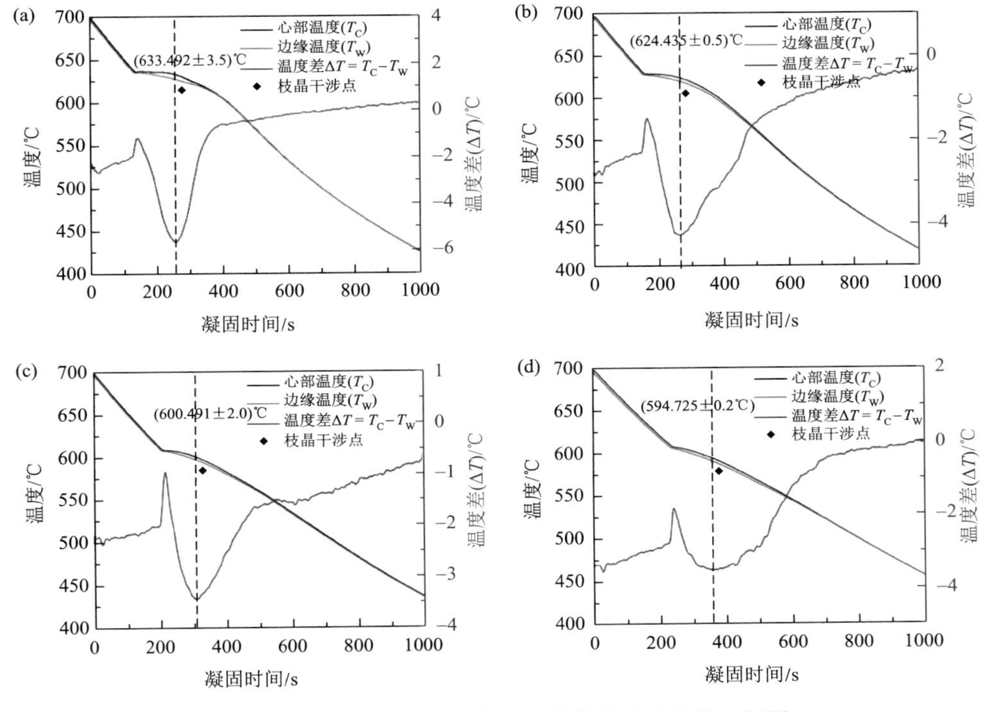

图 6-7　Mg-xAl 合金凝固枝晶的搭接温度和搭接时间图

（a）$x=2.0$；（b）$x=3.5$；（c）$x=6.0$；（d）$x=8.0$

6.4　镁合金微孔缺陷预测与模拟

6.4.1　缩松和缩孔的预测判据

缩松和缩孔均是铸造镁合金在凝固末期由于液相补缩不充分而形成的孔洞缺陷，在研究和实践中主要采用判据推导来模拟预测缩松和缩孔缺陷的形成。根据其形成机制，以温度场计算为基础，提出了 Niyama 判据、临界固相率等几种判据。

缩松缺陷的预测，主要有温度梯度法和 Niyama 判据两种。温度梯度法就是假设铸件凝固过程中液相的补缩通道为锥形液相区，该锥形液相区的锥度决定了补缩通道的畅通与否。当锥度小于某一临界值时，补缩通道被阻塞，补缩不畅，铸件中产生缩松。Niyama 判据是在温度梯度判据基础上提出的一种新的判据。Niyama 研究发现[15]，得到致密铸件所需的临界温度梯度与铸件的冷却速度密切相关，不能简单地只用温度梯度来判断铸件中是否产生缩松，而应结合温度梯度和冷却速度进行综合判断。Niyama 判据是建立在大量实验数据基础上的，如：

$$N_{\mathrm{y}}=\frac{G}{\sqrt{R_{\mathrm{c}}}}N_{\mathrm{y}}^{*} \tag{6-1}$$

式中，R_c 为冷却速度，代表补缩需求；G 是温度梯度，代表补缩供给。两者的比例能够比较全面地反映合金凝固过程中的补缩效果，即当铸件中某点的 N_y 值小于临界值 N_y^* 时，该点处就有可能产生缩松。

凝固组织对缩松也有重要影响，但 Niyama 判据没有充分考虑凝固组织特征。为此，Carlson 等[16]在 Niyama 判据基础上，引入二次枝晶臂间距、凝固收缩率等特征参数，进一步提出了无量纲 Niyama 判据，已在金属型铸造和砂型铸造 AZ91 镁合金铸件中的缩松缺陷分布预测上得到很好验证。

针对缩孔缺陷，主要有等固相率法和收缩量法两种预测判据的方法。等固相率法就是等临界固相率曲线法，用合金停止宏观流动的固相率在不同时刻对应的等值曲线分布判断缩孔位置。合金的临界固相率大小取决于凝固特性和凝固成型的方法。收缩量法是指在一段时间内计算出铸件内达到临界固相率的凝固单元的总收缩量。若总收缩量大于单元体积，则从冒口或铸件最高部位的可流动单元中减去收缩量，体现在冒口或铸件中即为缩孔。

6.4.2 熔体中气泡与障碍物的相互作用模拟

在实际生产与实践中，镁合金熔体中常常存在各种形式的气泡，一部分气泡在凝固结束时无法排出熔体，将残留在合金中而成为气孔、缩松等缺陷形式。气泡在镁合金熔体中的动力学行为较为复杂，不仅受熔体浮力、气泡与熔体表面张力等作用力影响，还会受到熔体中杂质颗粒、凝固枝晶等固体物的影响。例如，凝固过程中的枝晶组织会与气泡发生复杂的相互作用从而影响气泡运动。因此，研究铸造过程熔体中的气泡动力学行为对减少和消除气孔缺陷至关重要。然而，在镁合金铸造过程中，熔体温度高、流速较大，再加上铸造模具不透明、合金易氧化等原因，采用常规铸造实验对铸造过程中的气泡动力学行为进行直接的观察、监测和研究存在较大困难。通过数值模拟，将气泡在镁合金熔体中的动力学行为抽象为气泡在含障碍物微通道内的动力学行为，将凝固过程中的枝晶组织抽象为不同尺寸和形状的障碍物，可以对气泡和障碍物间的相互作用进行有效的定量化研究[17]。

为了提高气液界面的形状精度，此处采用相场法对镁合金熔体中的气泡动力学进行模拟研究[18, 19]。相场变量为 0 时代表液相，为 1 时代表气相，在 0～1 之间变化时代表气液界面[20, 21]。气泡初始化为球形，在计算域中心设置长方体形障碍物。沿 X-Z 中央纵截面截取障碍物，其二维截面中障碍物纵向尺寸 ver 与气泡初始直径 d_0 的比值 $\mathrm{ver}/d_0 = 1$，横向尺寸 hor 设置 6 种宽度，与气泡初始直径 d_0

的比值 hor/d_0，分别为 1/32、1/16、1/8、1/4、1/2 和 1，其中 d_0 为气泡初始直径。在计算域所有壁面和障碍物表面，对相场变量采用零诺依曼边界条件，对速度场变量采用无滑移边界条件。流动发生在液相和气相中，气泡碰到障碍物表面和壁面后发生挤压变形。

图 6-8 为不同障碍物条件下气泡演变过程的相场法模拟结果。在惯性力、黏性力和表面张力的相互作用下，气泡沿中心对称轴自底向上运动，在 hor/d_0≤1/4 时，提取 9 个时刻；当 hor/d_0＞1/4 时，因障碍物宽度较大，气泡到达障碍物附近后无法继续向上运动，提取 4 个时刻。障碍物通过影响流场分布，改变了气泡动力学。当矩形障碍物宽度 hor/d_0≤1/4 时，气泡接触障碍物后，受障碍物切割作用发生分裂，形成两个子气泡继续上升，因左右两侧流场分布存在差异，气泡具有不同的上升速度，如图 6-8（a）～（d）所示。当 hor/d_0＞1/4 时，气泡到达障碍物底部后无法继续上升，发生挤压变形，如图 6-8（e）和（f）所示。

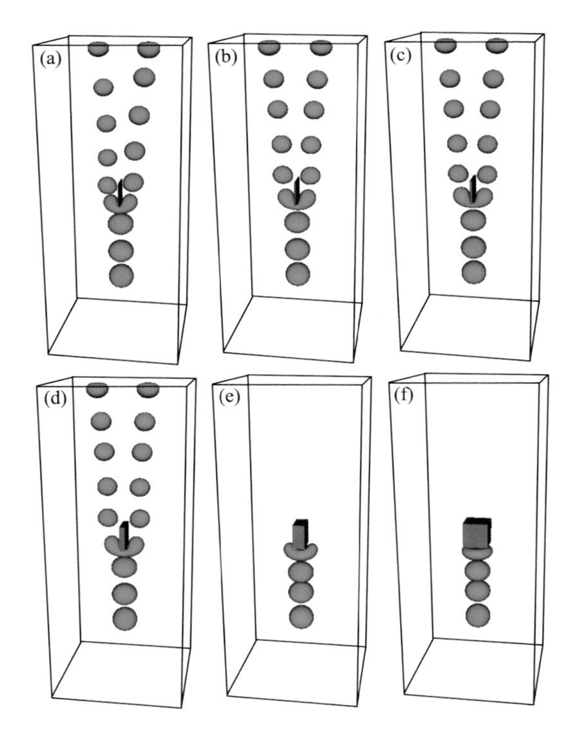

图 6-8　不同类型障碍物条件下气泡界面的演变

（a）～（f）的 hor/d_0 依次为 1/32、1/16、1/8、1/4、1/2 和 1

为了表征气泡形状的演变，引入三维形状因子 FF3 和二维形状因子 FF2 两个形状参数量化气泡形状与流场条件及障碍物几何尺寸间的关系。三维形状因子

FF3 定义为气泡实测体积与具有和气泡相同表面积的球的体积之比，表示气泡形状和球之间的相似性，取值范围 (0, 1]。三维形状因子 FF3 越接近 1，表明气泡越接近球形。其表达式为

$$\mathrm{FF3}=\frac{6V\sqrt{\pi}}{\sqrt{S^3}} \tag{6-2}$$

式中，V 为气泡的实测体积；S 为气泡的实测表面积。

二维形状因子 FF2 定义为气泡在 $y = 0.5\ Y$ 面上的横截面积与具有和气泡横截面相同周长的圆的面积之比，表示气泡横截面和圆之间的相似性，取值范围 (0, 1]。二维形状因子 FF2 越接近 1，表明气泡横截面越接近圆形。其表达式为

$$\mathrm{FF2}=\frac{4\pi A}{P} \tag{6-3}$$

式中，A 为气泡在 $y = 0.5\ Y$ 面上的横截面积；P 为气泡在 $y = 0.5\ Y$ 面上的横截周长。

图 6-9 为在计算域内设置不同类型的障碍物时，气泡的三维形状因子 FF3 和二维形状因子 FF2 随时间的变化。在气泡接触到障碍物之前，形状因子-时间曲线重合；接触到障碍物后，曲线发生较大波动。当矩形障碍物宽度 hor 与气泡初始直径 d_0 的比值 hor/d_0≤1/4 时，气泡碰到障碍物后发生分裂，分裂后的气泡表面积、横截周长等发生较大变化，在 $t/t^* = 1.1$ 时，FF3 和 FF2 出现明显下降。分裂后新形成的两个子气泡绕过障碍物后继续上升，形貌变化较小，FF3 和 FF2 出现微小波动。当 hor/d_0＞1/4 时，气泡受到障碍物阻挡无法继续上浮，在障碍物底部发生挤压变形，FF3 和 FF2 在 1.1≤t/t^*≤2.2 时出现明显波动；在后续过程中，气泡形状维持近球形，FF3 和 FF2 趋于稳定。由于气泡没有发生分裂，气泡的形状因子比 hor/d_0≤1/4 时大。

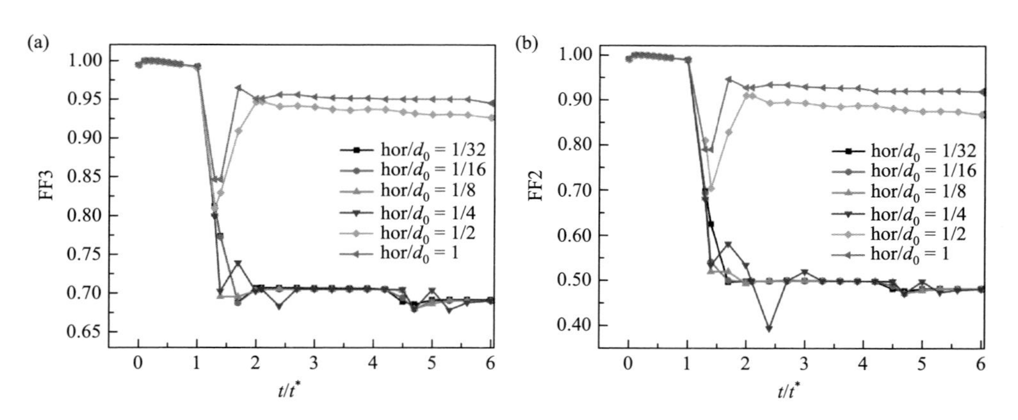

图 6-9 不同类型障碍物条件下气泡的形状参数与时间的关系

（a）三维形状因子 FF3 与时间的关系；（b）二维形状因子 FF2 与时间的关系；$t^* = 1000\ \mathrm{d}t$

图 6-10 为形状参数 FF3 和 FF2 与矩形障碍物宽度 hor 的关系。当矩形障碍物宽度 hor 较小时，气泡受到障碍物的切割作用，形状发生较大变化。hor 越小，气泡碰到障碍物后发生分裂的倾向越明显，FF3 和 FF2 越小。当矩形障碍物宽度 hor/d_0>1/4 时，气泡受到障碍物阻挡。hor 越大，阻挡作用越强，但由于气泡直径和障碍物间的相对大小，气泡变形度并不是越来越大。以图 6-8（e）为例，气泡虽然被障碍物阻挡，但碰到障碍物后会将障碍物包裹，产生比图 6-8（f）更大的变形，FF3 和 FF2 随 hor 的增大而增大。

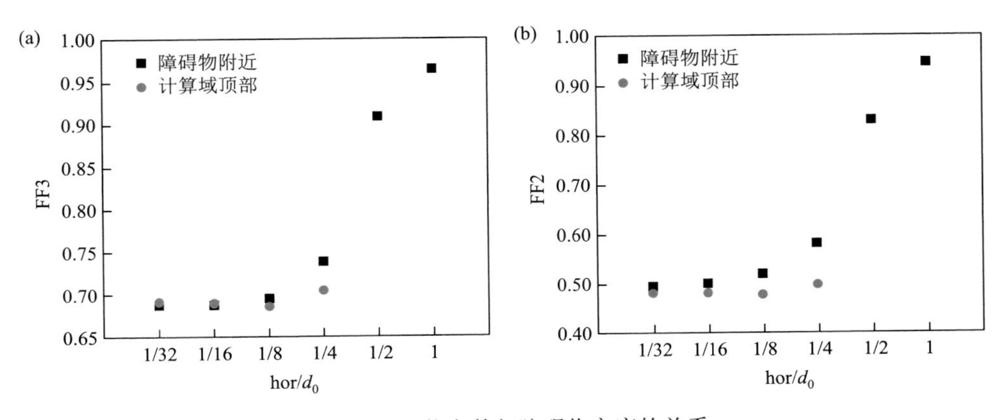

图 6-10 形状参数与障碍物宽度的关系

（a）三维形状因子 FF3 与障碍物宽度的关系；（b）二维形状因子 FF2 与障碍物宽度的关系

进一步考虑气泡在计算域顶部的变形，通过和在障碍物附近的变形进行对比，FF3 和 FF2 的值均变小，且在障碍物宽度变化时其值基本没有变化，平均值分别为 0.68 和 0.48，表明气泡碰到计算域顶部后虽会发生进一步的变形，但该变形受障碍物宽度的影响较小。

微通道中的气泡动力学与障碍物的几何尺寸有很大关系。随着障碍物宽度的增大，障碍物对气泡运动的影响由切割作用变为阻碍作用。结合图 6-8 中的气泡轮廓图及图 6-9 和图 6-10 中形状参数的变化，障碍物的切割作用会导致更大的气泡变形。这为研究凝固过程中气泡与枝晶组织间的相互作用提供了指导。以凝固过程中的自由气泡为例，枝晶尖端半径对气泡的上升过程将会产生明显影响，通过调控凝固条件，改变枝晶尺寸，将可以改变气泡从熔体中逸出的过程。

当气泡在微通道内运动时，受障碍物影响，形状发生变化，障碍物切割作用导致的气泡形状改变明显大于其阻挡作用的影响。当矩形障碍物宽度较小时，受障碍物切割作用气泡会发生分裂，障碍物宽度越小，发生分裂的倾向越明显。当矩形障碍物宽度较大时，障碍物的影响会变为阻挡作用，宽度越大，对气泡运动的阻挡作用越大。

6.4.3 气泡与枝晶间的相互作用模拟

与元胞自动机[22-24]等凝固数值模拟方法相比，相场法通过引入序参量刻画固液气三相，无须追踪相界面位置，物理机制更为严谨，在揭示凝固机制、探究组织和缺陷间的相互作用方面有着独特的优势[25, 26]。相场法基于热力学一致性和能量密度泛函理论，引入三个和为 1 的相场序参量分别表示固相、液相和气相[27, 28]。体系总能量包括体自由能和界面梯度能，固液相变由温度差和浓度差决定，气液转变由压力差控制，三相接触点满足力学平衡[29, 30]。

图 6-11 为相场法模拟的树枝状界面吞并气泡的过程（t_0 代表 200 个时间步长），图 6-11（i）为实验验证结果。由图可见，枝晶尖端碰到气泡后，通过形成固相包络层将气泡包裹。由于界面不稳定性，包络层沿径向产生凸起，与实验验证观察结果是一致的。随着枝晶的生长，从液相析出的溶质元素在枝晶臂间的液体通道富集，阻碍了包络层上枝晶的侧向生长，而沿着枝晶生长方向，在固相包络层上形成的凸起将演变成新的枝晶。由于气泡直径大于枝晶尖端直径，原有的枝晶被气泡阻挡而停止生长。气泡上部新形成的枝晶继续生长，一次枝晶臂间距的平均值减小。当气泡初始化在枝晶间的液体通道处时，捕获行为发生。图 6-12 为气泡被枝晶捕获的过程。捕获发生前，气泡对枝晶的影响很小。当捕获行为发生时，侧枝臂首先碰到气泡，然后以气泡为凝固核心，围绕气泡生长。由于气泡形貌的不稳定性，新的枝晶出现在固相包络层上，改变了枝晶网络的形状[31, 32]。

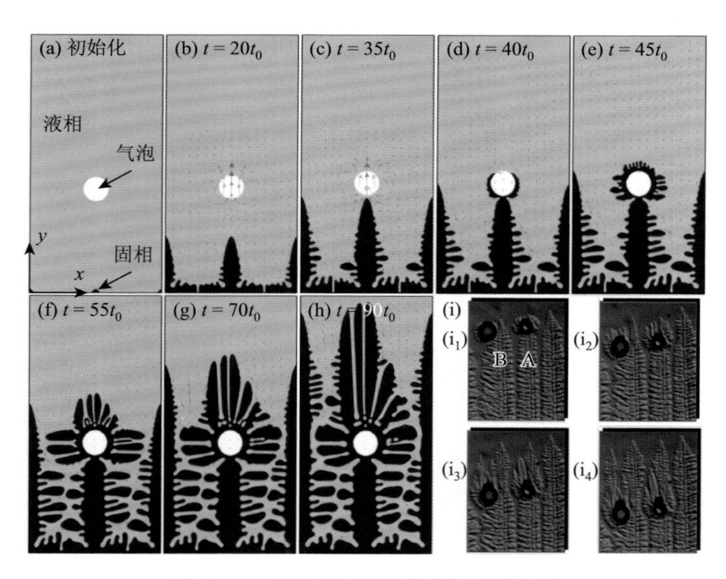

图 6-11 树枝状界面吞并气泡的过程

（a～h）不同时刻的状态；（i）图（i_1～i_4）为实验验证观察结果

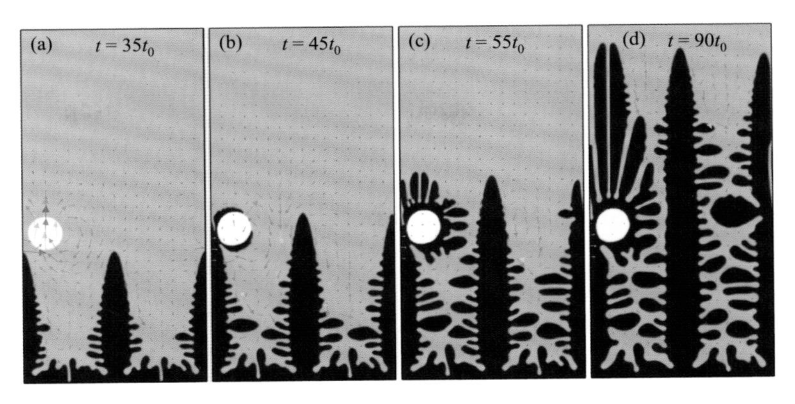

图 6-12　树枝状界面捕获气泡的过程

（a～d）不同时刻的状态

气泡位置改变造成的形貌变化可以归因于溶质浓度分布的改变。图 6-13 为沿最左侧枝晶主干的中心轴方向溶质浓度分布的对比，其中左侧插图为固液界面附近溶质浓度分布的局部放大，右侧插图为枝晶轮廓。气泡相当于合金溶质的局部真空区域，阻碍了溶质元素的扩散。在图 6-12 中，液相析出的溶质在气泡周围和最左侧枝晶尖端附近富集，而在图 6-11 中，由于气泡和最左侧枝晶尖端间距较大，气泡对最左侧枝晶的阻碍作用可以忽略。由此，$C_2 > C_1$，$th_2 > th_1$，图 6-12 中最左侧枝晶尖端前沿富集的溶质降低了过冷度，阻碍固相的生长，造成了气泡位置不同时枝晶形貌存在差异。

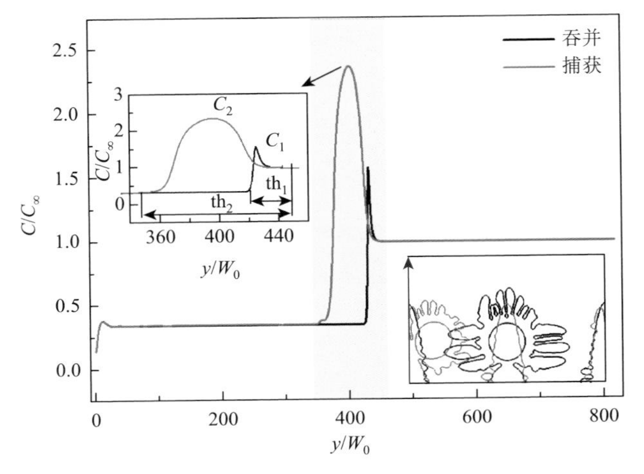

图 6-13　沿着最左侧枝晶主干中心轴方向溶质浓度分布的对比

进一步的研究表明，气泡大小及气泡和枝晶主轴臂间的相对距离，均会影响枝晶网络的演变。气泡尺寸增大后，包裹气泡后新形成的枝晶主干宽度不同，但都关于垂直中心线近似对称分布。当气泡初始化位置改变时，液体通道中会形成新的枝晶臂。如果该枝晶臂能够在随后的凝固过程中不被淹没，它将会改变平均枝晶臂间距。否则，新形成的枝晶臂将会被上部生长过快的侧枝阻挡，枝晶网络不会发生明显改变。枝晶通过吞并和捕获两种行为包裹气泡，依据就近原则和气泡发生作用，影响枝晶网络形状。进一步考虑熔体中的氢扩散以及压力的变化，气泡在上浮过程中发生膨胀和变形，碰到枝晶后，被固相阻挡停留在枝晶臂间，形貌变得不规则。典型的模拟结果如图 6-14 所示[29]。

图 6-14 多个等轴枝晶和气泡间的相互作用

（a～d）不同的时刻

固液气多相场模型应能够准确刻画三相之间的复杂交互作用。固液之间是从液相到固相的相变过程；气液之间是考虑气相体积变化的气液两相流；固气之间可以将固体认为是刚性边界，气泡碰到固相边界后，发生碰撞和挤压变形。固液之间应明确晶体表面能各向异性、曲率效应、溶质再分配，以及合金元素造成的密度偏析等物理机制。考虑气相需进一步明确大液气密度比下的气液两相流，气泡内外压力平衡导致的气泡胀缩，固相骨架中的气泡挤压变形等机制。固液气三相模型的建立为研究凝固过程中的固液气多相交互作用奠定了基础。

6.5 镁合金微孔缺陷控制

6.5.1 气孔

针对气孔形成原因不同，可以采用不同方法来减少或消除气孔。对于析出性气孔，在生产中一般采用以下三种工艺进行处理。①减少金属液中的原始气体含量。防止析出性气孔最根本的办法是减少金属液中的吸气量，如对炉料、浇注工具采取烘干、除湿等措施，控制型砂及芯砂中的水分，限制有机胶黏剂的用量等。特别是在镁合金熔铸过程中常常使用熔剂进行精炼和保护，而熔剂极易吸潮，为了防止熔剂带入水蒸气，在使用之前需要对其进行有效的烘干。②对金属液进行除气处理。对已进入金属液中的气体，可采用浮游除气、真空除气、氧化除气、熔剂除气等方法将金属液中的气体排除。在镁合金熔炼过程中，常常通入惰性气体使熔体中的有害气体进入惰性气体气泡内而被带出熔体，以达到净化熔体的目的，如图 6-15 所示。③阻止金属液中气体析出。为阻止金属液中析出性气体，可以通过提高铸件冷却速度、提高铸件凝固外压，使有害气体被固溶在合金基体中。

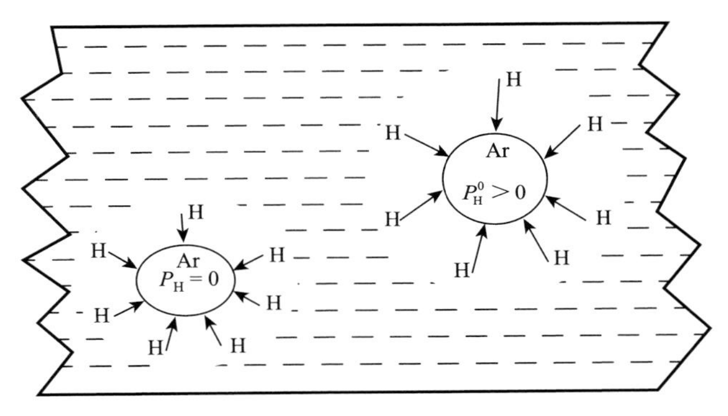

图 6-15 镁合金熔体中的氢向外来的惰性气体迁移示意图

对于侵入性气孔，一般可以采用以下四种方式进行处理。①控制侵入性气体的来源。严格控制型砂和芯砂中发气物质的含量和湿型的水分。干型应保证烘干质量，并及时浇注。冷铁或芯铁应保证表面清洁、干燥。浇口杯和冒口圈应烘干后使用。②控制砂型的透气性和紧实度。砂型的透气性越差、紧实度越高，侵入性气孔的产生倾向越大。在保证砂型强度的前提下，应尽量降低其紧实度。采用面砂加粗背砂的方法是提高砂型透气性的有效措施。③提高砂型和砂芯的排气能力。铸型上扎排气孔帮助排气，保持砂芯排气孔的畅通，铸件顶部设置出气冒口，以及采用合理的浇注系统等。④适当提高浇注温度。提高浇注温度可使侵入气体有足够的时间排出，浇注时应控制浇注高度和浇注速度，保证液态金属平稳地流动和充型。

对于反应性气孔，可以采用以下五种方式进行处理。①严格控制金属液中强氧化性元素的含量。②适当提高浇注温度，降低凝固速度，有利于气体排出，减少气孔。③采取烘干、除湿等措施，防止和减少气体进入液态金属。严格控制砂型水分和透气性，避免铸型返潮，重要铸件可采用干型或表面烘干型。采用树脂砂时应选用氮含量低的树脂。④合理设计浇注系统，尽量保证金属平稳进入铸型内，减少金属液的氧化。⑤为防止金属液氧化，在砂型中添加还原性的碳质附加物，如加入煤粉等或采用树脂涂料，以增加砂型内还原性气氛，使界面处形成一层保护膜，也可减少和防止反应性气孔的产生。

6.5.2 缩松和缩孔

对于缩松和缩孔缺陷，依据实际情况采用工艺优化和调整来进行控制。调整镁合金熔体浇注温度和浇注速度，加强顺序凝固和同时凝固。采用高温慢浇工艺，能增加铸件的纵向温差，有利于实现顺序凝固原则。通过多个内浇道低温快浇，可减少纵向温差，有利于实现同时凝固原则。铸型的激冷能力越大，铸件凝固区域越窄，缩孔及缩松尺寸就越小。这是因为铸型激冷能力越大，越易形成边浇注边凝固的条件，使金属的收缩在较大程度上被后浇入的金属液所补充，使实际发生收缩的液态金属量减少。

使用冒口、补缩和冷铁是防止缩松和缩孔最有效的工艺措施。冒口一般设置在铸件厚壁或热节部位，其尺寸应保证铸件被补缩部位最后凝固，并能提供足够的金属液以满足补缩的需要。此外，冒口与被补缩部位之间必须有补缩通道。冷铁和补缩与冒口配合使用，可以形成人为的补缩通道及末端区，从而延长冒口的有效补缩距离。冷铁还可以加速铸件厚壁局部热节的冷却，实现同时凝固。加压补缩法是防止产生缩松的有效方法。该法是将铸件放在具有较高压力的装置中，使铸件在压力下凝固，以消除缩松，获得致密铸件。加压越早，压力越高，补缩效果越好。对于致密度要求高而缩松倾向大的铸件，通常需采用加压补缩法。

在实际应用中，大多数镁合金产品是采用铸造方法制备加工，包括砂型铸造、压铸、金属型铸造、消失模铸造等。无论采用何种铸造工艺，铸造产品都难免产生气孔、缩松和缩孔等微孔缺陷，这些微孔缺陷会造成凝固组织的不致密，严重影响镁合金力学性能的稳定性。微孔缺陷的存在也不利于后续的热加工和冷加工，降低镁合金构件成品率。致密的凝固组织是优质镁合金铸件与铸锭的主要标准之一。因此，微孔缺陷的控制是铸造镁合金生产应用中的一个关键问题，如何合理预防和控制，对抑制镁合金微孔缺陷生成至关重要。

参考文献

[1] 吴树森，柳玉起. 材料成形原理[M]. 北京：机械工业出版社，2019.
[2] 马幼平，许云华. 金属凝固原理及技术[M]. 北京：冶金工业出版社，2008.
[3] 胡汉起. 金属凝固原理[M]. 北京：机械工业出版社，2000.
[4] 柳百成，荆涛. 铸造工程的模拟仿真与质量控制[M]. 北京：机械工业出版社，2001.
[5] 张昂. 铝合金多物理场凝固组织和氢气孔演变的相场建模研究[D]. 北京：清华大学，2020.
[6] 周波. 铸造高强耐热 GW63K 镁合金组织性能、疏松缺陷表征与调控[D]. 合肥：中国科学技术大学，2021.

[7] 李吉林. 铸造 Mg-Y-Gd(-Nd)系镁合金的凝固路径、凝固组织及铸造缺陷形成机理[D]. 北京：中国科学院大学，2014.

[8] Li J L，Ma Y Q，Chen R S，et al. Effects of shrinkage porosity on mechanical properties of a sand cast Mg-Y-Re（WE54）alloy[J]. Materials Science Forum，2013，747-748：390-397.

[9] Lee S G，Gokhale A M. Formation of gas induced shrinkage porosity in Mg-alloy high-pressure die-castings[J]. Scripta Materilia，2006，55（4）：387-390.

[10] Barbagallo S. Shrinkage porosity in thin walled AM60 HDPC magnesium alloy U-shaped box[J]. International Journal of Cast Metals Research，2004，17（6）：364-369.

[11] Li X，Xiong S M，Guo Z. Correlation between porosity and fracture mechanism in high pressure die casting of AM60B alloy[J]. Journal of Materials Science & Technology，2016，32（1）：54-61.

[12] Zhou B，Meng D H，Wu D，et al. Characterization of porosity and its effect on the tensile properties of Mg-6Gd-3Y-0.5Zr alloy[J]. Materials Characterization，2019，152：204-212.

[13] Lee P，Chirazi A，See D. Modeling microporosity in aluminum-silicon alloys：a review[J]. Journal of Light Metal，2001，1（1）：15-30.

[14] 苏东泊. 铸造镁铝合金气孔缺陷及气泡动力学模拟研究[D]. 重庆：重庆大学，2022.

[15] Niyama E，Uchida T，Morikawa M，et al. A method of shrinkage prediction and its application to steel casting practice[J]. International Journal of Metalcasting，1982，9：52-63.

[16] Carlson K D，Beckermann C. Prediction of shrinkage pore volume fraction using a dimensionless Niyama criterion[J]. Metallurgical and Materials Transactions A，2009，40（1）：163-175.

[17] 张昂，李闯名，苏东泊，等. 气孔缺陷及含障碍物的气泡动力学三维相场模拟研究[J]. 铸造技术，2022，43（10）：863-868.

[18] Zhang A，Su D，Li C，et al. Investigation of bubble dynamics in a micro-channel with obstacles using a conservative phase-field lattice Boltzmann method[J]. Physical Fluids，2022，34（4）：043312.

[19] Zhang A，Su D，Li C，et al. Three-dimensional phase-field lattice-Boltzmann simulations of a rising bubble interacting with obstacles：shape quantification and parameter dependence[J]. Physical Fluids，2022，34（10）：103301.

[20] Zhang A，Du J，Guo Z，et al. Conservative phase-field method with a parallel and adaptive-mesh-refinement technique for interface tracking[J]. Physical Review E，2019，100（2）：023305.

[21] Zhang A，Guo Z，Wang Q，et al. Three-dimensional numerical simulation of bubble rising in viscous liquids：a conservative phase-field lattice-Boltzmann study[J]. Physical Fluids，2019，31（6）：063106.

[22] Rappaz M，Gandin C A. Probabilistic modeling of microstructure formation in solidification processes[J]. Acta Metallurgica et Materialia，1993，41（2）：345-360.

[23] Atwood R C，Lee P D. Simulation of the three-dimensional morphology of solidification porosity in an aluminium-silicon alloy[J]. Acta Materialia，2003，51（18）：5447-5466.

[24] 朱鸣芳，汤倩玉，张庆宇，等. 合金凝固过程中显微组织演化的元胞自动机模拟[J]. 金属学报，2016，52（10）：1297-1310.

[25] Zhang A，Jiang B，Guo Z，et al. Solution to multiscale and multiphysics problems：a phase-field study of fully coupled thermal-solute-convection dendrite growth[J]. Advanced Theory Simulations，2021，4（3）：2000251.

[26] Steinbach I，Pezzolla F，Nestler B，et al. A phase field concept for multiphase systems[J]. Physica D，1996，94（3）：135-147.

[27] Meidani H. Phase-field modeling of micropore formation in a solidifying alloy[D]. Lausanne：École Polytechnique

Fédérale de Lausanne，2013.

[28] Carré A，Böettger B，Apel M. Phase-field modelling of gas porosity formation during the solidification of aluminium[J]. International Journal of Materials Research，2010，101（4）：510-514.

[29] Zhang A，Guo Z，Jiang B，et al. Multiphase and multiphysics modeling of dendrite growth and gas porosity evolution during solidification[J]. Acta Materialia，2021，214：117005.

[30] 张昂，郭志鹏，蒋斌，等. 合金凝固组织和气孔演变相场模拟研究进展[J]. 中国有色金属学报，2021，31（11）：2976-3009.

[31] Zhang A，Du J，Zhang X，et al. Phase-field modeling of microstructure evolution in the presence of bubble during solidification[J]. Metallurgical and Materials Transactions A，2020，51（3）：1023-1037.

[32] Zhang A，Guo Z，Wang Q，et al. Multiphase-field modelling of hydrogen pore evolution during alloy solidification[J]. IOP Conference Series Materials Science and Engineering，2020，861：012021.

第7章

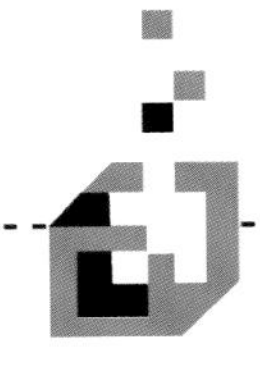

镁合金大型复杂铸件的制备及应用

7.1 引言

围绕碳达峰、碳中和和节能减排目标，传统燃油汽车和新能源汽车、轨道交通、航空航天、建筑等领域对轻量化需求十分迫切。根据美国能源部数据，车辆质量减少 10%，可使燃油经济性提高 6%～8%；汽车行驶 20 万 km，能实现二氧化碳减排近 8 t/辆。商用飞机减重相同质量带来的经济效益是汽车的近 100 倍，军用飞机的轻量化效益又是商用飞机的 10 倍，更重要的是轻量化带来的机动性能提高可极大提高战斗机的战斗力和生存能力。镁合金构件密度低，在等刚度条件下，采用镁代替钢可减重 60%以上；在等强度条件下，镁代替钢可减重 70%以上，代替铝可减重 30%以上。因此，镁合金构件，尤其是镁合金铸件在汽车、轨道交通、航空航天等领域得到了越来越多的应用[1-4]，产生了很好的轻量化效果。

经过近 20 年的发展，中小型镁合金铸件，如汽车方向盘、中控支架等汽车零部件，高铁座椅骨架等轨道交通零部件，直升机尾减机匣等航空航天铸件，已实现批量生产和规模化应用[5, 6]。随着碳达峰、碳中和和节能减排目标的深入推进，以及镁合金材料与工艺装备的升级换代，中小型镁合金铸件正逐步向大型和超大型铸件转变。很多关键的汽车镁合金构件正在向“超大尺寸化”“结构一体化”“功能集成化”方向发展。集成化的超大镁合金铸件的轻量化效果将更加显著、生产效率更高，已成为镁合金汽车零部件和航空航天构件未来发展的重要趋势。目前批量应用的镁合金汽车零部件通常采用压铸工艺生产，航空航天大型复杂铸件一般采用重力铸造工艺生产。本章将介绍镁合金大型复杂铸件的设计和制备基础，镁合金大型汽车零部件压铸技术及其应用，以及镁合金大型航空航天构件铸造技术及其应用等方面的研究进展。

7.2 镁合金大型复杂铸件设计与制备基础

当前正在开发和应用的大型镁合金铸件，主要包括电池包壳体、后地板、后掀背门、仪表盘支架、直升机主减机匣、大型环件等，主要应用于节能和新能源汽车，以及航空航天领域。这些铸件大多数具有结构复杂、尺寸大的特点，在镁合金大型复杂铸件制备过程中，为了提高铸件制备效率和产品质量，通常从结构-性能一体化设计、铸造工艺优化、铸件成型与制备、铸件应用验证四个方面开展研发工作。

在结构-性能一体化设计方面，镁合金大型复杂铸件空间跨度大、几何结构复杂、热节多、薄壁且壁厚不均匀，导致服役应力分布复杂；铸件的不同部位对材料强度、塑性提出了不同的要求；加之铸件充型顺序复杂、流动距离长、冷却不均匀，导致镁合金铸件易形成缩松、热裂、冷隔等严重缺陷。若简单沿用现有大型复杂铸件的空间结构、模具和浇注系统，将导致缺陷多、性能不达标。因此，在大型复杂铸件设计制备过程中，需要在深入揭示金属镁特性和充分掌握大型铸件铸造要求的基础上，通过基于几何约束-载荷条件-非均匀材料属性的结构拓扑优化和仿真研究，多次迭代的结构设计及受力校核，模拟受力薄弱区的服役性能演变，揭示大规格镁合金构型优化过程中应重点克服的薄弱区设计准则。在此基础上，将铸件空间结构、模具和浇注系统与材料综合性能充分结合，从镁合金的材料特性和工艺特性出发，结合模具结构优化，并在开展大型铸件设计时充分考虑镁合金的工艺特性以实现大型铸件结构-性能一体化设计。

在铸造工艺优化方面，针对应用需求，应该首先提取镁合金大型复杂铸件的典型特征结构，设计开发特征试件。采用数值模拟与仿真，研究铸造充型过程流场、溶质场、温度场、应力场的演变特征，研究铸造工艺参数对铸造缺陷的影响规律。通过重力铸造/压铸实验，研究不同铸造工艺参数下的微观组织、缺陷、力学性能，分析缩松、热裂、冷隔、夹杂等缺陷分布特征和形成规律，研究热处理对重力铸造特征试件力学性能的影响规律，建立晶粒尺寸、第二相与力学性能的对应关系。将数值模拟与铸造实验相结合，建立特征试件的铸造工艺参数-组织-缺陷-性能之间的关系，形成镁合金大型复杂铸件的铸造缺陷判据，提出铸件缺陷与性能调控措施，建立镁合金大型复杂铸件成型过程中的组织和缺陷调控准则，为镁合金大型复杂铸件的制备奠定工艺基础。

在铸件成型与制备方面，在前述特征铸件研究基础上，采用数值模拟研究材料特性-结构参数-工艺参数与温度场、应力场、缺陷的对应关系，初步优化得到模具结构、浇注系统、铸造工艺参数。进一步开展镁合金大型复杂铸件的铸造/压铸实验，分析镁合金大型复杂铸件典型部分的组织、缺陷、几何尺寸精度特征，结合凝固溶质场、温度场和热应力数值模拟，揭示铸件凝固组织和缺陷的形成机制，获得镁合金大型复杂铸件的缺陷控制准则。进一步研究镁合金大型复杂铸件典型部位的力学行为，建立工艺参数-缺陷特征-综合性能的映射关系，获得优化的铸造工艺参数。最终突破性能均匀性调控和高质量的镁合金大型复杂铸件的制备技术，实现外形、组织、缺陷和性能的有效调控和镁合金大型复杂铸件的高效制备。

在铸件应用验证方面，测试典型工况条件下镁合金大型复杂铸件特征部位的拉伸、疲劳、腐蚀等使用性能，分析其断裂、腐蚀等失效行为特征。需要开发镁合金大型复杂铸件质量和性能的评价体系与测试验证技术。采用 X 射线探伤等测试铸件的缺陷，依据大型复杂铸件的应用场景测试其服役性能，如测试车用大型复杂铸件的抗碰撞、NVH（噪声、振动和声振粗糙度）、耐腐蚀等性能，开展航空航天用大型复杂铸件的静力测试等，并完成镁合金大型复杂铸件的轻量化评价，推动镁合金大型复杂铸件的示范应用和规模化应用。

7.3 镁合金大型汽车零部件压铸技术及应用

迄今欧洲已研制出 60 多种镁合金汽车零部件，美国和加拿大研制出 100 多种镁合金汽车零部件，我国也已开发了 50 多种镁合金汽车零部件。大众、奥迪、通用、福特、沃尔沃、奔驰、宝马和保时捷等主要汽车品牌均大量使用镁合金零部件，包括方向盘骨架、仪表盘支架、座椅骨架、前端模块、中控支架、显示屏支架、转向锁、空调支架等，我国的重庆长安、比亚迪、奇瑞、东风、一汽等自主品牌汽车也逐渐使用镁合金零部件，产生了很好的轻量化效果，同时也显著提升了汽车整车的综合性能和品质。特别是最近几年新能源汽车的迅猛发展，对汽车轻量化和镁合金零部件提出了越来越多的需求。

镁合金汽车零部件具有薄壁、大空间等结构特征，目前主要用于内饰件等非主承力构件，加之镁合金具有较好的压铸特性，因此，镁合金车用构件基本上采用高压压铸工艺制备，具有流程短、生产效率高、成本低等特点。

镁合金汽车零部件主要是替代铝合金或钢铁构件，而镁合金与铝、钢之间存在很大的材料特性差异，简单的材料替换达不到轻量化效果，并且无法满足整车的更高服役要求。因此，在镁合金零部件制备加工之前，需要对镁合金零部件进行再设计。图 7-1 为常用的镁合金车用零部件的再设计与制造流程图。在整车性能和结构要求基础上，明确镁合金零部件的技术条件，确定零部件宏观结构和材料要求，通过数值模拟进行工艺分析和计算机辅助工程（CAE）分析，确定材料种类和构件几何尺寸，进行零部件的模具制造，试生产零部件，进行零部件力学和使用性能评估，最终确定零部件材料种类、几何结构、工艺参数等。

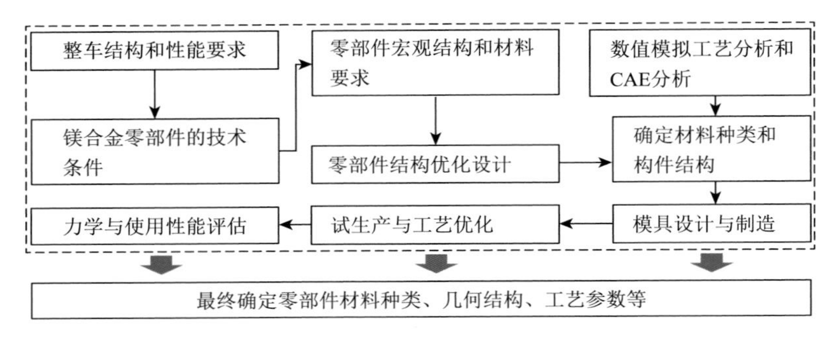

图 7-1 基于整车性能的镁合金汽车零部件开发

7.3.1 汽车零部件压铸用镁合金材料

目前大规模生产的汽车零部件的镁合金材料主要为 ISO-MgAl5Mn、ISO-MgAl6Mn 和 ISO-MgAl9Zn1(A)三种合金，对应常用牌号为 AM50A、AM60 和 AZ91。依据国际标准 ISO 16220:2017，这三种镁合金材料的化学成分和压铸态力学性能分别见表 7-1 和表 7-2。AZ91 合金的强度高于 AM50 和 AM60 合金，但其塑性低于 AM50 和 AM60 合金。汽车零部件在选材时，需要依据零部件对材料性能的要求，选取合适的镁合金材料。

表 7-1 常用压铸镁合金化学成分（wt%）

合金材料	Al	Zn	Mn	Si	Fe	Cu	Ni	Mg
ISO-MgAl5Mn	4.4～5.3	≤0.30	0.26～0.60	≤0.08	≤0.004	≤0.008	≤0.001	余量
ISO-MgAl6Mn	5.5～6.4	≤0.30	0.24～0.50	≤0.20	≤0.004	≤0.008	≤0.001	余量
ISO-MgAl9Zn1(A)	8.5～9.5	0.35～0.90	0.15～0.50	≤0.08	≤0.004	≤0.025	≤0.001	余量

表 7-2 常用压铸镁合金力学性能

合金材料	状态	屈服强度/MPa	抗拉强度/MPa	延伸率/%
ISO-MgAl5Mn	压铸态	110～130	180～230	5～20
ISO-MgAl6Mn	压铸态	120～150	190～250	4～18
ISO-MgAl9Zn1(A)	压铸态	140～170	200～260	1～9

随着汽车零部件的升级换代及更多的轻量化和功能需求，对镁合金材料提出了新的需求。为此，重庆大学等高校和科研院所开发了一批新型压铸镁合金材料，

例如，AM50Q、AZ81-Ce、AZ81-Sb 等系列压铸镁合金，具有优异的压铸特性和力学性能，为高性能镁合金汽车零部件制备与生产提供了很好的材料基础。此外，随着新能源汽车的迅猛发展，也对压铸镁合金的导热、电磁屏蔽、阻燃等功能特性提出了新的要求。

7.3.2　汽车典型零部件结构设计

依据整车对零部件的技术要求，开展零部件的结构设计。通常采用数值模拟软件进行零部件结构的初步设计，再通过 CAE 分析和工艺分析优化结构设计。下面以汽车仪表盘支架为例，介绍压铸汽车仪表盘支架的结构设计过程。

基于汽车厂商对某型仪表盘支架的技术要求，初步设计了如图 7-2 所示的带浇注系统的汽车仪表盘支架。采用 2500 t 压铸系统和一模双件，以保证产品质量和生产效率。仪表盘支架的宏观尺寸为：长 1400 mm、宽 500 mm、高 310 mm，几何尺寸较大，多为变截面和曲面造型，凸起结构多，壁厚分布不均匀，是典型的复杂压铸件。

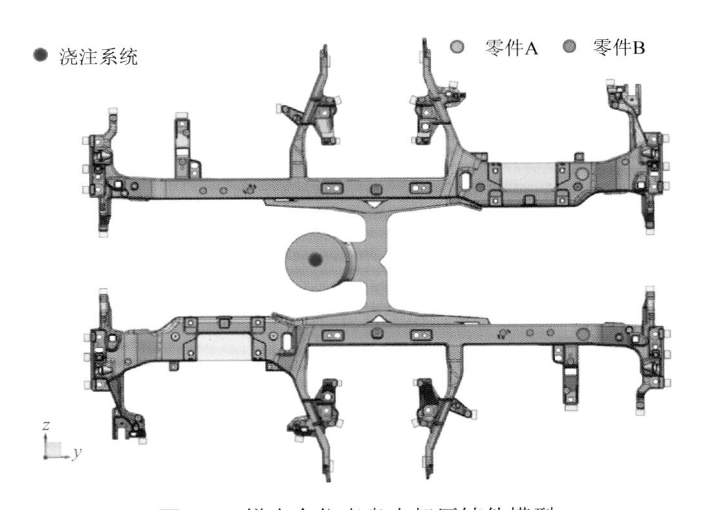

图 7-2　镁合金仪表盘支架压铸件模型

通过 UG 软件的壁厚分析可知，仪表盘支架的平均壁厚约为 2.4 mm。仪表盘支架压铸工艺采用侧面浇注形式，对型腔冲击较弱，排气性能较好，铸件上下部位温差小，有利于补缩，是生产中广泛应用的工艺模式。通过 UG 软件将仪表盘支架零件与浇注系统、排溢系统模型进行求和运算，并导出“.prt”格式的 UG 部件，以便后续的网格划分及数值模拟运算。

采用 ProCAST 的 Visual Mesh 模块进行网格划分（图 7-3），其中浇注系统的网格尺寸为 5 mm，零件网格尺寸为 1.5 mm，体网格数量约为 340 万个。压铸件材料选择 AM50Q，压铸模具材料为 H13，模具类型选择虚拟模具，模具和铸件的换热系数设置为 3000 W/(m²·K)，模具外表面换热条件为空冷。初始压铸工艺：浇注温度 680℃、模具预热温度 200℃、压射速度 6 m/s。在上述条件下进行 CAE 和工艺分析。

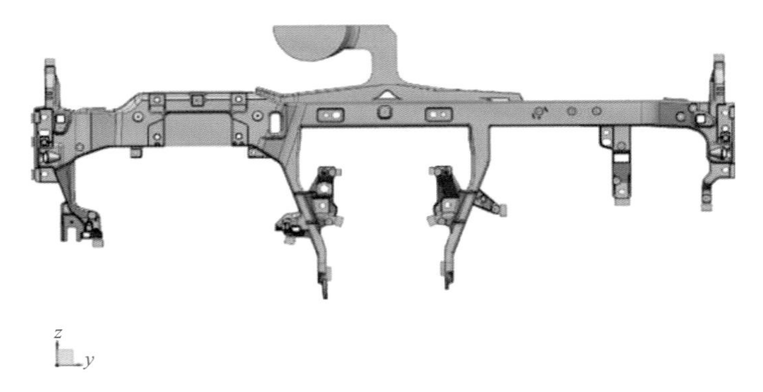

图 7-3　镁合金仪表盘支架压铸件的 1/2 模型

1. 压铸过程模拟

图 7-4 为镁合金汽车仪表盘支架的压铸充型流程图。由图可见，当充型至 30%时，金属液流动至内浇口，准备开始填充压铸模型腔；当充型至 50%时，中间存在一些区域未及时填充，可能存在卷气情况；当充型至 60%时，中间区域充型完成；当充型至 80%时，中间两侧肋板支架充型完成；当充型至 90%时，左右两侧高塔区域充型完成，只剩下部分外侧溢流槽还未填充。整个充型过程需要 0.053 s，充型基本平稳。

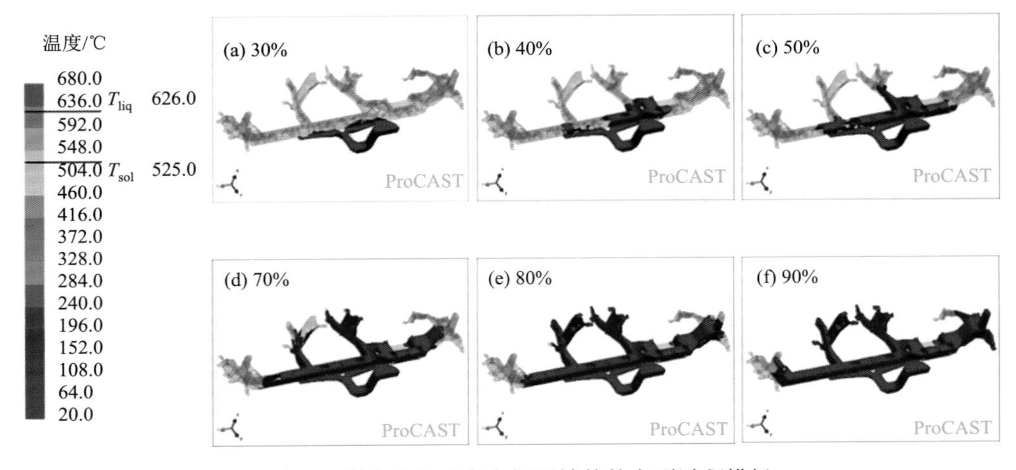

图 7-4　镁合金仪表盘支架压铸件的充型过程模拟

图 7-5 为镁合金汽车仪表盘支架的压铸凝固过程模拟分析。可以看出，仪表盘支架压铸件的凝固顺序基本遵循由远及近，最远端结构优先凝固，中间两侧支架随后也开始凝固，凝固过程经过 22.5 s 完成。中间两侧肋板支架的薄厚相接区域以及薄区圆角较大区域容易出现裂纹等缺陷，从模拟结果来看，薄厚连接处凝固要晚于周围区域，易造成局部应力集中，从而导致裂纹的产生。

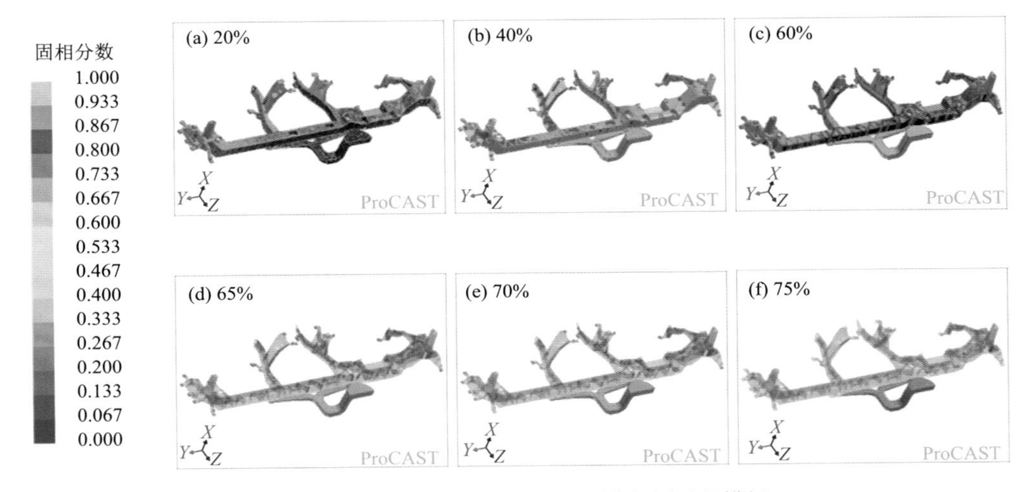

图 7-5　镁合金仪表盘支架的压铸凝固过程模拟

图 7-6 为镁合金汽车仪表盘支架压铸凝固过程中的等效应力模拟结果。可以看出，仪表盘支架零件多处存在应力集中，有可能导致裂纹或缩孔缺陷的形成。

图 7-6　镁合金仪表盘支架压铸件的应力分布模拟分析

镁合金仪表盘支架铸件的平均壁厚约为 2.5 mm，薄壁压铸件存在多处圆角以及薄厚相接区域，这些区域易发生应力集中。另外，由于结构优化和轻量化减重，仪表盘支架中间支架的背部区设计了结构加强筋（厚度约为 1 mm），薄厚相接区域多且壁厚不均匀，从而导致仪表盘支架多处存在应力集中。

2. 压铸缺陷模拟与预测

在压铸零部件设计过程中，也需要对其缺陷进行预测，从而有针对性优化和改善。压铸产品的主要缺陷包括卷气、缩孔、热裂等。图 7-7 为镁合金仪表盘支架压铸充型过程中的卷气情况预测。由图可知，在该工艺条件下，镁合金仪表盘支架充型过程基本良好，但在仪表盘支架两侧远端区域存在一定的卷气问题。其中，左侧远端卷气问题较严重，卷气量约为 0.004 g/cm^3。

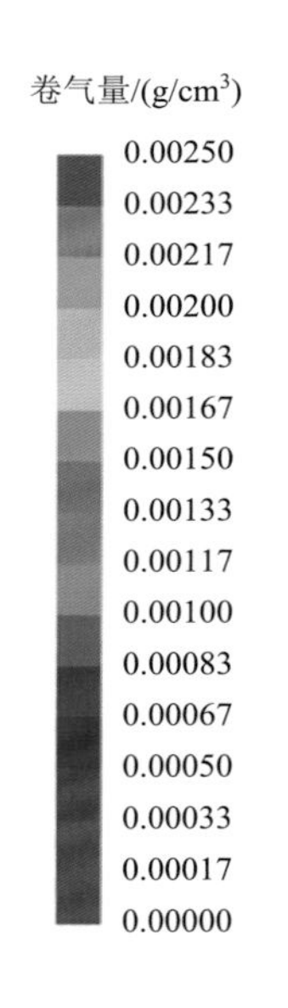

图 7-7　镁合金仪表盘支架压铸过程的卷气模拟预测

一般而言，压铸充型时熔融金属液流动性太低会引起浇不足问题。通过 ProCAST 的 Misrun Sensitivity 模块，可以对仪表盘支架压铸过程中浇不足问题进行预测，如图 7-8 所示。由图可知，在该工艺条件下仪表盘支架两侧远端区域可能存在较为严重的浇不足问题。图 7-9 为通过 ProCAST 中 Total Shrinkage Porosity 模块进行的缩孔预测结果。缩孔是常见的压铸工艺缺陷，通常是由于浇注系统设计不合理或压铸工艺参数选取不当。

由图 7-9 可以发现，缩孔主要出现在仪表盘支架的远端区域和厚大区域。由于这些区域内部存在孤立液相区，凝固收缩过程得不到金属液的及时补充，从而形成了缩孔。通过测量可得，缩孔体积为 2.3980 cm^3，约占仪表盘支架零件体积的 5%。可知，缩孔缺陷占比较大，应适当控制缩孔在铸件中的比例，以避免其对铸件质量造成严重影响。

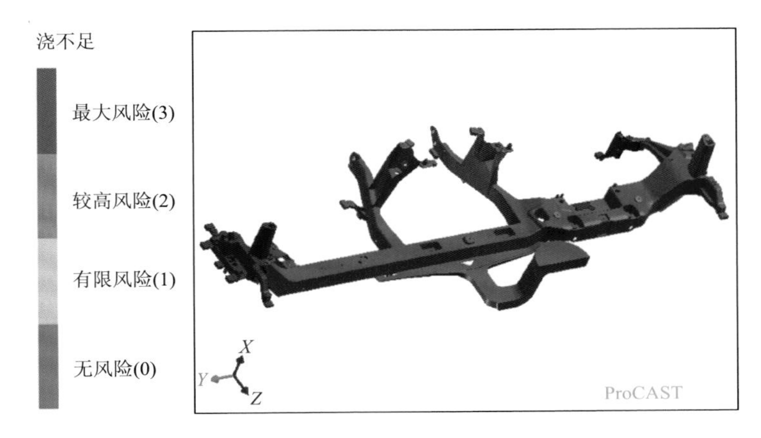

图 7-8　镁合金仪表盘支架压铸过程的浇不足预测

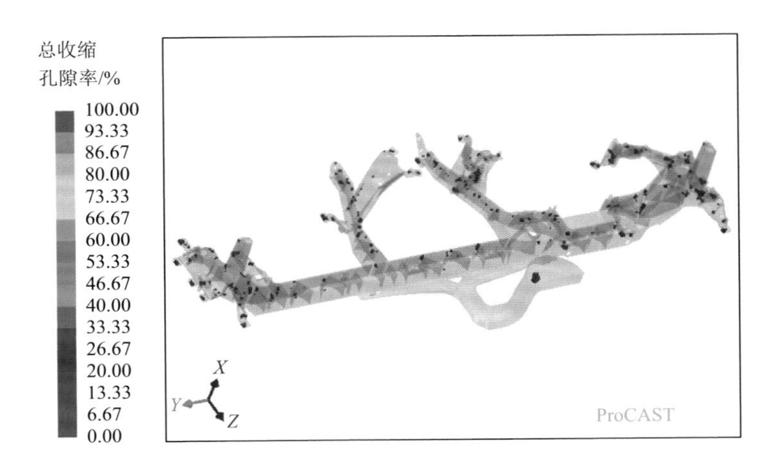

图 7-9　镁合金仪表盘支架压铸过程的缩孔预测

镁合金汽车仪表盘支架压铸件在冷却凝固过程中，结构复杂、壁厚不均、冷却条件不一致导致压铸件凝固收缩应力分布不均，易产生裂纹等缺陷。通过 ProCAST 软件对镁合金仪表盘支架压铸凝固过程的应力分布进行求解，利用 HTI 模块对凝固过程中仪表盘支架各区域热裂倾向性进行预测。

图 7-10 为该工艺条件下镁合金汽车仪表盘支架压铸件的热裂缺陷预测结果。由图可见，镁合金仪表盘支架压铸件多处存在热裂倾向。热裂可能出现的位置主要分布于薄厚相接区域和圆角过渡区域，如中间支架区域的厚壁区域和背部加强筋连接处等，这些区域均存在一定的应力集中。而其他区域的热裂倾

向性较低，无明显的应力集中。镁合金仪表盘支架部分区域热裂倾向性较大，应重点关注。

图 7-10　压铸过程中镁合金仪表盘支架的热裂预测

综上所述，镁合金仪表盘支架在压铸充型过程中基本遵循由近及远的顺序填充原则，但仪表盘支架远端溢流口附近存在一定的卷气现象及浇不足问题。镁合金仪表盘支架在压铸凝固过程中由远及近进行凝固，但薄壁区域优先凝固，厚壁区域最后凝固。镁合金仪表盘支架多处区域冷却不均匀，导致多处区域存在应力集中，且厚大区域存在一定数量的孤立液相，缩孔和裂纹缺陷较为严重。因此，需要进一步优化压铸工艺参数，以提高铸件产品质量。

7.3.3　汽车典型零部件压铸工艺优化及缺陷控制

采用响应面法（response surface methodology，RSM）建立响应面回归模型，优化镁合金汽车零部件的压铸工艺参数。通过 Design-Expert 软件进行响应面实验设计，采用 Box-Behnken 实验设计方法，共计 17 组实验，如表 7-3 所示，其中包含 5 组相同水平的实验用于检验模型的重复性。

表 7-3　RSM 参数表及结果统计

序号	A（浇注温度）/℃	B（模具预热温度）/℃	C（压射速度）/(m/s)	Y1（充型时间）/s	Y2（HTI）	Y3（缩孔率）/%
1	700	200	8	0.0419	0.2291	2.9766
2	680	180	8	0.0402	0.2520	2.7381
3	660	200	4	0.0780	0.2009	2.2305
4	680	180	4	0.0815	0.2467	2.5237
5	680	200	6	0.0539	0.2291	2.3980

续表

序号	A（浇注温度）/℃	B（模具预热温度）/℃	C（压射速度）/(m/s)	Y1（充型时间）/s	Y2（HTI）	Y3（缩孔率）/%
6	680	200	6	0.0528	0.2318	2.3308
7	680	220	4	0.0796	0.2281	1.8470
8	660	220	6	0.0546	0.2097	1.7634
9	700	200	4	0.0798	0.2512	2.8471
10	680	220	8	0.0386	0.2121	2.1400
11	660	180	6	0.0517	0.2479	2.4284
12	700	180	6	0.0526	0.2662	3.1100
13	680	200	6	0.0526	0.2328	2.2735
14	680	200	6	0.0537	0.2251	2.2810
15	660	200	8	0.0386	0.2338	2.3241
16	680	200	6	0.0517	0.2287	2.3918
17	700	220	6	0.0531	0.2464	2.7019

1. 充型时间

对于压铸过程充型时间（Y1）而言，二阶响应面回归模型拟合效果较好。为了提高模型精度，将二阶回归方程中的不显著项剔除以简化模型，得到优化后的二阶响应面回归方程。对优化后的回归模型进行有效性检验及显著性分析，结果表明该模型的可靠性好。复相关系数及其修正值分别为 0.9937 和 0.9928，表明模型具有较好的有效性，可用于充型时间的结果分析和预测。

为了更直观地理解三种压铸工艺参数对充型时间的交互影响，基于响应面模型得到了响应面图和等高线图。图 7-11 为多因素交互作用对镁合金压铸充型时间（Y1）的影响。由图可知，压射速度（C）对充型时间有显著的影响，即压射速度越大，充型时间越短；而其他两个工艺参数对充型时间影响程度相对压射速度（C）较弱，根据浇注温度（A）与模具预热温度（B）交互图来看，充型时间的等高线在浇注温度（A）方向上变化程度更明显，故浇注温度（A）对充型时间影响更大。因此，压铸工艺参数对充型时间（Y1）的影响程度由大到小依次为：C（压射速度）＞A（浇注温度）＞B（模具预热温度）。在仅考虑充型时间的情况下，可以选择最大的压射速度，以获得最短的充型时间。而模具预热温度和浇注温度可在保证质量的同时，选择较低温度的压铸工艺，以减少成本和能耗。通过 Design-Expert 软件的 Optimization 模块进行寻优求解可得，较优压铸工艺参数组合为：浇注温度 660℃、模具预热温度 180℃、压射速度 8 m/s。

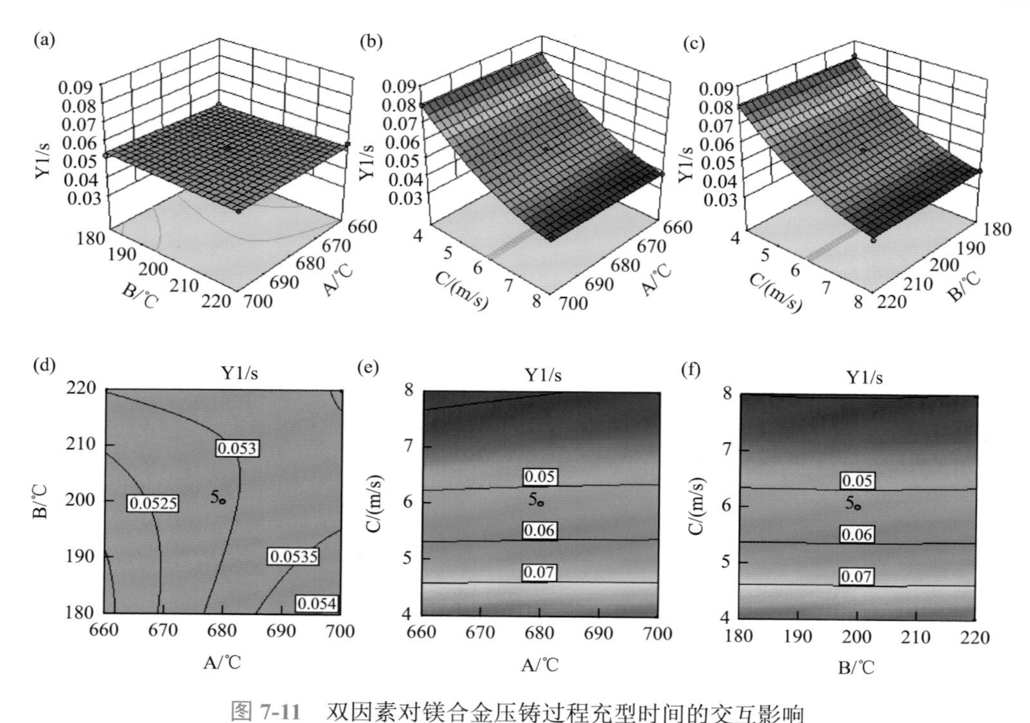

图 7-11 双因素对镁合金压铸过程充型时间的交互影响

（a）A-B 响应面图；（b）A-C 响应面图；（c）B-C 响应面图；（d）A-B 等高线图；（e）A-C 等高线图；（f）B-C 等高线图

2. 热裂倾向性

对于铸件热裂指数 HTI（Y2）而言，二阶响应面回归模型拟合效果较好。对模型进行检验表明模型可靠性好；复相关系数及其修正值分别为 0.9767 和 0.9468，表明模型有效。为了更直观地理解三种压铸工艺参数对压铸件的热裂指数 HTI 的交互影响，基于响应面模型得到了响应面图和等高线图。图 7-12 为两因素之间的交互作用对铸件热裂指数 HTI（Y2）的影响。由图可知，随着浇注温度（A）的增加和模具预热温度（B）的降低，Y2 呈增大趋势（红色区域），反之则逐渐降低至最小区域（蓝色区域）。

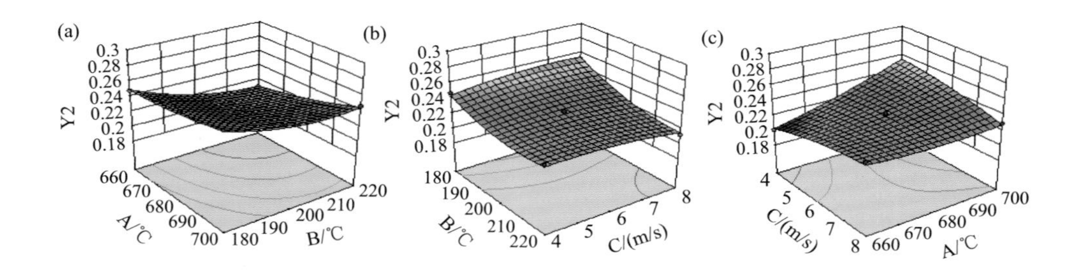

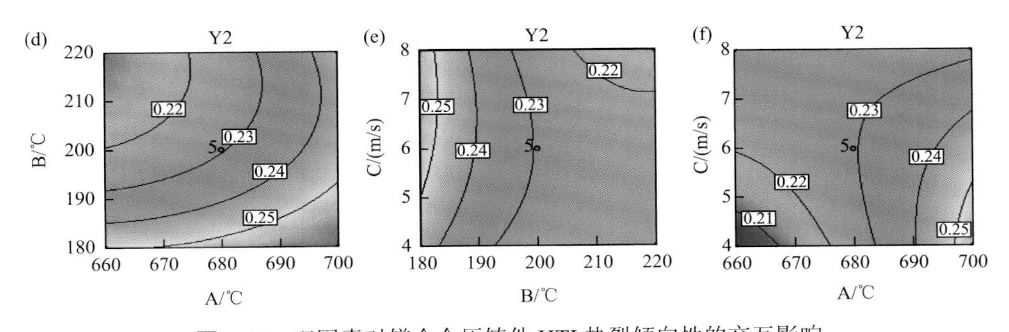

图 7-12　双因素对镁合金压铸件 HTI 热裂倾向性的交互影响

（a）A-B 响应面图；（b）B-C 响应面图；（c）A-C 响应面图；（d）A-B 等高线图；（e）B-C 等高线图；（f）A-C 等高线图

由于压射速度（C）会导致 Y2 先增加随后降低，故压射速度（C）与其他因素的交互作用并非呈线性影响。对于压射速度（C）与模具预热温度（B）对热裂指数 HTI（Y2）的作用，Y2 取值最小的区域位于 C 为 7～8 m/s、B 为 210～220℃。对于压射速度（C）与浇注温度对热裂指数 HTI（Y2）的作用，Y2 取值最小的区域位于 C 为 4～6 m/s、A 为 660～680℃。从等高线也可以看出各因素对热裂指数 HTI（Y2）的影响程度：从浇注温度（A）与模具预热温度（B）的交互作用等高线可以看出，B 侧的等高线相比 A 侧更加密集，故模具预热温度（B）比浇注温度（A）对 Y2 的影响程度更大。同理，A 侧的等高线相比 C 侧更加密集，故浇注温度（A）比压射速度（C）对热裂指数 HTI（Y2）影响程度更大。故压铸工艺参数对响应指标 Y2（热裂指数 HTI）的影响程度由大到小依次为：B（模具预热温度）＞A（浇注温度）＞C（压射速度）。通过 Design-Expert 软件的 Optimization 模块进行寻优求解可得，较优压铸工艺参数组合为：浇注温度 660℃、模具预热温度 214.509℃（取整 215℃）、压射速度 4 m/s。

3. 缩孔率

对于压铸件缩孔率而言，二阶响应面回归模型拟合效果较好。对改进后的 R3 模型进行有效性检验及显著性分析，表明模型可靠性好；复相关系数及其修正值分别为 0.9610 和 0.9480，表明模型具有较好的有效性，可用于缩孔率的分析和预测。为了更直观地理解三种压铸工艺参数对缩孔率（Y3）的交互影响，基于响应面模型得到了响应面图和等高线图。图 7-13 为两因素之间的交互作用对缩孔率（Y3）的影响。随着浇注温度（A）的降低和模具预热温度（B）的增加，缩孔率（Y3）呈减小趋势（蓝色区域），反之则逐渐增加至最大区域（红色区域）；而随着模具预热温度（B）和压射速度（C）的降低，缩孔率（Y3）呈减小趋势（蓝色区域），但压射速度（C）对缩孔率（Y3）影响较弱。对于压射速度（C）与浇注温度对缩孔率（Y3）的作用，Y3 取值最小的区域位于 C 为 4～

6 m/s、A 为 660～670℃；对于压射速度（C）与模具预热温度（B）对缩孔率（Y3）的作用，Y3 取值最小的区域位于 C 为 4～6 m/s、B 为 210～220℃。从等高线可以看出各因素对缩孔率（Y3）的影响程度：从模具预热温度（B）与压射速度（C）的交互作用等高线可以看出，B 侧的等高线相比 C 侧更加密集，故模具预热温度（B）比压射速度（C）对 Y3 的影响程度更大；同理，A 侧的等高线相比 B 侧更加密集，故浇注温度（A）比模具预热温度（B）对 Y3 的影响程度更大。故压铸工艺参数对缩孔率（Y3）的影响程度由大到小依次为：A（浇注温度）＞B（模具预热温度）＞C（压射速度）。从显著性分析也可以发现，三种因素均对缩孔率（Y3）有显著的影响。通过 Design-Expert 软件的 Optimization 模块进行寻优求解可得，较优压铸工艺参数组合为：浇注温度 660℃、模具预热温度 220℃、压射速度 4 m/s。

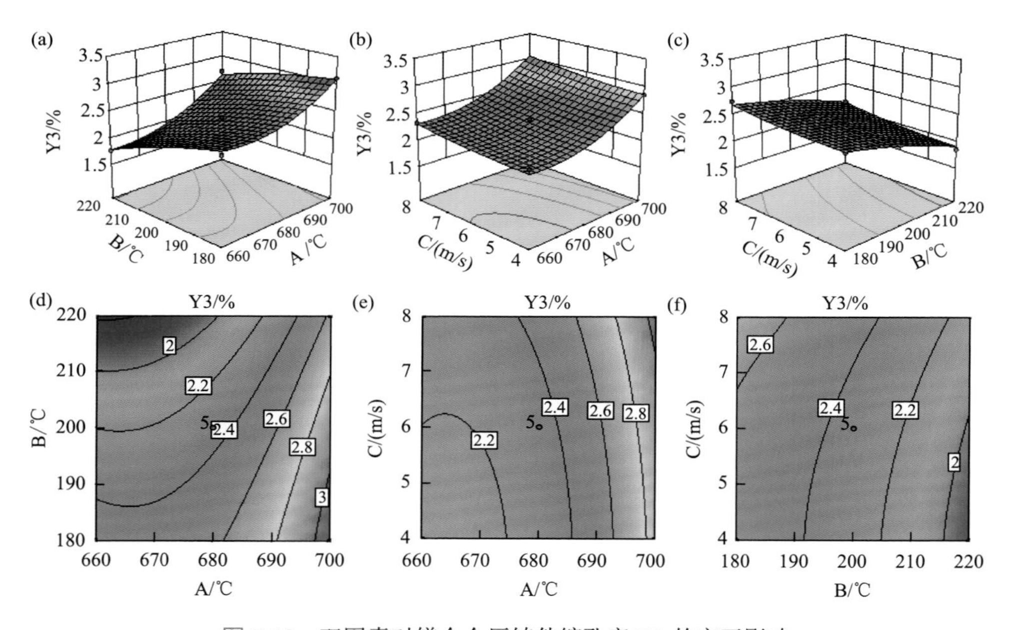

图 7-13　双因素对镁合金压铸件缩孔率 Y3 的交互影响

（a）A-B 响应面图；（b）A-C 响应面图；（c）B-C 响应面图；（d）A-B 等高线图；（e）A-C 等高线图；（f）B-C 等高线图

4. 优化后的压铸工艺参数

通过 ProCAST 软件对响应面模型求解获得的最优压铸工艺进行模拟验证，并与响应面模型结果进行对比，如表 7-4 所示。可以看出，响应面模型预测结果与 ProCAST 软件模拟结果之间的误差较小，故响应面模型在一定程度上可以进行镁合金仪表盘支架（CCB）的缺陷预测和工艺优化。

表 7-4　预测结果与模拟结果的对比

目标	组合	Y1/s	Y1′/s	Y2	Y2′	Y3/%	Y3′/%	误差保留/%
最优参量（Y1）	[660 180 8]	0.0383	0.0399	0.2639	0.2650	2.5956	2.3223	4.18
最优参量（Y2）	[660 215 4]	0.0799	0.0797	0.1804	0.1983	1.8353	1.6133	9.92
最优参量（Y3）	[660 220 4]	0.0795	0.0797	0.1822	0.1990	1.4794	1.5383	3.98

注：Yn 为 ProCAST 软件模拟结果；Yn'为响应面模型预测结果。

通过以上响应面实验结果的综合分析，对于充型时间而言，压铸工艺参数对其影响程度由大到小依次为：压射速度、浇注温度、模具预热温度，其中压射速度对其影响非常显著，而浇注温度和模具预热温度对其影响可以忽略。通过对响应面模型求解，获得了最优工艺水平为：浇注温度 660℃、模具预热温度 180℃、压射速度 8 m/s。对于热裂倾向性而言，压铸工艺参数对其影响程度由大到小依次为：模具预热温度、浇注温度、压射速度，其中模具预热温度和浇注温度对其影响显著，且模具预热温度影响程度更大，而压射速度对其作用有限。通过对响应面模型求解，获得了 AM50 镁合金仪表盘支架高压压铸的最优工艺水平：浇注温度 660℃、模具预热温度 215℃、压射速度 4 m/s。对于缩孔率而言，压铸工艺参数对其影响程度由大到小依次为：浇注温度、模具预热温度、压射速度，其中模具预热温度和浇注温度对其影响显著，且浇注温度影响更大，而压射速度对其作用有限。通过对响应面模型求解，获得了 AM50 镁合金仪表盘支架高压压铸的最优工艺水平：浇注温度 660℃、模具预热温度 220℃、压射速度 4 m/s。

7.3.4　汽车典型零部件制备

1. 模具制造

经过零部件结构的 CAE 和工艺优化后，得到压铸模具的结构模型图，如图 7-14 所示。压铸模具分为定模和动模，其中动模每次随着压射杆一起运动。从图 7-14（b）可以看出，绿色部分代表汽车仪表盘支架，紫色部分代表浇注系统，灰色部分代表模具。模具结构确定后，采用 H13 模具钢加工成压铸模具。

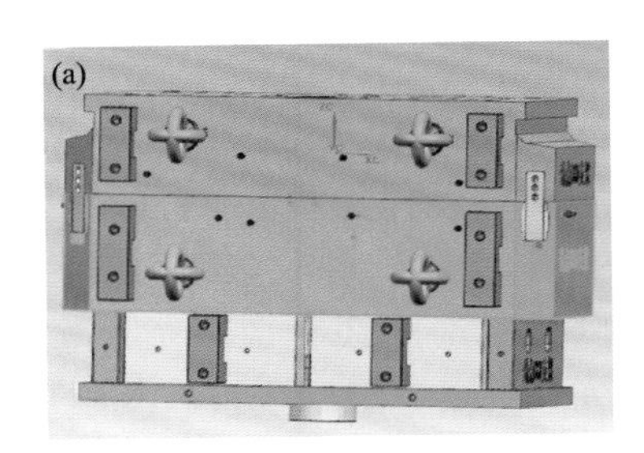

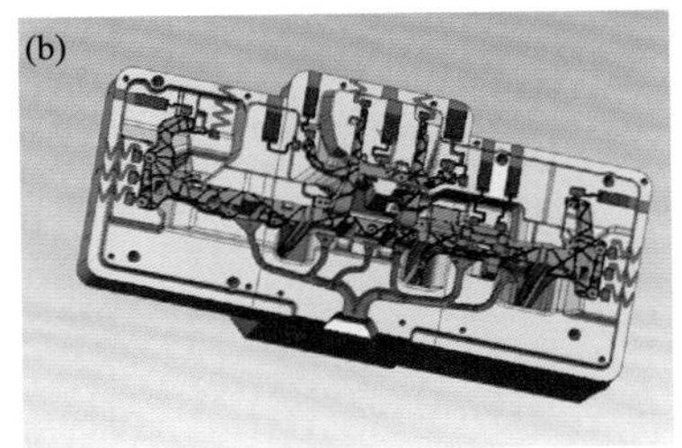

图 7-14　某型汽车仪表盘支架模具结构图

（a）模具装配图；（b）单侧模具

图 7-15 所示为某型汽车仪表盘支架压铸模具一侧实物，可以看到这款汽车仪表盘支架是采用一模两件的方式进行压铸。浇口位于两个零件的中间，为了加强零件远端的补缩，设计了多个横浇道。

图 7-15 汽车仪表盘支架压铸模具实物

图 7-16 镁合金汽车仪表盘支架

（a）带浇注系统；（b）去除浇注系统

2. 典型构件试生产

采用某型 2500t 压铸机进行镁合金汽车仪表盘支架的压铸试生产，所用合金为 AM50A，压铸工艺参数设置为：浇注温度 660℃，模具预热温度 220℃，压射速度 4 m/s。获得的样件如图 7-16 所示。对试生产的样件进行外观检查，确认合格后去除铸件分型处和铸件周边的毛刺、飞边以及浇注系统余料等，如图 7-16（b）所示。可以看出，汽车仪表盘支架棱角分明，表面平整光滑，没有明显的裂纹、冷隔、缩孔等缺陷问题，质量良好。

3. 典型构件质量与性能表征

依据整车对仪表盘支架的技术要求，对生产的镁合金汽车仪表盘支架开展成分分析、组织表征、孔隙率和刚度、强度、管柱浸入负载、侧向加载等服役性能表征。

采用 X 射线衍射仪确定镁合金仪表盘支架的内部质量，通过金相显微镜和扫描电镜进一步确定特征位置的微观组织、空洞类缺陷、夹杂缺陷、裂纹缺陷等。镁合金汽车仪表盘支架的裂纹和夹杂等缺陷详见第 5 章。

通常委托具有资质的第三方检测机构对生产的镁合金仪表盘支架零部件进行刚度、强度、管柱浸入负载、侧向加载等服役性能测试表征。图 7-17 为采用线性液压作动器对前述镁合金汽车仪表盘支架在三个不同方向进行刚度测试现场图。按照标准，在三个方向分别以 50 N/s 的速度加载至 1000 N，加载完成后，获得载荷-位移曲线及载荷 500 N 下的位移，并计算镁合金仪表盘支架在三个方向的刚度值。依据测试结果判定镁合金仪表盘支架的刚度是否符合整车对仪表盘支架的刚度要求。

图 7-17　汽车仪表盘支架刚度测试

（a）轴向加载；（b）垂向加载；（c）侧向加载

在评估镁合金仪表盘支架强度时，沿其轴向、垂向、侧向分别加载，其加载速度为 500 N/s，轴向加载至 10 kN，垂向加载至 5 kN，侧向加载至 2.5 kN。加载完成后获得载荷-位移曲线，并得到最大载荷和最大载荷下位移，据此判断镁合金仪表盘支架是否符合设计要求。通常而言，还要求加载过程中仪表盘支架不发生断裂，最大应力不超过抗拉强度。

在评估侧向加载时，在镁合金仪表盘支架的驾驶员侧施加加载力，加载至样品断裂，其加载速度为 5000 N/s，得到力-位移曲线。同时，得到加载至断裂时的最大力，观察发生失效的原因。图 7-18 为某汽车仪表盘支架侧向加载至 20575.59 N 后，样品右侧横梁断裂后的照片，红色圆圈标注了断裂位置。从图可知，前围支架与横梁上端、下端左侧连接点开裂，右侧围上端圆弧处开裂，前围支架开裂，右侧围变形，右侧底板支架变形。最终依据加载至断裂的最大力是否满足要求判定样件是否合格。

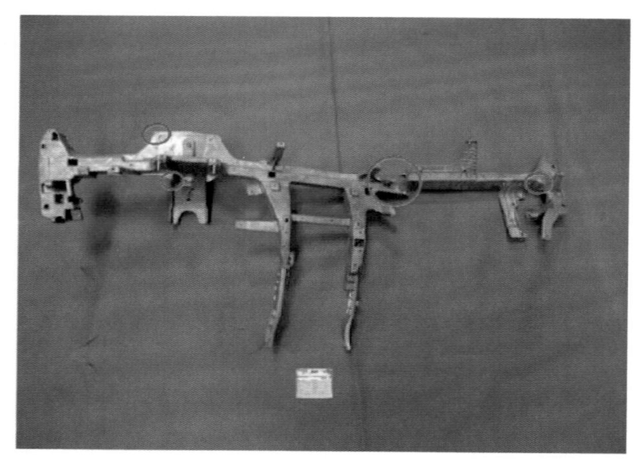

图 7-18 汽车仪表盘支架侧向加载断裂后的照片

在进行侵入负载评估时，在仪表盘支架与转向管柱连接处加载正面侵入载荷，如图 7-19 所示，加载至样品断裂，其加载速度为 5000 N/s，得到力-位移曲线。同时得到加载至断裂时的最大力，观察发生失效的原因。通过断裂的最大力评判是否符合设计要求。

图 7-19 镁合金汽车仪表盘支架侵入负载测试图

如果在检测过程中，仪表盘支架的刚度、强度、侧向加载、正向加载等未达到整车设计的要求，则需要分析原因并进一步优化压铸材料及工艺参数等，最终获得优化完成的可量产的材料、模具和压铸工艺参数。当汽车镁合金压铸件的质量、性能均能满足要求后，将进行零部件的轻量化和成本评估，最终推动镁合金压铸件的量产及应用。

7.3.5　其他汽车零部件及其应用

随着越来越多的镁合金汽车零部件的成功开发，镁合金在汽车上的应用呈现如下特点：由体积小的零件过渡到体积大的零件；由简单结构件过渡到复杂结构件；由简单受力件过渡到适应特殊性能要求的受力件；由分件组合过渡到集成化设计。

我国以重庆大学、上海交通大学、中国科学院金属研究所等为代表的研究机构，以重庆长安汽车股份有限公司、北京汽车集团有限公司、奇瑞汽车股份有限公司、比亚迪股份有限公司等为代表的自主品牌汽车主机厂，以中国汽车轻量化技术创新战略联盟等为代表的轻量化组织，以重庆博奥镁铝金属制造有限公司、浙江万丰镁瑞丁新材料科技有限公司等为代表的镁合金汽车零部件生产企业，在国家、地方政府和行业协会与组织的大力支持下，系统开展了新型镁合金材料与制备加工技术、镁合金零部件轻量化技术及应用等研究，取得了若干成果，发展了一大批新型高性能镁合金材料、一大批高性能镁合金零部件、一系列镁合金材料及应用标准规范，使镁合金在汽车上的应用取得了长足进步，为镁合金在汽车轻量化发展应用打下了坚实基础。

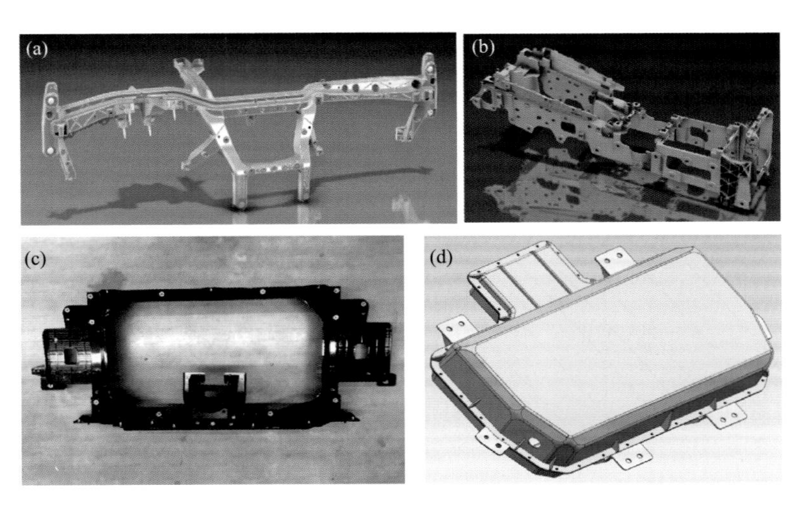

图 7-20　大型镁合金汽车压铸件

（a）仪表盘支架；（b）中控支架；（c）前端模块；（d）电池箱壳体

图7-20为目前已开发应用的部分代表性复杂结构镁合金零部件产品。其中，重庆博奥镁铝金属制造有限公司、万丰镁瑞丁新材料科技有限公司等采用大型压铸系统量产了镁合金汽车仪表盘支架，万丰镁瑞丁新材料科技有限公司、广州橙行智动汽车科技有限公司（小鹏汽车）等正在布局开发投影面积大于1.4 m^2的镁合金后掀背门零部件。2022 年，重庆美利信科技股份有限公司率先采用8800 t 压铸机成功生产目前世界最大（长度大于 1.6 m、宽度大于 1.3 m）的铝合金汽车后地板零部件，在此基础上，重庆大学与重庆美利信科技股份有限公司、重庆博奥镁铝金属制造有限公司等单位合作，采用该超大压铸机研制出了目前世界最大的镁合金汽车后地板，将为新能源汽车的轻量化和集成化提供高性能镁合金构件。

7.4 镁合金大型航空航天构件铸造技术及应用

轻量化是航空航天领域的永恒追求，镁合金是最轻的金属结构材料，是航空航天构件轻量化的首选材料之一[7]。镁合金已在航天航空、国防军工等关键领域得到广泛的应用[8]，并展现出更加广泛的应用前景。早在 20 世纪 50 年代，我国仿制的飞机和导弹的蒙皮、框架以及发动机机匣已采用镁稀土合金。20 世纪 70 年代以后，随着我国航空航天技术的迅速发展，镁合金也在直升机、卫星、火箭等重要领域得到持续的推广应用。例如，ZM6 铸造镁合金已经大量用于制造直升机尾减速机匣等重要零件，AZ91D 铸造镁合金已大量用于军机弹射座椅等零部件的生产制造[9]。

航空航天和军工装备的快速发展，对大型镁合金构件提出了迫切需求和更高要求，很多大型构件陆续被开发出来并得到应用[10-12]。镁合金大型环件也是典型的航空航天大型构件，轻量化应用效果十分显著，展现出巨大潜力。铝合金大型环件一般采用预制铸锭坯、开孔和扩孔，然后环轧的工艺。由于镁合金的塑性成型能力相对较弱，如采用铝合金常用的工艺，环件制备加工效率较低。为此，重庆大学研究团队采用离心铸造-环轧复合工艺，首先制备出镁合金环形锭坯，再采用环件轧制工艺，最终制备出大尺寸镁合金环件。

7.4.1 镁合金环件离心铸造-环轧复合工艺

1. 离心铸造

离心铸造，是将液态金属浇入高速旋转的铸型中，在离心力场和振动的共同作用下完成充型和凝固成型，如图 7-21 所示。离心铸造已成为一种广泛应用的特种铸造工艺，可有效提高金属液在制备大型构件过程中的填充能力，可用于制备中空对称件（铸管、缸套、环件）、大型薄壁铸件及功能梯度材料等传统铸造成型效果较差的构件（轴瓦、双金属轧辊），机械化、自动化离心铸造系统的发展可进一步提高离心铸造生产效率。

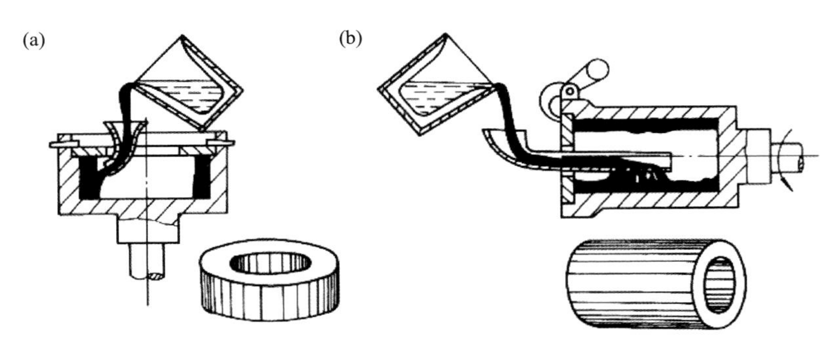

图 7-21　离心铸造工艺示意图

（a）立式；（b）卧式

离心铸造工艺可以实现顺序凝固，减少甚至不用冒口系统，提高金属熔体利用率。同时，将熔体中的气体、夹杂物等排向内表面或外表面，后续通过机械加工去除。因此，离心铸件的组织较为致密，夹杂及缩孔等缺陷较少，力学性能得到改善。离心铸造涉及多种具体工艺，表 7-5 为离心铸造的几种工艺类型。

表 7-5　离心铸造种类

按旋转轴	按铸型材料	按铸型温度	按铸件工艺性质
卧式离心铸造	金属型离心铸造	热模离心铸造	真离心铸造
	砂型金属离心铸造		半离心铸造
立式离心铸造	衬耐火材料金属型离心铸造	冷模离心铸造	多型腔离心铸造
	其他材料铸型离心铸造		

2. 环件轧制

环件轧制，是利用环轧设备使环形锭坯厚度减薄、直径扩大，同时获得一定截面轮廓形状的塑性加工工艺。环件轧制过程是普通轧制、异步轧制和多道次轧制的耦合，影响因素较多，涉及力学和运动学的交叉，导致环件轧制过程较为复杂。

环件轧制有多种类型：根据环件轧制进给方向可分为径向轧制和径-轴向轧制；根据环件轧制时的封闭程度可分为半封闭轧制、封闭轧制和开式轧制；根据环件轧制温度可分为冷轧、温轧和热轧；根据导向辊数量可分为单导向辊轧制和双导向辊轧制。

双导向辊轧制是一种常用环件轧制工艺，如图 7-22 所示。主辊为驱动辊，在电机驱动下做旋转运动，芯辊沿着主辊的方向做直线进给运动，都与环坯相接触，芯辊与环坯在摩擦力的作用下以主辊的线速度做同步从动旋转，并使环坯产生连续的局部塑性变形。两个导向辊，从两旁以一定的定心力抱住环坯，起到防震、归圆的作用。按照芯辊进给速度的不同，整个环件轧制过程可分为：初始轧制、稳定轧制和整圆三个阶段。环件经轧制后，由于连续的局部塑性变形，得到的产品性能和质量较好。

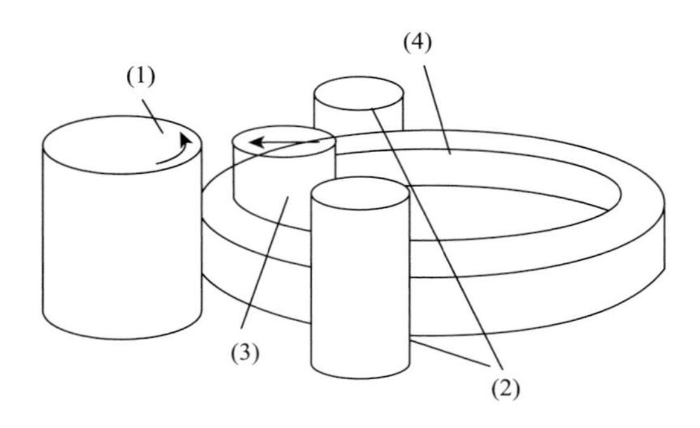

图 7-22　环件径向轧制示意图

（1）驱动辊；（2）导向辊；（3）芯辊；（4）环件

3. 环件离心铸造-环轧复合成型

大型环件的制备加工，通常沿用钢/铝环件的“以大铸锭制造大构件”的传统成型工艺，如图 7-23（a）所示。但由于镁合金属于密排六方结构，其塑性差、成型难，因此沿用立方结构金属的加工方式极易形成强基面织构，造成大变形量的塑性加工成型困难。

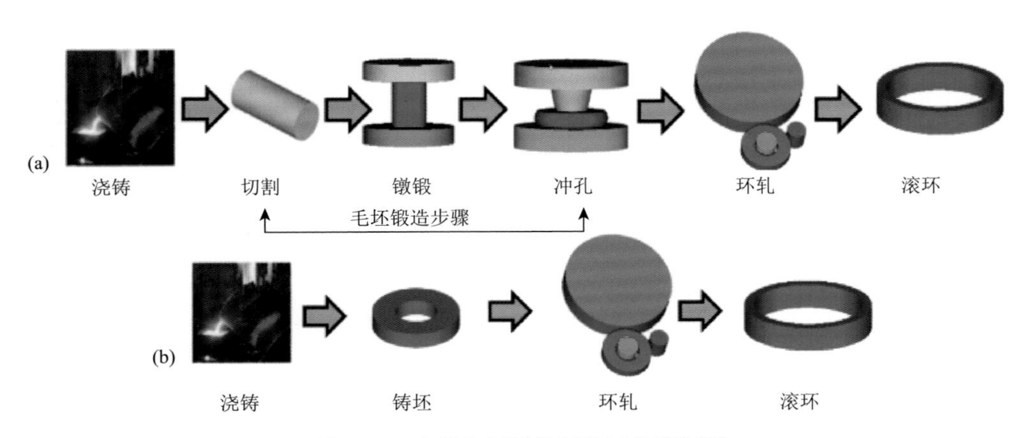

图 7-23　大型金属环件制备工艺流程图

（a）传统锭坯开孔和扩孔环轧工艺；（b）离心铸造-环轧复合成型工艺

采用离心铸造工艺制备出优质镁合金环形铸坯，而后对环形铸坯进行环轧加工，即离心铸造-环轧复合成型工艺制备大型镁合金环件，如图 7-23（b）所示。该工艺综合了离心铸造成型轴对称中空件具有材料利用率高、组织致密的特点，使成型的铸坯近终成型，在此基础上只需进行一定量的环轧变形即可获得质量优良的大型镁合金环件。环轧工艺的加入能够突破铸造技术及设备对铸件尺寸的限制，又能够提升铸件的力学性能。

7.4.2　镁合金环形锭坯的离心铸造

1. 离心铸造工艺数值模拟

首先对离心铸造过程的流场进行模拟分析。镁合金熔体浇铸充型时熔体流动是否平稳，对浇铸过程卷气、夹杂等具有重要影响，进而影响镁合金熔体纯净度和铸坯质量。选取商用 AZ31 为对象，环件外形尺寸为：内径 700 mm、外径 1000 mm，高度 400 mm。离心铸造工艺参数为：模具转动速度 423 r/min，浇铸温度 690℃，模具预热温度 150℃。

以 4 s 时间间隔对流场数值模拟结果进行分析，镁合金离心铸造流体场的数值模拟如图 7-24 所示。由图可知，镁合金熔体充型过程中流动平稳，未发现熔体出现不规则流动。图 7-24 中各图左侧为不同时刻的熔体充型流动状态截面图，以便观察熔体充型过程中的气体卷入情况。可见，在充型时未发现有明显的卷气情况。结果表明，使用设计的离心铸造设备及工艺参数，可以保证浇铸时合金熔体充型平稳，无明显气体卷入。

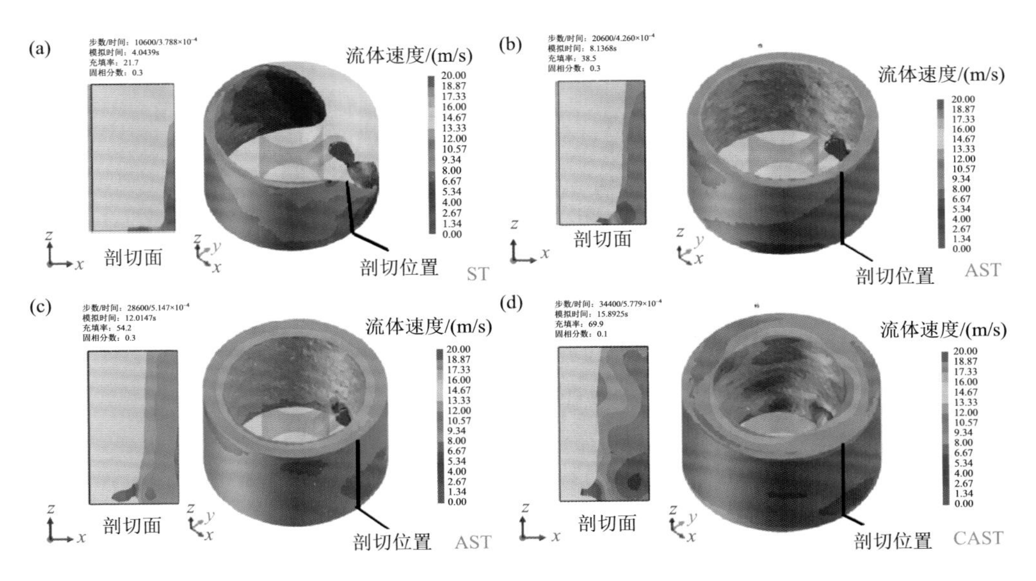

图 7-24　不同时刻镁合金熔体的充型流动状态

在流场模拟基础上，进一步通过数值模拟分析 AZ31 镁合金离心铸造凝固过程。图 7-25 为数值模拟 AZ31 合金离心铸造凝固过程图。由图可知，镁合金离心铸造凝固从模具内壁接触的区域顺序凝固至环件内壁中心处，顺序凝固有利于合金熔体中的气体及夹杂的排出，同时有利于补缩的进行，把凝固缺陷停留在环件内壁，便于机械加工去除，制备出质量优异的镁合金环形铸坯。

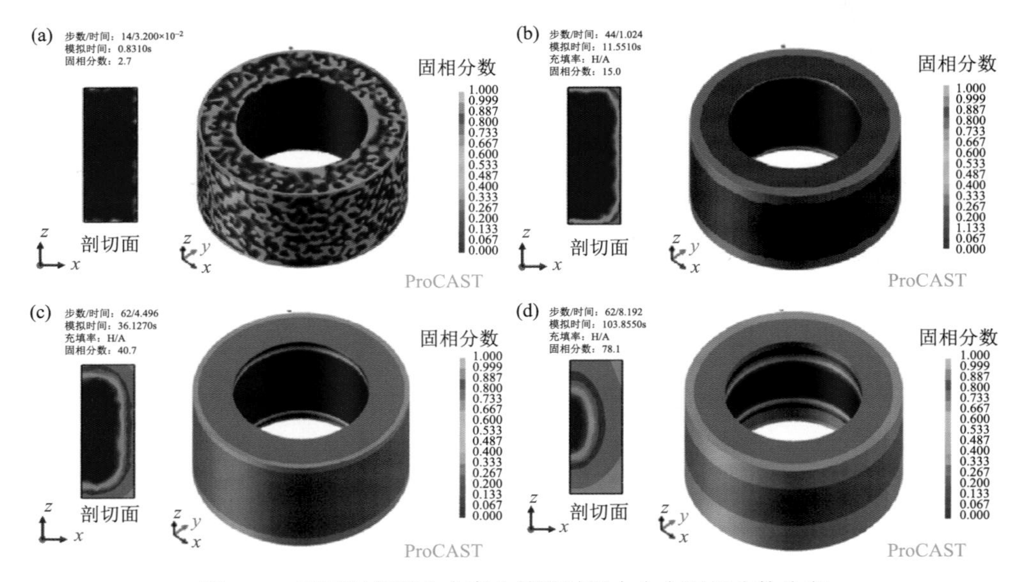

图 7-25　不同时刻镁合金离心铸造过程中合金固相分数分布

2. AZ31 镁合金环件的离心铸造

基于离心铸造流场数值模拟及 AZ31 镁合金离心场下的凝固行为，开展了镁合金环件的离心铸造实验。AZ31 铸锭熔炼前在 150℃烘干 1 h，在中频感应电炉中熔炼，待炉料完全熔化后，在熔体升温至 740℃静置保温 20 min，然后将熔体温度降至 700℃并转移到浇包中，熔体温度降至 690℃时开始浇注。由于模具预热出炉到安装定位到离心铸造机需要一定时间，模具预热温度为 180℃，浇铸完成后离心铸造机继续旋转 10 min。熔体的转包、浇铸及凝固在 $Ar + SF_6$ 保护气氛下进行。离心铸造机停止转动后，冷却至室温开模取出 AZ31 合金离心铸坯，所得的 AZ31 合金环形铸坯如图 7-26 和图 7-27 所示。

3. 离心铸造 AZ31 环形锭坯的微观组织及力学性能

图 7-28 是 AZ31 镁合金离心铸件的微观组织观察试样取样图。由离心铸造数值模拟结果可知，镁合金离心铸造的充型及凝固过程沿中心线对称，所以对镁合金离心铸坯的微观组织观察及力学性能测试为对称取样，取样位置如图 7-28 所示。

图 7-26　离心铸造 AZ31 合金环件（内径 0.7 m，外径 1 m，高度 0.4 m）

图 7-27　离心铸造 AZ31 合金环件（内径 2.7 m，外径 3 m，高度 0.4 m）

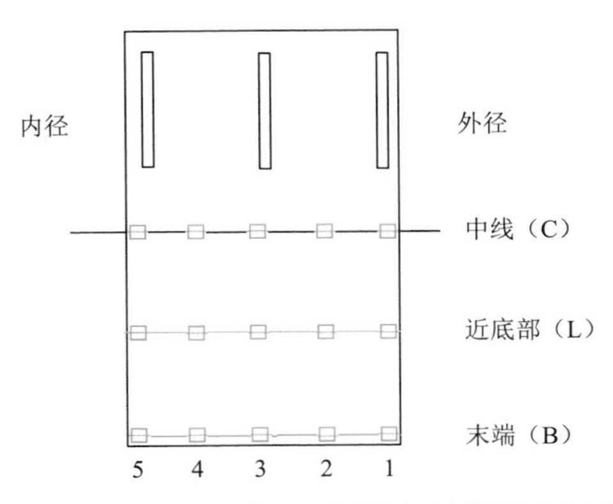

图 7-28　AZ31 环件断面试样取样位置示意图

图 7-29 为外径 1 m 的 AZ31 镁合金离心铸件微观组织图。由图可知，环形外侧的晶粒尺寸比环件内壁处小。B-1 处的晶粒尺寸最小，平均晶粒尺寸约为 124 μm。在离心铸造过程中，环件外侧率先与离心铸造模具接触，合金熔体迅速传热到模具，此时具有最大的凝固过冷度，因而晶粒最细小。随着模具的转动，模具内壁生长的细小枝晶被转动剪切力破碎而进入合金熔体，导致该区域的初始晶核密度较高，且该区域凝固冷却速度快，致使枝晶没有足够的生长时间，形核

及生长条件同时具备使得该处的晶粒尺寸最为细小。C-5 处为镁合金环件最后凝固的区域（环件的内侧区域），此处的初始晶核向内偏析导致晶核密度下降，同时晶粒生长时间是整个环件中最长的，致使该区域的晶粒尺寸较大，约为 241 μm。晶粒尺寸分布规律，与离心铸造数值模拟结果一致。

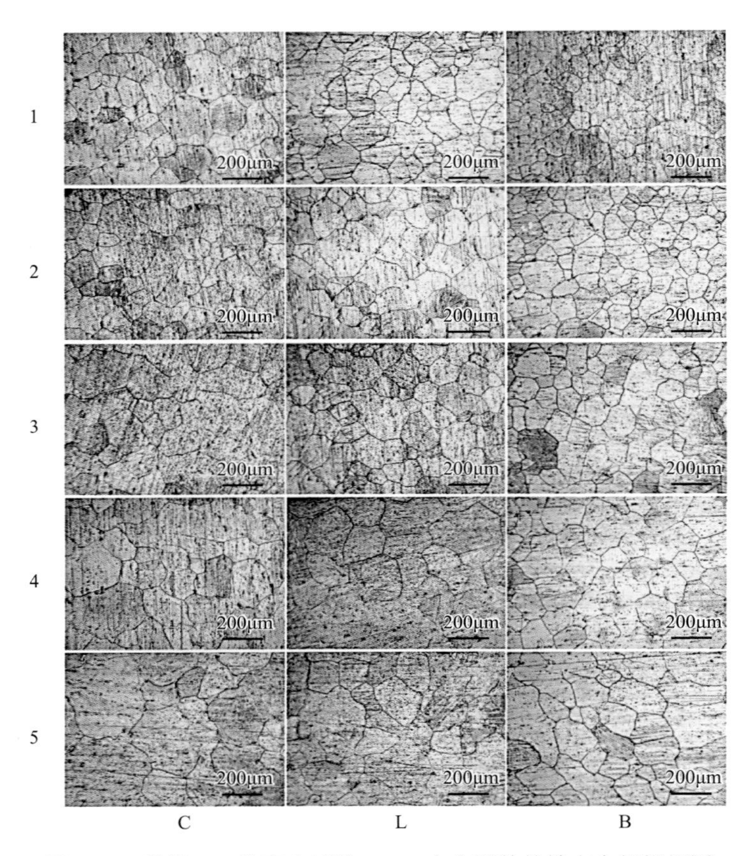

图 7-29 外径 1 m 的离心铸造 AZ31 合金环件的铸态金相组织图

图 7-30 为外径 1 m 的运动 AZ31 离心铸环的拉伸应力-应变曲线。可见，环件铸坯外侧的抗拉强度与延伸率最高，分别为 191 MPa 和 11.6%，高于普通重力铸造 AZ31 镁合金。从外侧、中心部到内侧，环件的抗拉强度和延伸率均逐渐下降，这与晶粒尺寸的变化规律保持一致。由于环件外侧的晶粒尺寸更细小，其综合力学性能也就更好。

图 7-31 为外径 3 m 的 AZ31 镁合金离心铸件微观组织。由图可知，环件外侧的晶粒尺寸比环件内侧小。B-1 处的晶粒尺寸最小，平均晶粒尺寸约为 157 μm。C-5 处为镁合金环件最后凝固的区域，平均晶粒尺寸较大，约为 272 μm。与外径 1 m 的离心铸件的组织演变规律和形成过程一致。

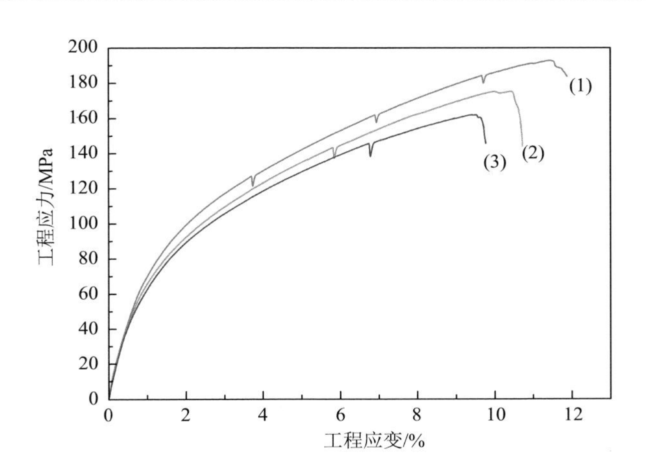

图 7-30　外径 1 m 的 AZ31 镁合金环形铸坯的拉伸应力-应变曲线

（1）外侧；（2）中心；（3）内侧

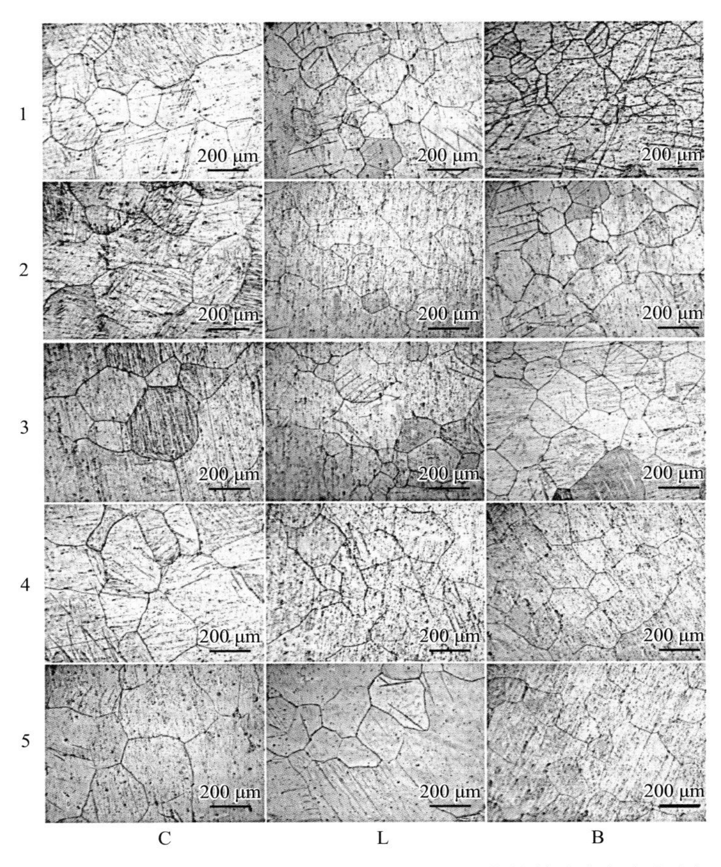

图 7-31　外径 3 m 的离心铸造 AZ31 合金环件的铸态金相组织图

图 7-32 为外径 3 m 的 AZ31 离心铸坯的拉伸应力-应变曲线。可见，环形铸坯外侧的抗拉强度与延伸率最高，分别为 181 MPa 和 9.5%，高于普通重力铸造 AZ31 镁合金。从外侧、中心部到内侧，环件的抗拉强度和延伸率均逐渐下降，这与晶粒尺寸的变化规律保持一致，由于环件外侧的晶粒尺寸更细小，其综合力学性能也就更好。

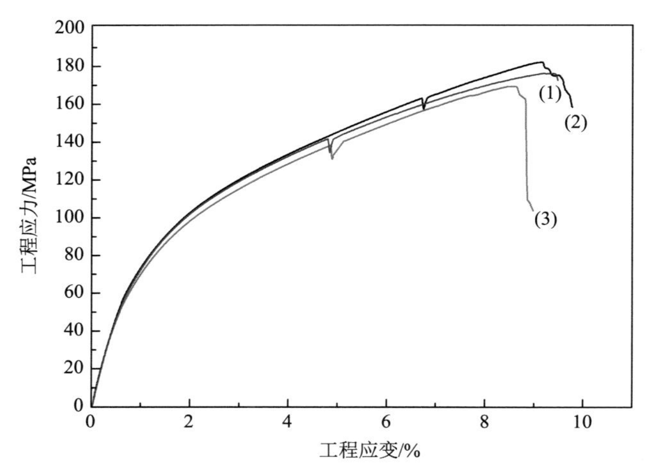

图 7-32　外径 3 m 的 AZ31 镁合金环形铸坯的拉伸应力-应变曲线

（1）外侧；（2）中心；（3）内侧

7.4.3　大型镁合金环件的环轧制备

1. 环轧数值模拟

前述外径 3 m 的 AZ31 铸坯经过机械加工铣皮，得到外径 2970 mm、壁厚 150 mm、高 330 mm 的镁合金环形铸坯，用于后续环轧加工。基于机械加工后的环形铸坯尺寸，开展环轧工艺数值模拟（图 7-33），总变形量预设为 20%，变形量达到预设值时开始整形。驱动辊的辊面线速度设定为 1.2 m/s，开轧温度设定在 370℃的低变形速率热加工区间，进给辊的径向进给速度设定为 0.6 mm/s、0.8 mm/s 和 1 mm/s。环轧实验模拟结果对比发现，进给速度为 0.8 mm/s 时环件应力-应变分布较均匀，无局部变形过大及应变突然变化的情况，轧制损伤图显示损伤的极值也在可控范围内，没有突变的情况出现。

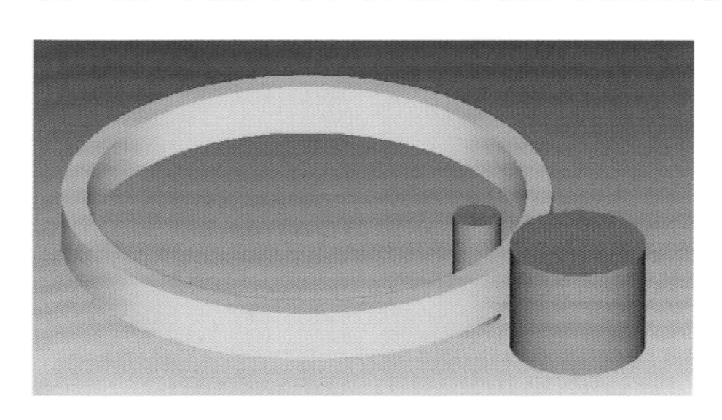

图 7-33　环件轧制装配模型

由图 7-34 可知，轧制进给速度为 0.8 mm/s 时，AZ31 环件应力-应变分布为环件内外环面的应变值最大，随着应变向环件中心部的传递应变量呈下降趋势，即与环件表面变形量相比，中心部的塑性变形程度较低。而从镁合金环轧损伤情况来看，损伤主要分布在环件上下两端面，即环轧过程中开裂会首先出现在两端面，随着轧制鱼尾的出现，开裂现象会更加严重。

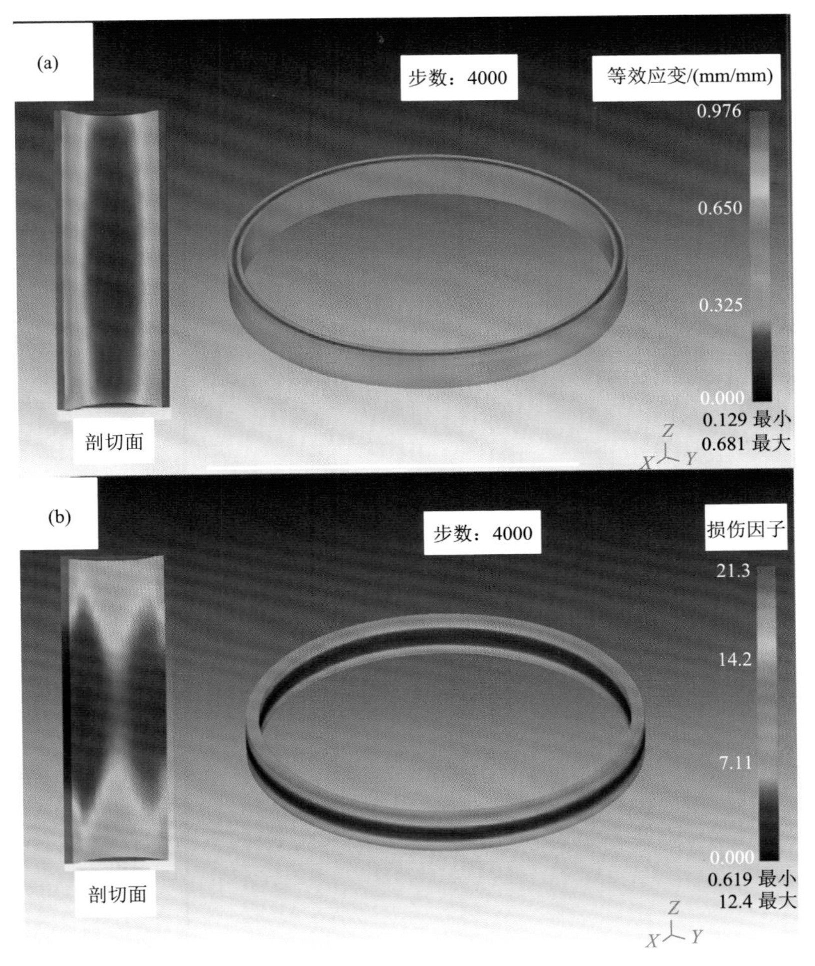

图 7-34　进给速度为 0.8 mm/s 时 AZ31 环件的塑性应变及损伤分布

2. 环轧实验

AZ31 离心铸造环形铸坯的轧制前热处理工艺如图 7-35 所示，环轧时轧辊进给速度采用数值模拟中结果较好的 0.8 mm/s。铸坯在 390℃出炉后，吊装定位到数控轧环机上，当环件温度降至 370℃时开始环轧加工，轧制进给速度为 0.8 mm/s，驱动辊辊面线速度设定为 1.2 m/s，进给轧制 35 s 后开始停止进给，整形两圈后停止环轧加工。经米字环件直径测试，得到轧制 AZ31 环件的外径最大达到 3.471 m，最小为 3.448 m，壁厚 0.12 m，含鱼尾在内的平均高度为 0.357 m。环轧后的 AZ31 合金环件如图 7-36 所示。

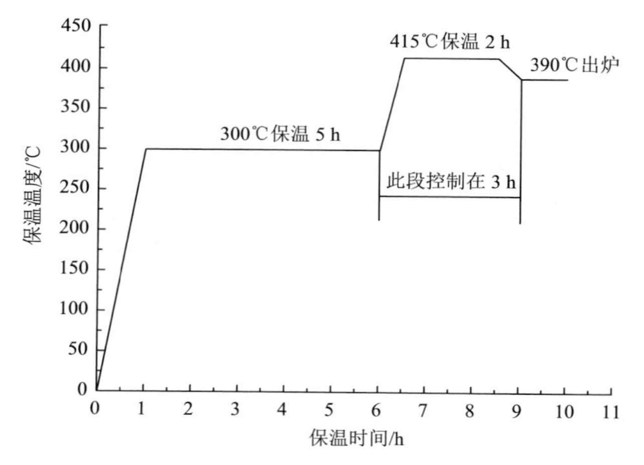

图 7-35 AZ31 镁合金环形铸坯的热处理工艺

图 7-36 AZ31 镁合金轧制环件

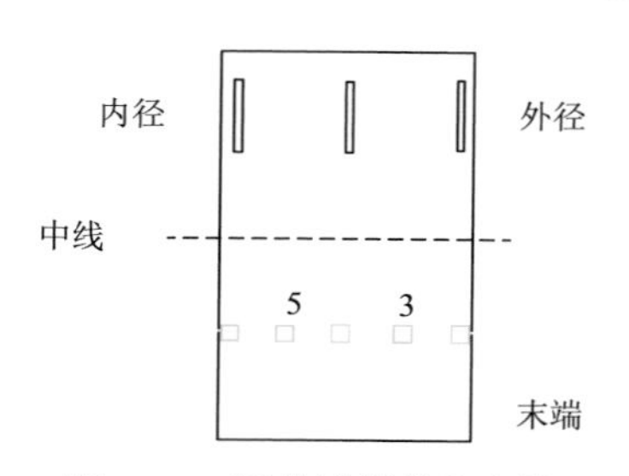

图 7-37 环件试样截取方法

3. 微观组织与力学性能

对环轧加工后 AZ31 镁合金环件的微观组织观察取样如图 7-37 所示。图 7-38 为环轧后 AZ31 环件的微观金相组织图，左侧为低倍组织图，右侧为高倍组织图。由图可见，合金组织为典型的动态再结晶组织，可以观察到变形区的部分孪晶。轧制后的环件内外侧的晶粒发生比较完全的动态再结晶，晶粒尺寸明显变小，而内部受轧制变形后晶粒动态再结晶不完全，除一部分晶粒发生了动态再结晶，还保留大量的原始组织。

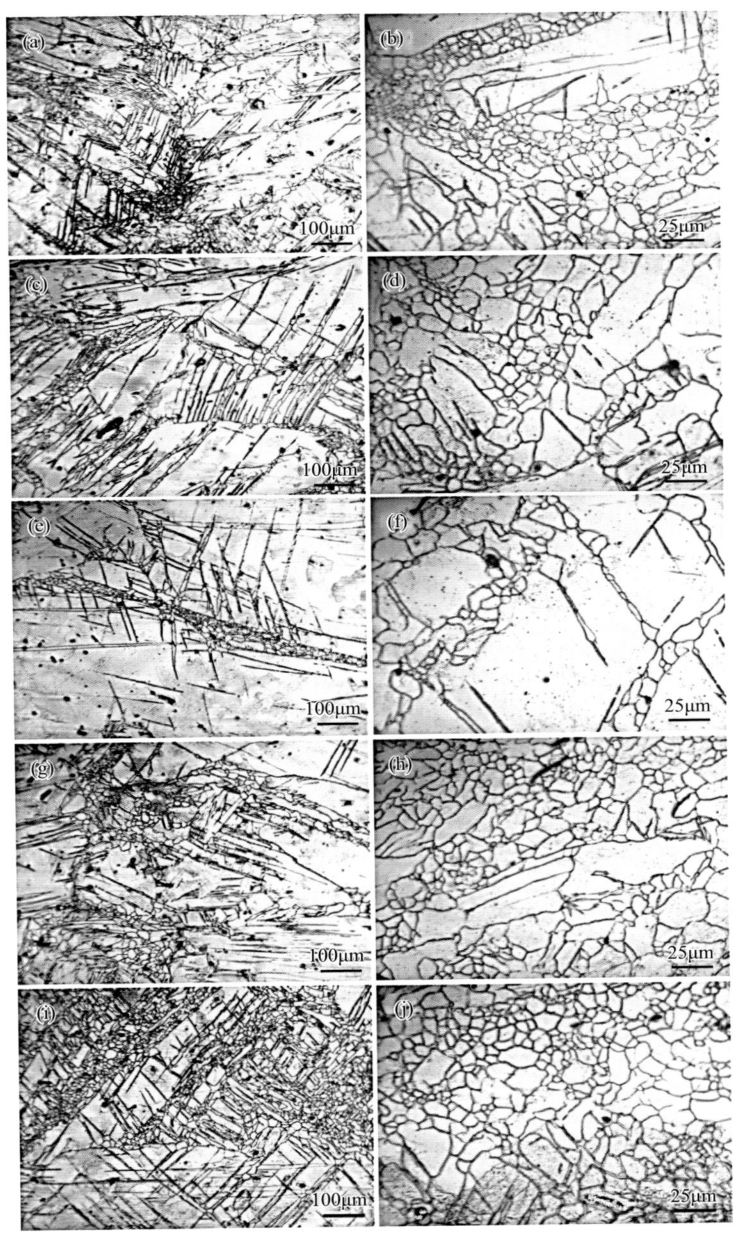

图 7-38　环轧后 AZ31 合金环件微观金相组织图

微观组织观察结果与 AZ31 环形铸坯的环轧数值模拟结果比较接近，轧制后环件的内外侧变形量较大，随着轧制的进行，内外两侧的应变积累量也会增大，促进该区域晶粒的动态再结晶的进行；在轧制过程中应变随着距离的增加传递效果呈衰减趋势，到达中心位置的应变量要远远小于内外侧的应变量，中心区域的应变量无法使晶粒的动态再结晶顺利进行。

图 7-39 为环轧后 AZ31 环件不同部位的拉伸应力-应变曲线。由图可知，环件外侧力学性能最佳，抗拉强度达到 235.2 MPa、屈服强度为 168.7 MPa、延伸率为 9.2%；环件内侧的抗拉强度达到 230.2 MPa、屈服强度为 165.3 MPa、延伸率为 9.4%；中心位置的抗拉强度为 223.3 MPa、屈服强度为 158.4 MPa、延伸率为 8.4%。总体来讲，轧制变形后合金的力学性能得到进一步提升，综合力学性能较为均匀。

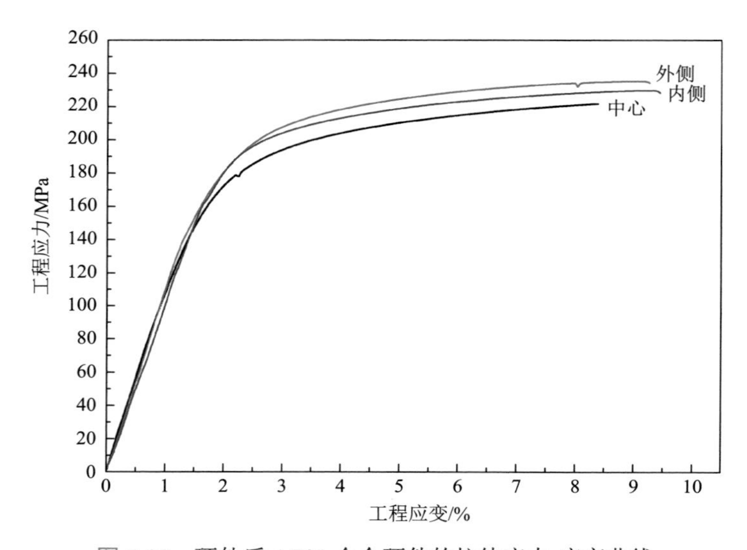

图 7-39 环轧后 AZ31 合金环件的拉伸应力-应变曲线

7.4.4 镁合金环件应用前景

采用离心铸造-环轧复合成型新工艺，通过数值模拟，优化离心铸造与环轧工艺参数，成功制备出外径达到 3.49 m 镁合金大型环件，该工艺具有流程短、成本低的特点。随着我国航空航天和武器装备等领域的快速发展，关键装备对高性能镁合金大型环件有着巨大需求。目前，重庆大学研究团队在 AZ31 镁合金离心铸造-环轧制备基础上，正在开展离心铸造-环轧制备高强韧镁合金大型环件的研制。已利用离心铸造-环形轧制复合成型工艺，成功制备出高强 Mg-Gd-Y-Zn-Zr 合金环件，抗拉强度可达到 500 MPa 以上，为后续高强镁合金环件发展与应用打下了重要理论基础，做好了基础储备。随着离心铸造-环轧短流程复合成型工艺的进一步发展和完善，所制备的大型镁合金环形构件有望在火箭、卫星等大型关键构件中实现应用，具有广阔的应用前景，其应用推广将具有重要的军事价值和经济意义。

参考文献

[1] 丁文江，付彭怀，彭立明. 先进镁合金材料及其在航空航天领域中的应用[J]. 航天器环境工程，2011，28（2）：103-109.

[2] 丁文江. 镁合金科学与技术[M]. 北京：科学出版社，2007.

[3] 陈振华. 镁合金[M]. 北京：化学工业出版社，2004.

[4] 吴国华. 镁合金在航空航天领域研究应用现状与展望[J]. 载人航天，2016，22（3）：45-50.

[5] 钟皓. 镁及镁合金在航空航天中的应用及前景[J]. 航空维修与工程，2002，4：65-70.

[6] 王艳光. 大型薄壁精密镁合金铸件铸造技术进展[J]. 兵器材料科学与工程，2011，34（5）：55-65.

[7] 李昀昊. 镁合金材料的应用现状及发展趋势研究[J]. 世界有色金属，2019，12：31-34.

[8] Eliezer D，Aghion E，Froes F H. Magnesium science，technology and applications[J]. Materials Technology，1998，5（3）：65-68.

[9] 李凤梅，钱鑫源，李金桂. 稀土在航空工业中的应用现状与发展趋势[J]. 材料工程，1998，6：10-13.

[10] 曾建民. 航空铸件成形新技术——调压精铸法[J]. 航空维修与工程，1997，10：35-39.

[11] Grabowska B，Hodor K，Kaczmarska K. Thermal analysis in foundry technology[J]. Journal of Thermal Analysis and Calorimetry，2016，126（1）：55-59.

[12] 蔡森. ZM5 航空用大型复杂镁合金壳体铸造工艺模拟[J]. 铸造，2022，71（1）：65-68.

关键词索引

T

W

X

Y

Z

其他